Geodaten für das Naturschutzmanagement landwirtschaftlicher Betriebe – Anforderungen, Einsetzbarkeit, Perspektiven

Von der Fakultät für Architektur und Landschaft
der Gottfried Wilhelm Leibniz Universität Hannover
zur Erlangung des akademischen Grades
Doktorin der Ingenieurwissenschaften (Dr.-Ing.)

genehmigte Dissertation

von

Dipl.-Ing. Astrid Lipski
geboren am 25.01.1977 in Bielefeld

2009

Bildnachweis Titel (von links nach rechts):

Wünsche für die Zukunft - Ergebnisse des Expertenworkshops mit Vertretern landwirtschaftlicher Beratung, Forschung und Verwaltung (Foto: Mathias Schramm)

Nutzeroberfläche des Naturschutzmanagementsystems MANUELA (Astrid Lipski)

Lebensraum Agrarlandschaft (Foto: Stefan Blumentrath)

EDV-gestütztes Betriebsmanagement in der Landwirtschaft (Foto: Alfons Krismann, Hansjörg Fischer)

Referentin:

Prof. Dr. Christina von Haaren

Institut für Umweltplanung, Gottfried Wilhelm Leibniz Universität Hannover

Korreferentin:

PD Dr. Sylvia Herrmann

Institut für Umweltplanung, Gottfried Wilhelm Leibniz Universität Hannover

Tag der Promotion: 08. September 2009

Astrid Lipski

GEODATEN FÜR DAS NATURSCHUTZMANAGEMENT LANDWIRTSCHAFTLICHER BETRIEBE

Anforderungen, Einsetzbarkeit, Perspektiven

ibidem-Verlag
Stuttgart

Bibliografische Information der Deutschen Nationalbibliothek
Die Deutsche Nationalbibliothek verzeichnet diese Publikation in der Deutschen Nationalbibliografie; detaillierte bibliografische Daten sind im Internet über http://dnb.d-nb.de abrufbar.

Bibliographic information published by the Deutsche Nationalbibliothek
Die Deutsche Nationalbibliothek lists this publication in the Deutsche Nationalbibliografie; detailed bibliographic data are available in the Internet at http://dnb.d-nb.de.

∞

Gedruckt auf alterungsbeständigem, säurefreien Papier
Printed on acid-free paper

ISBN-10: 3-8382-0064-0

ISBN-13: 978-3-8382-0064-4

Printed in Germany

„Es ist so: Manchmal hat man eine sehr lange Straße vor sich. Man denkt, die ist so schrecklich lang; das kann man niemals schaffen, denkt man."

Er blickte eine Weile schweigend vor sich hin, dann fuhr er fort: „Und dann fängt man an, sich zu beeilen. Und man eilt sich immer mehr. Jedesmal, wenn man aufblickt, sieht man, daß es gar nicht weniger wird, was noch vor einem liegt. Und man strengt sich noch mehr an, man kriegt es mit der Angst, und zum Schluß ist man ganz außer Puste und kann nicht mehr. Und die Straße liegt immer noch vor einem. So darf man es nicht machen."

Er dachte einige Zeit nach. Dann sprach er weiter: „Man darf nie an die ganze Straße auf einmal denken, verstehst du? Man muß nur an den nächsten Schritt denken, an den nächsten Atemzug, an den nächsten Besenstrich. Und immer wieder nur an den nächsten." Wieder hielt er inne und überlegte, ehe er hinzufügte: „Dann macht es Freude; das ist wichtig, dann macht man seine Sache gut. Und so soll es sein."

Und abermals nach einer langen Pause fuhr er fort: „Auf einmal merkt man, daß man Schritt für Schritt die ganze Straße gemacht hat. Man hat gar nicht gemerkt wie, und man ist nicht außer Puste." Er nickte vor sich hin und sagte abschließend: „Das ist wichtig."

(Aus: Momo, Michael Ende 1973)

Vorwort und Dank

Diese Dissertation entstand im Rahmen meiner Arbeit als wissenschaftliche Mitarbeiterin am Institut für Umweltplanung der Leibniz Universität Hannover, insbesondere im Forschungsvorhaben „Naturschutz in einem Betriebsmanagementsystem für eine nachhaltige Landwirtschaft" (vgl. Haaren et al. 2008a,b,c). Die Dissertation vertieft die Ergebnisse des Vorhabens und stellt sie in einen erweiterten wissenschaftlichen Kontext.

Für die Möglichkeit, meine Dissertation an dieses Vorhaben zu koppeln, danke ich zum einen der Deutschen Bundesstiftung Umwelt, die das Vorhaben und somit auch meine wissenschaftliche Mitarbeit finanziell gefördert hat. Zum anderen danke ich meiner Betreuerin Prof. Dr. Christina von Haaren für die Möglichkeit, über meinen Arbeitsbereich im Forschungsvorhaben fachliche und technische Inhalte in meine Dissertation einbringen zu können. Zudem möchte ich mich bei ihr wie auch bei meiner zweiten Betreuung PD Dr. Sylvia Herrmann für die wertvollen fachlichen und praktischen Anregungen für die Fertigstellung der Arbeit bedanken.

Ein weiterer Dank gilt Prof. Dr. Michael Reich, der mich während meiner gesamten Arbeitszeit am Institut begleitet hat. In den unter seiner Leitung bearbeiteten Forschungsvorhaben habe ich mein Wissensspektrum über Geodaten in Deutschland immens erweitern können.

Besonders danken möchte meinen Kolleginnen und Kollegen. Ohne den vielseitigen, fröhlichen Austausch und die gegenseitige Unterstützung - beruflich und privat - wäre ich sicher nicht so gut vorangekommen. Hervorheben möchte hier vor allem

- Roland Hachmann, der mein Faible für Geoinformationssysteme geweckt hat und mich seit über acht Jahren beispiellos beruflich unterstützt,
- Katrin Vogel, Stefan Blumentrath, Malte Weller und Daniel Kümper, meine Weggefährten im Forschungsvorhaben „Naturschutz in einem Betriebsmanagementsystem für eine nachhaltige Landwirtschaft" sowie
- Stefan Rüter, Julia Wiehe, Yu-Fang Lin, Annedore Kinde und Eick von Ruschkowski, „Freunde der Pflanzenkrankheiten" und wichtige Gesprächspartner beim regelmäßigen Dissertations-Briefing.

Des Weiteren danke ich meinen studentischen und wissenschaftlichen Hilfskräften Anne Hebsaker, Meike Levin-Keitel, Grischa Löwe, Sabine Platte, Mathias Schramm und Susanne Blank, die mit ihren Recherchen und der Aufbereitung von Geodaten wertvolle Vorarbeit für mich geleistet haben. Ein spezieller Dank geht außerdem an die Leiter und Mitarbeiter der Pilotbetriebe sowie an die Teilnehmenden des Expertenworkshops. Ihre Auskunfts- und Kooperationsbereitschaft waren ein großer Gewinn für das Forschungsvorhaben wie auch für meine Dissertation.

Meinen Korrekturlesern Stefan Rüter, Daniel Fuchs, Björn Heuser, Katrin Vogel, Fabian Görtz, Florian Schmidt und Julia Wiehe danke ich für die Geduld mit meinen Texten und die konstruktiven Anmerkungen.

Ein herzlicher Dank geht an meine Freunde, die in meiner knappen Freizeit für aufmunternde Ablenkung gesorgt haben und mir immer die Daumen gedrückt haben.

Meinen Eltern Ursula und Hartmut Lipski und meinem Bruder Jochen, meiner Schwägerin Anke und ihren beiden Mädels Sophie und Paula danke ich von Herzen für ihre grenzenlose Unterstützung bei allem, was ich tue, ihr Verständnis und die Ruhe, die ich Zuhause immer wieder genießen durfte.

Der letzte und außerordentlichste Dank geht an meinen Freund Florian Schmidt - für seine Lebenserhaltungsenergie im Alltag, seine unendliche Geduld mit meiner Ungeduld, seine kritischen, aber konstruktiven Anmerkungen und die liebevollen Gesten in Zeiten großen Frustpotenzials.

Vielen lieben Dank Ihnen und Euch allen!

Düsseldorf, im November 2009 Astrid Lipski

INHALTSVERZEICHNIS

ABBILDUNGSVERZEICHNIS

TABELLENVERZEICHNIS

ABKÜRZUNGSVERZEICHNIS

3D	dreidimensional
AAA	AFIS-ALKIS-ATKIS (Projekt der Vermessungsverwaltung)
AdV	Arbeitsgemeinschaft der Vermessungsverwaltung der Länder der Bundesrepublik Deutschland
AFIS	Amtliches Festpunktinformationssystem
AG	Arbeitsgruppe
Agro-Map	Geodatenformat der Firma Agrocom
agroXML	eine auf XML basierende Datenaustauschsprache für den Agrarsektor
ALB	Automatisiertes Liegenschaftsbuch
ALFF	Amt für Landwirtschaft, Flurneuordnung und Forsten
ALK	Automatisierte Liegenschaftskarte
ALK-GIAP	graphisch interaktives Arbeitsplatzsystem zur Bearbeitung der ALK
ALKIS	Amtliches Liegenschaftskataster-Informationssystem
ANL	Bayerische Akademie für Naturschutz und Landschaftspflege
ArcIMS	Arc Internet Map Server, WMS-Dienst der Firma ESRI
ASCII	American Standard Code for Information Interchange
ASK	Ackerschlagkartei
ATKIS	Amtliches Topographisch-Kartographisches Informationssystem
ATKIS-OK	ATKIS-Objektartenkatalog
BafG	Bundesanstalt für Gewässerkunde
BBA	Biologische Bundesanstalt für Land- und Fortwirtschaft
BBN	Bundesverband Beruflicher Naturschutz
BBodSchG	Bundes-Bodenschutzgesetz
BEP	Biotopentwicklungspotenzial
BetrPrämDurchfV	Betriebsprämiendurchführungsverordnung
BfN	Bundesamt für Naturschutz
BGR	Bundesanstalt für Geologie und Rohstoffe
BLE	Bundesanstalt für Landwirtschaft und Ernährung
BNatSchG	Bundesnaturschutzgesetz
BGR	Bundesanstalt für Geowissenschaften und Rohstoffe
BKG	Bundesamt für Kartografie und Geodäsie
BMELV	Bundesministerium für Ernährung, Landwirtschaft und Verbraucherschutz
BMU	Bundesministeriums für Umwelt, Naturschutz und Reaktorsicherheit
BTNT	Biotop- und Nutzungstypenkartierung
BÜK	Bodenübersichtskarte
CAD	Computer Aided Design
CC	Cross Compliance
CIR	Color-Infrarot
CORINE	Coordinated Information on the European Environment
CS	Catalog Service
CSV	Comma-Separated Values
DAT	„data" (nicht näher spezifizierte Datendatei)
DBU	Deutsche Bundesstiftung Umwelt
DDGI	Deutscher Dachverband für Geoinformation

DirektZahlVerpflV	Direktzahlungen-Verpflichtungenverordnung
DFS	Deutsche Flugsicherung GmbH
DGK	Deutsche Grundkarte
DGM	Digitales Geländemodell
DHND	Deutsches Hauptdreiecksnetz
DLM	Digitales Landschaftsmodell
DLR	Deutsches Zentrum für Luft- und Raumfahrt
DNR	Deutscher Naturschutzring
DOP	Digitales Orthophoto
DRM	Digital Rights Management
DRMS	Digital Rights Managementsystem
DTK	Digitale Topographische Karte
DVL	Deutscher Verband für Landespflege
DXF	Drawing Interchange Format
EDBS	Einheitliche Datenbankschnittstelle
EDV	Elektronische Datenverarbeitung
EEA	European Environment Agency
EMA	Environmental Management Accounting
EN	Europäische Norm
ESRI	Environmental Systems Research Institute
ETRS 89	Europäisches Terrestrisches Referenzsystem 1989
F	Fläche
FFH-Gebiet	Gebiet geschützt nach Flora-Fauna-Habitat-Richtlinie
FGDC	Federal Geographic Data Committee
FNL	Fördergemeinschaft nachhaltige Landwirtschaft e.V.
FNP	Flächennutzungsplan
GAP	Gemeinsame Agrarpolitik
GDI	Geodateninfrastruktur
GDI-DE	Geodateninfrastruktur
GeoZG	Geodatenzugangsgesetz
GI	Geoinformation
GIF	Graphics Interchange Format
GIS	Geoinformationssystem
GML	Geography Markup Language
GPS	Global Positioning System
GSDI	Global Spatial Data Infrastructure
HRSC	High Resolution Stereo Camera
HOAI	Honorarordnung für Architekten und Ingenieure
ID	Identifikationsnummer
ILN Singen	Institut für Landschaftsökologie und Naturschutz Singen
IMAGI	Interministerieller Ausschuss für Geoinformationswesen
INDIGO	Methode zur Evaluation von Produktionssystemen
INSPIRE	Infrastructure for Spatial Information in Europe
InVeKoS	Integriertes Verwaltungs- und Kontrollsystem
InVeKoSV	InVeKoS-Verordnung
InVeKoSVAVO	Verordnung zur Ausführung der InVeKoS-Verordnung und der Betriebsprämiendurchführungsverordnung

ISIP	Informationssystem Integrierte Pflanzenproduktion
IT	Informationstechnologie
JD-Map	Geodatenformat der Firma John Deere
JML	Java Modeling Language
JPG	Graphikformat der Joint Photographic Experts Group
JPP	Jump Pilot Project
JUMP	Java Unified Mapping Platform
KTBL	Kuratorium für Technik und Bauwesen in der Landwirtschaft
KUL	Kriterien umweltverträglicher Landwirtschaft
Kulap	Kulturlandschaftsprogramm
L	Linie
LAGB	Landesamt für Geologie und Bergwesen in Sachsen-Anhalt
LAGS	Landesarbeitsgemeinschaft für Selbsthilfeförderung Brandenburg e.V.
LANA	Bund/Länder-Arbeitsgemeinschaft Naturschutz
LAU	Landesamt für Umweltschutz Sachsen-Anhalt
LBEG	Landesamt für Bergbau, Energie und Geologie Niedersachsen
LBGR	Landesamtes für Bergbau, Geologie und Rohstoffe Brandenburg
LE	Landschaftselement
LEL	Landesanstalt für Entwicklung der Landwirtschaft und der ländlichen Räume
LFE	Landesforstanstalt Eberswalde
LfU	Bayerisches Landesamt für Umwelt
LGB	Landesvermessung und Geobasisinformation Brandenburg
LGN	Landesvermessung und Geobasisinformation Niedersachsen
LP	Landschaftsplan
LPIS	Land Parcel Identification System
LRT	Lebensraumtypen
LUA	Landesumweltamt Brandenburg
LUBW	Landesanstalt für Umwelt, Messungen und Naturschutz Baden-Württemberg
LV-BW	Landesvermessungsamt Baden-Württemberg
LVERMA	Landesvermessungsamt Nordrhein-Westfalen
LVermGeo	Landesamt für Vermessung und Geoinformation Sachsen-Anhalt
LVG	Bayerische Vermessungsverwaltung
LVLF	Landesamt für Verbraucherschutz, Landwirtschaft und Flurneuordnung Brandenburg
LWK	Landwirtschaftkammer
MANUELA	Managementsystem Naturschutz für eine nachhaltige Landwirtschaft
MEKA	Marktentlastungs- und Kulturlandschaftsausgleich
MLR	Ministerium für Ernährung und Ländlichen Raum Baden-Württemberg
MLU	Ministerium für Landwirtschaft und Umwelt Sachsen-Anhalt
MLUV	Ministerium für Ländliche Entwicklung, Umwelt und Verbraucherschutz Brandenburg
N	Stickstoff
NABU	Naturschutzbund Deutschland e.V.
NATSCHG BW	Naturschutzgesetz Baden-Württemberg
NIBIS	Niedersächsisches Bodeninformationssystem
NLWKN	Niedersächsischer Landesbetrieb für Wasserwirtschaft, Küsten- und Naturschutz
NMEA	National Marine Electronics Association

OGC	Open Geospatial Consortium
PC	Personal Computer
P	Punkt
PDF	Portable Document Format
PlanzV	Planzeichenverordnung
PNG	Portable Network Graphics
POLARIS	Produktionsorientiertes landwirtschaftliches Rauminformationssystem
PSM	Pflanzenschutzmittel
RBS	Reichsbodenschätzung
REPRO	System zur Bewertung der Nachhaltigkeit landwirtschaftlicher Betriebe
RL	Richtlinie
SBK	Selektive Biotopkartierung
SHP	Shapefile, Geodatenformat der Firma ESRI
SICAD	Siemens Computer Aided Design
SICAD SQD	Sequentielle Datei, Austauschformat der Firma SICAD
SID	Seamless Image Database
SRU	Sachverständigenrat für Umweltfragen
STMLF	Bayerisches Staatsministerium für Landwirtschaft und Forsten
TIFF	Tagged Image File Format
TK	Topographische Karte
TMLNU	Thüringer Ministerium für Landwirtschaft, Naturschutz und Umwelt
UBA	Umweltbundesamt
UDK	Umweltdatenkatalog
UFZ	Helmholtz-Zentrum für Umweltforschung
UIG	Umweltinformationsgesetz
UIRL	Umweltinformationsrichtlinie
UTM	Universal Transverse Mercator
UVP	Umweltverträglichkeitsprüfung
VO EG	Verordnung der Europäischen Gemeinschaft
WCS	Web Coverage Service
WCTS	Web Coordinate Transformation Service
WFS	Web Feature Service
WKT	Well-Known Text
WMS	Web Map Service
WPOS	Web Pricing and Ordering Service
WSV	Wasser- und Schifffahrtsverwaltung des Bundes
WRRL	Wasserrahmenrichtlinie
XML	Extensible Markup Language
ZALF	Leibniz-Zentrum für Agrarlandschaftsforschung
z.K.	zur Körnergewinnung

KURZFASSUNG

Landwirte stehen vor der Herausforderung, Naturschutzaspekte verstärkt in ihrem Betriebsmanagement berücksichtigen zu müssen. Dies ist zurückzuführen auf rechtliche Anforderungen und ökonomische Rahmenbedingungen, vor allem durch die europäische und nationale Agrar- und Umweltpolitik, die damit wachsende Bedeutung von Agrarumweltprogrammen sowie die Etablierung neuer Leitbilder für die Landnutzung. Dem Landwirt bieten sich aufgrund dieser veränderten Rahmenbedingungen Chancen, sich als Anbieter von ökologischen Leistungen einen neuen „Markt" und damit weitere Einnahmequellen zu erschließen. Voraussetzung für eine Nutzung der Fördermittel oder der Vorteile bei der Vermarktung der eigenen Produkte und Dienstleistungen ist allerdings, dass dem Landwirt die Stärken und Schwächen seiner Flächen aus Sicht des Naturschutzes bekannt sind. Geeignete Informationsgrundlagen und Werkzeuge zu deren Auswertung sind daher erforderlich. EDV-gestützte Umweltmanagementsysteme für landwirtschaftliche Betriebe wie REPRO, KUL, INDIGO und EMA versuchen, diesen Anforderungen gerecht zu werden und stellen Informationen, Bewertungssysteme und Werkzeuge zur Verfügung, die den Landwirt bei der Ermittlung und Optimierung seiner ökologischen Leistungen unterstützen sollen.

Im Rahmen eines Forschungsvorhabens des Instituts für Umweltplanung an der Leibniz Universität Hannover wurde ein weiteres System entwickelt, das „Managementsystem Naturschutz für eine nachhaltige Landwirtschaft" (MANUELA). Das auf einem Geoinformationssystem (GIS) basierende System greift die Aspekte Biodiversität und Landschaftsästhetik auf, die in den bisherigen Systemen im Vergleich zu abiotischen Umweltaspekten wie Boden und Wasser weitgehend unberücksichtigt blieben. Bei der Entwicklung von MANUELA wurde davon ausgegangen, dass vorhandene digitale, räumliche Informationen („Geodaten") eine verwendbare Informationsgrundlage für die Einbeziehung von Naturschutzaspekten in das landwirtschaftliche Betriebsmanagement sein können. Inwiefern diese für den Einsatz im „Naturschutzmanagement" auf landwirtschaftlichen Betrieben mit Fokus auf Biodiversität und Landschaftsästhetik tatsächlich geeignet sind, ist bisher allerdings noch nicht ausreichend untersucht worden. Kenntnisse bestehen lediglich in Hinblick auf die Anwendung von Geodaten in der Landwirtschaft im Allgemeinen oder vereinzelt bezogen auf die Berücksichtigung abiotischer Aspekte wie Boden und Wasser. Ziel der vorliegenden Arbeit war es daher, Geodaten in Hinblick auf ihre Einsetzbarkeit für das Naturschutzmanagement landwirtschaftlicher Betriebe zu analysieren und zu bewerten. Grundlage hierfür war die Formulierung von Anforderungen an Geodaten und deren Qualität. Für die untersuchten Datensätze konnten damit Empfehlungen hinsichtlich des Einsatzes im Naturschutzmanagement und speziell im System MANUELA ausgesprochen werden. Die Ergebnisse wurden zusätzlich vor dem Hintergrund aktueller Entwicklungen im Bereich der GI-Technologie diskutiert, um Potenziale der bisher vorhandenen und der künftig bereitgestellten Geodaten sowie den Entwicklungsbedarf dieser Daten abzuschätzen. Ebenso wurden Konsequenzen für den Weiterentwicklungsbedarf von MANUELA aufgezeigt.

Die Ermittlung der Anforderungen an die Geodaten erfolgte zum einen anhand einer Literaturauswertung. Um die Bedürfnisse der landwirtschaftlichen Praxis zu berücksichtigen, wurden zum anderen Interviews mit Betriebsleitern und Mitarbeitern sechs landwirtschaftlicher Betriebe in Baden-Württemberg, Bayern, Brandenburg, Niedersachsen und Sachsen-Anhalt durchgeführt und ein Workshop mit Vertretern der landwirtschaftlichen Beratung und Forschung sowie Institutionen, die Daten bereitstellen, veranstaltet. Ergänzt wurde das Anforderungsprofil anhand des Datenbedarfs von MANUELA, das als Fallbeispiel für die Verwendung der Geodaten in einem EDV-gestützten Managementsystem herangezogen wurde. Als wesentlich für die Eignung der Geodaten konnten die folgenden Merkmale ermittelt werden: Die Geodaten sollen umfassende Informationen zum Zustand der Landschaft enthalten wie z.B. dem Vorkommen von Biotoptypen, Tier- und Pflanzenarten, Pflanzengesellschaften, zu Schutzgebieten, dem Klima, der Flächennutzung und den Besitzverhältnissen. Sie sollen eine hohe räumliche wie auch thematische Genauigkeit aufweisen und nicht älter als 5 Jahre sein. Sie sollen flächendeckend für den zu untersuchenden Betrieb vorliegen und auf Basis von Standards konsistent erhoben worden sein. Die Bereitstellung der Daten und der zugehörigen Metadaten sollte ebenfalls standardisiert, mit transparenten Nutzungsrechten und über zeitlich und räumlich unabhängige Medien erfolgen.

Entsprechend der für die Anforderungen entscheidenden Qualitätskriterien (Verfügbarkeit, Informationsgehalt, Vollständigkeit, Aktualität, Maßstab/räumliche Genauigkeit, thematische Genauigkeit, Konsistenz, Qualität der Metadaten) erfolgte die Aufstellung eines Prüfplans, der anhand visueller und automatisierter Kontrollen die systematische Überprüfung von Geodaten vorsah. Grundsätzlich verwendbare Geodatenbestände wurden für diese umfassende Qualitätsüberprüfung anhand einer Vorprüfung auf Basis der Kriterien Informationsgehalt, Verfügbarkeit, Aktualität ermittelt. Digitale Landschaftsmodelle, die Flächennutzungsnachweise der Landwirte sowie Biotopkartierungen aus unterschiedlichen Quellen (landesweite Biotop- und Nutzungstypenkartierung, selektive Biotopkartierung der Länder, Landschaftsplan) erwiesen sich hierbei als grundsätzlich geeignet für die Unterstützung des landwirtschaftlichen Naturschutzmanagements. Die detaillierte Untersuchung anhand des Prüfplans erbrachte folgende Ergebnisse:

Die untersuchten Beispiele der digitalen Landschaftsmodelle erfüllen die aufgestellten Anforderungen zum Teil und können daher bedingt im landwirtschaftlichen Betriebsmanagement eingesetzt werden. Die Verfügbarkeit der Daten ist mit einigen Einschränkungen gegeben. Informationen zu Dateninhalt, Kosten, bereitgestellten Formaten und Aktualität stellen vor allem die Landesvermessungsämter bereit. Die Daten stehen in einheitlichen Formaten zur Verfügung. Es bestehen allerdings komplexe Kostenmodelle und Nutzungsbedingungen. Eine zeitlich und räumlich unabhängige Bereitstellung der Daten, z.B. auf Basis von Web-Diensten, erfolgt nicht. Die Daten enthalten umfassende Informationen zur Landnutzung, ihr Detailgrad grenzt jedoch für den betrachteten Anwendungszweck schon an eine Informationsüberfrachtung. Im Gegensatz zu den übrigen untersuchten Daten werden die Digitalen Landschaftsmodelle regelmäßig im Turnus von 5 Jahren fortgeschrieben. Sie werden zudem mit einem sehr hohen Maß an Konsistenz erhoben. Die räumliche und thematische Genauigkeit sind allerdings nicht ausreichend. Metadaten zu den Digitalen Landschaftsmodellen liegen grundsätzlich vor, jedoch sehr verteilt in unterschiedlichen Medien. Die Bereitstellung der Metadaten erfolgt insgesamt noch nicht standardisiert.

Die beiden untersuchten Flächennutzungsnachweise der Landwirte erweisen sich nach Überprüfung ebenfalls insgesamt als nur bedingt geeignet für das landwirtschaftliche Naturschutzmanagement. Die Informationen aus den Flächennutzungsnachweisen sind außerhalb des Antragsverfahrens nahezu nicht verfügbar. Auch abhängig vom Antragssystem des Bundeslandes stehen die Geometriedaten der Anträge den Landwirten selbst nicht durchgehend zur Verfügung. Die Daten liefern jedoch aktuelle, räumlich und thematisch genaue Informationen zu den landwirtschaftlichen Nutzflächen und den zugehörigen Landschaftselementen. Im Vergleich zu den Digitalen Landschaftsmodellen und den Biotopkartierungen liefern die Flächennutzungsnachweise aber weniger differenzierte Informationen zur betriebsumgebenden Landschaft und über die Biotope auf dem Betrieb. Obwohl Vorgaben für die Erhebung der Daten bestehen, sind bezogen auf die Konsistenz Defizite festzustellen. Zum einen sind die Geometrien nicht durchgehend korrekt erfasst. Zum anderen unterscheiden sich die Vorgaben für die Erhebung der Daten in den Bundesländern noch deutlich. Metainformationen zu den Flächennutzungsnachweisen liegen nur sehr eingeschränkt vor.

Die untersuchten Biotopkartierungen (selektive Biotopkartierung, Biotop- und Nutzungstypenkartierung, Biotopkartierung aus einem Landschaftsplan) unterscheiden sich in ihren Qualitäten sehr deutlich voneinander. Die Biotop- und Nutzungstypenkartierung aus Sachsen-Anhalt erweist sich als sehr geeignet für das landwirtschaftliche Naturschutzmanagement. Sie liefert flächendeckend umfassende Informationen zu den Betriebsflächen und ihrer Umgebung, die - zumindest beim untersuchten Datensatz - sehr aktuell vorliegen. Des Weiteren sind die Daten räumlich und thematisch genau sowie sehr konsistent erfasst worden. Defizite treten noch in Hinblick auf die Bereitstellung der Daten und entsprechender Metadaten auf. Die Beispiele zu den selektiven Biotopkartierungen aus Bayern und Baden-Württemberg sind insgesamt als eingeschränkt nutzbar zu betrachten. Neben Einschränkungen in ihrer Verfügbarkeit weisen sie auch einen im Vergleich zu den beiden anderen untersuchten Biotopkartierungen geringeren Informationsgehalt aus. Zurückzuführen ist dieser wie auch die mangelnde Vollständigkeit der Daten auf die Beschränkung der Erfassung auf naturschutzfachliche wertvolle Bereiche. Auch die Aktualität der Daten entspricht nicht den Anforderungen. Während die räumliche Genauigkeit ebenfalls nicht ausreichend ist, sind die thematische Genauigkeit und die Konsistenz der Daten jedoch gut. Die Metadaten wiederum weisen, wie auch bei allen anderen untersuchten Datensätzen Defizite auf. Die untersuchte Biotopkartierung aus einem brandenburgischen Landschaftsplan erweist sich insgesamt als ungeeignet. Zwar stimmen ihr Informationsgehalt und der Grad an Vollständigkeit mit den Anforderungen überein. Verfügbarkeit, Aktualität, räumliche und thematische Genauigkeit, Konsistenz sowie die Qualität der Metadaten entsprechen jedoch den Anforderungen nicht. Inwieweit diese Ergebnisse auch auf aktuelle, von Grund auf GIS-gestützt umgesetzte Kartierungen übertragbar sind, muss noch überprüft werden.

Die Ergebnisse zeigen, dass keiner der untersuchten Datensätze als alleinige Grundlage für das landwirtschaftliche Naturschutzmanagement geeignet ist. Eine Kombination verschiedener Daten ist daher empfehlenswert. Erste Priorität haben dabei die Flächennutzungsnachweise. Trotz ihrer Defizite sind sie die für den Landwirt zugänglichsten Daten. Sie liefern zudem räumlich sehr genaue Informationen zu den bewirtschafteten Flächen. Die flächendeckenden Datensätze aus Landschaftsplänen und den Biotop- und Nutzungstypenkartierungen können als Ergänzung genutzt werden. Da die Qualität der Landschaftspläne unzureichend sein kann, sollte für eine erste Qualitätseinschätzung und insbesondere für die Auswertung der Daten ein Berater hinzugezogen werden. Selektive Biotopkartierungen sollten im dritten Schritt und insbesondere für die Ableitung von Maßnahmen und die Prioritätensetzung bei deren Umsetzung verwendet werden. Der Einsatz der kostenpflichtigen Digitalen Landschaftsmodelle ist vor allem in Betrieben empfohlen, für die keine anderen flächendeckenden Informationen vorliegen oder die einen Mehrfachnutzen aus den Daten ziehen können.

Durch die Etablierung von Geodateninfrastrukturen und die damit einhergehende Bereitstellung von Daten mittels standardisierter Web-Dienste (z.B. WMS, WFS) werden zukünftig deutlich mehr Datenbestände zugänglich und interoperabel einsetzbar sein. Geobasis- wie auch Geofachdaten zu unterschiedlichen Themen werden von verschiedenen Landesämtern bereits Online zur Verfügung gestellt. Auch die neuen gesetzlichen Grundlagen (INSPIRE-Richtlinie, Geodatenzugangsgesetz, Umweltinformationsgesetz) werden zu einer Verbesserung der Verfügbarkeit und zur Standardisierung und damit zur Nutzbarkeit von Informationen im Agrar- und Umweltbereich beitragen. Die (Weiter-) Entwicklung von Standards wird auf Seiten der Landesvermessungsämter (z.B. Projekt AAA, Metadatenstandards) sowie auf Seiten der Landwirtschaft (z.B. Format agroXML) und des Naturschutzes (z.B. Erfassungs- und Bewertungsmethoden, Monitoring) diskutiert und vorangetrieben. Noch detailliertere Informationen für landwirtschaftliche Betriebe lassen sich in Zukunft mit Hilfe des Einsatzes weiterer GI-Technologien wie Precision Farming, mobiler Datenerfassungssysteme oder der Auswertung von Fernerkundungsdaten (z.B. Rapid Eye) realisieren. Die Einbindung von GIS in die landwirtschaftliche Ausbildung führt auch auf Nutzerseite dazu, dass geeignete Geodatenbestände aufgrund vertiefter Kenntnisse besser ausfindig gemacht und zielgerichteter im landwirtschaftlichen Betriebsmanagement eingesetzt werden können.

Im Zusammenhang mit dem Naturschutzmanagementsystem MANUELA können die Ergebnisse zur Qualitätseinschätzung der Geodaten und auch die sich abzeichnenden Potenziale als Grundlage für die Entwicklung eines Handlungsleitfadens für die gemeinsame Nutzung die Software und Geodaten verwendet werden. Bei der weiteren Entwicklung von MANUELA ist die verstärkte Integration offener, interoperabler Formate, wie z.B. WMS- und WFS-Dienste und agroXML wünschenswert, um möglichst vielfältige Datenbestände nutzen zu können. Sollen Schnittstellen für die Einbindung der untersuchten Daten geschaffen werden, empfiehlt es sich, dies auf Basis von Best Practice-Beispielen dieser Datensätze zu tun. So werden für den Import von Daten weitest möglich qualitativ hochwertige Standards gesetzt. In Hinblick auf die Flächennutzungsnachweise sollte überprüft werden, ob weitere Vereinheitlichungen der Daten auf Landes- oder Bundesebene zu erwarten sind und wie diese für MANUELA genutzt werden können. Obwohl vorhandene Daten tatsächlich eine wesentliche Grundlage für die Arbeit mit MANUELA sein können, sind zusätzliche Eingaben durch den Nutzer für eine detaillierte Bewertung der Umweltleistungen eines landwirtschaftlichen Betriebs erforderlich, da die Daten nie alle erforderlichen Informationen zur Landschaft liefern. Dem Nutzer sollten hier Funktionen für die Dateneingabe zur Verfügung stehen, wenn möglich unter Integration mobiler Erfassungstechniken. Für eine langfristige Nutzbarkeit von MANUELA sollten Informationen zu verfügbaren Daten kontinuierlich in der Software nachgeführt werden.

Die Datenherausgeber sind weiterhin gefordert, verstärkt Metainformationen zu den Geodaten zur Verfügung zu stellen und Daten unkompliziert und standardisiert zu veröffentlichen. Die bisher bestehenden Web-Dienste und Online-Bezugsmöglichkeiten nehmen bereits in Anzahl und Qualität deutlich zu, ein erfolgreiches Auffinden von Daten hängt aber immer noch stark vom Vorwissen des jeweiligen Nutzers ab. Darüber hinaus wäre eine verstärkte Kommunikation zwischen Datenbereitstellern und Datennutzern hilfreich für die Weiterentwicklung der Geodatenbestände. Anforderungen können so an die zuständige Stelle weitergegeben und berücksichtigt werden. Insbesondere für die weitere inhaltliche Ausgestaltung von Geobasisdaten wäre die Einbindung von Nutzern aus der Landwirtschaft und des Naturschutzes ein wertvoller Aspekt. Die im Geofachdatenbereich vielfach realisierten Individuallösungen auf Landesebene (Biotoptypenschlüssel, Vorgaben für die Flächennutzungsnachweise) erschweren die Erarbeitung übergreifend einsetzbarer Werkzeuge zur Datenauswertung und auch die Vergleichbarkeit der mit ihnen erzeugten Ergebnisse. Auf Seiten der Bereitsteller von Geofachdaten kann daher die verstärkte Diskussion über Standardisierungsvorgaben die Bearbeitung fachübergreifender Fragestellungen wie in der vorliegenden Arbeit erleichtern.

Schlagworte: Geodaten, Naturschutz, Landwirtschaft, Datenqualität, Betriebsmanagement

ABSTRACT

Geodata for the environmental management on farms - requirements, applicability, prospects

Farmers have to meet new demands concerning the integration of environmental issues in their farm management. This is ascribed to the regulatory and economic framework, especially by the European and national agricultural and environmental policies, and the therewith rising importance of agri-environmental programmes. In addition the establishment of new environmental guiding principles for land use makes demands on farmers. Because of this modified framework, farmers have the possibility to enter a new market and new sources of income by offering environmental services. Knowledge about the environmental strengths and deficits of the farm sites is an important precondition for the farmer to acquire subsidies or for having advantages when merchandising his products and services. Therefore, the farmer needs appropriate information on his farm sites and tools for its analysis. In recent years, several IT supported farm management systems like REPRO, KUL, INDIGO and EMA have been developed and implemented to meet these requirements. These systems provide information, assessment schemes and tools to support the identification and optimization of the environmental performance of a farm.

A research project at the Institute for Environmental Planning, Leibniz Universität Hannover developed an additional IT supported farm management system called MANUELA (management system nature protection for a sustainable agriculture), based on a geographic information system (GIS). The system covers the topics of biodiversity and landscape aesthetics, which have been neglected in management systems up to now compared to other, mainly abiotic topics (e.g. soil and water). The development of this GIS supported system is based on the assumption that digital spatial information ("geodata") can provide important information for the environmental management of farms. To what extent this assumption is true concerning the integration of biodiversity and landscape aesthetics has not been sufficiently examined yet. Merely, research results of the use of geodata in a general agricultural context or scattered studies concerning the analysis of abiotic aspects like soil and water have been published. Hence, this dissertation aims at assessing the applicability of geodata in the context of environmental farm management. As a prerequisite for this assessment, requirements for geodata and their quality were compiled. As a result of the dissertation recommendations for the use of geodata are given, in relation to the environmental farm management in general and in particular relating to the MANUELA system. In addition, the results were discussed taking into account the current progress within the field of geoinformation technology. Thereby the potentials of existing and in future provided geodata as well as the need for further development of geoadata could be evaluated. Likewise consequences for the need for further development of MANUELA were identified.

Requirements for geodata and their quality were on the one hand determined by evaluating existing literature. On the other hand, interviews with farmers and employees of six pilot farms in Bavaria, Baden-Württemberg, Brandenburg, Lower Saxony and Saxony-Anhalt and a workshop with agricultural research representatives and consultants plus institutions, that provide geodata, were arranged to include the requirements of the agricultural practice. The data required by MANUELA, which was presented as a case study for the use of geodata within an IT supported management system, completed the requirement profile. The following characteristics have been identified as essential for the suitability of geodata in the context of environmental farm management: Geodata should provide comprehensive information about the status of the farm sites and the surrounding landscape, e.g. information about biotopes, floristic and faunistic species, vegetative associations, protected areas, climate conditions, land use and the ownership structures. The data should be available with high spatial and thematic accuracy and should have been compiled within the last five years. They should cover the whole farm, which is to be assessed and be collected consistently on the basis of standards. The publication of the data and the associated metadata should also be carried out in a standardized, transparent way and with the help of spatially and temporally independent media.

According to these essential quality criteria (availability, information content, up-to-dateness, scale/ spatial accuracy, thematic accuracy, completeness, consistency, quality of metadata), an audit scheme was set up, which scheduled visual and automatic checks for a systematic assessment of the geodata. Generally suitable geodatasets were determined with the help of a pre-audit on the basis of the criteria information content, availability and up-to-dateness. Afterwards the complete audit scheme was carried out. Digital Landscape Models, data from the cadastral application of farmers in the context of the Integrated Administration and Control System (IACS) as well as biotope mappings from different sources (landscape plans, mappings of biotope and land use types or selective biotope mappings, both on the level of federal states) have been identified as generally suitable for supporting the environmental management of farms. The results of the complete audit for these datasets were the following:

The example datasets of the Digital Landscape Models fulfil the compiled requirements only partly and therefore may of limited use for the environmental management of farms. The datasets are available with some limitations. Information about the content of the data, the price, available data formats and up-to-dateness are mainly provided by the land surveying offices. The data is published in uniform data formats, but complex cost models and terms of use have to be considered. A spatially and temporally independent supply of the data, e.g. on the basis of Web-Services, has not been realized yet. Digital Landscape Models contain comprehensive information about the land use, but the level of detail nearly borders on an overload of information as to the aspired purpose of the data. Compared to the other assessed datasets, the Digital Landscape Models are updated regularly every five years. In addition they are created with a high level of consistency. However, their spatial and thematic accuracy does not match the requirements. Metadata for Digital Landscape Models is generally available, but it is distributed through different media. All in all, the supply of metadata is not yet fully standardized.

The two examined datasets from the cadastral application of farmers in the context of the IACS likewise proved to be suitable with limitations for the environmental management of farms. The information of the cadastral application is almost not available for use beyond the application process. Dependent on the application processing system of the federal state, even farmers themselves do not have access to the geometry data of the cadastral applications. However, the data provide up-to-date, spatially and thematically accurate information about the farm sites and related landscape elements. Compared to the Digital Landscape Models and the biotope mappings, the cadastral applications provide less detailed information about the surroundings of the farm and the biotopes on the farmsites. Although there are guidelines for the collection of data, deficites concerning the consistence have been detected. On the one hand, geometry data of the farm sites was not collected correctly. On the other hand, the guidelines vary considerably in the federal states. Metadata for the cadastral applications is only provided to a very limited extent.

The examined biotope mappings (landscape plans, mappings of biotope and land use types or selective biotope mappings, both on the level of federal states) vary considerably in their quality. The mapping of biotope and land use types on the federal state level of Saxonia-Anhalt turns out to be very suitable for the environmental management of farms. The dataset provides areawide, comprehensive information about the farm sites and their surroundings, which - at least for the examined dataset– are very up to date. Furthermore, the data was collected with a high spatial and thematc accuracy as well as a high consistency. Still a deficit could be identified concerning the supply of the data and the associated metadata. The examples for the selective biotope mappings of the federal states Bavaria and Baden-Württemberg could all in all be rated of limited suitability. In addition to the limitations regarding their availability, they contain less information than the two other types of biotope mapping. This is, as well as the insufficient level of completeness, ascribed to the limited collection of the data: selective biotope mappings include only the biotopes, which are of high value from a nature conservation point-of-view. The up-to-dateness of the data does as well not match the requirements. Whereas the spatial accuracy of the data is insufficient, the thematic accuracy and the consistency of the data are good. Again, the quality of metadata show similar deficits as all other examined datasets. The examined biotope mapping of a landscape plan in Brandenburg proves to be not suitable for the environmental management of farms. Information content and the level of completeness are indeed matching the requirements, but availability, up-to-dateness, spatial and thematic accuracy, consistency and the quality of the metadata do not correspond to the requirements. To what extend these results are equally valid for more current biotope mappings, that were realized on the basis of a GIS, has still to be verified.

The audit results prove, that none of the examined datasets can be used as an exclusive information basis for the environmental management of farms. A combination of different datasets is therefore suggested. The data of the cadastral applications of the farmers obtain top priority. In spite of their deficits, these datasets are the most accessible ones for the farmer himself. Besides, they provide information about the farm sites with a high spatial accuracy. Areawide information from landscape plans and mappings of biotope and land use types can be used as a supplement in the second step. As the quality of the biotope mappings from landscape plans might be insufficient, an advisor should be consulted for a pre-check of the data quality and especially for the analysis of the data. Selective biotope mappings should be used in the third step, as these are particularly useful for proposing appropriate measures and setting priorities when implementing them. The use of the chargeable Digital Landscape Models is recommended, if no other areawide dataset is provided or when the farmer could use this information in his farm management in multiple ways.

Because of the establishment of geodata infrastructure and the resulting supply of geodata via standardized web services (e.g. WMS, WFS), more datasets will be accessible and interoperable in the future. Spatial base data as well as spatial data with different thematic contents are already provided online by several authorities. In addition, new legal regulations (INSPIRE, Environmental Information Act, Geodatenzugangsgesetz) will contribute to availability and standardization and thereby lead to a more comprehensive usability of information in the environmental and agricultural sectors. The further development of standards is discussed and expedited by the land surveying offices (e.g. project AAA, standards for metadata) as well as in fields of agriculture (e.g. data format agroXML) and nature conservation (e.g. methods for data collection and assessment, monitoring). More detailed information for farms can in future be gained with the help of new GI technologies like precision farming, mobile data acquisition systems or the interpretation of remote sensing data (e.g. Rapid Eye). The integration of GIS in the agricultural education would cause better knowledge among the agricultural computer users and therefore result in more success when searching for appropriate geodata and a more target-oriented use of the geodata within the farm management.

Relating to the management system MANUELA, the audit results about geodata quality and also the emerging potentials of geodata can be used as a basis for the development of action guidelines, describing how to use geodata together with MANUELA. For the further development of MANUELA an intensified integration of open, interoperable data formats like WMS, WFS or agroXML should be aspired. Consequently, manifold datasets can be used together with the management system. If interfaces for the integration of datasets shall be implemented, it is recommended to do this on the basis of examples of best practice datasets. Thus, a high standards will be set for the import of existing geodata. Concerning the data from cadastral applications of the farmers it should be investigated, if further harmonizations on national or federal level can be expected and how these can be used with benefits for MANUELA. Existing geodata provides an important information basis for the environmental management of farms. Nevertheless, additional input has to be provided by the user to receive a detailed and individual assessment result for a single farm as the geodata never procures all relevant information about the landscape. There should be a user-friendly interface and adequate tools for the input of this additional information, if possible, mobile acquisition techniques should be integrated. To guarantee a sustainable and long term usability of MANUELA, information about available geodatasets should be continuously updated in the system.

The data providers are further asked to extend the supply of metadata and to publish geodata in an uncomplicated and standardized way. Although the existing web services and online possibilities to acquire data are increasing in number and quality, a successful acquisition of geodata nevertheless depends on the knowledge of the particular user. Moreover, an increased communication effort between data providers and data users would be helpful for the further development of the geodata pool. Thus, requirements could be forwarded to the responsible institution or person and taken into account. Especially with regard to the contents of the data, the involvement of agricultural and environmental data users would be a benefit. In the field of spatial thematic data often individual solutions have been created at the level of federal states (e.g. biotope classification, guidelines for the cadastral applications). These individual solutions impede the development of comprehensively applicable tools for data analysis and the comparability of the obtained results. Concerning the providers of spatial thematic data, the discussion of standardization could make it easier to work on interdisciplinary questions as done in this work.

Keywords: geodata, nature conservation, agriculture, data quality, farm management

1 EINLEITUNG

1.1 Hintergrund und Anlass der Arbeit: Naturschutz als Aufgabe landwirtschaftlicher Betriebe

Landwirte stehen vor der Herausforderung, Naturschutzaspekte verstärkt in ihrem Betriebsmanagement zu berücksichtigen. Dies ist zurückzuführen auf rechtliche Anforderungen und ökonomische Rahmenbedingungen, hervorgehoben vor allem durch die europäische und nationale Agrar- und Umweltpolitik (vgl. BMELV 2006, EEA 2006, Gay et al. 2005, SRU 2008), die wachsende Bedeutung von Agrarumweltprogrammen (vgl. Hartmann et al. 2006, Osterburg 2002, Scheele 2001, SRU 2004) sowie die Etablierung neuer Leitbilder für die Landnutzung (vgl. Christen 2003, FNL 2006, Helmig & Wiggering 2003, Hester & Harrison 2005).

Rechtliche Anforderungen an die landwirtschaftliche Nutzung finden sich z.B. im Bundesnaturschutzgesetz (BNatSchG) und Bundes-Bodenschutzgesetz (BBodSchG) und deren nachgeordneten Regelwerken und Verordnungen. Diese treffen Aussagen zur Ausgestaltung der guten fachlichen Praxis (vgl. Plachter et al. 2005, Trapp 2003). Ein weiteres Beispiel ist die Direktzahlungen-Verpflichtungenverordnung (DirektZahlVerpflV), in der die Bindung der entkoppelten Direktzahlungen an die Einhaltungen von Mindestauflagen im Umweltbereich festgelegt ist (Cross Compliance-Regelung) (vgl. TMLNU 2007, Nitsch & Osterburg 2007).

Maßnahmen der ländlichen Entwicklung sollen durch die „zweite Säule“ der EU-Agrarpolitik finanziell stärker unterstützt werden. Durch die teilweise Umschichtung von Direktzahlungen (Teil der „ersten Säule“) werden damit in Zukunft mehr Mittel für die ländliche Entwicklung und den Umwelt-, Tier- und Verbraucherschutz zur Verfügung stehen (Europäische Kommission 2008, SRU 2008).

Die wachsende gesellschaftliche Sensibilität für Fragen des Umwelt- und Naturschutzes führt ebenfalls dazu, dass Landwirte gefordert sind, mit einer umweltverträglichen Bewirtschaftungsweise einen Beitrag zur Bewältigung ökologischer Probleme zu leisten (Matthews et al. 1999, Odening et al. 2000). Landwirte werden somit mit einer Vielzahl von Handlungsfeldern konfrontiert, die alle Teil des Leitbildes einer multifunktionalen Landschaft sind: z.B. der Trinkwassergewinnung, Landschaftsästhetik und Erholung, Kalt- und Frischluftzufuhr, Biodiversität und Klimaschutz (Haaren et al. 2008b, Osinski 2002). Die multifunktionale Landschaft ist als Schlüssel zur Umsetzung einer nachhaltigen Landnutzung in Agrarräumen zu sehen. Bei der lokalen Umsetzung der Leitbilder ist der Landwirt wichtiger Partner des Naturschutzes: Da in Deutschland die landwirtschaftliche Flächennutzung überwiegt, stellen Landwirte einen Großteil des Flächenpotenzials zur Verfügung, auf dem überhaupt entsprechende Maßnahmen realisiert werden können (Haaren et al. 2008c).

Dem Landwirt bieten sich aufgrund dieser veränderten Rahmenbedingungen und in Zukunft insbesondere im Falle einer Stärkung und weiteren Ergebnisorientierung der Agrarumweltprogramme vermehrt Chancen, sich als Anbieter von ökologischen Leistungen einen neuen „Markt“ und damit auch weitere Einnahmequellen zu erschließen. Insbesondere ökologisch wirtschaftende Landwirte zeigen laut Umfragen schon heute sowohl Interesse als auch Bereitschaft, mehr für den Naturschutz zu tun (Keufer & van Elsen 2002, NABU & ILN Singen 2004, Niedermeier et al. 2003). Voraussetzung für eine Nutzung der damit zusammenhängenden wirtschaftlichen Potenziale in Form von Fördermöglichkeiten und Vorteilen bei Vermarktung und in Wettbewerben ist allerdings, dass dem Landwirt die Stärken und Schwächen seiner Flächen aus Sicht des Naturschutzes bekannt sind (Matthews et al. 1999). Je kenntnisreicher und bewusster die Landwirte wirtschaften und je besser die Instrumentarien sind, die ihnen Forschung und Beratung anbietet, desto eher kann eine nachhaltige Landwirtschaft verwirklicht werden (Breitschuh & Eckert 2000, Thomas 1999). Landwirte benötigen hierfür Unterstützung bei der Interpretation von Naturschutzzielen, bei der Erfüllung von (gesetzlichen) Auflagen, bei der Ermittlung geeigneter Maßnahmen für ihren individuellen Betrieb, bei der Entwicklung von markttauglichen Angeboten, also bei der Umsetzung landschaftsplanerischer Ziele und dem Naturschutzmanagement auf ihrem Betrieb. Damit entstehen auch neue Anforderungen an die landwirtschaftliche Beratung in Hinblick auf Informationsvermittlung, Entscheidungsunterstützung, Organisationshilfe, Kommunikation und Weiterbildung (Gebauer & Bäuerle 2000, Hautzer 2000, Roscher 2003).

1.2 Stand des Wissens

1.2.1 Einsatz EDV-gestützter Managementsysteme

Zur Unterstützung der Produktion kommen zunehmend EDV-gestützte Systeme in der Beratung und auch auf den Betrieben selbst zum Einsatz. Diese Systeme sollen Landwirten für die entsprechenden Unternehmensentscheidungen Informationsgrundlagen liefern (Matthews et al. 1999). Hierzu gehören auch die in den letzten Jahren etablierten Umweltbewertungssysteme. Für die Landwirtschaft wurden zahlreiche solcher Umweltbewertungssysteme entwickelt, mit denen Auswirkungen der Bewirtschaftungsmaßnahmen auf die Umwelt analysiert und bewertet werden (vgl. Goodlass et al. 2001). Beispiele für solche Systeme sind das Modell INDIGO (Bockstaller et al. 2002), EMA (Lewis & Bardon 1998) sowie die in Deutschland entwickelten Systeme KUL (Eckert et al. 1999) und REPRO (Hülsbergen & Diepenbrock 1997). Bisher existieren allerdings nur wenige EDV-gestützte Systeme für die Betriebsebene. Zudem decken die Systeme die Aspekte Biodiversität und Landschaftsästhetik oder auch die in diesem Zusammenhang notwendige standort- bzw. raumkonkrete Bewertung der Bewirtschaftung nicht zufriedenstellend ab (vgl. Braband et al. 2003, Oppermann et al. 2003).

Das neu entwickelte System MANUELA (Managementsystem Naturschutz für eine nachhaltige Landwirtschaft) trägt diesen Defiziten Rechnung (Haaren 2008a,b). Da das System auf ein Geoinformationssystem (GIS) aufsetzt, können nun raumbezogene Daten (Geodaten) bei der Bewertung der Umweltleistungen eines landwirtschaftlichen Betriebs in Hinblick auf die Aspekte Biodiversität und Landschaftsästhetik unter Nutzung der Vorteile einer digitalen Datenhaltung verwendet werden. Über den Schlüssel des räumlichen Bezugs besteht auch die Möglichkeit, die Bewertung der Umweltauswirkungen mit anderen Bereichen des Betriebs in Zusammenhang zu bringen, in denen Geodaten eine zentrale Rolle spielen – hierzu gehören z.B. die Themenbereiche Dokumentation, Rückverfolgbarkeit und Qualitätssicherung (Burrough & McDonnel 1998, Doluschitz 2000, Wascher 2004).

1.2.2 Einsatz von Geoinformationssystemen und Geodaten

Während in Wirtschaft und Verwaltung 80% aller Entscheidungen einen räumlichen Bezug haben (vgl. Bill 2002), ist diese Annahme laut Streit (2004) für die Landwirtschaft noch untertrieben. Auch Nölle (2001) bezeichnet die Landwirtschaft als „eine in starkem Maße an den Raum gebundene Disziplin", die sowohl prägend als auch nutzend und strukturierend auf die Landschaft einwirkt. Dabei tritt die Landwirtschaft in Konkurrenz zu anderen Raumnutzungen und stellt Einrichtungen wie Landwirtschaftskammern und Landwirtschaftsämter vor viele raumbezogene, planerische Aufgaben, wie z.B. landwirtschaftliche Beratung, Agrarstrukturplanung, EU-Flächenkontrolle oder auch die teilflächenspezifische Bewirtschaftung. Daher haben aus Sicht von Nölle „alle landwirtschaftlichen Aktivitäten einen Raumbezug" (ebd.).

In der landwirtschaftlichen Forschung wird diesem Raumbezug seit Anfang der 1980er Jahre durch die Anwendung von Geoinformationssystemen zur Unterstützung von landwirtschaftlichen Entscheidungsprozessen sowie Monitoring und Planungsprozessen im ländlichen Raum Rechnung getragen (Streit 2004). Abseits der Forschung, z.B. in der landwirtschaftlichen Verwaltung, Beratung und Produktion, wurden GIS und Geodaten in den 1980er Jahren jedoch nur wenig genutzt. Zurückzuführen ist dies auf den Mangel an verwendbaren Informationen für die Betriebsführung, auf hohe Investitionssummen, fehlende landwirtschaftsspezifische Applikationen, mangelndes Know-how bei den potenziellen Nutzern und Reserviertheit gegenüber Innovativen in der Informationstechnologie von Seiten der Landwirtschaft (Gelb et al. 2000, Rosskopf & Wagner 2002, 2003 und 2004). Dies führte zu einem mehrjährigen Zeitverlust bei der Anwendung von GI-Technologien im Vergleich zu anderen Disziplinen wie z.B. der räumlichen Planung, der Wasserwirtschaft, der Versorgungswirtschaft und der Logistik (vgl. Streit 2004).

Anfang der 1990er Jahre beginnt sich auch der Einsatz von GIS abseits der landwirtschaftlichen Forschung, so z.B. in der Verwaltung, zu etablieren. Hier stehen zunächst Dokumentationsaufgaben sowie die reine Darstellung von Flurstücks- und Schlaggeometrien im Vordergrund. Innerhalb der letzten Jahre hat insbesondere die europaweite Nutzung von GI-Technologien im Rahmen des Integrierten Verwaltungs- und Kontrollsystems (InVeKoS) deren Bedeutung im landwirtschaftlichen Sektor wachsen lassen und die Diskussion um die Einsetzbarkeit von GIS und Geodaten angeregt. Im Bereich der Landschaftsplanung und des Naturschutzes steht die Einsetzbarkeit dieses Werkzeuges und der entsprechenden Daten dagegen bereits seit Mitte der 1990er Jahre verstärkt im Fokus von Literatur und Fachkonferenzen (z.B. ANL 1996, Blaschke 1995, Buziek 1995, Creuzer 1998, Kratz & Suhling 1997, Vogel & Blaschke 1996, Weidenbach 1999).

Durch die sich permanent ausweitende Verpflichtung zur Dokumentation im Bereich der Landwirtschaft wird der Einsatzbereich Dokumentation auch weiterhin eine zentrale Rolle im Agrar-IT-Sektor spielen (Nölle 2005, Nölle & Streit 2002, Wagner 2005). Zunehmend werden GIS jedoch auch für den Einsatz im Bereich des Betriebsmanagements genutzt, z.B. für die Einsatzfelder Schlagverwaltung, teilflächenspezifische Bewirtschaftung (Precision Farming), Erntelogistik, Tierseuchen-, Erosions- und Bodenprobenmanagement sowie Gewannebewirtschaftung („virtuelle Flurbereinigung") (Bauer 2000, Bill 2004a, Doluschitz 2000, Earl et al. 2000, Laudien et al. 2005, Wagner 2005, Zhang et al. 1999).

Als Vorteil des Einsatzes von GIS bei der Bewältigung der Aufgaben aus dem Betriebsmanagement wird zum einen die Verknüpfung von Sachdaten mit räumlichen Informationen und die damit mögliche Auswertung komplexer Zusammenhänge gesehen. Zum anderen wird mit dem Einsatz von differenzierten Geoinformationen eine reproduzierbare räumliche Genauigkeit bei der Analyse erzeugt. Beides kann zu einer präziseren und objektivierten Betriebsplanung und damit letztlich zur Optimierung von Entscheidungsfindungen auf landwirtschaftlichen Betrieben führen (Wagner 2005). Demgegenüber stehen allerdings Probleme der Beschaffung, Menge, Komplexität und Aktualität von Informationen (Doluschitz 2000, Gebauer & Bäuerle 2000, Hautzer 2000, Roscher 2003).

Die Informationsgrundlage „Geodaten" ist damit wesentlicher Faktor für ein optimales Betriebsmanagement (Streit 2004, Trapp 2003). Ihre umfassende Nutzung als Produktionsfaktor würde zu einer Verbesserung des Wissensmanagements, einer verbesserten Reaktionsfähigkeit auf die Anforderungen an des Betriebsmanagement durch unterschiedliche Interessengruppen und einem effektiveren Einsatz von Betriebsmitteln in der Landwirtschaft führen (Trapp 2003, Wagner 2005). Trapp (2003) favorisiert hierfür insbesondere den kombinierten Einsatz von Sensordaten, Geofachdaten und praxisrelevanten Anwendungsmethoden. Neben der ökonomischen Effizienzsteigerung ließe sich mit Hilfe von Geodaten der landwirtschaftliche Produktionsprozess aber auch transparenter und ökologisch effizienter gestalten (Wagner 2005). Ein effektiver Einsatz von Geodaten im landwirtschaftlichen Betriebsmanagement kann aber nur gelingen, wenn Forschung und Anwendung miteinander kooperieren und ein interaktiver (Geo-)Datenaustausch stattfindet (Trapp 2003). Da auf die Bereitstellung und Fortführung der raumbezogenen Daten ein hoher Anteil der Investitionskosten für ein GIS entfällt (Klose 2001, Weidenbach 1999), ist es aus wirtschaftlichen Erwägungen zudem sinnvoll,

- auf vorhandene Informationen zurückzugreifen (Lipp 2005, Gfeller 1993, Odening et al. 2000, Trapp 2003),
- so weit möglich mehrfach nutzbare geographisch-topographische Basisdatenbestände als Grundlage für fachthematische Anwendungen zu nutzen (Bill 1999, Wilke 1995) und
- verschiedene Datenbestände aus unterschiedlichsten Quellen für die Bearbeitung der vielfältigen und z.T. komplexeren Fragestellungen im landwirtschaftlichen Betriebsmanagement zu kombinieren (Backes et al. 2005, Nölle 2005).

Die Nutzbarkeit vorhandener Datensätze für die Bewältigung des Betriebsmanagements ist in Teilen bereits in der Literatur dokumentiert. Insgesamt basieren diese Aussagen allerdings weit mehr auf Erfahrungswerten als auf einer systematischen Untersuchung der Daten und ihrer Qualität. Lediglich Backes et al. (2005) untersuchten die Anforderungen, die von Seiten landwirtschaftlicher Nutzer an Metadaten bestehen. Die Schwerpunkte der Diskussion liegen zum einen meist bei der Einsetzbarkeit von Geoinformationssystemen in der Landwirtschaft generell. Zum anderen wird die Einsetzbarkeit von Geodaten vorrangig für die Optimierung der Bewirtschaftung aus ökonomischer Sicht diskutiert (z.B. Doluschitz 2000, KTBL 2005, Nölle 2005, Rosskopf & Wagner 2004, Streit 2004, Wustrack 2002). Anforderungen an die Geodaten werden in diesem Zusammenhang nur sehr übergreifend und häufig nur indirekt über das Aufzeigen von Defiziten diskutiert.

Darüber hinaus existieren zwar einzelne Untersuchungen zu den Einsatzmöglichkeiten von GIS und Geodaten zur Bewältigung ökologischer Fragestellungen. Da allerdings bisher abiotische Schutzgüter wie Wasser und Boden bevorzugt im Betriebsmanagement und auch in den entsprechenden Managementsystemen berücksichtigt wurden (Braband et al. 2003, Oppermann et al. 2003), ist dies auch der Fokus der Untersuchungen. So bestehen Einschätzungen der Einsetzbarkeit von GIS und Geodaten für die Modellierung von Stickstoffflüssen (Rao et al. 2000, Trapp 2003), die Erosionsabschätzung (Siebrecht & Hülsbergen 2008), sowie die Modellierung des Pflanzenwachstums und der Konzentration von Schwermetallen in Pflanzen und Böden (Söderström 1995). Knüppel (2006) untersuchte die Nutzbarkeit von GIS für die Honorierung ökologischer Leistungen. Eine Einschätzung der Nutzbarkeit vorhandener Geodaten für die Beantwortung weiterer ökologischer Fragestellungen auf landwirtschaftlichen Betrieben fehlt jedoch bisher. Dies ist sicher auch auf den bisherigen Mangel an geeigneten Werkzeugen zurückzuführen, mit denen die Daten eingesetzt und analysiert werden können. Anforderungen, die speziell aus dem Aufgabenfeld Naturschutz auf der landwirtschaftlichen

Betriebsebene erwachsen, lassen sich hieraus zwar in Teilen ableiten. Eine umfassende Überprüfung der Einsetzbarkeit vorhandener Datenbestände für diesen Anwendungszweck und die entsprechende Ableitung von Empfehlungen ist auf dieser Basis aber nicht möglich.

1.3 Ziele und Untersuchungsfragen

Ziel der vorliegenden Arbeit ist es, die Nutzbarkeit vorhandener, von behördlicher Seite bereit gestellter Geodaten als Informations- und Bewertungsgrundlage für das landwirtschaftliche Betriebsmanagement zu überprüfen. Der Fokus liegt dabei aufgrund der aktuell bestehenden Herausforderungen für das Betriebsmanagement auf den Anforderungen aus Sicht des Naturschutzes („Naturschutzmanagement“) und hier insbesondere auf den Aspekten Biodiversität und Landschaftsästhetik. Für letztere blieb infolge des bisherigen Mangels an geeigneten Werkzeugen zu ihrer Beurteilung auf Betriebsebene die Diskussion um geeignete Daten weitestgehend aus. Voraussetzung für eine solche Analyse und Bewertung der Geodaten ist die Zusammenstellung der Anforderungen an Geodaten und deren Qualität aus Sicht des landwirtschaftlichen Betriebsmanagements.

Ergebnis der Arbeit ist zum einen eine Beurteilung vorhandener Datensätze, die detailliert Auskunft über deren Stärken und Schwächen für den Einsatz im landwirtschaftlichen Naturschutzmanagement gibt. Für die untersuchten Datensätze können damit zusätzlich Empfehlungen hinsichtlich des Einsatzes im Naturschutzmanagement ausgesprochen werden. Zum anderen werden die Beurteilungsergebnisse vor dem Hintergrund zukünftiger Entwicklungen im Bereich der GI-Technologie diskutiert, um auch Potenziale der bisher vorhandenen Geodaten, Potenziale von Geodaten, die sich noch im Aufbau befinden und auch den weiteren Entwicklungsbedarf zu beurteilen. Besonderer Fokus ist dabei die Einsetzbarkeit der Geodaten mit dem speziell auf die Berücksichtigung von Naturschutzaspekten ausgerichteten Managementsystem MANUELA. Ein weiteres Ergebnis der Arbeit ist daher ein Handlungsleitfaden für die Nutzer des Systems, der bei der Auswahl geeigneter Daten unterstützen soll. Ebenso soll aber auch auf Basis der Untersuchungsergebnisse potenzieller Weiterentwicklungsbedarf für das Naturschutzmanagementsystem MANUELA in Hinblick auf die Datenverarbeitung ermittelt werden.

In Ergänzung zu den Aussagen zur Qualität der vorhandenen Geodaten werden Empfehlungen für den Inhalt, den Aufbau und damit auch für die Standardisierung von Geodaten in Hinblick auf das Naturschutzmanagement landwirtschaftlicher Betriebe ermittelt, die Datenlieferanten und landwirtschaftlichen Dienstleistern (z.B. Beratern) als Anregung für den Datenbedarf und die gezielte Ausgestaltung von Geodatenbeständen dienen sollen.

Ausgehend von der Annahme, dass vorhandene Daten eine geeignete Informationsgrundlage für das Naturschutzmanagement landwirtschaftlicher Betriebe darstellen können, aber in ihrer Qualität für die Betriebsebene noch nicht ausreichend sind, fokussiert die Arbeit auf die Untersuchung der folgenden zentralen Fragen:

- Welche Anforderungen bestehen von Seiten der Landwirtschaft sowie von Seiten des Naturschutzes an die Bereitstellung und Qualität von Geodaten, die landwirtschaftliche Betriebe bei der Berücksichtigung von Biodiversität und Landschaftsästhetik unterstützen sollen?
- Welche existierenden Geodaten sind gemessen an diesen Anforderungen eine geeignete Informations- und Bewertungsgrundlage für das Naturschutzmanagement landwirtschaftlicher Betriebe?

  - Welche Anforderungen werden erfüllt?
  - Welche Anforderungen werden nicht erfüllt? Aus welchen Gründen?
- Bestehen Potenziale, evtl. festgestellte Defizite der untersuchten Geodaten in Zukunft zu beheben (z.B. durch Bereitstellung neuer oder anderer Daten)?
- Welche Empfehlungen können anhand der Ergebnisse für den Einsatz von Geodaten im landwirtschaftlichen Naturschutzmanagement, insbesondere gemeinsam mit dem Naturschutzmanagementsystem MANUELA, ausgesprochen werden?
- Welche Empfehlungen können für die weitere Entwicklung des Naturschutzmanagementsystems MANUELA ausgesprochen werden?
- Welche Empfehlungen können auf Basis der erzielten Ergebnisse für die zukünftige Ausgestaltung von Geodaten und den Datenbedarf ausgesprochen werden?

2 GRUNDLAGEN UND METHODEN

Bevor die erforderlichen Arbeitsschritte und die eingesetzten Methoden zur Beantwortung der Untersuchungsfragen dargestellt werden, erfolgt zunächst eine nähere Beschreibung des Untersuchungsgegenstandes der vorliegenden Arbeit, der Geodaten (Kap. 2.1). Ebenso werden das Naturschutzmanagementsystem MANUELA (Kap. 2.2) sowie die im Rahmen der Qualitätsüberprüfung eingesetzten Geoinformationssysteme vorgestellt (Kap. 2.3). Im Anschluss folgt die Darlegung der Arbeitschritte und Methoden im Detail, strukturiert anhand der Untersuchungsfragen (Kap. 2.4 bis 2.5). Tabelle 11 am Ende des Kapitels zeigt die für die Beantwortung der Untersuchungsfragen durchgeführten Arbeitschritte und hierzu angewendeten Methoden in der Übersicht.

2.1 Geodaten

Unter dem Begriff „Geodaten" oder auch „Geoinformationen" werden digitale Informationen zusammengefasst, die die Objekte der Landschaft und ihren räumlichen Bezug zur Erdoberfläche beschreiben (Bill 1999, De Lange 2006, Hennermann 2006). Objekte der Landschaft können sowohl natürliche als auch vom Menschen geschaffene Strukturen auf der Erdoberfläche (z.B. Gewässer, Wälder, Bebauung) als auch Strukturen der Erdoberfläche selbst (Bodenarten, Bodentypen, Relief) oder unmittelbar unter ihr (Grundwasser, geologische Phänomene) sein (Abb. 1).

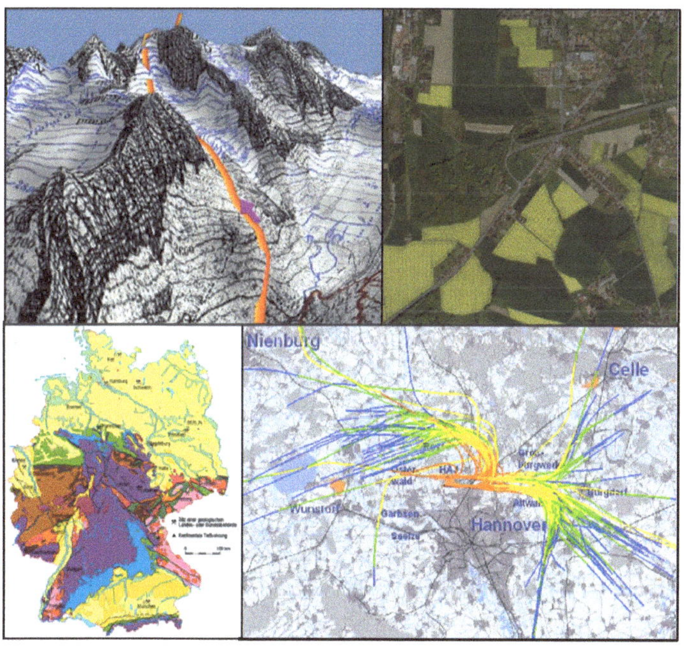

Abb. 1: Beispiele für Geodatensätze – von links oben nach rechts unten: Digitales 3D-Modell der Alpen (Alpenverein 2008), Digitales Orthophoto (LGN 2008a), Geologische Karte Deutschland (BGR 2008), Abflüge vom Flughafen Hannover am 02.07.08 (DFS 2008)

Geodaten sind dabei aber immer nur ein unvollständiges Abbild eines Teilausschnittes der Erdoberfläche. Sie bilden ein bestimmtes Thema zu einem bestimmten Zeitpunkt für einen bestimmten Raum ab (Schukraft & Lenz 2005). Der Raumbezug wird entweder durch eine direkte (z.B. mit Hilfe eines Koordinatensystems) oder indirekte (z.B. durch Beziehungen) Beschreibung ihrer Position ins Verhältnis zur Erdoberfläche und auch zu anderen Objekten gesetzt (Bill & Zehner 2001, Walker 1993). Geodaten sind neben Hard- und Software und dem Nutzer selbst einer der wesentlichen Bestandteile eines Geoinformationssystems (Bill 1999, De Lange 2006).

Aufgrund des Raumbezuges und mit Hilfe von Geoverarbeitungswerkzeugen (z.B. Abfragen, Verschneidungen) lassen sich Geodaten zu unterschiedlichen Themen integrieren und gemeinsam verarbeiten, was es wiederum ermöglicht, auch neue Informationen abzuleiten (Bill & Zehner 2001). Der Deutsche Bundestag (2005) sieht Geodaten aus diesem Grund als eine immer wichtiger werdende Entscheidungsgrundlage für Wirtschaft und Gewerbe wie auch für behördliche Anwendungen in der Raum-, Landes- und Regionalplanung und schreibt daher der Verfügbarkeit von aktuellen und zweckbezogenen Geodaten eine hohe Bedeutung zu. Die Erzeugung von Geodaten stellt allerdings aufgrund des verhältnismäßig hohen Erfassungsaufwandes eine besondere Herausforderung dar. Dieser Erfassungsaufwand sorgt dafür, dass Geodaten im Vergleich zu Hard- und Software der kostenintensivste GIS-Bestandteil sind (Abb. 2). Dies verbunden mit der ebenfalls im Vergleich zu Hard- und Software wesentlichen höheren Lebensdauer, macht Geodaten ökonomisch gesehen zur wertvollsten Komponente eines GIS (Weidenbach 1999).

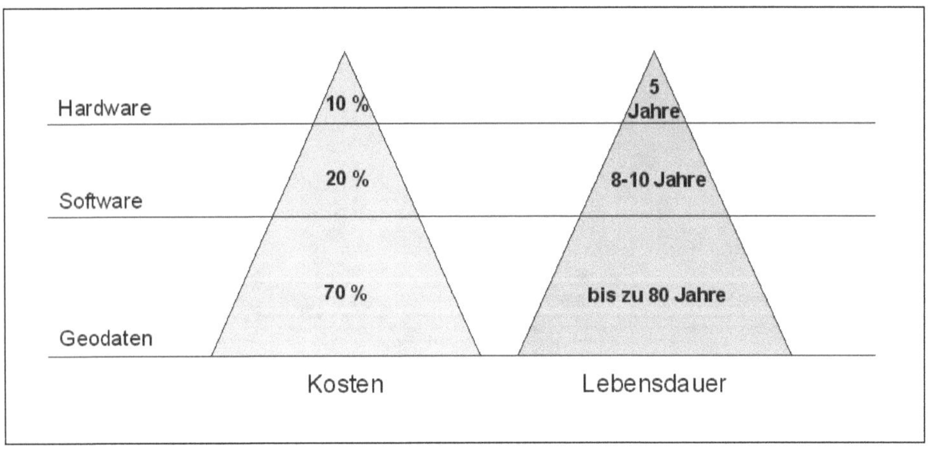

Abb. 2: Kosten und Lebensdauer der Bestandteile eines Geoinformationssystems im Vergleich (verändert nach Klose 2001, Liebig & Mummenthey 2002)

Geodaten setzen sich aus unterschiedlichen Datentypen zusammen, hierzu gehören:

- die Geometriedaten, die Lage und Form der Objekte an der Erdoberfläche wiedergeben,
- die Topologie, die die räumlichen Beziehungen und Abhängigkeiten der Objekte untereinander beschreibt (Nachbarschaft, Verbundensein, Enthaltensein),
- die Grafikattribute, die das Erscheinungsbild der Daten definieren, wie z.B. Signaturen, Farben und Typographie sowie
- die Sachdaten (Attribute), die den thematischen Inhalt eines Objektes wiedergeben (Bill & Zehner 2001).

Weiterhin relevant sind die Metadaten, die Daten über die Daten. Diese sind laut Bill & Zehner (2001) unentbehrlich für die Dokumentation, den Transfer und die längerfristige Wertsicherung von Daten. Sie enthalten Informationen über die Eigenschaften, Herkunft sowie Einsatzmöglichkeiten der Geodaten (ebd.). Diese Angaben können sowohl in den Daten selbst enthalten sein (z.B. als Attribut) oder in einem externen Metadatensatz als XML- oder Textdatei vorliegen. Neben einer Vereinfachung der Recherche von Daten ist die Hilfe bei der Beurteilung der Datenqualität der Hauptzweck von Metadaten (Backes et al. 2005, Schukraft & Lenz 2005). Ein Beispiel für Metadaten zeigt Abbildung 3.

Abb. 3: Ein Beispiel für Metadaten (ESRI 2008)

Weitere Unterteilungen lassen sich sowohl aus technischer wie auch aus inhaltlicher Sicht vornehmen. Aus technischer Sicht wird zwischen Rasterdaten und Vektordaten unterschieden (Abb. 4). Bei den Rasterdaten wird eine Fläche als kleinster Träger der Sachinformation genutzt. Dies sind i.d.R. quadratische Zellen (Rasterzellen), die in Matrixform (Zeilen und Spalten) vorliegen (De Lange 2006, Jones 2006). Das Zeilen- und Spaltensystem liefert damit auch die räumlichen Positionsangaben zu den Sachdaten (Kaufmann 1997). Vielfach sind Rasterdaten Bilddaten (Rasterbilder) mit einem geographischen Bezug (z.B. Orthophotos, Scans analog vorliegender Kartengrundlagen). Die einzelnen Pixel tragen in diesem Fall die entsprechende Sachinformation. Es kann sich jedoch auch um beliebige andere numerische Informationen handeln (z.B. Messwerte), die einer Rasterzelle zugeordnet sind. Hierzu gehören Daten von Sensoren satelliten- oder flugzeuggestützter Erfassungssysteme, wie z.B. Geländehöhen, die dann in Geländemodelle überführt werden (Muhar 1992). Generell ist der Detaillierungsgrad der in Rasterdaten enthaltenen Informationen geringer als bei Vektordaten, da sie die Objekte der Landschaft mit diskontinuierlichen, „unscharfen" Grenzen abbilden (sägezahn- bzw. treppenartiges Aussehen von Grenzlinien) (Kaufmann 1997).

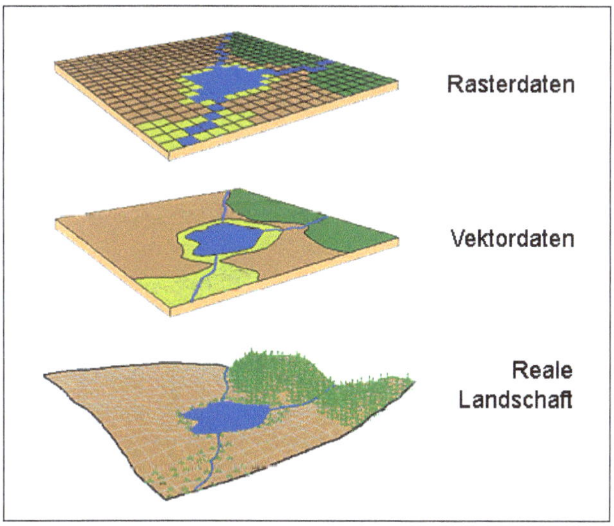

Abb. 4: Repräsentation der realen Landschaft durch Raster- und Vektordaten (verändert nach Streit 2008)

Bei der Vektordatenverarbeitung sind hingegen die Informationen Punkten zugeordnet, auf denen höhere Strukturen wie Linien und Polygone aufbauen (Jones 2006). Jedes Objekt der Landschaft wird in diesem Datenmodell durch ein einzelnes X-Y-Koordinatenpaar (Punktgeometrie) oder eine Reihe geordneter X-Y-Koordinatenpaare (Linien, Polygone) repräsentiert, die seine Form definieren (De Lange 2006). Vektordaten sind i.d.R. Konstruktionsdaten, die aus Messungen und anderen Erfassungsverfahren gewonnen werden (Bartelme 2005, Bill & Zehner 2001). Die Sachinformationen sind jeweils mit der gesamten, erfassten Geometrie des Objektes verbunden. Mit Hilfe von Vektordaten können topologische Beziehungen räumlicher Phänomene abgebildet werden, d.h. Informationen über die Beziehungen der Objekte zueinander sind im Datenmodell selbst enthalten (De Lange 2006). Vektordaten eignen sich insbesondere, um räumliche Phänomene mit definierten linearen Grenzen abzubilden. Die Grenzziehung suggeriert jedoch u.U. nur eine hohe Genauigkeit, da auch für die Erzeugung von Vektordaten eine Generalisierung der realen Informationen zur Landschaft stattfinden muss (Göpfert 1991).

Raster- und Vektordaten werden im Umweltbereich gleichermaßen verwendet (Lipp 2005, Woodcock et al. 1990): Beispiele für eingesetzte Rasterdaten sind Satellitenbilder und Digitale Geländemodelle, aus dem Vektordatensektor finden Landnutzungs- und Bodeninformationen Verwendung. Beide Datentypen haben Vor- und Nachteile, die bei der Auswahl und Verwendung berücksichtigt werden sollten (vgl. Tab. 1).

Tab. 1: Vor- und Nachteile der Verwendung von Rasterdaten und Vektordaten in Geoinformationssystemen (nach Göpfert 1991, Kaufmann 1997, De Lange 2006, Lipp 2005, Woodcock et al. 1990)

	Rasterdaten	Vektordaten
Vorteile	– einfache Datenstruktur – einfache Überlagerung und Verschneidung von Objekten – einfache logische und algebraische Funktionen – geringer Aufwand bei der Erfassung (Geometrie und Topologie), daher schnelle Verfügbarkeit – Aktualität und Ableitbarkeit von Sekundärinformationen	– hohe geometrische Genauigkeit – eindeutige Objektbeschreibung – gute Möglichkeiten der thematischen Objektbeschreibung – gute Selektierbarkeit einzelner Objekte nach Qualität oder Namen – geringe Datenmengen, gute Datenkompression – größere Ähnlichkeit der Darstellung mit traditionellen Karten
Nachteile	– keine Form und Lagetreue der Objekte – bei höherer Genauigkeit der Daten (kleine Pixelgrößen) schnell größer werdende Datenmengen und damit hoher Bedarf an Speicherplatz – graphisch nur beschränkt veränderbar – keine Anbindung weiterer Sachdaten – weniger zufrieden stellende grafische Präsentation – aufwändige Koordinatentransformationen	– hohe Komplexität der Datenstruktur – aufwändigere Erfassung von Geometrie und Topologie – aufwändige Berechnung von Datenverknüpfungen und geometrischen Nachbarschaftsbeziehungen – parallele geometrische und topologische Beschreibung der Objekte – umständliche geometrische Zugriffsmöglichkeit

Des Weiteren lassen sich Geodaten aus fachlicher bzw. inhaltlicher Sicht in zwei große Untergruppen aufteilen: Geobasisdaten und Geofachdaten. Geobasisdaten beschreiben die Landschaft (Topographie) und die Liegenschaften der Erdoberfläche interessenneutral, während Geofachdaten die in den jeweiligen Fachdisziplinen (z.B. Boden, Verkehr, Statistik, Naturschutz, Wasserwirtschaft) erhobenen, spezifischen Geodaten sind (AdV 2005, De Lange 2006).

Zu den Geobasisdaten zählen im Wesentlichen die Daten der Vermessungsverwaltung, die als Grundlage für viele andere (Fach-)Anwendungen geeignet sind (De Lange 2006). In Deutschland gehören zu diesen amtlichen Geobasisdaten

- die Automatisierte Liegenschaftskarte (ALK) und das Automatisierte Liegenschaftsbuch (ALB), deren Informationen in Zukunft im Amtlichen Liegenschaftskataster-Informationssystem (ALKIS) zusammengeführt werden und
- das Amtliche Topgraphisch-Kartographische Informationssystem (ATKIS), das sich wiederum aus den Digitalen Landschaftsmodellen (DLM), den Digitalen Topographischen Karten (DTK), den Digitalen Geländemodellen (DGM) und den Digitalen Orthophotos (DOP) zusammensetzt (Bill 2002, De Lange 2006).

Daneben werden Daten zu Bezugssystemen und Grundlagennetzen sowie die Verwaltungsgrenzen auf nationaler, regionaler und lokaler (z.B. Flurstücks-) Ebene von den Vermessungsämtern zur Verfügung gestellt. Zukünftig werden auch über die Digitalen Orthophotos hinaus weitere Luft- und Satellitenbilder als Geobasisdaten bereitgestellt (Bill & Zehner 2001).

Geofachdaten sind die in den jeweiligen Fachdisziplinen bzw. den entsprechenden öffentlichen Stellen erhobenen Daten. Geofachdaten werden u.a. aufgrund von Fachgesetzen (z.B. für Statistik, Boden, Naturschutz etc.) in den Verwaltungen der unterschiedlichen Planungsebenen (lokal, regional, landesweit, national) geführt. Der Raumbezug wird in diesen Daten u.U. auch indirekt über Postleitzahlen oder andere administrative Einheiten wie Gemeinden, Landkreise, Arbeitsamtsbezirke hergestellt (Bill 1999).

Da Geobasisdaten in unterschiedlichen Maßstabsbereichen vorhanden sind, lassen sie sich sehr flexibel einsetzen und können damit verschiedenen Anforderungen des jeweiligen Nutzers gerecht werden (Redslob 2004). Diese Anforderungen variieren abhängig vom Fachgebiet, in dem die Daten eingesetzt werden sollen, von der geforderten Genauigkeit, vom thematischen und methodischen Anwendungsfall, von der Ausdehnung und auch ggf. dem geforderten Abbildungsmaßstab für das Planungs-/Untersuchungsgebiet (Endrullis & Hoppe 2001). Insbesondere die Vektordaten aus dem Geobasisdatenbestand sind wiederum geeignet für die Anbindung von Fachdaten, z.B. in Form von Attributen an die im Digitalen Landschaftsmodell enthaltenen Geometrien. Aus diesem Grund sehen Endrullis & Hoppe (2001) in den Daten des Digitalen Landschaftsmodells eine wichtige Grundlage für die Planung, Modellierung und Simulation von umwelt- und naturschutzrelevanten Sachverhalten.

2.2 Das Naturschutzmanagementsystem MANUELA als Fallbeispiel für EDV-gestützte Betriebsmanagementsysteme

Das Naturschutzmanagementsystem MANUELA wurde im Rahmen des von der Deutschen Bundesstiftung Umwelt (DBU) geförderten Forschungsvorhabens „Naturschutz in einem Betriebsmanagementsystem für eine nachhaltige Landwirtschaft" entwickelt. Das System schließt die bisher bestehende Lücke im Bereich der naturschutzorientierten Betriebsmanagementsysteme in Hinblick auf die Aspekte Biodiversität und Landschaftsästhetik (Haaren et al.

2008a,b). GIS-gestützt stellt das System Methoden und Werkzeuge bereit, die den Landwirt bei folgenden Aspekten seines betrieblichen Managements unterstützen sollen:

- Einhaltung gesetzlicher Auflagen (gute fachliche Praxis, Cross Compliance),
- Darstellung und Bewertung von Betriebsleistungen in Hinblick auf Biodiversität und Landschaftsästhetik,
- Ermittlung der Gefährdungen durch Wassererosion,
- Optimierung des nachhaltigen Betriebsmanagements und
- Kostenkalkulation von Landschaftspflegemaßnahmen (Haaren 2008b).

2.2.1 Aufbau des Systems

Als Basis für die technische Entwicklung des Systems wurden die Funktionalitäten des freien Desktop-GIS OpenJump genutzt (Steiniger 2008, Wolf 2008): MANUELA wurde als Erweiterung in dieses integriert. Zur Verwaltung und Sicherung von Daten wurde zusätzlich das freie Datenbankmanagementsystem PostgreSQL (Eisentraut 2003) in das System einbezogen (vgl. Kap. 2.3.2). MANUELA bietet den Anwendern so die Möglichkeit, existierende Daten (z.B. digitale Bodendaten, Biotopkartierungen oder Landschaftsmodelle) zu nutzen und auch neue Informationen über die Landschaft systematisch und strukturiert zu erfassen. Daten über die Landschaft können mit den Bewirtschaftungsdaten in Beziehung gesetzt werden. Die gesammelten Informationen über den Betrieb werden von MANUELA anhand einheitlicher Kriterien und Methoden vergleichbar bewertet. Anschließend können auf Basis der erzielten Ergebnisse Maßnahmen zur Optimierung des Betriebsmanagements abgeleitet werden.

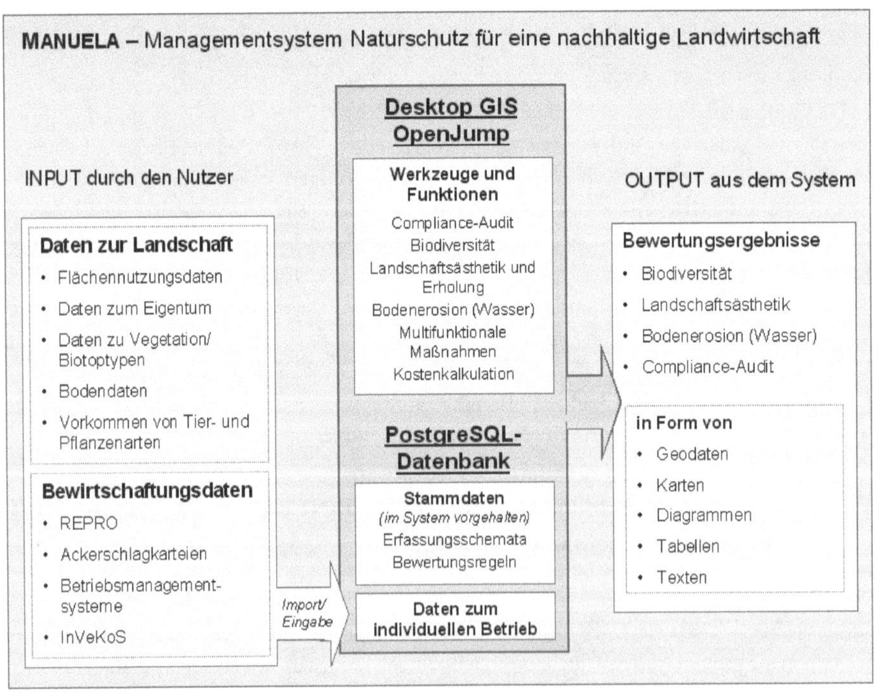

Abb. 5: Aufbau des Naturschutzmanagementsystems MANUELA (Lipski et al. 2008a)

Mit Hilfe von Szenarios (Annahme von Maßnahmen, Nutzungsänderungen oder Veränderungen in der Bewirtschaftungsweise) kann zusätzlich getestet werden, wie sich verschiedene Maßnahmen auf die Betriebsbewertung auswirken (Abb. 5, vgl. Haaren et al. 2008a, Lipski et al. 2008a).

OpenJump stellt im System MANUELA die Arbeitsoberfläche für den Nutzer dar. Alle Funktionen zum Import vorhandener Daten, zur Dateneingabe, zur Analyse und zur Visualisierung werden über OpenJump angesteuert (Abb. 6). Für die Darstellung der erzielten Bewertungsergebnisse bietet das System unterschiedliche Möglichkeiten. Hierzu gehören analoge und digitale Karten, textliche Beschreibungen sowie Diagramme. Zusätzlich ist ein Export der Bewertungsergebnisse, d.h. der entsprechenden Geodaten, in unterschiedlichen Formaten für andere Anwendungen im landwirtschaftlichen Betriebsmanagement möglich (Lipski et al. 2008a).

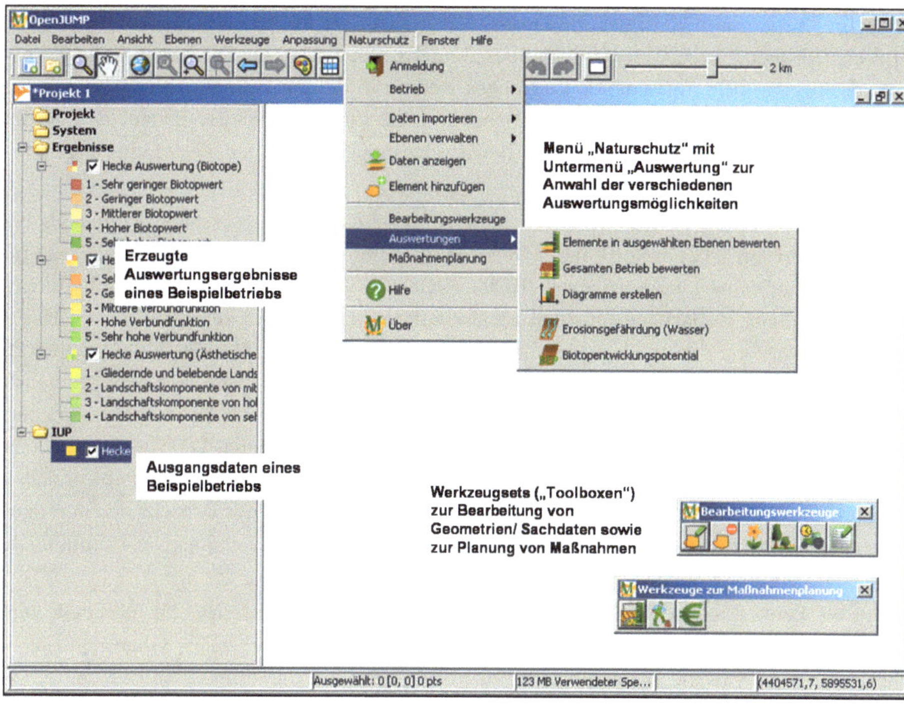

Abb. 6: Die Nutzeroberfläche von MANUELA (Lipski et al. 2008b)

Die eingesetzte PostgreSQL-Datenbank dient vorwiegend der Eingabe, Verwaltung und Sicherung der Datenbestände. Zur Unterstützung und Vereinfachung dieser Arbeitsschritte werden in der Datenbank verschiedene Stammdaten vorgehalten. Diese Stammdaten definieren, welche Informationen in welcher Form erfasst, abgespeichert, analysiert und bewertet werden können. So sind z.B. Vorgaben zu erfassbaren Sachdaten und Geometrietypen sowie zu Bewertungskriterien (Bewertungsregeln, Wertstufen) enthalten. Für die Erstellung der Stammdaten wurde z.T. auf vorhandene Datenbestände zurückgegriffen (z.B. Biotoptypenlisten der Länder, Landschaftssteckbriefe des Bundesamtes für Naturschutz). Wenn möglich sind hierfür auch bestehende, extern gepflegte Datenbestände direkt übernommen worden, wie z.B. die Daten des FloraWeb des Bundesamtes für Naturschutz (BfN 2007). Auf Basis dieser Stammdaten werden in der Datenbank die einzelfallbezogenen Informationen über die

Bewirtschaftung und die Landschaftsstrukturen eines Betriebs und der umgebenen Landschaft inklusive ihrer Attribute abgelegt. Diese werden vom Nutzer selbst durch Importieren oder Digitalisierung in die Datenbank eingepflegt (vgl. Lipski et al. 2008a). Die betriebsindividuellen Daten werden dann anhand der in MANUELA (über die Datenbank oder im Programmcode) festgelegten Bewertungsschemata analysiert (vgl. Lipski et al. 2008b).

2.2.2 Analyse und Bewertung der Aspekte Biodiversität und Landschaftsästhetik

Während in vielen der entwickelten Systeme Indikatoren des abiotischen Bereichs den Fokus der Umweltbewertung bilden, stehen mit dem System MANUELA vor allem Bewertungsmöglichkeiten in den Bereichen Biodiversität und Landschaftsästhetik zur Verfügung. Unter dem Begriff Biodiversität werden im Zusammenhang mit MANUELA die Umweltleistungen des Betriebs in Hinblick auf den Arten- und Biotopschutz zusammengefasst (vgl. Vogel & Haaren 2008). Im Vordergrund steht daher hier die Vielfalt an Lebensräumen und Arten. Der Begriff Landschaftsästhetik fasst alle Leistungen des Betriebs zusammen, die das Landschaftsbild positiv oder negativ beeinflussen. Als Leistungen werden in diesem Zusammenhang sowohl die auf dem Betrieb vorhandenen Landschaftsbestandteile mit ihren Wirkungen für den Naturschutz als auch die Auswirkungen der Bewirtschaftungsmaßnahmen verstanden (vgl. Blumentrath & Haaren 2008).

Für die Analyse der Leistungen eines Betriebs im Bereich der Biodiversität werden als Bewertungsgrundlage neben dem Bestand an Arten und Biotopen auch das auf den Flächen vorhandene Biotopentwicklungspotenzial (BEP) sowie die Wirkungen der landwirtschaftlichen Nutzungseinflüsse einbezogen. Für den Landschaftselementtyp „Hecke“ konnte ein sehr detailliertes Bewertungsschema ausgearbeitet werden (vgl. Vogel & Haaren 2008), da hierfür bereits viele Untersuchungen und Qualitätsstandards zur Verfügung stehen. Zusätzlich wurde daher anhand der Hecken die Bewertung der Vernetzungswirkung von Landschaftselementen im landwirtlichen Betrieb beispielhaft umgesetzt (vgl. Vogel & Haaren 2008). Das ermittelte BEP kann vornehmlich im Zusammenhang mit der Bewertung des aktuellen Arten- und Biotopbestandes zur Ableitung geeigneter Maßnahmen für die Flächen des Betriebs herangezogen werden. Die Bewertung der Nutzungseinflüsse erfolgt unter Einbeziehung von Empfindlichkeiten von vorkommenden Pflanzengesellschaften (ebd.).

Um die Beiträge eines Betriebs zum ästhetischen Wert der Landschaft zu bewerten, wird das auf dem Betrieb vorhandene Landschaftsinventar mit seinen ästhetisch wirksamen Eigenschaften (z.B. historische Bedeutung, Regionaltypik, Seltenheit, Raumwirksamkeit und empirisch belegbare Attraktivität) erfasst. Zum Landschaftsinventar gehören bei dieser Bewertung sowohl dauerhafte vorhandene Strukturen in der Landschaft (z.B. landwirtschaftliche Flächen, Landschaftselemente wie Hecken, Bäume etc., Gewässer und Infrastruktur) als auch temporäre Phänomene, die z.B. durch die Bewirtschaftung der Flächen entstehen (z.B. Beweidung, Bearbeitung ackerbaulich genutzter Flächen) (vgl. Blumentrath & Haaren 2008).

Obwohl bei der Bewertung der Bereiche Biodiversität und Landschaftsästhetik z.T. unterschiedliche Eigenschaften von z.T. auch verschiedenen Landschaftsbestandteilen berücksichtigt werden, besteht für beide Bereiche ein gemeinsamer Erfassungsstandard, anhand dessen Informationen für einen Betrieb erfasst werden können. Der Schwerpunkt liegt dabei vor allem auf der Erfassung des Zustandes und der Nutzungseinflüsse für Landschaftsbestandteile, die in der Agrarlandschaft und insbesondere auf ausgewählten landwirtschaftlichen Betrieben zu finden sind. Die mit Stand von August 2008 in der Software enthaltenen, bewertbaren Landschaftsobjekte sind in Tabelle 2 aufgeführt.

Tab. 2: Landschaftsobjekte, die mit der Software MANUELA erfasst und bewertet werden können (Stand August 2008) (vgl. Blumentrath & Haaren 2008, Vogel & Haaren 2008)

Landschaftsobjekte (als P= Punkt, L= Linie oder F= Fläche zu erfassen)	
Gehölzgeprägte Flächen	**Landwirtschaftliche Flächen**
Einzelbaum (P)	Ackerschlag (F)
Einzelstrauch (P)	Grünlandschlag (F)
Baumgruppe (P,F)	**Gewässer**
Gebüsch (F)	
Feldgehölz (F)	Bach (L)
Hecke (L)	Graben (L)
Baumreihe (L)	Teich (F)
Allee (L)	Tümpel (F)
Waldrand (L)	Altarm (L)
Wald (F)	Verlandungsbereiche von Stillgewässern (L)
Streuobst (F)	Vegetationsarmer Uferbereich (F)
Weitere vegetationsgeprägte Flächen	**Gebäude**
	Landwirtschaftliche Wohn-Wirtschaftsgebäude (Bauernhaus/ Hauptgebäude) (F)
Dauerbrache (F)	Landwirtschaftliche Wirtschaftsgebäude – Stall (F)
Hochstauden (F)	Landwirtschaftliche Wirtschaftsgebäude - Scheune (F)
Binnensalzstelle (P)	Landwirtschaftliche Klein- und Nebengebäude (F)
Sumpf/ Moor (F)	Sonstige Gebäude, nicht landwirtschaftlich genutzt (F)
Heide (F)	**Weitere landwirtschaftliche Einrichtungen**
Magerrasen (F)	Lagerfläche (Heulager, Silagelager) (F)
Seggenried (F)	Futtersilo/ Güllesilo (F)
Röhricht (F)	Festmiststapel (F)
Übergangsbereiche	**Geländeformen**
Rain (F,L)	Wall, Deich (L,F)
Ackerrandstreifen (F, L)	Hügel (L,F)
Straßenrand (F, L)	Mulde (L,F)
Verkehrsflächen	Grube / Kuhle (L,F)
Platz (P,F)	Geländestufe (L)
Straße (L)	Böschung, Steilhang (L,F)
Weg (L)	Felsen, Stein, Findling (L,F)
Brücke (P,L,F)	Stützmauer (L)
Umfriedungen	**Ver- und Entsorgungseinrichtungen**
Zaun (L)	Windkraft (P)
Zierhecke (L)	Solarenergie (F)
Sonstiges	Stromtransport (L)
	Gaswirtschaft (L)
Grünanlage (F)	Fernwärme (L)
Gartenbauliche genutzte Fläche (F)	Wasserwirtschaft (P)
	Antenne- oder Sendeanlage (P)

2.3 Eingesetzte Geoinformationssysteme für die Qualitätsüberprüfung

Für die im Rahmen der Arbeit durchgeführten Untersuchungen von Geodaten werden zwei verschiedene Geoinformationssysteme eingesetzt: das System ArcGIS der Firma ESRI GmbH (Kap. 2.3.1) sowie das freie Geoinformationssystem OpenJump (Kap. 2.3.2). Zusätzlich findet das Naturschutzmanagementsystem MANUELA (Managementsystem Naturschutz für eine nachhaltige Landwirtschaft) Verwendung, das wiederum auf Desktop-GIS OpenJump basiert (Kap. 2.2). Das im Rahmen eines Forschungsvorhabens entwickelte System MANUELA (vgl. Haaren et al. 2008a, b) ist bisher das einzige GIS-gestützte System zur Bewertung der Umweltleistungen eines landwirtschaftlichen Betriebs, das auch die Aspekte Biodiversität und Landschaftsästhetik berücksichtigt. Es wird daher im Rahmen der Arbeit sowohl als Grundlage für die Formulierung von Anforderungen als auch als technischer Testrahmen einer praktischen, beispielhaften Anwendung der Geodaten genutzt (vgl. Kap. 2.4.4 und Kap. 4.4).

2.3.1 ArcGIS

Das Geoinformationssystem ArcGIS der Firma ESRI GmbH wird in der vorliegenden Arbeit in der Version ArcGIS Desktop 9.2 eingesetzt. Das System setzt sich aus zwei Teilanwendungen zusammen: ArcMap stellt Werkzeuge zum Editieren, zur Analyse und Darstellung von Daten zur Verfügung während ArcCatalog Funktionen zur Verwaltung von Daten und zugehöriger Metadaten bereitstellt. Das System kann sowohl zur Raster- als auch zur Vektordatenverarbeitung genutzt werden. Es verfügt über umfangreiche Erweiterungen, z.B. zur Rasterdatenanalyse, zur Veröffentlichung von Karten im Internet und zur dreidimensionalen Analyse und Darstellung von räumlichen Informationen. ArcGIS unterstützt neben dem ESRI-eigenen Format SHP diverse Raster- und Vektordatenformate sowie den ESRI-eigenen Web-Dienst ArcIMS und die standardisierten Web-Dienste WFS und WMS (vgl. OGC 2008).

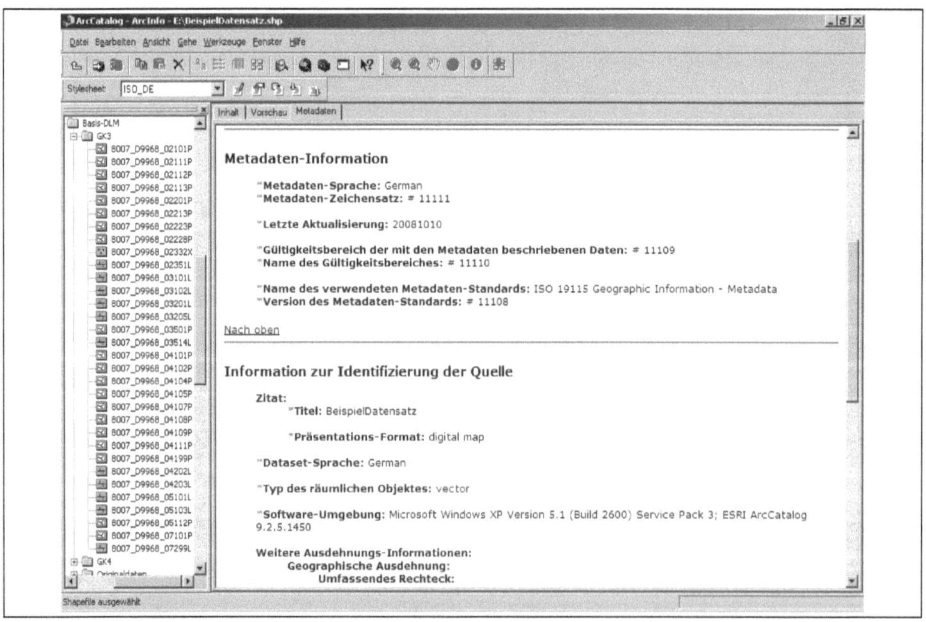

Abb. 7: ArcCatalog-Funktionen zur Anzeige von Geodaten, Sachdaten und Metadaten

Für die vorliegende Arbeit werden vor allem die Funktionen der ArcGIS-Teilanwendung ArcCatalog zur (Vor-)Ansicht von Geodaten, Sachdaten und Metadaten genutzt (vgl. Abb. 7).

2.3.2 OpenJump

Das freie Geoinformationssystem OpenJump ist das internationalisierte Nachfolge-Produkt der Software Jump (Java Unified Mapping Platform), die von der kanadischen Firma Vivid Solutions veröffentlicht wurde (Steiniger 2008, Wolf 2008). Sowohl die Software selbst als auch deren Quellcode stehen kostenlos zur Verfügung. Die Software ist Teil des Schirmprojektes „Jump Pilot Project“ (JPP), an dem verschiedene Institutionen (Universitäten, Forschungsgruppen, Behörden) und Firmen beteiligt sind (The Jump-Project.org 2008). OpenJump ist maßgeblich für die Verarbeitung von Vektordaten entwickelt worden. Zu den einbindbaren Formaten gehören z.B. SHP, GML, JML. Es verfügt aber inzwischen auch über Funktionalitäten zur Einbindung verschiedener Rasterdatenformate (z.B. TIFF, JPG, PNG, GIF, SID). Daneben ist auch ein Import von Rohdatenformaten aus GPS-Empfängern (NMEA, CSV, WKT) und spezifischen Formaten, die in Softwarelösungen von Landmaschinenherstellern verwendet werden (JD-Map, Agro-Map), möglich. Zusätzlich stehen Erweiterungen zur Verfügung, die eine Einbindung standardisierter Web-Dienste (Web Mapping Service [WMS], Web Feature Service [WFS]; vgl. OGC 2008) erlauben. Das System verfügt zudem über ein Werkzeug zur automatischen Qualitätskontrolle, das z.B. die Topologie, Selbstüberschneidungen und den Geometrietyp überprüft und entsprechende Fehler im kontrollierten Datensatz visualisiert. Insbesondere diese Funktion wird im Rahmen der Arbeit für die Untersuchung der Geodaten genutzt (vgl. 2.5.2).

2.4 Vorgehen zur Ermittlung der Anforderungen an Geodaten aus Sicht des landwirtschaftlichen Naturschutzmanagements

Da die Anforderungen an Geodaten aus Sicht des Naturschutzmanagements landwirtschaftlicher Betriebe bisher nur unzureichend dokumentiert und nicht strukturiert erfasst wurden (vgl. Kap. 1.2), ist deren Zusammenstellung wesentliche Grundlage für die Beantwortung der weiteren Untersuchungsfragen zur Einsetzbarkeit der Geodaten. Für die Zusammenstellung wird eine Kombination aus unterschiedlichen Methoden verwendet (Abb. 8).

Abb. 8: Zusammenstellung der Anforderungen an Geodaten aus unterschiedlichen Quellen

Neben der Auswertung der bisher in Literatur und anderen Quellen dokumentierten Anforderungen (Kap. 2.4.1) wurden hierzu Betriebsleiter und Mitarbeiter landwirtschaftlicher Betriebe befragt (Kap. 2.4.2), ein Workshop mit Experten aus landwirtschaftlicher Verwaltung, Beratung und Forschung durchgeführt (Kap. 2.4.3) sowie die aus dem Datenbedarf des Naturschutzmanagementsystems MANUELA resultierenden Anforderungen zusammengestellt (Kap. 2.4.4). Die Ergebnisse hierzu inklusive einer Synopse der aus den unterschiedlichen Quellen zusammengetragenen Anforderungen finden sich im Kapitel 3.

2.4.1 Auswertung bereits dokumentierter Anforderungen

In der Literatur sind bisher keine Anforderungen an Geodaten zu finden, die sich explizit auf die Berücksichtigung der Aspekte Biodiversität und Landschaftsästhetik im landwirtschaftlichen Betriebsmanagement beziehen. Daher werden in die Auswertung sowohl Quellen einbezogen, die sich mit dem Einsatz von Geodaten in der Landwirtschaft und speziell dem landwirtschaftlichen Betriebsmanagement beschäftigen, als auch solche, die sich mit der Beantwortung landschaftsplanerischer und naturschutzfachlicher Fragestellungen, insbesondere auf lokaler Ebene, mit Unterstützung von Geodaten beschäftigen. Des Weiteren werden neben klar formulierten Anforderungen aber auch die aktuellen Einsatzbereiche von GIS und Geodaten als auch Defizite von Geodaten zusammengetragen, um hieraus wiederum Anforderungen ableiten zu können.

Hierfür werden sowohl Fachliteratur als auch weitere Quellen wie Internetseiten, Konferenzbeiträge und Expertengespräche (z.B. auf Tagungen) genutzt. Für den Bereich Landwirtschaft kann zusätzlich auf verschiedene Interviews zum Thema Einsatz von IT und GIS sowie zur Verfügbarkeit von Bewirtschaftungsinformationen in landwirtschaftlichen Betrieben zurückgegriffen werden (Backes et al. 2005, Odening et al. 2002, Rosskopf & Wagner 2002, 2003 und 2004). Für den Bereich Landschaftsplanung liegen Ergebnisse eines Expertenworkshops des BfN in Form eines Diskussionspapiers vor, der sich mit dem Einsatz von GIS in der Landschaftsplanung beschäftigte (BfN 2005).

2.4.2 Ermittlung der Anforderungen aus der Sicht landwirtschaftlicher Betriebe anhand von Experteninterviews

Um die im Rahmen der Quellenauswertung zusammengetragenen Anforderungen zu ergänzen, wurden Experteninterviews auf sechs verschiedenen landwirtschaftlichen Betrieben (im Folgenden als „Pilotbetriebe“ bezeichnet) in Baden-Württemberg (2), Bayern, Brandenburg, Niedersachen und Sachsen-Anhalt durchgeführt. Die Auswertung dieser Interviews wurde zum einen genutzt, um Aussagen zur Verwendung von GIS und Geodaten in der Landwirtschaft aus der Literatur mit den Angaben aus der Praxis abzugleichen. Zum anderen wurden mit Hilfe der Interviews die Anforderungen von Betriebsleitern und Mitarbeitern an Geodaten, die sie auf ihren Betrieben für das Naturschutzmanagement einsetzen können, ermittelt. Die kleine Stichprobenzahl der befragten Betriebe liefert zwar u.U. eine geringe Repräsentanz der Befragungsergebnisse, bot aber die Vorteile, beide Aspekte detailliert aufzunehmen und die Anforderungen anhand konkreter Datensätze zu diskutieren, die für den jeweiligen Betrieb tatsächlich vorlagen.

2.4.2.1 Aufbau der Interviews

Um die Vergleichbarkeit der durchgeführten Interviews auch bei kleiner Stichprobenanzahl zu gewährleisten, wurden strukturierte Interviews anhand ausformulierter Fragen durchgeführt. Die Interviews wurden in drei Befragungsblöcke untergegliedert, denen jeweils ein separater Fragebogen mit überwiegend teilstandardisierten Fragen zugrunde liegt: der Vorabfragebogen (Anhang I), der Hauptfragebogen (Anhang II) und der Zusatzfragebogen (Anhang III).

Zu folgenden Punkten wurden anhand dieser Fragebögen Informationen zusammengetragen:

- bisheriger Bekanntheitsgrad und Einsatz von GIS und Geodaten auf den Pilotbetrieben,
- Einschätzung der Qualität der bei den Interviews vorgestellten Geodatensätze,
- Bereitschaft der Landwirte, Geodaten für ihren Betrieb selbst zu erfassen und zu pflegen,
- Bereitschaft der Landwirte, sich mit der Integration vorhandener Datenbestände in ein GIS auseinander zusetzen,
- Einschätzung der Nutzbarkeit der Geodaten für das betriebliche Management insgesamt.

Bei einem mehrstündigen Vor-Ort Termin wurde den Mitarbeitern und Betriebsleitern der Pilotbetriebe anhand eines leitfadengestützten Interviews, dem Hauptfragebogen, ein Prototyp der Software MANUELA vorgestellt. In diesem Zusammenhang wurden die Befragten um eine Einschätzung der Qualität der vorhandenen und beim Interview vorgestellten Datenbestände gebeten. Des Weiteren wurden die Kenntnis der eigenen Betriebsflächen, die Bereitschaft zur Erfassung neuer Daten sowie zur Beschaffung von digitalen Daten abgefragt. Über die teils eingesetzten, offenen Fragen im Interview konnten dabei auch individuelle Einschätzungen und Anforderungen der Befragten dokumentiert werden. Die Antworten wurden jeweils separat für jeden Befragten protokolliert, so dass auch Unterschiede zwischen Mitarbeitern und Betriebsleitern festgehalten werden konnten.

Im Vorfeld des jeweiligen Vor-Ort-Interviews wurden mit dem Vorabfragebogen Hintergrundinformationen zu den vorhandenen Datengrundlagen und der im Betriebsmanagement eingesetzten Software in den Pilotbetrieben abgefragt. Das Abfragen dieser allgemeinen Informationen zum Einsatz von GIS und Geodaten unabhängig vom eigentlichen Interview minimierte zum einen den Zeitaufwand für die Betriebe beim Vor-Ort-Termin. Zum anderen ermöglichte es, das Wissen und den Informationsstand der Mitarbeiter und Betriebsleiter zu GIS und Geodaten abzufragen, ohne diese durch die Vorstellung der Software MANUELA in ihren Antworten zu beeinflussen. So konnten auch die eventuell unterschiedlichen Aussagen vor und nach der Präsentation von Software und Geodaten erfasst werden.

Um die Angaben der Befragten zu ihren GIS-Kenntnissen in den richtigen Zusammenhang setzen zu können, wurde im Nachhinein noch ein Fragebogen zum Werdegang der Ausbildung im Bereich GIS zusammengestellt. Das entsprechende, kurze Interview wurde am Telefon anhand des Zusatzfragebogens mit den Betriebsleitern und Mitarbeitern der Pilotbetriebe durchgeführt.

Für Teile der Interviews (Vorabfragebogen, vgl. Anhang I) liegen nur für fünf der insgesamt sechs befragten Betriebe Ergebnisse vor. Daher beziehen sich die Aussagen zum bisherigen Einsatz von GIS und Geodaten in den Pilotbetrieben (Kap. 3.2.1) überwiegend auf die Grundgesamtheit fünf (n=5), die übrigen Ergebnisse (auch die des Zusatzfragebogens) auf die Grundgesamtheit von sechs Betrieben (n=6).

2.4.2.2 Die interviewten Pilotbetriebe

Die sechs Pilotbetriebe unterscheiden sich in Typ, Größe und Lage stark voneinander (Abb. 9, Tab. 3) und bieten so trotz ihrer geringen, nicht repräsentativen Anzahl die Möglichkeit, unterschiedliche Erfahrungen und Anforderungen in Hinblick auf den Einsatz von GI-Technologien auf ihrem Betrieb in die Zusammenstellung der Anforderungen im Rahmen der vorliegenden Arbeit einfließen zu lassen.

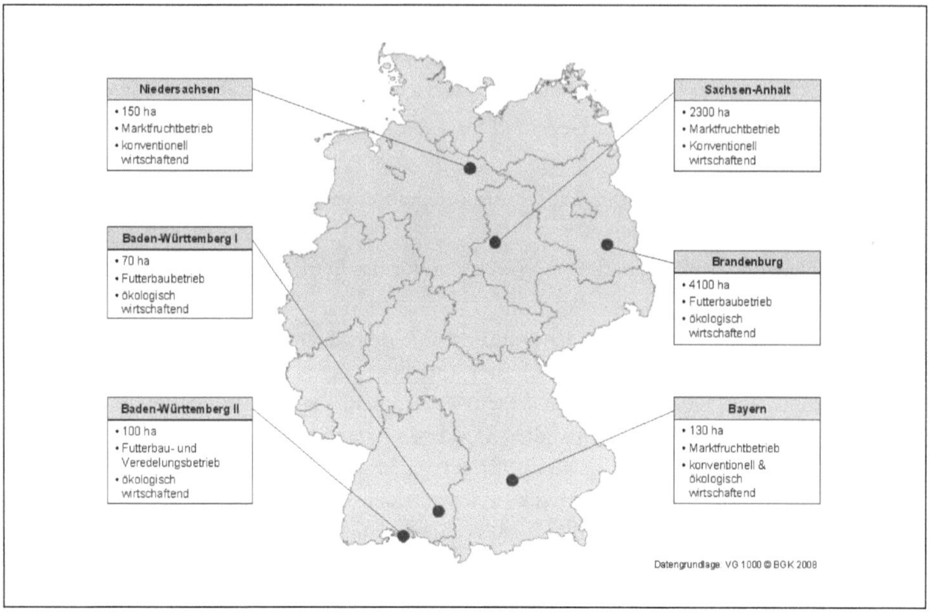

Abb. 9: Lage und Charakteristik der sechs Pilotbetriebe in Deutschland

Auch die Datenverfügbarkeit in den Betrieben bietet unterschiedliche Voraussetzungen für die Erprobung (Tab. 3): In einigen der Betriebe werden die Bewirtschaftungsdaten bereits digital in einer Ackerschlagkartei erfasst. Drei der Betriebe setzen das Betriebsmanagementsystem REPRO bereits seit mehreren Jahren mit Unterstützung eines Beraters ein und haben daher umfangreiche, digital vorliegende Informationen zur ihrer Bewirtschaftung. Zwei der Betriebe verfügen über umfassende, in wissenschaftlichen Untersuchungen erfasste Geodaten zu Böden, Biotopen und vorkommenden Tier- und Pflanzenarten (z.B. aus abgeschlossenen Forschungsvorhaben oder aufgrund ihrer Lage in einem Biosphärenreservat). Aufgrund der Lage der Betriebe in unterschiedlichen Bundesländern und der in diesen angewandten Erfassungsstandards von Geodaten liegen die Geobasis- und Geofachdaten zudem in sehr unterschiedlichen Qualitäten vor. Dies war eine gute Ausgangslage für eine vergleichende Untersuchung der Nutzbarkeit dieser Datenbestände.

Um die Interviewergebnisse durch Aussagen weiterer Landwirte zu ergänzen, wurden zusätzlich standardisierte Befragungen der Besucher einer landwirtschaftlichen Fachmesse und leitfadengestützte Interviews mit Studierenden der Agrarwissenschaften an der TU München durchgeführt. Die Auswertbarkeit scheiterte jedoch bei beiden Untersuchungen an der mangelnden Teilnehmerzahl. Der Rücklauf der Fragebögen auf der Messe war zu gering. Das als Rahmen für die Interviews mit den Studierenden anberaumte Seminar war nur mangelhaft besucht. Daher konnte für die Zusammenstellung der Anforderungen aus Sicht der landwirtschaftlichen Betriebe nur auf die Interviews mit den sechs Pilotbetrieben zurückgegriffen werden.

Tab. 3: Die Pilotbetriebe und ihre Besonderheiten im Überblick (nach Lipski et al. 2008c)

Name des Pilotbetriebs	Baden-Württemberg I	Baden-Württemberg II	Bayern	Brandenburg	Niedersachsen	Sachsen-Anhalt
Größe	70 ha	100 ha	130 ha	4100 ha	150 ha	2300 ha
Betriebsform/ Anbausystem	Futterbau/ ökologisch	Futterbau, Veredelung/ ökologisch	Marktfrucht/ konventionell und ökologisch	Futterbau/ ökologisch	Marktfrucht/ konventionell	Marktfrucht/ konventionell
Ausbildung (Betriebsleiter)	Landwirtschaftsmeister	Staatlich geprüfter Techniker für Landbau	Dipl.-Ing. (Agrar.)	Dipl.-Ing. (Agrar.)	Dipl.-Ing. (Agrar.)	Dipl.-Ing. (Agrar.)
Teil eines Schutzgebietes (NSG, FFH, etc.)	ja	ja	nein	ja	nein	nein
Erholung	keine Relevanz	Übernachten im Heu	keine Relevanz	Vermietung von Ferienwohnungen	Ferien auf dem Bauernhof (Vermietung von Ferienwohnungen)	keine Relevanz
Teilnahme AUP	MEKA, Artenvielfalt	MEKA, Extensivierungsverträge (Landratsamt)	Keine Teilnahme möglich, da Versuchsgut	Kulap 2000, Vertragsnaturschutz	Mulchsaatprogramm, Mulchsaatverfahren bei Zuckerrüben	nein
Teilnahme Vermarktungsprogramme	Demeter	Demeter, Marktstand, Hofladen	nein	Biopark e.V.	nein	nein
REPRO bereits installiert	nein	nein	ja	ja	nein	ja

2.4.3 Ermittlung der Anforderungen aus der Sicht landwirtschaftlicher Beratung, Verwaltung und Forschung im Rahmen eines Workshops

Die Ergebnisse eines eintägigen Expertenworkshops ergänzen die Befragungsergebnisse aus den landwirtschaftlichen Pilotbetrieben. Der Workshop zielte darauf ab, weitere Anforderungen der Praxis aus Sicht der landwirtschaftlichen Beratung und anderer, betriebsübergreifend agierender Institutionen an das GIS-gestützte Naturschutzmanagement und die dazu eingesetzten Geodaten auf landwirtschaftlichen Betrieben zu diskutieren und zu konkretisieren. Es wurden daher bundesweit ca. 40 Personen aus unterschiedlichen Organisationen eingeladen, die, im weitesten Sinne, landwirtschaftliche Betriebe in Naturschutzfragen beraten oder auf andere Weise einen engen Bezug zum Thema Landwirtschaft und Naturschutz haben. Hierzu gehörten Beratungsstellen der Verwaltung und aus der freien Wirtschaft (z.B. Landwirtschaftskammer, Kompetenzzentrum Ökolandbau, Landvolkdienste, freie Büros etc.), Datenbereitstellende Institutionen sowie Vertreter und Vertreterinnen aus dem Bereich Wissenschaft und Forschung (vgl. Lipski et al. 2008c, Vogel et al. 2008). Allen Workshopteilnehmenden wurde ein Fragenbogen ausgehändigt, anhand dessen der Einsatz von GIS und Geodaten in den jeweiligen Arbeitsfeldern der Workshopteilnehmenden abgefragt wurde. Mit 12 der Teilnehmenden, die gezielt zum Thema GIS und Geodaten eingeladen worden waren, wurde innerhalb einer Arbeitsgruppe (AG) der Einsatz von Geodaten im landwirtschaftlichen Betriebsmanagement zusätzlich vertieft diskutiert.

2.4.3.1 Schriftliche Befragung

Ziel der Befragung war es, auch aus Sicht von Wissenschaft, Beratung und Datenbereitstellung eine Einschätzung der aktuellen Einsatzbereiche und Defizite von Geodaten für den Einsatz im landwirtschaftlichen Bereich zu erhalten. Um hier eine Vergleichbarkeit mit den Ergebnissen aus der Befragung der Pilotbetriebe zu erhalten, wurden auch die Teilnehmenden des Expertenworkshops nach

- dem aktuellem Einsatz von GIS und Geodaten in ihrem Arbeitsfeld und
- dem Werdegang ihrer Ausbildung im Bereich GIS

befragt. Der Fragebogen setzte sich, wie auch schon bei den Pilotbetrieben, aus teilstandardisierten Fragen zusammen (vgl. Fragebogen Expertenworkshop, Anhang V), die auf bestimmte Antworten abzielten, aber den Befragten auch Möglichkeiten gaben, weitere, eigene Anmerkungen einzubringen. Der Fragebogen wurde den Workshopteilnehmenden zu Beginn des Workshoptages ausgehändigt, so dass sie bis zum Ende des Workshops Zeit für das Ausfüllen hatten. 22 ausgefüllte Fragebögen konnten letztlich in die Auswertung einfließen (vgl. Kap. 3.3).

2.4.3.2 Kleingruppenarbeit

Im Rahmen des Workshops wurde in einer AG mit 12 Teilnehmenden verstärkt der Themenbereich GIS und Geodaten diskutiert. Schwerpunkt dieser AG „Einsatz von GIS und Geodaten“ war zum einen die Diskussion der Anwendbarkeit des Naturschutzmanagementsystems MANUELA in der landwirtschaftlichen Praxis (für die Ergebnisse hierzu vgl. Vogel et al. 2008). Zum anderen waren die für das Naturschutzmanagement und somit auch mit MANUELA einsetzbaren Geodaten ein Fokus in dieser Arbeitsgruppe. Die AG bestand aus Teilnehmern der Bereiche „Wissenschaft und Forschung“ (5 Personen), „Beratung“ (3 Personen) sowie „Datenstandards und -bereitstellung“ (4 Personen). Diese verschiedenen Tätigkeitsbereiche wurden während der Arbeit in der AG für die Bildung von Kleingruppen genutzt. Dies ermöglichte es, Anmerkungen, Anregungen, Ergänzungen und Kritik aus unterschiedlichen Blickwinkeln zu diskutieren und somit umfassende Anregungen und Anforderungen zum Themenkomplex GIS und Geodaten zusammen zu tragen.

Als Einstieg in die Diskussion in der AG dokumentierten die Teilnehmenden die aus ihrer Sicht bestehenden

- Vorteile des Einsatzes von Geodaten im landwirtschaftlichen Betriebsmanagement als auch
- die Defizite von Geodaten und
- ihre Wünsche für die Zukunft in punkto Geodaten.

Die Diskussion fokussierte die Teilnehmer auf den speziellen Anwendungsbereich „Naturschutz auf landwirtschaftlichen Betrieben" und dokumentierte ihre bisherigen Erfahrungen mit dem Einsatz von Geodaten. Die Wünsche für die Zukunft wurden zusätzlich als Grundlage für die Formulierung von Empfehlungen zur Aufbereitung/Ausgestaltung von Geodatenbeständen (Standards, Verfügbarkeit, Inhalte, Genauigkeit, Aktualität etc.) verwendet. Die Ergebnisse stellten sich die Teilnehmenden gegenseitig vor (Abb. 10).

Als Informationsgrundlage für die weitere Diskussion wurden die Ergebnisse zum Einsatz von Geodaten und zur Kenntnis der Betriebsflächen aus Experteninterviews mit den Betriebsleitern und Mitarbeitern der landwirtschaftlichen Betriebe präsentiert. Dabei wurden auch die auf den Betrieben vorhandenen und für diese Arbeit eingesetzten Geodaten vorgestellt. Aufbauend darauf wurden von den Teilnehmenden in Kleingruppen Anforderungen an die eingesetzten Geodaten in Form eines Kataloges und Empfehlungen für die Verwendung von vorhandenen Geodatenbeständen im Betriebsmanagement erarbeitet. Eine ausführliche Darstellung des Workshopablaufs für die AG ist in Anhang VI zu finden.

Abb. 10: Präsentation der Ergebnisse des Expertenworkshops (Foto: Mathias Schramm)

2.4.4 Ermittlung des Datenbedarfs des Naturschutzmanagementsystems MANUELA

Das Naturschutzmanagementsystem MANUELA ist bisher das einzige Werkzeug, das die Aspekte Biodiversität und Landschaftsästhetik im landwirtschaftlichen Betriebsmanagement berücksichtigt. Daher wurden ausgehend vom Datenbedarf dieses Systems weitere Anforderungen an Geodaten ermittelt. Als Grundlage hierfür konnte auf die technische Dokumentation des Systems und hier insbesondere auf die zugrundeliegende Datenbankstruktur zurückgegriffen werden (vgl. Lipski 2008a). Diese basiert wiederum auf den Anforderungen der im System eingesetzten Methoden zur Bewertung der Aspekte Biodiversität und Landschaftsästhetik (vgl. Kap. 2.2, Blumentrath & Haaren 2008, Vogel & Haaren 2008), aus denen ebenfalls weitere Rückschlüsse auf die erforderliche Ausprägung der Geodaten gezogen werden konnten.

2.5 Vorgehen zur Ermittlung und Prüfung geeigneter Geodaten für das Naturschutzmanagement landwirtschaftlicher Betriebe

Entscheidend für die Beantwortung der Untersuchungsfrage, welche Geodaten für das Naturschutzmanagement landwirtschaftlicher Betriebe geeignet sind, ist die Ermittlung des Erfüllungsgrades der aufgestellten Anforderungen, d.h. die Ermittlung der Datenqualität. Was unter diesem Begriff verstanden wird, welche Kriterien die Qualität von Daten beschreiben können und welche Vorgaben zur Überprüfung der Datenqualität bereits bestehen, die im Rahmen dieser Arbeit genutzt werden können, wird in Kapitel 2.5.1 dargelegt. Der anhand dieser Informationen für die vorliegende Arbeit gewählte Weg der Ermittlung der Datenqualität wird im darauf folgenden Kapitel 2.5.2 erläutert. Basierend auf den so ermittelten, geeigneten Datenbeständen, werden zusätzlich noch Empfehlungen für den Einsatz der untersuchten Daten ausgesprochen (Kap. 2.5.2.7).

2.5.1 Datenqualität

2.5.1.1 Der Begriff der Datenqualität

Entsprechend der Internationalen Organisation für Normung (ISO) bezeichnet der Begriff Qualität „die Gesamtheit aller Eigenschaften und Merkmalen eines Produktes, die sich auf dessen Fähigkeit auswirken, festgelegte und implizierte Anforderungen zu erfüllen" (DIN ISO 8402, ISO 19113, Navratil & Frank 2006). Bei der Beurteilung der Qualität von Produkten muss demnach immer dessen technische Beschaffenheit mit den Anforderungen des Nutzers dieses Produktes in Beziehung gesetzt werden (Axmann 2003, Wilke 1995). Eine generelle Standardisierung von Qualität ist daher nicht möglich (Axmann 2003).

Joos (1999) konkretisiert den Begriff Datenqualität weiter und bezeichnet diese als „Grad der Übereinstimmung der Daten mit dem zugehörigen abstrakten Abbild der realen Welt". Auch diese Übereinstimmung kann nur im Vergleich mit dem entsprechenden Anwendungszweck der Daten und den damit verbundenen Nutzeranforderungen bestimmt werden (Caspary 1992, Schukraft & Lenz 2005). Wesentliches Element dieser Nutzeranforderungen kann z.B. der erforderliche Maßstab der Daten sein, der letztlich auch mögliche Inhalt der Daten mitbestimmt (Sander 1998). Eine Überprüfung der Eignung von Daten für einen bestimmten Anwendungszweck, d.h. die Überprüfung der Datenqualität erfordert es daher immer, zunächst den Anwendungszweck klar zu definieren (Navratil & Frank 2006).

Der vermehrte Einsatz von Geoinformationssystemen in Planungsentscheidungen hat dazu geführt, dass der Aspekt Datenqualität seit Mitte der 1980er Jahre verstärkt diskutiert wird (Navratil & Frank 2006). Insbesondere in Themenbereichen wie Gefahrenabwehr und Risikomanagement (z.B. bei der Vorhersage von Wirbelstürmen oder der Schutz vor Bränden) spielt die Datenqualität eine zentrale Rolle (ebd.). Von der Datenqualität hängt zum einen die Qualität der Ergebnisse und Entscheidungen ab, die auf Basis dieser Daten mit Hilfe des GIS ermittelt wurden (Schukraft & Lenz 2005). Zum anderen wirkt sie sich auch auf die Bereitschaft des Nutzers aus, ein GIS überhaupt aufzubauen, zu nutzen und pflegen (Wilke 1995).

2.5.1.2 Qualitätskriterien und Qualitätsmaße

Die ISO-Richtlinie 19113 (Geographic information - Quality principles) stellt objektive Kriterien zur Beurteilung der Qualität von Geodaten zur Verfügung und bildet daher die Grundlage für eine entsprechende Überprüfung. Sie legt Komponenten zur Angabe über die Qualität fest und kann so auch von Datenproduzenten verwendet werden, die Angaben zur Qualität ihrer Daten machen wollen (Joos 1999). Eine weitere Richtlinie, die ISO 19138 (Geographic information - Data quality measures) stellt Qualitätsmaße zur Verfügung, die zur Quantifizierung der Datenqualität herangezogen werden können (Jakobsson & Giversen 2007, Joos 1999).

Bei der Überprüfung der Qualität von Geodaten sollten generell folgende Kriterien berücksichtigt werden (nach Aalders 2002, Bartelme 2005, ISO 19113, Joos 1999, Schukraft & Lenz 2005, Walker 1993):

- Aktualität,
- Vollständigkeit,
- Konsistenz,
- räumliche Genauigkeit,
- thematische Genauigkeit,
- Herkunft,
- Richtigkeit.

Diese Qualitätskriterien lassen sich nochmals in indirekte und direkte Qualitätskriterien unterteilen (Devillers & Jeansoulin 2006). Zu den direkten, also den Daten selbst anhaftenden Kriterien gehören beispielsweise die logische Konsistenz und die räumliche Genauigkeit der Daten. Indirekte Qualitätskriterien wie die Herkunft der Daten wirken sich wiederum auf die direkten Kriterien aus (Jakobsson & Giversen 2007). Die genannten Kriterien werden im Folgenden definiert:

Aktualität

Die Aktualität beschreibt laut Lenz & Schukraft (2005) die zeitliche Gültigkeit vorliegender Daten. Je nach Datensatz kann diese durch folgende Parameter konkretisiert werden:

- Erfassungsdatum (bei Erfassungen im Gelände, Bildaufnahmen), hier spielt wiederum auch die Genauigkeit der entsprechenden Zeitmessung eine Rolle,
- Stand der Daten (bei Daten, die ständig fortgeführt werden, z.B. Katasterdaten, oder auch bei durchgeführten Datenanalysen) und
- Gültigkeitsdauer

Letztere kann abhängig vom Datensatz sehr stark variieren, so ist z.B. die Gültigkeitsdauer von geologischen Informationen eine wesentlich längere als die von Landnutzungsinformationen (ebd.). Qualitätsmaße für die Aktualität kann z.B. das Alter der Daten selbst oder auch der Grundlagendaten sein. Der Erfüllungsgrad dieses Kriteriums sollte sich auch an der anzunehmenden Gültigkeitsdauer von Informationen orientieren.

Vollständigkeit

Das Kriterium Vollständigkeit der Daten umfasst sowohl

- die räumliche Vollständigkeit, die die Abdeckung des für die Untersuchung oder Planung gefragten Gebietes beschreibt,
- die zeitliche Vollständigkeit, die wiedergibt, zu welchem Anteil die Daten in der benötigten Aktualität vorliegen, als auch
- die thematische Vollständigkeit, die das Vorliegen der Daten in der richtigen Bearbeitungstiefe beschreibt; nicht klassifizierte Bereiche führen hier z.B. zu einem unvollständigen Datensatz (Kappas 2001, Schukraft & Lenz 2005).

Wird der Begriff Vollständigkeit auf ein einzelnes erfasstes Objekt der Landschaft bezogen, kann der Erfüllungsgrad dieses Kriteriums nur mit ja oder nein beschrieben werden (Joos 1999). Zur Beurteilung der Datenqualität werden aber i.d.R. mehrere Objekte einbezogen, so dass hier z.B. die Anzahl tolerierbarer fehlender Objekte in einem Datensatz festgelegt werden muss.

Konsistenz

Die Konsistenz ist gleichzusetzen mit der Widerspruchsfreiheit und der Zuverlässigkeit der Datenstrukturen (Sander 1998). Logisch konsistente Daten werden ohne Sprünge und Lücken erhoben. Sie enthalten weder Widersprüche wie z.B. überlappende Flächen oder duplizierte Datensätze, noch fehlen Datensätze (Kappas 2001). Die Vergabe von eindeutigen Identifikationsnummern (IDs) und vergleichbaren Attributwerten ist einheitlich und eindeutig, es werden z.B. einheitliche Wertebereiche eingehalten (Joos 1999). Zudem weisen alle Daten die gleiche zeitliche Gültigkeit auf (Schukraft & Lenz 2005) und sind auch in Format und Topologie konsistent (Joos 1999).

Nach Bartelme (2005) ist die Datenkonsistenz eine der wichtigsten Forderungen, die an Informationssysteme gestellt werden. Ebenso wie für die Vollständigkeit, kann für ein einzelnes erfasstes Objekt der Erfüllungsgrad des Kriteriums Konsistenz nur mit ja oder nein beschrieben werden. Für die Beurteilung müssen hier demnach ebenfalls Anzahl oder Anteil tolerierbarer inkonsistenter Objekte als Qualitätsmaß festgelegt werden.

Räumliche Genauigkeit

Unter die räumliche Genauigkeit fällt sowohl der Maßstab als auch die Lagegenauigkeit der Daten. Der Maßstab gibt das Verhältnis zwischen dem Naturmaß eines Objektes in der Landschaft und dessen kartographischer Abbildung wieder. Je detaillierter und genauer die Beschreibung von Objekten erfolgen soll, desto größer muss der Maßstab einer Karte gewählt sein. Der Maßstab beeinflusst indirekt auch die thematische Genauigkeit von Daten: Je kleiner der Maßstab ist, desto mehr müssen die Inhalte generalisiert dargestellt werden, um der vereinfachenden Darstellung des Maßstabes gerecht zu werden (Schukraft & Lenz 2005). Die Lagegenauigkeit drückt die Abweichung der geographischen Lage eines Objektes von seiner wahren Position aus. Es wird unterschieden zwischen der absoluten Lagegenauigkeit, welche die Datengenauigkeit in Bezug auf ein Koordinatensystem benennt, und der relativen Lagegenauigkeit, welche die Lage von Objekten auf einer Karte relativ zu anderen Kartenobjekten erfasst (Vauglin 2002).

Bei vielen Fragestellungen im GIS-Bereich ist eine relative Lagegenauigkeit von größerer Bedeutung als die absolute Lage: Wenn Datensätze z.B. aufgrund von Transformationen nicht mehr ganz genau mit dem ursprünglichen Koordinatensystem übereinstimmen, ist dies laut Kappas (2001) als weniger schwerwiegend einzustufen als die Fehllage von Informationseinheiten oder ein Auslassen ganzer Informationseinheiten. Letzteres hat insbesondere bei der Analyse der Daten weitreichendere Konsequenzen. Die Lagegenauigkeit kann auch innerhalb eines Datensatzes variieren, so wurden z.B. bei Flurkarten die Bereiche innerhalb von Siedlungen mit höherer Genauigkeit erfasst als die Bereiche außerhalb der Siedlungen (Schukraft & Lenz 2005). In Datenbeständen, die in einem Maßstab von 1:20.000 aufgenommen wurden, liegt die Lagegenauigkeit allgemein bei +/- 10 Metern (Kappas 2001).

Das Kriterium räumliche Genauigkeit kann als erfüllt angesehen werden, wenn die räumliche Anordnung von Landschaftsbestendteilen mit einer vorgegebenen Wahrscheinlichkeit und innerhalb eines zuvor ebenfalls festgelegten Toleranzbereichs bleibt (Joos 1999). Als möglicher Toleranzbereich kann hier z.B. die vom Datenhersteller angegebene Genauigkeit oder die per Faustformel anhand des Maßstabs ermittelte Genauigkeit herangezogen werden.

Thematische Genauigkeit

Die thematische Genauigkeit oder auch Attributgenauigkeit beschreibt die Beziehung zwischen Abbildung und abzubildender Realität (Goodchild 1993). Sie umfasst die Genauigkeit von quantitativen Attributwerten, die Richtigkeit von nicht-quantitativen Attributwerten und der Zuordnung von Objekten zu Objektklassen sowie die Richtigkeit der Beziehungen der Objekte untereinander (ISO 19113, Kappas 2001). Diese Aspekte können auch für die Bildung von Qualitätsmaßen herangezogen werden.

Herkunft

Die Herkunft eines Datensatzes umfasst z.B. die Datenquelle, die Aufnahme- und Kompilierungsmethoden (digitalisiert oder gescannt), das Vorgehen bei der Datenerhebung (z.B. Kartierverfahren) und die evtl. auf die Daten angewandten Transformationsmethoden (Aalders 2002, Kappas 2001). Wurden Daten auf Basis anderer, bereits bestehender Daten erstellt, ist wiederum die Qualität dieser Grundlagendaten ein wichtiger Faktor für die Beurteilung der Datenqualität (Schukraft & Lenz 2005). Da sich die Herkunft der Daten als indirektes Qualitätskriterium wiederum auf andere, direkte Kriterien wie Genauigkeit, Aktualität und den Dateninhalt auswirkt, lassen sich hierfür nur schwer übergreifende Qualitätsmaße festlegen.

Richtigkeit

Richtige Daten sind räumlich, zeitlich und auch thematisch richtig. Kartierfehler (z.B. falsche Objektklassifizierung, falsche Zuordnung von Attributwerten) führen zu thematischen Fehlern (Joos 1999). Kartierfehler können aber, wie auch eine falsche Georeferenzierung zu räumlichen Fehlern führen. Als zeitlich falsch kann ein Datensatz angesehen werden, für den der Aufnahmezeitpunkt der ihm zugrundeliegenden Daten (z.B. Orthophotos) nicht korrekt dokumentiert wurde (Schukraft & Lenz 2005). Qualitätsmaße für die Richtigkeit kann z.B. die Treffsicherheit in der Klassifizierung und Attributierung von Objekten sein (Jakobsson & Giversen 2007).

2.5.1.3 Einflussfaktoren auf die Qualität von Geodaten

In Hinblick auf die genannten Qualitätsaspekte kann eine heterogene oder nicht ausreichende Datenqualität verschiedene Ursachen haben. Mögliche Einflussfaktoren können z.B. Digitalisierfehler, Formatkonvertierungen, Schätz- und Messfehler sowie die verwendete Datengrundlage sein (vgl. Abb. 11). Bei der Analyse und Bewertung der Datenqualität muss die Wahrscheinlichkeit des Eintretens solcher Fehler berücksichtigt und diskutiert werden. Festgestellte, die Datenqualität negativ beeinflussende Faktoren können zudem als Grundlage für die Anleitung von Empfehlungen für die Zukunft verwendet werden.

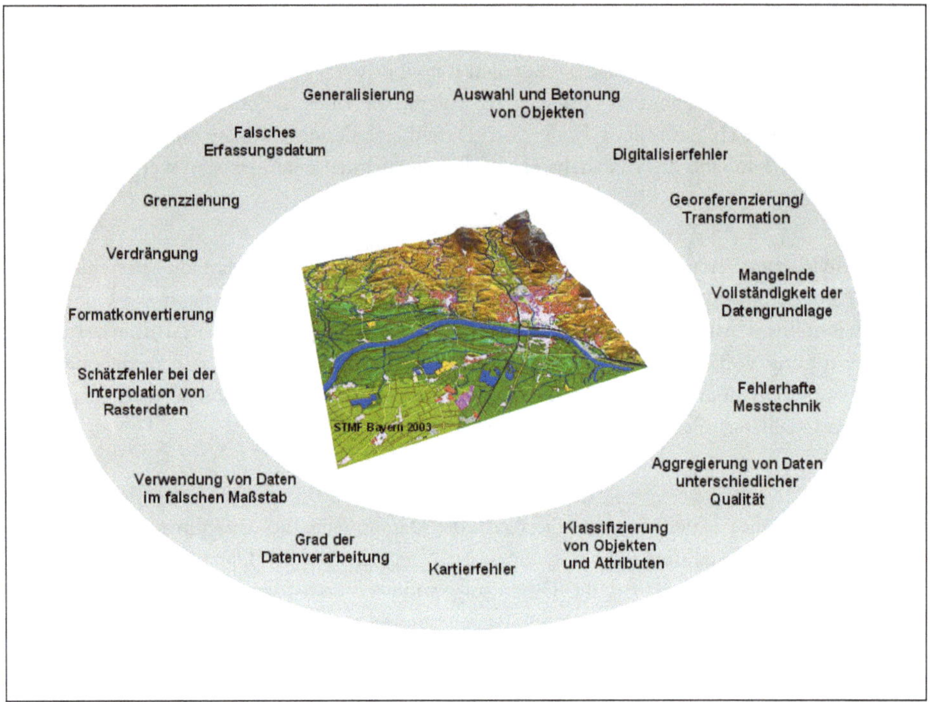

Abb. 11: Faktoren, die die Qualität von Geodaten beeinflussen (nach Jones 2006, Schukraft & Lenz 2005, Thieken 1999)

2.5.1.4 Metadaten

Informationen zur Datenqualität müssen immer Teil der Metadaten, der Daten über die Daten, sein (De Lange 2006, Joos 1999). Das Vorliegen von Metadaten kann Fehlinterpretation und Fehlinformation verhindern (De Lange 2006, Durwen 1991). Ansonsten besteht die Gefahr einer Anonymisierung von Daten: Die Daten werden aus dem Kontext der ursprünglichen Quelle gerissen oder aus der unmittelbaren Zuständigkeit der Datenurheber (z.B. Behörde) genommen und umgearbeitet (transformiert, umformatiert, in andere Maßstäbe überführt) (Sander 1998). Die ISO-Richtlinie 19115 (Geographic Information – Metadata) liefert eine umfangreiche Definition von Metadaten und den Informationen, die sie enthalten sollten (Tab. 4).

Tab. 4: Informationsgehalt von Metadaten nach ISO 19115 (Auszüge, nach Schukraft & Lenz 2005)

Themenbereich	Erforderliche Angaben in den Metadaten
Datenbeschreibung	– Beschreibung der Daten (Text) – Zweck /Nutzung der Daten – Zugangs- und Nutzungsbeschränkungen – Bearbeitungsstand (z.B. abgeschlossen, in Bearbeitung) – räumliches Bezugssystem, z.B. Gauß-Krüger – räumliche Zuordnung, z.B. über Koordinaten im Koordinaten-system – Maßstab – Verschlagwortung – Kontaktperson – Bezugsquelle – Nutzungsbedingungen – Änderungshistorie
Qualitätsinformationen	– Herkunft /Entstehung der Daten (z.B. Informationen über zugrunde liegende Daten) – Genauigkeit der Sachdaten – logische Konsistenz der Daten – Vollständigkeit – Lagegenauigkeit
Ausprägung	– Größe der Pixel (bei Rasterdaten) – Punkt-, Linien- oder Flächendaten (bei Vektordaten)
Sachinformationen	– in der Tabelle enthaltene Attribute (Felder) – Definitionen der Attribute
Darstellung	– Regeln der Darstellung (Standardlegenden, Farbtabellen)
Bezugsdaten	– Kontaktperson – Bezug als nicht digitale oder digitale Karte – Datenformat – Dateigröße – Kosten – Bezugsbedingungen
Software	Beschreibung der Software, die für die Erstellung der Daten verwendet wurde, z.B.: – Name der Software – Datenformat – Version

2.5.1.5 Verfahren zur Überprüfung der Datenqualität

Die ISO-Richtlinie 19114 (Geographic information - Quality evaluation procedures) stellt einen Rahmen für Verfahren zur Beurteilung von Datenqualität zur Verfügung (Axmann 2003). Dieser gliedert sich in sechs wesentliche Einzelschritte, die es ermöglichen, die Qualität von Geodaten systematisch anhand zuvor definierter Anforderungen zu überprüfen (Abb. 12). Die Überprüfung kann mit Hilfe von internen Evaluationsmethoden erfolgen, dies sind Methoden, die nur den zu überprüfenden Datensatz selbst einbeziehen, wie z.B. die Überprüfung der Datenkonsistenz. Bei externen Evaluationsmethoden werden zusätzlich andere Datensätze oder auch die reale Landschaft als Referenz hinzugezogen (Jakobsson & Giversen 2007).

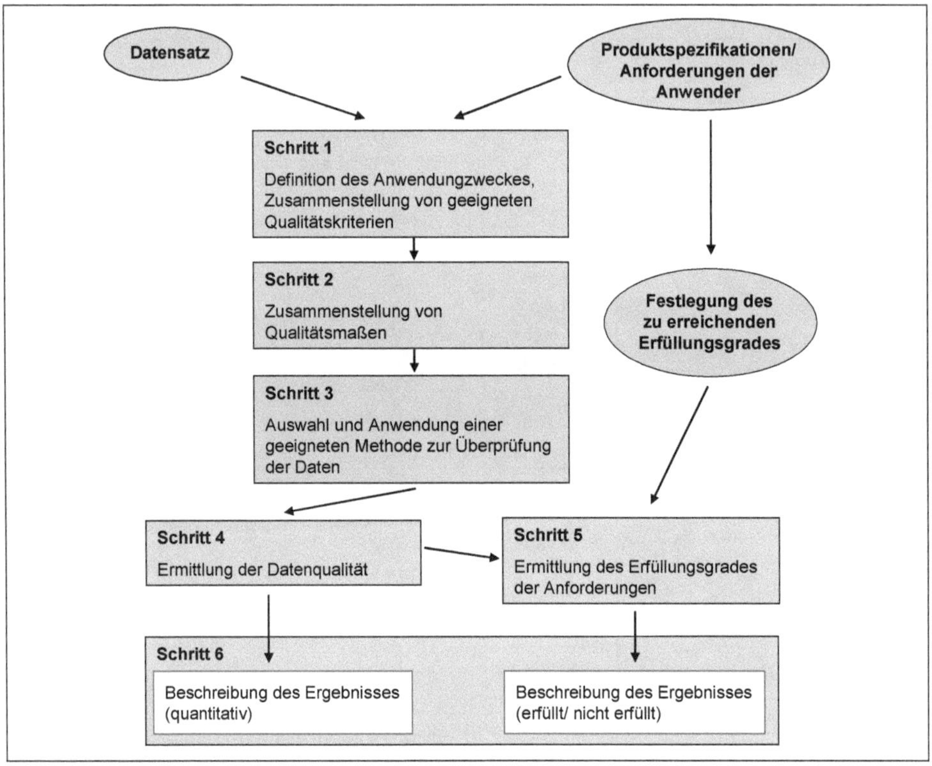

Abb. 12: Schematischer Ablauf des Evaluationsverfahrens zur Ermittlung der Datenqualität nach ISO 19114 (verändert nach Jakobsson & Giversen 2007)

2.5.2 Überprüfung der Datenqualität

Das Vorgehen zur Überprüfung der Datenqualität in der vorliegenden Arbeit orientierte sich am Verfahrenablauf der ISO 19114 (vgl. Abb. 12). Das Ablaufschema wurde für die vorliegende Arbeit ergänzt und modifiziert (Abb. 13).

Eine Überprüfung der Eignung von Daten bzw. der Datenqualität erfordert es immer, zunächst den Anwendungszweck der Daten klar zu definieren (vgl. Kap. 2.5.1). Daher erfolgte zunächst anhand der Aufgabenstellung und des Anlasses die Definition des Anwendungszweckes der Geodaten für die vorliegende Arbeit (Kap. 2.5.2.1). Im nächsten Schritt wurden geeignete Qualitätskriterien und auch Qualitätsmaße für die Überprüfung der Datenqualität festgelegt. Dies erfolgte vor allem anhand der bereits in Kapitel 2.5.1.2 zusammengestellten Quellenauswertung. Persönliche, praktische Erfahrungen im Umgang mit Geodaten dienten zusätzlich als Basis für die Ergänzung und Priorisierung der Kriterien.

Aus den Qualitätskriterien und -maßen sowie anhand der technischen Möglichkeiten der eingesetzten Werkzeuge (vgl. Kap. 2.2) wurde ein Prüfplan entwickelt, der die Grundlage der Analyse und Bewertung der Datenqualität darstellt (Kap. 2.5.2.3). Da neben den Anforderungen an die Geodaten bisher auch keine Empfehlungen für die Verwendung bestimmter Daten in den ausgewerteten Quellen existierten, wurden anhand einzelner Kriterien des Prüfplans die auf dem Geodatenmarkt vorhandenen Datensätze einer Vorprüfung unterzogen (Kap. 2.5.2.4). Diese Vorprüfung identifizierte die potenziell geeigneten Datensätze, die dann anhand des vollständigen Prüfplans analysiert und bewertet wurden (Kap. 2.5.2.5 und Kap. 2.5.2.6). Zusätzlich wurden die Bewertungsergebnisse der einzelnen untersuchten Daten verglichen, um darauf aufbauend Empfehlungen zu deren Einsatz aussprechen zu können (Kap. 2.5.2.7). Hierzu wurden auch die mit den Daten erzeugten Anwendungsergebnisse in der Software MANUELA herangezogen.

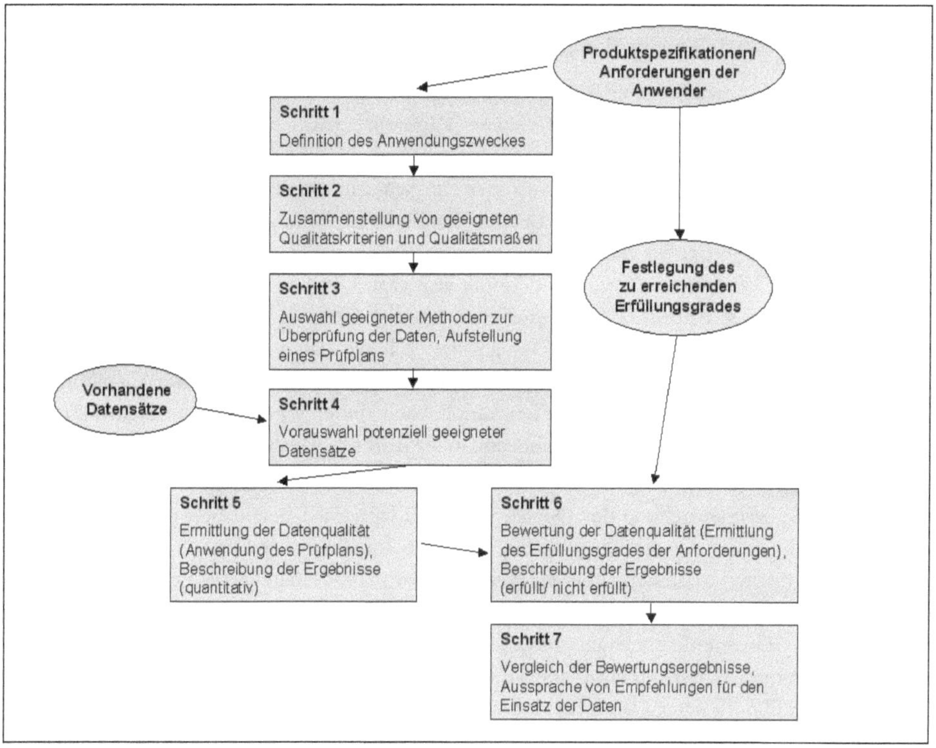

Abb. 13: Vorgehen zur Ermittlung und Bewertung der Datenqualität

2.5.2.1 Definition des Anwendungszweckes

Im Rahmen der vorliegenden Arbeit ist als Anwendungszweck der Geodaten das Naturschutzmanagement landwirtschaftlicher Betriebe anzusehen. Das heißt, dass Landwirte mit Unterstützung der Geodaten Wege zur Verbesserung und Optimierung ihrer Bewirtschaftung unter Umweltaspekten („Umweltleistungen") und hier in Hinblick auf die Aspekte Biodiversität und Landschaftsästhetik finden sollen (vgl. Kap. 1.3). Die Daten werden demnach im Überschneidungsbereich von Landwirtschaft und Naturschutz mit dem sehr konkreten Flächenbezug eines einzelnen landwirtschaftlichen Betriebs eingesetzt. In diesem Kontext liefern sie managementrelevante Informationen, auf deren Basis betriebliche Entscheidungen getroffen werden können. Neben der Unterstützung der Entscheidungsfindung sollen die Daten zudem dazu beitragen, das Bewusstsein des Landwirtes und seine Argumentationsfähigkeit nach außen (z.B. im Zusammenhang mit Vertragsnaturschutz und Agrarumweltprogrammen) zu verbessern.

In diesem Zusammenhang erlaubt der Einsatz von EDV-gestützten Managementsystemen insbesondere die systematische Auswertung von Umweltinformationen anhand definierter Kriterien und Wertmaßstäbe. Die mit ihnen verwendeten Daten sind damit auch Grundlage für eine quantitative, sehr sachliche Analyse der Umweltleistungen eines Betriebs und bieten so auch die Möglichkeit, Umweltleistungen verschiedener Betriebe miteinander zu vergleichen. Die in der vorliegenden Arbeit untersuchten Daten sollen daher gemeinsam mit einem solchen EDV-gestützten System einsetzbar sein. Das Naturschutzmanagementsystem MANUELA dient hierbei als „Referenzwerkzeug" für andere Betriebsmanagementsysteme.

2.5.2.2 Zusammenstellung geeigneter Qualitätskriterien und Qualitätsmaße

Die Auswahl der Qualitätskriterien erfolgte maßgeblich anhand der in Kapitel 2.5.1.2 vorgestellten, aus der Literatur ermittelten Kriterien. Zusätzlich wurden weitere Kriterien hinzugezogen, die auf der persönlichen Erfahrung im praktischen Umgang mit Geodaten beruhen. Der Auswahl liegt insgesamt ein pragmatischer Umgang mit dem Begriff der Datenqualität aus Sicht einer GIS-Anwenderin aus dem Bereich Landschaftsplanung zugrunde. Aus Sicht eines Datenherstellers können für die Überprüfung der Datenqualität andere, weitaus mathematischer orientierte Qualitätsmaße von Bedeutung sein (vgl. Devillers & Jeansoulin 2006, Debruin et al. 2001, Shi & Fisher 2002). Dieser pragmatische Umgang ist jedoch vor dem Hintergrund des Anwendungszweckes der Daten als sinnvoll anzusehen, da letzlicher Endnutzer der Landwirt oder auch ein Berater ist, der vermutlich ebenfalls nicht auf eine Ausbildung mit Geoinformatikschwerpunkt zurückgreifen kann. Auch dieser wird bei einer Beurteilung der Datenqualität auf für ihn offensichtliche und überprüfbare Qualitätskriterien und Qualitätsmaße zurückgreifen.

Aus der Zusammenstellung der Qualitätskriterien wurden daher insbesondere die direkten Kriterien als geeignet für die Überprüfung der Datenqualität angesehen, hierzu gehören die Kriterien Aktualität, räumliche Genauigkeit, thematische Genauigkeit, Vollständigkeit und Konsistenz. Die Herkunft als indirektes Kriterium wurde nicht als separates Kriterium in die Überprüfung der Daten einbezogen. Sie beeinflusst vornehmlich die übrigen Qualitätsaspekte, ist aber als eigenes Kriterium zum einen nur schwer quantifizierbar und zum anderen hat sie bei der Auswahl geeigneter Daten für den Nutzer eine weit geringere Bedeutung als die durch sie beeinflussten Kriterien. Sie wurde aber in die Diskussion als Einflussfaktor der Qualität mit einbezogen. Ebenfalls nicht separat berücksichtigt wurde das Kriterium Richtigkeit. Die räumliche Richtigkeit deckt sich in der Definition stark mit der räumlichen Genauigkeit, die thematische Richtigkeit mit der thematischen Genauigkeit oder Attributgenauigkeit. Ebenso bestehen Überschneidungen der Kriterien Richtigkeit und Vollständigkeit sowie Konsistenz der Daten (vgl. 2.5.1.2). Richtigkeit kann als Konsequenz einer Erfüllung der übrigen Kriterien aufgefasst werden. Daher geht dieses Kriterium in den anderen genannten auf.

Die mit den Daten erfassten Inhalte sind eines der entscheidenden Auswahlkriterien für deren tatsächliche Verwendung. Erst wenn die Daten den thematischen Bereich abdecken, den der Nutzer zur Beantwortung seiner Fragestellung benötigt, wird der Einsatz der Daten erwägt und die weiteren Kriterien auf ihren Erfüllungsgrad hin überprüft. Daher wurde das Kriterium „Informationsgehalt" mit in die Überprüfung im Rahmen der dieser Arbeit aufgenommen (Tab. 5). Der Aspekt Verfügbarkeit ist ebenfalls in der bisherigen Zusammenstellung von Qualitätsaspekten nicht enthalten, beeinflusst die Nutzbarkeit der Daten aber in sehr hohem Maße (Nölle 2005, Streit 2004). Er wurde daher ebenfalls berücksichtigt. Unter dem Begriff werden in dieser Arbeit sowohl die Zugänglichkeit als auch die Bereitstellungsart von Geodaten zusammengefasst. Unter die Zugänglichkeit fallen z.B. Aspekte wie Bekanntheitsgrad, Zuständigkeiten auf Seiten der Datenbereitsteller (wer veröffentlicht/vermarktet welche Daten), Nutzungseinschränkungen und Datenrechte, mit dem Begriff Bereitstellungsart werden analoge oder digitale Bereitstellung, Datenformate sowie Kosten zusammengefasst. Da das Fehlen geeigneter Metadaten die Nutzbarkeit von Geodaten stark einschränken kann (vgl. De Lange 2006, Durwen 1991, Joos 1999), wird die Qualität der Metadaten im Rahmen dieser Arbeit ebenfalls als ein Qualitätsmerkmal für die Beurteilung der Nutzbarkeit der Geodaten herangezogen. Um deren Qualität festzustellen, sind wiederum die Kriterien Informationsgehalt, Aktualität, Vollständigkeit, Konsistenz, Genauigkeit und Verfügbarkeit von Bedeutung.

Eine Übersicht der ausgewählten Qualitätskriterien und Qualitätsmaße ist in Tabelle 5 dargestellt.

Tab. 5: Angewendete Qualitätskriterien und Qualitätsmaße

Qualitätskriterien	Qualitätsmaße
Literaturbasierte Kriterien	
Aktualität	– Zeitpunkt der Datenaufnahme im Gelände/ anhand von Grundlagendaten – Zeitpunkt der Erstellung/ Prozessierung der Daten
Räumliche Genauigkeit	– Maßstab der Daten – Abweichung der Genauigkeit von einem anhand des Maßstabs definierten Wert
Thematische Genauigkeit	– Kategorisierung/ Klassifizierung von Objekten/ Landschaftsbestandteilen – Attributierung
Konsistenz	– Anzahl der Überschneidungen, Lücken, Duplikate – Einhaltung von Vorgaben, die für die Erstellung der Daten bestehen (in Hinblick auf Geometrien, Sachdaten)
Vollständigkeit	– Abdeckung der Daten des für die Untersuchung gefragten landwirtschaftlichen Betriebs – Anteil der Daten in der benötigten Aktualität
Weitere Kriterien	
Informationsgehalt	– Thema der Daten – in den Daten erfasste Klassen, Objekte, Attribute
Verfügbarkeit	– Art der Bekanntmachung des Datensatzes – Nutzungseinschränkungen und Datenrechte, Bereitstellungsart (analog, digital) – Datenformate – Kosten
Qualität der Metadaten	– Vollständigkeit und Genauigkeit der Metainformationen – Verfügbarkeit der Informationen – Aktualität der Informationen

2.5.2.3 Aufstellung eines Prüfplans

Ein Prüfplan sichert die systematische Überprüfung der Datenqualität, in dem die einzelnen, abzuarbeitenden Schritte dokumentiert werden. So sind die Ergebnisse der Überprüfung nachvollziehbar und reproduzierbar (Schukraft & Lenz 2005). Nach Joos (1999) besteht nur für den Qualitätsaspekt „Konsistenz der Daten“ die Möglichkeit einer automatisierten Überprüfung. So können z.B. die Geometrien eines Datensatzes im GIS auf Duplikate, Splitterflächen und korrekte Topologien hin überprüft werden (Schukraft & Lenz 2005). Lagegenauigkeit, zeitliche Genauigkeit, thematische Genauigkeit und Vollständigkeit dagegen lassen sich nur visuell überprüfen, z.B. anhand eines Abgleichs mit Luftbildern (Joos 1999). Für die Ermittlung der Datenqualität wird daher eine Mischung aus Sicht- und automatischer Überprüfung durchgeführt. Tabelle 6 zeigt den hierfür im Rahmen dieser Arbeit erarbeiteten Prüfplan, der die im vorherigen Arbeitschritt zusammengestellten Qualitätskriterien und -maße berücksichtigt.

Erster Punkt im Prüfplan ist das Kriterium Verfügbarkeit. Um diesen Aspekt zu bewerten, wird

- auf Basis der Internetseiten der Datenbereitsteller,
- in Geodatenportalen wie z.B. dem Geodatenkatalog des Bundes (Geoportal.Bund) und dem Umweltportal Deutschland (PortalU) sowie
- über die Suchmaschine Google

zunächst ermittelt, zu welchen Konditionen, z.B. Nutzungsbedingungen, wo und in welchen Formaten der jeweilige Datensatz bereitgestellt wird. Im gleichen Zuge werden auch, wenn möglich, die anfallenden Kosten für die Datensätze ermittelt. Da zum Teil für den Bezug der Daten verschiedene Kostenmodelle für privatwirtschaftliche, behördliche oder auch universitäre Nutzer bestehen, wird hierfür immer der Landwirt selbst als Datenbezieher angenommen.

Im nächsten Schritt wird anhand der Angaben der Datenbereitsteller auf den Internetseiten oder in den Metadaten die Aktualität der Daten recherchiert. Für eine Beurteilung dieses Kriteriums sind sowohl der Stand der Daten, aber auch der Zeitpunkt der Erfassung sowie die Aktualität der Datengrundlage zu beachten. Werden diese Punkte nicht oder nicht eindeutig dokumentiert, erfolgt eine Nachfrage beim entsprechenden Datenbereitsteller.

Als dritter Punkt aus der Kriterienliste der Datenvorauswahl werden im detaillierten Prüfplan auch die Inhalte der Daten nochmals überprüft, dieses geschieht anhand der Metadaten, aber auch durch eine Sichtprüfung der Daten, insbesondere der Attributtabellen im GIS. Die Sichtprüfung ist vor allem hilfreich, wenn keine oder unzureichende Metadaten vorliegen. Sie dient aber auch dazu, die Richtigkeit von vorhandenen Metadaten zu überprüfen. Die Ergebnisse der Sichtprüfung gehen damit auch in den letzten Prüfschritt ein.

Auch für die Ermittlung des Maßstabes der Daten wird zunächst auf die Metadaten zurückgegriffen. Entscheidend für die spätere Bewertung des Datensatzes in Hinblick auf seine Nutzbarkeit ist sowohl der Maßstab der Daten selbst, als auch der Maßstab der ggf. zugrunde liegenden Daten (z.B. analoge Karten, digitale Orthophotos), die für die Erstellung der Daten verwendet wurden. Inwiefern die räumliche Korrektheit der Daten mit dem angegebenen Maßstab korreliert, wird zusätzlich mit Hilfe einer Sichtprüfung anhand aktueller Orthophotos ermittelt. Für eine Beurteilung der Lagegenauigkeit wird von der Annahme ausgegangen, dass bei einer Karte im Maßstab 1:10.000 die Lagegenauigkeit etwa +/- 10m beträgt (Schukraft & Lenz 2005). Die im Datensatz enthaltenen Objekte sollten demnach nur dem Maßstab entsprechende Abweichungen von den in den Orthophotos dargestellten Objekten aufweisen. Abweichungen, die unter der angegebenen oder angenommenen Toleranzgrenze liegen, werden als gering bezeichnet, Abweichungen darüber als starke Abweichungen. Bei der Bewertung von Maßstab und Genauigkeit sind allerdings auch mögliche Fehlerquellen (vgl. Abb. 11) für eine Abweichung zu berücksichtigen und zu diskutieren.

Tab. 6: Arbeitsschritte bei der Überprüfung der Datenqualität („Prüfplan“)

Qualitätskriterium	Untersuchungsfragen und Prüfschritte
Verfügbarkeit	Wo stehen welche Geodaten zu welchen Konditionen zur Verfügung? Was kosten die Daten? – Ermittlung der Verfügbarkeit anhand von Internetseiten der Datenbereisteller, Geodatenportalen und Internetsuchmaschinen – zusätzlich: Dokumentation der bereitgestellten Datenformate und evtl. Nutzungsbedingungen – Ermittlung der Kosten anhand der Angaben auf den Internetseiten der Datenbereitsteller
Aktualität	Wie aktuell sind die Daten? – Ermittlung von Datenstand, Erfassungszeitpunkt und Aktualität der Datengrundlage anhand der Angaben der Datenbereitsteller auf dessen Internetseiten oder in den Metadaten und ggf. durch Nachfrage beim Datenbereitsteller
Informationsgehalt	Welche Informationen enthält der Datensatz? Sind alle in den Metadaten angegebenen Inhalte auch in den Daten wieder zu finden? – Ermittlung der Inhalte des Datensatzes anhand der Metadaten und anhand einer visuellen Überprüfung der Daten im GIS
Maßstab/räumliche Genauigkeit	In welchem Maßstab stehen die Daten zur Verfügung? Entspricht die räumliche Korrektheit der Daten dem angegebenen Maßstab? Stimmen die Abgrenzungen der Objekte mit denen der Realität überein? – Ermittlung des Maßstabes anhand der Metadaten – Ggf. auch Ermittlung des Maßstabes der Grundlagendaten (z.B. analoge Karten) – Visuelle Überprüfung der räumlichen Korrektheit anhand aktueller Orthophotos
Thematische Genauigkeit	Entsprechen die Zuordnungen der Objekte zu Kategorien und die Zuordnung der Attributwerte der Realität? Entspricht die Tiefe der thematischen Information dem Maßstab? – Visuelle Überprüfung der Zuordnung der Objektkategorien und Attributwerte anhand aktueller Orthophotos, soweit möglich
Konsistenz	Bestehen Vorgaben für die Erfassung und Digitalisierung? Sind die Geometrien und die zugehörigen Sachdaten konsistent? Ist die Topologie der Geometrien korrekt? Existieren Duplikate, Selbstüberschneidungen, Lücken in den Daten? Wurden tatsächlich nur existierende Codes/Nummern in den Sachdaten vergeben? – Zusammenstellung von Erfassungsvorgaben aus Metadaten und weiteren Dokumentationen – Automatische Überprüfung der Datensätze durch die Qualitätskontrolle in OpenJump/ArcGIS – zusätzlich stichprobenartige, visuelle Überprüfung der Geometrien – Visuelle Überprüfung der Sachdaten
Vollständigkeit	Liegen die Daten vollständig in vergleichbarer zeitlicher und räumlicher Auflösung für den entsprechenden Pilotbetrieb vor? Sind alle Pflichtfelder in den Sachdaten vollständig ausgefüllt? – Überprüfung der Vollständigkeit anhand einer Sichtprüfung im GIS, evtl. unter zu Hilfenahme von Metadaten zur Beurteilung der Vergleichbarkeit von Aktualität und Maßstab
Qualität der Metadaten	Liegen die Metadaten vollständig vor? Sind alle erforderlichen Angaben vorhanden? Wie werden die Metadaten bereitgestellt? – Dokumentation der Bereitstellungsart der Metadaten – Visuelle Überprüfung der jeweiligen Metadatensätze – zusätzlich Ermittlung der Metainformationen, die über andere Medien bereitgestellt werden (z.B. Internetseiten, Veröffentlichungen)

Die thematische Genauigkeit wird ebenfalls anhand aktueller Orthophotos überprüft. Dabei muss sowohl die Zuordnung der Objekte zu den vorgegeben Kategorien (z.B. Biotoptypen oder Landnutzungsklassen) als auch die der Attribute bzw. Attributwerte kontrolliert werden. Während der Untersuchungen wurde festgestellt, dass der Erfüllungsgrad dieses Kriteriums nicht ausschließlich anhand der Orthophotos zu ermitteln war, u.a. auch aufgrund der Auflösung und des Aufnahmezeitpunktes der Orthophotos. Bestimmte Kategorien (Biotoptypen, Objektarten), Attribute und Attributwerte mussten daher aus der Untersuchung ausgeklammert werden. In diesen Fällen wäre eine Geländebegehung für die vollständige Analyse und Bewertung der thematischen Genauigkeit erforderlich gewesen. Es ist davon auszugehen, dass diese die Ergebnisse für das einzelne Qualitätskriterium durchaus verändert hätte. Eine Veränderung der Gesamtbewertung der Datensätze hätte sich jedoch nicht ergeben (vgl. Kap. 4).

Um die Konsistenz der Datensätze zu überprüfen, wird auf die Möglichkeit der automatischen Kontrolle in Geoinformationssystemen, hier OpenJump, zurückgegriffen. OpenJump überprüft im Rahmen der Qualitätskontrolle z.B. die Topologie, Selbstüberschneiungen und den Geometrietyp (vgl. Kap. 2.3.2). Zusätzlich wird auch eine visuelle Überprüfung der Geometrien vorgenommen, um z.B. Lücken und andere Digitalisierfehler in den Datensätzen zu identifizieren. Neben den Geometrien müssen auch die Sachdaten einer Konsistenzprüfung unterzogen werden. Hier gilt es zu überprüfen, ob die Attributwerte logisch vergeben wurden. Bei Textattributen ist entscheidend, ob bei entsprechender Vorgabe auch existierende Attributwerte vergeben wurden und deren Schreibweise korrekt ist. Bei numerischen Attributwerten muss überprüft werden, ob diese im vorgegebenen Wertebereich liegen (z.B. bei Flächengrößen) und in logischer Reihe aufeinander folgen (z.B. bei IDs).

Werden für die Kriterien räumliche und thematische Genauigkeit sowie Konsistenz in der visuellen Überprüfung Mängel der Daten erkannt, wird eine genauere Überprüfung der Daten anhand eines Teilausschnitts des zu überprüfenden Datensatzes vorgenommen. Als Teilausschnitt wird dabei jeweils das Orthophoto herangezogen, dass den größten Anteil an der Betriebsfläche des entsprechenden Pilotbetriebs hat.

Für die Überprüfung der Vollständigkeit des Datensatzes wird wiederum auf die Metadaten und die visuelle Kontrolle im GIS zurückgegriffen. Ob die Geometrien vollständig, d.h. flächendeckend vorliegen, geht dabei vermutlich bereits aus der Konsistenzprüfung hervor. Daneben muss aber auch beurteilt werden können, ob die Daten in vergleichbarer zeitlichen und räumlichen Auflösung vorliegen und damit auch in dieser Hinsicht als vollständig zu bewerten sind. Grundlage für eine Bewertung der Vollständigkeit sind somit auch die Ergebnisse aus der Überprüfung der Aktualität und der Genauigkeit der Daten.

Abschließend werden die Metadaten in Hinblick auf ihre Qualität untersucht. Hierzu gehören wie bei den eigentlichen Datensätzen wiederum die Aspekte Verfügbarkeit, Informationsgehalt, Aktualität, Vollständigkeit und Genauigkeit. Da für eine Bewertung der Qualität des eigentlichen Datensatzes die Metadaten bereits intensiv eingesetzt werden, erfolgt in diesem Zuge auch die Dokumentation der Metadatenqualität.

2.5.2.4 Vorauswahl potenziell geeigneter Datensätze

Landwirte verfügen i.d.R. selbst über Informationen zur Bewirtschaftung ihrer Betriebflächen. Die Dokumentation der durchgeführten Bewirtschaftungsmaßnahmen (z.B. angebaute Fruchtarten, Aussaat, Bodenbearbeitung, Düngung, Beregnung, Pflanzenschutz, Ernte, Beweidung) in Form von Ackerschlagkarteien ist obligatorisch, zumindest in analoger Form. Es ist daher davon auszugehen, dass diese betriebseigenen Daten in jedem Fall detailliertere Informationen zur Bewirtschaftung vorhalten als Datenbestände von Behörden und anderen

Datenbereitstellern. Aus diesem Grund werden im Rahmen dieser Arbeit Datensätze, die Bewirtschaftungsinformationen enthalten, für eine Untersuchung der Nutzbarkeit nicht berücksichtigt.

Auch wenn der Landwirt ein hohes Detailwissen über seine Flächen und deren Bewirtschaftung besitzt, zeigen die im Rahmen der Recherche für diese Arbeit dokumentierten Defizite (vgl. Kap. 3), dass weit weniger Informationen zur betriebsumgebenden Landschaft vorliegen und hier vorhandene Datensätze von Behörden und anderen Datenbereitstellern eine Unterstützung im Betriebsmanagement darstellen können. Die folgenden Datensätze stellen grundsätzlich Informationen zur Landschaft und den eher naturschutzorientierten Aspekten wie Boden, Landnutzung, Vegetation, Tier- und Pflanzenarten) bereit. Sie können daher als mögliche Informationsgrundlage angesehen werden (vgl. Tab. 7):

- Landnutzungsdaten:
  - Digitale Landschaftsmodelle (DLM)
  - Flächennutzungspläne (FNP)
  - CORINE (Coordination of Information on the Environment) Land Cover
- Daten zum Eigentum:
  - Automatisierte Liegenschaftskarte (ALK)/Automatisiertes Liegenschaftsbuch (ALB) bzw. Amtliches Liegenschaftskataster-Informationssystem (ALKIS)
  - Flächennutzungsnachweise der Landwirte (InVeKoS)
- Daten zur Vegetation/zu Biotoptypen:
  - Selektive Biotopkartierungen
  - Biotop- und Nutzungstypenkartierungen auf Basis von Color-Infrarot(CIR)-Bildern v.a. in den ostdeutschen Bundesländern (CIR-Kartierungen)
  - Biotoptypenkartierungen aus Landschaftsplänen und Landschaftsrahmenplänen
  - Kartierungen von Lebensraumtypen (LRT) nach FFH-Richtlinie, Anhang I (FFH-Kartierungen LRT)
- Daten zum Boden:
  - Bodenkarten in unterschiedlichen Maßstäben (z.B. großmaßstäbige Bodenkarten, Bodenübersichtskarte [BÜK])
  - Reichsbodenschätzung
- Daten zum Vorkommen von Pflanzen- und Tierarten:
  - Daten aus Artenerfassungsprogrammen
  - Kartierungen aus Landschaftsplänen und Landschaftsrahmenplänen
  - Kartierungen von Tier- und Pflanzenarten nach FFH-Richtlinie, Anhang II, IV, V bzw. Vogelschutzrichtlinie (FFH-Kartierungen Arten).

Die weitere Auswahl bzw. Einschränkung dieser Datensätze erfolgte zunächst anhand der Qualitätskriterien Inhalte der Daten, Maßstab und Verfügbarkeit, da diese sich i.d.R. schnell recherchieren und ohne weitere Aufarbeitung der Daten im GIS überprüfen lassen.

Tab. 7: Zur Unterstützung des landwirtschaftlichen Naturschutzmanagements potenziell geeignete Geodatensätze und ihre Charakteristika

Geodatensatz	Inhalte	Maß-stab/ Genau-igkeit	Hersteller/ Datenlieferant	Bezugsraum		
				bun-desweit	landes-weit	regional/ lokal
Daten zur Landnutzung						
DLM	Erscheinungsform der Erdoberfläche (z.B. Siedlungen, Verkehrswege, Gewässer, Geländeformen, Vegetation, Grenzen)	1:10.000 bis 1:1.000.000	Landesvermessungsämter	x	x	
FNP	Beabsichtigte, städtebauliche Entwicklung einer Gemeinde	1:10.000	Gemeinden			x
CORINE Land Cover	Informationen zur Landnutzung in Europa	1:100.000	DLR im Auftrag des UBA	x		
Daten zum Eigentum						
ALK/ALB bzw. ALKIS	Liegenschaften, (Flurstücke, Gebäude)	1:5.000	Landesvermessungsämter	x	x	
Flächenanträge (InVeKoS)	Landwirtschaftliche genutzte Flächen und zu diesen in Bezug stehende Landschaftselemente	1:5.000	Landwirte (Berater, Behörden)		x	x
Daten zur Vegetation/ zu Biotoptypen						
Selektive Biotopkartierung	Erfassung der Landschaftsbestandteile/Biotoptypen, die nach Naturschutzrecht geschützt sind bzw. eine hohe Qualität aus Sicht des Naturschutzes aufweisen	1:5.000 bis 1:50.000	Landesumweltämter, Naturschutz-behörden		x	
CIR-Kartierungen	Biotoptypenkartierung anhand von Color-Infrarot(CIR)-Bildern (i.d.R. flächendeckend)	1:2.500 bis 1:10.000	Landesumweltämter		x	
Landschaftsplan	Flächendeckende Erfassung der Biotoptypen für ein Gemeindegebiet	1:10.000	Gemeinden			x
FFH-Kartierung LRT	Vorkommen von Lebensraumtypen, die auf europäischer Ebene von hoher Bedeutung für den Naturschutz sind (geschützt nach FFH-Richtlinie)	1:10.000	Landesumweltämter, Naturschutz-behörden		x	x
Daten zum Boden						
Bodenkarte (großmaßstäbig)	Detaillierte Beschreibung der Bodenverhältnisse (z.B. Bodentypen, Vergesellschaftungen von Boden, Bodenarten, Grundwasser)	1:5.000	Landesämter für Bodenkunde/Bodenschutz			x
Bodenübersichtskarte (BÜK)	Mittel- kleinmaßstäbige Beschreibung der Bodenverhältnisse (z.B. Bodenlandschaften, ggf. auch Bodentypen und Vergesellschaftungen von Boden, charakteristische Bodenprofile)	1:50.000 bis 1:200.000	Landesämter für Bodenkunde/Bodenschutz		x	
Reichsbodenschätzung	landwirtschaftlich nutzbare Bodenflächen kategorisiert nach Beschaffenheit und Ertragsfähigkeit	1:5.000 und größer	Landesämter für Bodenkunde/Bodenschutz		x	
Daten zum Vorkommen von Tier- und Pflanzenarten						
Artenerfassungsprogramme	Erfassung und Speicherung von Artenfunden (ggf. inkl. zugehörigen Biotoptypen und Pflegemaßnahmen)	1:5.000 bis 1:25.000	Landesumweltämter, Naturschutz-behörden		x	
Kartierungen aus Landschaftsplänen	Vorkommen ausgewählter Tier- und Pflanzenarten in einem Gemeindegebiet	1:10.000	Gemeinden			x
FFH-Kartierung Arten	Vorkommen von Tier- und Pflanzenarten, die auf europäischer Ebene von hoher Bedeutung für den Naturschutz sind (geschützt nach FFH-Richtlinie bzw. Vogelschutzrichtlinie)	1:5.000 bis 1:25.000	Landesumweltämter, Naturschutz-behörden		x	x

Rasterdatensätze schieden aus mehreren Gründen von vornherein aus der Betrachtung der potenziell geeigneten Datensätze aus. Für die Bewältigung der Fragestellungen im landwirtschaftlichen Betriebsmanagement sind sowohl eine klare Grenzziehung als auch die großmaßstäbliche, genaue Abbildung von linearen und punktuellen Elementen erforderlich (Kappas 2001). Beides kann auf Basis von Rasterdaten nicht gewährleistet werden. Die Interpretation von Rasterdaten ist für GIS-Laien schwieriger als die von Vektordaten. Zudem weisen Rasterdaten eine geringere Akzeptanz bei Anwendern auf, da parzellenscharfe Darstellungen erwartet werden. Dies gilt selbst dann, wenn die Rasterauflösung sehr hoch ist (Muhar 1992, Blaschke 1997). Des Weiteren werden biotische Umweltinformationen seltener als Rasterdaten zur Verfügung gestellt, sondern liegen im Vektorformat vor (Kappas 2001). Die Einschränkung auf Vektordaten ist zusätzlich ein Vorteil bei der Arbeit mit MANUELA bzw. OpenJump: Der Schwerpunkt der Datenverarbeitung in OpenJump liegt bisher noch deutlich bei der Verarbeitung von Vektordaten. Werkzeuge zur Rasteranalyse sind noch nicht in ausreichendem Umfang enthalten, so dass eine Überprüfung der Nutzbarkeit von Rasterdaten mit MANUELA nur sehr eingeschränkt möglich gewesen wäre.

Sowohl aus Sicht der Landschaftsplanung als auch aus Sicht der Landwirtschaft werden die Daten des Amtlichen Topographisch-Kartographischen Informationssystems (ATKIS) als geeignete Datengrundlage für die Bearbeitung von Aufgaben in den beiden Fachbereichen eingestuft. Lipp (2007) führt hier insbesondere die Gewähr der Lage- und Positionsgenauigkeit und die Austauschfähigkeit von Daten mit anderen Planungen, wie z.B. Bauleitplanung und Bodenordnung, als Vorteile der ATKIS-Nutzung an. Er empfiehlt, die Daten des ATKIS als Basisgeometrie für landschaftsplanerische Fragestellungen im mittel- bis kleinmaßstäblichen Bereich zu nutzen. Aus landwirtschaftlicher Sicht werden die im ATKIS enthaltenen Informationen zur Bodennutzung und Bodenbedeckung als wichtige Grundlage für den Agrar- und Umweltbereich eingestuft (Zölitz-Möller & Kessler 1997), z.B. für die Folgenabschätzung im Pflanzenschutz (BBA 2003). Für die Verknüpfung mit anderen thematischen Informationen wird insgesamt das Digitale Landschaftsmodell (DLM) als Teil des ATKIS als besonderes geeignet bewertet (BKG 2006, Redslob 2004). Dieses liegt in unterschiedlichen Maßstäben vor. Für eine Überprüfung der Nutzbarkeit im landwirtschaftlichen Naturschutzmanagement kam jedoch nur das DLM mit größtmöglichem Maßstab, das Basis-DLM, in Frage, da die übrigen Datensätze (DLM 50, DLM 250 und DLM 1000) für die geforderte Betrachtungsebene zu wenig detaillierte Informationen liefern.

Neben den Daten des ATKIS werden auch die Daten des Liegenschaftskatasters (ALK/ALB bzw. ALKIS) als geeignete Datengrundlage für landschaftsplanerische Fragestellungen angesehen (BfN 2005). Auch wenn die Daten nicht immer frei von Unstimmigkeiten sind, können sie für den großmaßstäbigen Bereich und dann, wenn rechtverbindliche Festsetzungen getroffen werden sollen, eine wichtige Grundlage sein (BfN 2005, Dapp et al. 2001, Lipp 2007). Die Genauigkeit der Daten ist sehr hoch und sie werden regelmäßig aktualisiert (Klose 2001). Zudem ist der Erfassungsstand, der 2004 noch als Kritikpunkt angeführt wurde, inzwischen in vielen Bundesländer bei nahezu 100%: In Niedersachsen und Baden-Württemberg liegt er bei 100% (LGN 2008b), in NRW bei 96% (LVERMA 2008), in Brandenburg sind derzeit nur wenige Landkreise noch in Bearbeitung bzw. nicht bearbeitet, auf ca. 99% der Landesfläche liegt eine digitale ALK vor (LGB 2008a). Streit (2004) sieht die Einsatzfähigkeit der Daten allerdings in anderen Punkten als kritisch an: Zum einen sind außer den Besitzverhältnissen nur wenig thematische Informationen zur Landschaft hinterlegt, die für Fragen des Betriebsmanagements genutzt werden können. Zum anderen entsprechen die Abgrenzungen nicht immer den aktuellen Schlaggrenzen, was eine Nachdigitalisierung für den

Nutzer erforderlich macht. Insbesondere aufgrund der fehlenden thematischen Zusatzinformationen wurde von einer Überprüfung der Eignung der Liegenschaftsdaten im Rahmen dieser Arbeit Abstand genommen.

Im Gegensatz zu den ALK-Daten enthalten die Flächennutzungsnachweise der Landwirte („Flächenanträge") aufgrund der Cross Compliance-Richtlinie neben den Angaben zu den bewirtschafteten Flächen auch Informationen zu Landschaftselementen. Zusätzlich ist dieser Datensatz als der für Landwirte am leichtesten zu beschaffende Datensatz anzusehen, da sie selbst an der Erstellung dieser Datensätze beteiligt sind. Eine Überprüfung der Nutzbarkeit dieses Datensatzes über die Anwendungszwecke der Flächenbeantragung und Kontrolle von Direktzahlungen hinaus wurde demnach als sehr sinnvoll angesehen.

Abgesehen von den Geobasisdaten und den landwirtschaftlichen Fachdaten des InVeKoS können auch Fachdaten aus dem Umwelt- und Planungsbereich hinreichende Grundlagen für die Bewertung der Umweltleistungen landwirtschaftlicher Betriebe liefern. Von den in Tabelle 7 vorgestellten Datensätzen schieden jedoch auch hier einige aufgrund von Maßstabsebene und Inhalten aus. Die CORINE Land Cover-Daten liefern zwar umfassende, flächendeckende Informationen zur Landnutzung in ganz Deutschland und können damit letztendlich die einheitlichste Datenbasis für die BRD bereitstellen. Der Maßstab der Daten von 1:100.000 ist jedoch für die angestrebte Betrachtungsebene nicht ausreichend. Daneben führte vor allem die für Erfassung angesetzte Minimalgröße von Flächen von 25 ha (vgl. Keil et al. 2005) dazu, dass dieser Datensatz ohne weitere Überprüfung als ungeeignet für das Naturschutzmanagement landwirtschaftlicher Betriebe eingestuft wurde.

Flächennutzungspläne (FNP) enthalten Informationen zur Landnutzung und insbesondere in Bundesländern mit Primärintegration des Landschaftsplans auch zur Vegetation und zu Biotoptypen. Sie stellen zudem die Informationen in angemessenen Maßstab bereit. Sind die Informationen des Landschaftsplans nicht unmittelbar in den FNP übernommen worden, orientieren sich die Inhalte jedoch vorwiegend an der reinen Nutzung der Flächen und weniger an naturschutzrelevanten Aspekten, die z.B. Rückschlüsse über die Art und Qualität der Vegetation zulassen. Freiflächen oder Grünflächen im städtischen Bereich werden nach ihrer Zweckbestimmung zwar noch differenziert, so werden z.B. Parkanlagen, Dauerkleingärten, Friedhofe und Sportplätze separat erfasst und dargestellt. Bei den Flächen für die Land- und Forstwirtschaft findet hingegen keine weitere Unterteilung oder Attributierung statt (vgl. PlanzV). Die Eignung der FNP für die Abbildung von Details im Außenbereich, z.B. auf landwirtschaftlichen Flächen ist daher unzureichend. Flächennutzungspläne werden daher als Informationsgrundlage in diese Arbeit nicht einbezogen.

Daten zur Vegetation und zu Biotoptypen stellen Kartierungen aus Landschaftsplänen wie auch die selektiven Biotopkartierungen und CIR-Kartierungen der Länder bereit. Da davon auszugehen ist, dass noch nicht in allen Gemeindegebieten, denen die Pilotbetriebe zuzuordnen sind, Landschaftspläne vorliegen, wurden trotz des größeren Bezugsraumes (Landesebene) auch CIR-Kartierungen und selektive Biotopkartierungen bei der Überprüfung der Datensätze berücksichtigt. FFH-Kartierungen wurden dann in die Überprüfung mit einbezogen, wenn der Pilotbetrieb im FFH-Gebiet liegt und hier eine Kartierung durchgeführt wurde.

Neben Informationen zu Biotoptypen können in Landschaftsplänen und FFH-Kartierungen auch Erfassungen des Artenbestandes enthalten sein. Eine Überprüfung der Qualitätskriterien, insbesondere der thematischen und räumlichen Korrektheit dieser Daten ist allerdings ohne eine Geländebegehung und erneute Erfassungen nicht möglich. Da die Datenbestände sehr heterogen sind und somit Untersuchungsergebnisse nur bedingt übertragbar wären, werden diese Daten in der vorliegenden Arbeit nicht in die Untersuchung einbezogen.

Die Nutzbarkeit von Bodendaten wurde bereits in verschiedenen Arbeiten untersucht. Die Arbeiten von Rao et al. (2000), Siebrecht & Hülsbergen (2008), Söderström (1995) und Trapp (2003) sowie auch die durchgeführten Interviews (vgl. Kap. 3.2) zeigen zwar, dass Bodendaten grundsätzlich für verschiedene Anwendungszwecke im Betriebsmanagement genutzt werden können (z.B. zur Abschätzung der Erosionsgefährdung von Flächen, Erstellung von Nährstoffbilanzen, Düngebilanzierung, Planung von Arbeitsgängen). Jedoch liegen nicht in allen untersuchten Bundesländern flächendeckend digitale Bodenkarten vor (vgl. Tab. 8). Laut Einschätzung der Landwirte geben zudem die von öffentlicher Seite bereitgestellten Daten die realen Verhältnisse noch nicht detailliert genug wieder. Dieses wird insbesondere für die Bodenkarte im Maßstab 1:5.000 aus Niedersachsen belegt (Herding 2007). Da dies, abgesehen von den Bodenschätzungsdaten in Baden-Wüttermberg, die genaueste der in den fünf untersuchten Ländern vorliegenden Bodenkarten ist (vgl. Tab. 8), kann davon ausgegangen werden, dass alle übrigen verfügbaren digitalen Bodenkarten den Anforderungen an die räumliche Genauigkeit von vornherein nicht gerecht werden. Zudem zeigt sich bei der Erprobung von MANUELA im Rahmen eines Forschungsvorhabens (vgl. Haaren 2008b), dass nur die Bodenkarte in Niedersachsen alle Inhalte bereitstellte, die für die Bewertung des Aspektes Biodiversität bzw. die Ermittlung des BEP benötigt werden (vgl. Tab. 14).

Tab. 8: Verfügbare Bodenkarten in den Bundesländern Bayern, Baden-Württemberg, Brandenburg, Niedersachsen und Sachsen-Anhalt

Bundesland	Verfügbare Bodenkarten
Bayern (LfU 2008a)	– Bodenkarte 1:200.000 – Bodenkarte 1:100.000 – Standortkundliche Bodenkarte 1:25.000 (nicht flächendeckend) – Standortkundliche Bodenkarte 1:50.000 (nicht flächendeckend) – Bodenschätzungskarte 1:25.000 – Konzeptbodenkarte 1:25.000 (nahezu flächendeckend)
Baden-Württemberg (LUBW 2008a)	– Bodenübersichtskarte 1:200.000 – Bodenübersichtskarte 1:350.000 – Bodenkarte 1:50.000 (nicht flächendeckend) – Bodenkarte 1:25.000 (nicht flächendeckend) – Bodenschätzungskarte 1:10.000 (nicht flächendeckend) – Bodenschätzungskarten/Bodenbewertungskarten auf Basis des ALK und ALB 1:5.000 bis 1:10.000 (nicht flächendeckend, 75-80% der landwirtschaftlich genutzten Fläche) – Bodenschätzungskarte im Flurkartenmaßstab 1:1.500
Brandenburg (LBGR 2008)	– Bodengeologische Übersichtskarte 1:300.000 – Bodenübersichtskarte 1:200.000 (nicht flächendeckend) – Bodengeologisches Basiskartenwerk im Maßstab 1:50 000 (nicht flächendeckend)
Niedersachsen (LBEG 2008)	– Bodenübersichtskarte 1:500.000 – Bodenübersichtskarte 1:200.000 – Bodenübersichtkarte 1:50.000 – Bodenkarte 1:50.000 (nicht flächendeckend) – Bodenkarte 1:25.000 (nicht flächendeckend, überwiegend analog) – Bodenschätzungskarte 1:5.000 (nicht flächendeckend, nur nach Beauftragung)
Sachsen-Anhalt (LAGB 2008)	– Übersichtskarte Boden im Maßstab 1:400.000 – Übersichtskarte Boden im Maßstab 1:200.000 – mittelmaßstäbige landwirtschaftliche Standortkartierung im Maßstab 1:100.000 (nicht flächendeckend, nur landwirtschaftliche Standorte) – Bodenkarte im Maßstab 1:50.000 (nicht flächendeckend)

In den Bodenkarten der übrigen Bundesländer und auch insgesamt in den Daten der Reichsbodenschätzung fehlen maßgeblich die erforderlichen Angaben zur Bodenfeuchte (Vogel & Haaren 2008). Aufgrund dieser bereits festgestellten Defizite der bestehenden Bodenkarten in Hinblick auf Maßstab und Inhalte wird eine detailliertere Überprüfung der Datensätze im Rahmen dieser Arbeit nicht durchgeführt.

Nach dieser ersten Vorauswahl anhand der Kriterien Inhalte, Maßstab und Verfügbarkeit verbleiben somit

- das Digitale Landschaftsmodell aus dem Bereich der Geobasisdatensätze sowie
- die Biotopkartierungen (Selektive Biotopkartierungen, Landschaftspläne, Biotop- und Nutzungstypenkartierungen, FFH-Kartierungen) als Naturschutzfachdaten und
- die Flächennutzungsnachweise der Landwirte als landwirtschaftlicher Fachdatensatz

für die weitere Überprüfung.

2.5.2.5 Ermittlung der Datenqualität der ausgewählten Datensätze

Die Ermittlung der Datenqualität der vorausgewählten Datensätze erfolgte systematisch für jeden der Datentypen (DLM, Biotopkartierungen, Flächenanträge) anhand des zuvor aufgestellten Prüfplans (Kap. 2.5.2.3). Maßgeblich zur Überprüfung der Eignung herangezogen wurden immer die in den Pilotbetrieben bzw. den entsprechenden Bundesländern verfügbaren Datensätze des jeweiligen Typs. Welche dies letztlich waren, hing davon ab, welche Daten überhaupt für die Pilotbetrieb vorhanden waren. Landschaftspläne z.B. liegen nicht flächendeckend vor. Lagen für alle Pilotbetriebe Daten eines Typs vor, wurde anhand der Ergebnisse aus der Vorprüfung eine geeignete Auswahl getroffen. Zur Beurteilung der Qualitätskriterien Verfügbarkeit, Informationsgehalt, Aktualität, Vollständigkeit, Maßstab, Konsistenz und Metadaten wurden aber auch im Internet und in weiteren Dokumentation (Publikationen, Präsentationen etc.) zu findende Angaben für den jeweiligen Datensatz in den übrigen der fünf untersuchten Bundesländern genutzt. Die Analyse der räumlichen und thematischen Genauigkeit erfolgte hingegen nur anhand der konkret vorliegenden Datensätze. Für die Kriterien Verfügbarkeit und Informationsgehalt wurden zusätzlich auch unabhängig vom Bundesland vorliegende Informationen einbezogen (vgl. Tab. 9).

Tab. 9: Betrachtungsebenen der angewendeten Qualitätskriterien

Qualitätskriterium	**Betrachtungsebene**		
	Untersuchte Datensätze	**Bundesländer der Pilotbetriebe**	**Alle Bundesländer**
Verfügbarkeit	●	●	●
Informationsgehalt	●	●	●
Aktualität	●	●	
Vollständigkeit	●	●	
Maßstab/ räumliche Genauigkeit	●	◍	
Thematische Genauigkeit	●		
Konsistenz	●	●	
Qualität der Metadaten	●	●	

2.5.2.6 Bewertung der Datenqualität der ausgewählten Datensätze

Auf der Basis der zuvor erstellten Analyseergebnisse und anhand der zusammengestellten Anforderungen (vgl. Kap. 3) wurde im nächsten Schritt der jeweilige Erfüllungsgrad der Qualitätskriterien ermittelt. Anhand einer verbal-argumentativen Bewertung erfolgte die Einstufung der Ergebnisse in drei Stufen - zunächst für die einzelnen Qualitätskriterien: geeignet, bedingt geeignet und nicht geeignet für den Anwendungszweck „Naturschutzmanagement landwirtschaftlicher Betriebe“. Für die Gesamteinstufung des Datensatzes wurden grundsätzlich alle Qualitätskriterien gleich gewichtet. Die Einstufung erfolgte anhand einer Matrix (Abb. 14). Die zugehörigen Ergebnisse für die Digitalen Landschaftsmodelle, Biotopkartierungen und die Flächennutzungsnachweise der Landwirte werden individuell in den Kapiteln 4.1.4, 4.2.4 und 4.3.4 dargestellt.

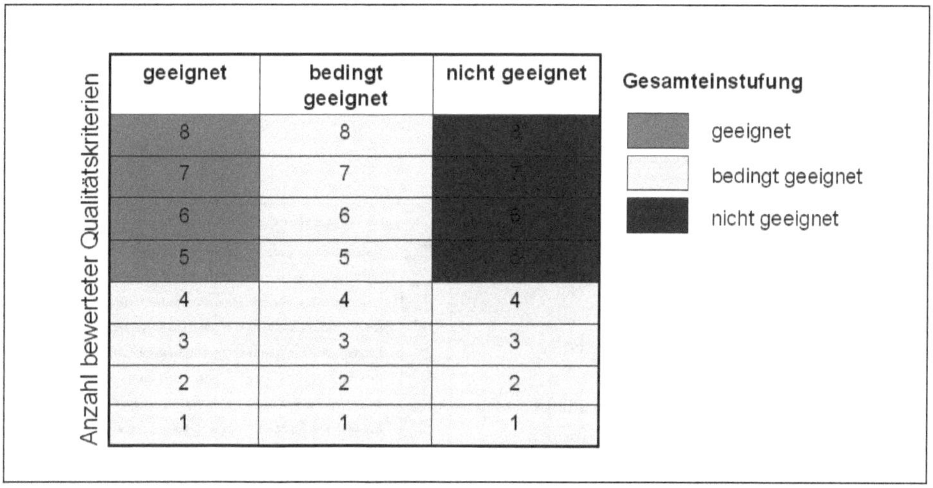

Abb. 14: Matrix zur Gesamtbewertung der Datenqualität

2.5.2.7 Vergleich der Datensätze und beispielhafte Anwendung der Daten mit MANUELA als Basis für Empfehlungen für deren Einsatz

Um Empfehlungen für den Einsatz der untersuchten Daten im landwirtschaftlichen Naturschutzmanagement aussprechen zu können und dabei z.B. eine Prioritätensetzung vorzunehmen, wurden die Bewertungsergebnisse für die Daten miteinander verglichen (Kap. 4.4.1). Neben den Ergebnissen der Qualitätsüberprüfung wurden für die Empfehlungen aber auch die Ergebnisse einer Anwendung der Daten im Naturschutzmanagementsystem MANUELA herangezogen (Kap. 4.4.2).

Als Beispiele für die Anwendung der Daten mit MANUELA dienten die landschaftsästhetische Bewertung von Einzelbäumen sowie die Bewertung des Aspekts „Biodiversität“ für die Hecken. Diese Bewertungen wurden bereits im Rahmen des Forschungsvorhabens „Naturschutz in einem Betriebsmanagementsystem für eine nachhaltige Landwirtschaft“ umfassend erprobt und diskutiert (vgl. Haaren et al. 2008) und sind daher als die ausgereiftesten Bewertungsmöglichkeiten des Systems MANUELA anzusehen. Beide gehören zu den sogenannten „Standardbewertungen“ im System, die so aufgebaut sind, dass die Landschaftskomponenten nutzwertanalytisch bewertet werden können (vgl. Lipski et al. 2008b). Auf Basis der Attribute und deren Ausprägung bei der einzelnen Landschaftskomponente werden Punkte vergeben, die aufaddiert werden und sich in einer Wertstufe niederschlagen.

Tabelle 10 zeigt die jeweils bei den gewählten Bewertungen berücksichtigten Attribute sowie die eingesetzte standardisierte Farbgebung für die erzielten Wertstufen.

Tab. 10: Bewertung von Hecken und Einzelbäumen mit MANUELA – Bewertungsrelevante Attribute und Farbgebung für die erzielten Wertstufen

Bewertungs-gegenstand	Bewertungsrelevante Attribute	Farbgebung für die Wertstufen
Hecken	– Lage der Hecken – Heckentyp – Status und Form der Neuanlage – Vorhandensein eines Walles – Vorhandensein von Bäumen – Zustand – Breite – Anzahl der Gehölzarten – Anteil einheimischer Gehölzarten – Alter	Sehr hoher Biotopwert Hoher Biotopwert Mittlerer Biotopwert Geringer Biotopwert Sehr geringer Biotopwert
Einzelbäume	– Lage der Bäume – Wahrnehmbares Alter – Kronendurchmesser – Baumart – Historischer Bedeutungsgehalt – Besondere Wuchsformen – Vitalität	Landschaftskomponente von herausragendem ästhetischen Wert Landschaftskomponente von sehr hohem ästhetischen Wert Landschaftskomponente von hohem ästhetischen Wert Landschaftskomponente von mittlerem ästhetischen Wert Landschaftskomponente von geringem ästhetischen Wert Landschaftskomponente von neutralem ästhetischen Wert Gering beeinträchtigende Landschaftskomponente Mäßig beeinträchtigende Landschaftskomponente Stark beeinträchtigende Landschaftskomponente Sehr stark beeinträchtigende Landschaftskomponente Besonders beeinträchtigende Landschaftskomponente

Die beispielhafte Anwendung erfolgte jeweils für die Pilotbetriebe, für die mehrere der zu untersuchenden Datentypen vorlagen, so dass ein Vergleich der Ergebnisse überhaupt möglich wurde.

Die auf dieser Basis entwickelten Empfehlungen für den Einsatz der untersuchten Datensätze werden in Kapitel 4.5 präsentiert.

2.5.3 Abschätzung des Potenzials zukünftiger Entwicklungen der GI-Technologie

Der Geodatenmarkt ist, wie auch andere Bereiche der IT, Veränderungen unterworfen. Ob aufgrund dieser Veränderungen Potenziale bestehen, Defizite von Geodaten in Zukunft zu beheben, ist ebenfalls eine Untersuchungsfrage der vorliegenden Arbeit. Zur Abschätzung der Potenziale für die Nutzbarkeit der Daten werden die zuvor erzielten Bewertungsergebnisse und Empfehlungen für den Einsatz von Geodaten den durch Auswertung verschiedener Quellen (vgl. Tab. 11) recherchierten, aktuellen Entwicklungen in der GI-Technologie gegenüber gestellt.

2.5.4 Ermittlung der Konsequenzen für den Einsatz des Naturschutzmanagementsystems MANUELA

Ein Ziel der Arbeit war es, die Einsetzbarkeit der Geodaten gemeinsam mit dem Naturschutzmanagementsystem MANUELA zu überprüfen und konkrete Empfehlungen für dessen Nutzer auszusprechen. Aufbauend auf den Ergebnissen der vergleichenden Anwendung von Digitalen Landschaftsmodellen, Flächennutzungsnachweisen und Biotopkartierungen mit MANUELA kann hier eine Handlungsanleitung zusammengestellt werden. Die Ergebnisse der Anwendung der untersuchten Daten in MANUELA lassen ebenfalls Aussagen zu den Möglichkeiten und Grenzen des Naturschutzmanagementsystems zu. Aktuelle technische Möglichkeiten in den Bereichen Datenimport- und -eingabe, Datenverwaltung, Analyse und Visualisierung können so aufgezeigt werden. Hieraus resultiert aber auch eine Prioritätenliste für die Weiterentwicklung des Systems, wenn Defizite in der Anwendung der drei Datensätze festgestellt werden.

2.5.5 Zusammenstellung von Empfehlungen für die Ausgestaltung und Bereitstellung von Geodaten

Anhand der Untersuchungsergebnisse zur Datenqualität und den technischen Möglichkeiten auf der Softwareseite können zusätzlich Empfehlungen für die zukünftige Bereitstellung und Ausgestaltung der untersuchten Geodaten ausgesprochen werden. Diese können den Datenherstellern als Orientierungshilfe für die Bereitstellung optimaler Datengrundlagen für das Naturschutzmanagement landwirtschaftlicher Betriebe dienen.

Tabelle 11 zeigt die für die Beantwortung der Untersuchungsfragen durchgeführten Arbeitsschritte und hierzu verwendeten Methoden noch einmal in der Übersicht.

Tab. 11: Untersuchungsfragen, Arbeitsschritte und Methoden in der Übersicht

Untersuchungsfragen	Arbeitschritte	Eingesetzte Methoden

Welche Anforderungen bestehen von Seiten der Landwirtschaft sowie von Seiten des Naturschutzes an die Bereitstellung und Qualität von Geodaten, die landwirtschaftliche Betriebe bei der Berücksichtigung von Biodiversität und Landschaftsästhetik unterstützen sollen?	Ermittlung der Anforderungen an Geodaten für den Einsatz im landwirtschaftlichen Naturschutzmanagement	– Auswertung von Fachliteratur, Internetseiten, Beiträgen und Diskussionen auf Konferenzen, Expertengesprächen
		– Auswertung bestehender Befragungen
		– Experteninterviews (strukturiert, teilstandardisierte Fragen) mit Mitarbeitern/ Leitern landwirtschaftlicher Betriebe (Vorabfragebogen: n= 5, Haupt- und Zusatzfragebogen n=6)
		– Expertenworkshop
		  – Befragung (schriftlich, teilstandardisierte Fragen) von Experten aus landwirtschaftlicher Forschung, Beratung und Wissenschaft (mit naturschutzfachlichem/landwirtschaftlichem Schwerpunkt) (n= 22)
		  – Kleingruppenarbeit mit Vertretern landwirtschaftlicher Forschung, Beratung und Wissenschaft (v.a. mit landwirtschaftlichem Schwerpunkt) (n= 12)

Tab. 11: Fortsetzung

Untersuchungsfragen	Arbeitschritte	Eingesetzte Methoden
Welche existierenden Geodaten sind gemessen an diesen Anforderungen eine geeignete Informations- und Bewertungsgrundlage für das Naturschutzmanagement landwirtschaftlicher Betriebe? – Welche Anforderungen werden erfüllt? – Welche Anforderungen werden nicht erfüllt? Aus welchen Gründen? Welche Empfehlungen können anhand der Ergebnisse für den Einsatz vorhandener Daten ausgesprochen werden?	Definition des Anwendungszweckes	– Rückgriff auf Anlass und Aufgabenstellung
	Zusammenstellung geeigneter Qualitätskriterien und Qualitätsmaße	– Auswertung von Fachliteratur, Internetseiten, Beiträgen und Diskussionen auf Konferenzen – Auswertung eigener Erfahrungen mit Geodaten und deren Qualität
	Aufstellung eines Prüfplans	– Auswertung von Fachliteratur, Internetseiten, Beiträgen und Diskussionen auf Konferenzen – Abgleich der Qualitätskriterien/-maße und der zusammengestellten Anforderungen
	Auswahl potenziell geeigneter Geodatensätze	– Vorabprüfung der von behördlicher Seite bereitgestellten Geobasis- und Geofachdaten anhand der Aspekte Verfügbarkeit, Inhalte und räumliche Genauigkeit auf Basis von Metadaten, Internetseiten der Datenhersteller und Forschungsergebnissen

	Ermittlung der Datenqualität	– Untersuchung der ausgewählten Geodatensätze anhand des aufgestellten Prüfplanes
		  – visuelle Überprüfung der Geodaten (z.B. Abgleich mit weiteren Datengrundlagen)
		  – automatisierte Überprüfung mit Hilfe eines GIS
		– Auswertung von Metadaten, Internetseiten der Datenbereitsteller, Geodatenkatalogen, Fachliteratur, Beiträgen auf Konferenzen

	Bewertung der Datenqualität	– Vergleich der Ergebnisse aus der Ermittlung der Datenqualität mit den zusammengestellten Anforderungen anhand der im Prüfplan festgelegten Kriterien
	Vergleich der Ergebnisse der untersuchten Datensätze	– Tabellarischer Vergleich der Untersuchungsergebnisse – Beispielhafte Anwendung der Daten im Naturschutzmanagementsystem MANUELA
Bestehen Potenziale, die evtl. festgestellten Defizite in Zukunft zu beheben?	Ermittlung aktueller Entwicklungstendenzen in der GI- Technologie	– Auswertung von Fachliteratur, Internetseiten, Beiträgen und Diskussionen auf Konferenzen, Expertengesprächen, Forschungsergebnisse
Welche Empfehlungen können für den Einsatz von Geodaten im Naturschutzmanagementsystem MANUELA ausgesprochen werden? Welche Empfehlungen können für die weitere Entwicklung des Naturschutzmanagementsystems MANUELA ausgesprochen werden?	Erstellung eines Handleitungsleitfadens für den Einsatz der Geodaten im landwirtschaftlichen Naturschutz-/ Betriebsmanagement Erstellung einer Prioritätenliste für die weitere Entwicklung von MANUELA	– Rückgriff auf die Ergebnisse der Überprüfung der Datenqualität – Beispielhafte Anwendung der Daten im Naturschutzmanagementsystem MANUELA – Rückgriff auf die Ergebnisse der Interviews und des Expertenworkshops
Welche Empfehlungen können auf Basis der erzielten Ergebnisse für die zukünftige Ausgestaltung von Geodaten und den Datenbedarf ausgesprochen werden?	Erstellung einer Anforderungsliste für die zukünftige Ausgestaltung und Bereitstellung von Geodaten	– Rückgriff auf die zusammengetragenen Anforderungen, die Untersuchungsergebnisse, die Perspektiven der GI-Technologie, den Handlungsleitfaden und die Prioritätenliste zur Weiterentwicklung von MANUELA

3 ANFORDERUNGEN AN GEODATEN FÜR DIE VERWENDUNG IM LANDWIRTSCHAFTLICHEN NATURSCHUTZMANAGEMENT

Voraussetzung für die Überprüfung der Qualität von Geodaten ist die Ermittlung von Anforderungen, die letztlich den erforderlichen Erfüllungsgrad der Überprüfung festgelegten Qualitätskriterien bestimmbar machen. In der vorliegenden Arbeit wurden die Anforderungen, die von Seiten des landwirtschaftlichen Naturschutzmanagements an Geodaten bestehen, auf verschiedenen Wegen zusammengetragenen (vgl. Kap. 2.4): Die bereits in der Fachliteratur und anderen Quellen dokumentierten Anforderungen werden in Kapitel 3.1 zusammengefasst. Die Ergebnisse der auf landwirtschaftlichen Betrieben durchgeführten Interviews mit Betriebsleitern und Mitarbeitern werden in Kapitel 3.2 präsentiert. Kapitel 3.3 enthält die Ergebnisse des Workshops, der mit Vertretern aus landwirtschaftlicher Beratung, Forschung und Verwaltung durchgeführt wurde. Im Anschluss werden die Anforderungen dargestellt, die aus dem Datenbedarf des Naturschutzmanagementsystems MANUELA resultieren (Kap. 3.4). Abschließend werden die Anforderungen dieser Auswertungen zu einem Anforderungsprofil zusammengefasst, um als Grundlage für die nachfolgende Überprüfung der Datenqualität herangezogen werden zu können (Kap. 3.5).

3.1 Dokumentierte Anforderungen an Geodaten

3.1.1 Anforderungen aus Sicht von Naturschutz und Landschaftsplanung

Während in der Landwirtschaft der Einsatz von GIS erst in den letzten Jahren vermehrt diskutiert wird (z.B. Doluschitz 2000, KTBL 2005, Nölle 2005, Rosskopf & Wagner 2004, Streit 2004, Wagner 2005), steht der Einsatz von GIS und Geodaten im Bereich der Landschaftsplanung und des Naturschutzes bereits seit Mitte der 1990er Jahre verstärkt im Fokus von Literatur und Fachkonferenzen (z.B. ANL 1996, Blaschke 1995, Buziek 1995, Creuzer 1998, Kratz & Suhling 1997, Vogel & Blaschke 1996, Weidenbach 1999). Demzufolge werden auch die Anforderungen an verwendbare Geodaten für die verschiedenen Planungsebenen seit dieser Zeit formuliert und diskutiert.

Bereits Ende der 1990er Jahre äußerten einige Autoren Kritik an den vorhandenen Datenbeständen: diese sind für die örtliche Landschaftsplanung noch zu teuer und nicht aktuell genug. Sie liegen weder flächendeckend vor noch sind sie in Aufbereitungsgrad oder Auflösung als geeignet anzusehen (Zölitz-Möller et al. 1997). Bieler (1999) stellt insbesondere für die Bereiche Vegetation, Tierwelt, Gelände, Klima und Wasserhaushalt das regelhafte Fehlen geeigneter Unterlagen fest. Kunze (1999) bestätigt diese Defizite in ihrer Arbeit und führt zusätzliche Kritikpunkte an: Die Daten werden in unterschiedlichen Formaten geliefert, es besteht nur eine geringe Kompatibilität zwischen den auf dem Markt befindlichen GI-Systemen, Standards zum Datenaustausch sind nicht etabliert und gelieferte Daten oft unzureichend strukturiert. Darüber hinaus erschweren die Geheimhaltungsinteressen der Behörden häufig den Zugang zu den Daten. Verwertungs- und Urheberrechte sind nicht geregelt, was wiederum ein Einbinden bestehender Daten in weiterführende Auswertungen und Planungen hemmt. Eine Unterstützung von wiederkehrenden planerischen Aufgaben, wie z.B. Umweltverträglichkeitsprüfungen, kann auf dieser Basis noch nicht sichergestellt werden (ebd.).

Obwohl zahlreiche Daten erhoben werden, setzt sich die Kritik auch in den Jahren nach 2000 fort. Geodaten sind weiterhin nur unzureichend verfügbar, da es noch keine systematischen Datenhaltungskonzepte gibt und die Daten demzufolge auf verschiedene Standorte und Abteilungen verteilt sind. Dem Nutzer sind zusätzlich die Zuständigkeiten für die Verwaltung und Herausgabe der Daten nicht immer klar – eine ausreichende Transparenz auf dem Geodatenmarkt ist damit noch nicht gegeben (Bill 2004b, Hierlmeier & Valentin 2001, Schaal 2004). Die Daten erfüllen nicht die Anforderungen an die Genauigkeit und Aktualität, die für die planerische Auseinandersetzung mit landschaftsgebundenen, sehr dynamischen Nutzungen (z.B. Land- und Forstwirtschaft) sowie für großmaßstäbliche Naturschutzfachplanungen benötigt werden (BfN 2005, Dapp et al. 2001, Plachter et al. 2002, Heinrich 2002). Die Daten liegen weiterhin nicht flächendeckend vor bzw. werden nur sektoral erhoben, so dass umfassende Daten zum Zustand und zur Entwicklung der Landschaft nicht bereitgestellt werden können (Dapp et al. 2001, Jessel & Tobias 2002, Heinrich 1999). Des Weiteren sind sie mit inhaltlichen und auch geometrischen Fehlern behaftet, was einen zusätzlichen Aufwand für eine Bereinigung der Daten nach sich zieht und auch nur bei ausreichender Dokumentation erkennbar ist (BfN 2005). Die Erfassung der Daten findet ohne die Berücksichtigung von Standards statt, so dass sie u.U. in inkompatiblen Datenformaten und unterschiedlichen Bezugssystemen vorliegen (Dapp et al. 2001, Heinrich 2002, Zölitz-Möller 1999). In Hinblick auf Quellen oder verwendete Methoden sind die Daten nicht oder nur unzureichend dokumentiert (Bill 2004b, Schaal 2004, Scholle & Schleuß 1999, Schröder et al. 2002). Zudem sind die Daten vielfach noch zu teuer, auch weil die digitale Arbeitsweise in der Honorarordnung für Architekten und Ingenieure (HOAI) noch nicht vorgesehen ist, so dass eine Integration der entsprechenden Kosten in Angebote und Abrechnung noch nicht standardisiert möglich ist (BfN 2005, Bill 2004b, Hierlmeier & Valentin 2001, Lipp 2004a, Heinrich 2002). Eine einfache und umfassende Nutzung durch verschiedene Nutzergruppen wird durch Nutzungsrechte, die für die Daten bestehen, verhindert (Bill 2004a).

Folge dieser Defizite ist, dass die Ergebnisse der auf verfügbare Datenbestände aufbauenden Planungen, wie z.B. die örtliche Landschaftsplanung, als nicht zufrieden stellend eingestuft werden (Lipp 2004b). Dapp et al. (2001) fordern daher zum einen eine bessere Koordination und die Überschreitung sektoraler Grenzen bei der Datenerhebung und Aufbereitung, um Doppelerhebungen zu vermeiden und Ansprüche und Dateninhalte besser abzustimmen. Zum anderen wünschen sie sich eine Verstärkung des Datenaustausches und damit einhergehend die Vereinheitlichung der technischen Voraussetzungen sowie die Entwicklung von Schnittstellen (ebd.). Hierzu müssen laut Seuß (2000) vermutlich auch die bestehenden Strukturen in der Datenhaltung und im Datentransfer verändert werden, da diese bei unzureichendem Datenaustausch häufig die größeren Hindernisse darstellen, als die reinen technischen Voraussetzungen bei Datenlieferanten und Nutzern. Das BfN (2005) ergänzt die Forderungen nach mehr Vereinheitlichung in einem Diskussionspapier mit der Anforderung, bei der Erfassung und Weitergabe von Daten die bereits entwickelten und verbreiteten Standards, wie z.B. den ISO-Standard 19115 für Metadaten, zu nutzen.

Im Diskussionspapier des BfN (2005) werden zudem die hohen Kosten für die Datenbereitstellung als nicht angemessen angesehen. Da die Daten von der öffentlichen Hand erhoben wurden, müssten sie den Kommunen gegen eine angemessene Aufwandsentschädigung oder sogar kostenlos zur Verfügung gestellt werden. Dies gelte sowohl für Geobasis- als auch für Umweltfachdaten. Zudem müssen die Daten leicht zugänglich sein (BfN 2005, Gruehn 2004). Um auch die Situation auf Seiten von nicht behördlichen Datennutzern zu verbessern, schlägt Lipp (2004a) vor, die Kosten für die Nutzung digitaler Datenbestände in die HOAI zu integrieren und eine Refinanzierung der Daten durch deren Wieder- und Weiterverkauf zu ermöglichen. Des Weiteren sollte eine regelmäßige Fortschreibung der Datenbestände erfolgen. Die bisherigen, konventionellen Aktualisierungsintervalle im Bereich der Kartografie liegen bei 5-10 Jahren, was auf den Kostenaufwand für die Erhebung der Daten zurückzuführen ist. Dieses Intervall reicht allerdings für Fragestellungen auf lokaler Ebene häufig nicht aus (Aguilar et al. 2007, BfN 2005, Meyer & Grabaum 2003).

Neben einer insgesamt homogenen, qualitativ hochwertigen Datengrundlage (Lipp 2005) wird auch für die zugehörigen Metadaten vergleichbares gefordert: Eine nachvollziehbare, standardisierte Datendokumentation ist zu gewährleisten, da eine unzureichende oder fehlende Dokumentation zum einen die Datenweitergabe erschwert und zum anderen zu einer völligen Unbrauchbarkeit der Daten führen kann (Lipp 2004b). Qualitativ gute Metadaten begünstigen ebenfalls die Mehrfachnutzung und die Wiederverwendung von Geodaten, was wiederum indirekt die Kosten für deren Einsatz senkt (Lipp 2005). In Ergänzung zu einer Steigerung der Datenqualität kann der Einsatz von Geodaten bei der Bewältigung landschaftsplanerischer Aufgaben auch durch Verbesserung der GIS-Ausstattung der Kommunen und Schulung der Nutzer in der Verwendung von GIS und Geodaten verbessert werden (BfN 2005). In Tabelle 12 werden die in der Literatur dokumentierten Defizite vorhandener Geodaten, sowie die entsprechenden Anforderungen bzw. die bereits entwickelten Lösungsansätze zur Beseitigung dieser Defizite zusammenfassend dargestellt.

Tab. 12: Geodaten aus Sicht von Landschaftsplanung und Naturschutz: Defizite, Anforderungen und Handlungsansätze

Defizite	Anforderungen/Handlungsansätze

– unzureichende Verfügbarkeit (wenig Transparenz auf dem Geodatenmarkt, Zuständigkeiten für die Verwaltung und Herausgabe sind nicht bekannt, verteilte Datenhaltung)[1,2,3]
– mangelnde Aktualität und Genauigkeit, insbesondere bzgl. dynamischer Nutzungen und großmaßstäblicher Planungen[4,5,6,7]
– keine flächendeckende Datenbereitstellung[5,8,9]
– inhaltliche und geometrische Fehler in den Daten[4]
– keine Verwendung von Standards bei der Datenerfassung (Folge: inkompatible Datenformate, unterschiedliche Bezugssysteme)[5,7,10]
– unzureichende Datendokumentation bzgl. der verwendeten Grundlagen und Methoden)[1,3,11,12]
– zu kostenintensive Anschaffung[1,2,4,7,13]
– Nutzungsrechte, die einen umfassenden Einsatz durch verschiedene Nutzergruppen verhindern[1]
	– Koordination der Datenerhebung (Vermeidung von Doppelerhebungen, Abstimmung der Nutzeransprüche)[5]
	– Verstärkung des Datenaustausches durch
	  – Vereinheitlichung der technischen Voraussetzungen[5]
	  – Entwicklung von Schnittstellen[5]
	  – Veränderung der bestehenden Strukturen (Datenhaltung/Datentransfer)[14]
	  – Verwendung bestehender Standards (z.B. ISO 19115)[4]
	– Kostenlose/kostengünstigere Bereitstellung der Daten[4], Integration von Kosten in die HOAI[13]
	– Verbesserung der Zugänglichkeit[4,15]
	– regelmäßige Fortschreibung der Daten in Intervallen von unter 5 Jahren[4,16,17]
	– Bereitstellung einer nachvollziehbaren, standardisierten Dokumentation[18,19]
	– Verbesserung der GIS-Ausstattung in den Kommunen[4]
	– Verstärkte Schulung der Nutzer[4]

Quellen: [1] Bill 2004b, [2] Hierlmeier & Valentin 2001, [3] Schaal 2004, [4] BfN 2005, [5] Dapp et al. 2001, [6] Plachter et al. 2002, [7] Heinrich 2002, [8] Jessel & Tobias 2002, [9] Heinrich 1999, [10] Zölitz-Möller 1999, [11] Scholle & Schleuß 1999, [12] Schröder et al. 2002, [13] Lipp 2004a, [14] Seuß 2000, [15] Gruehn 2003, [16] Aguilar 2007, [17] Meyer & Grabaum 2003, [18] Lipp 2004b, [19] Lipp 2005

3.1.2 Anforderungen aus Sicht des landwirtschaftlichen Betriebsmanagements

Für die Unterstützung von Entscheidungen im landwirtschaftlichen Betriebsmanagement ist das Vorliegen unterschiedlicher Informationsschichten (z.B. zu Boden und Bewirtschaftung) von entscheidender Bedeutung (Korduan et al. 2000). Odening et al. (2000) untersuchten auf landwirtschaftlichen Betrieben in Baden-Württemberg die Verfügbarkeit von Daten und stellten fest, dass für die Bereiche Standort- und Bewirtschaftunginformationen ein hoher Grad der Datenverfügbarkeit verzeichnet werden kann. Bodenuntersuchungen z.B. wurden auf 60% der Grünlandbetriebe und auf 90% der Ackerbaubetriebe durchgeführt. Bewirtschaftungsinformationen liegen insbesondere aus den Bereichen Düngung, Pflanzenschutzmittelausbringung und der tierischen Produktion vor, letztere insbesondere aufgrund der umfangreichen Dokumentationspflichten und dem bereits stark etablierten EDV-Einsatz in diesem Bereich (ebd.). Die Ausbringung mineralischer Dünger wird im Durchschnitt deutlich besser dokumentiert als die der organischen Dünger. Die Ausbringung von Pflanzenschutzmitteln ist für den Betrieb als Ganzes gut dokumentiert. Die Daten lassen sich jedoch häufig nicht auf die Schlagebene beziehen. Auch weitere Bearbeitungsmaßnahmen (Aussaat, Bodenbearbeitung) sind gut dokumentiert, hier liegen bei etwa 80% der befragten Betriebe Informationen vor. Allerdings beruhen hier die Mengenangaben (z.B. für die Aussaat) genau wie bei der Ausbringung organischer Dünger häufiger auf Schätzwerten. Die gute Datenlage gilt vorwiegend für die ackerbaulich genutzten Flächen, bei der Datengüte im Bereich Grünland dominiert die Schätzung der Daten, der Detailgrad und die Genauigkeit der Daten ist daher meist geringer. Durch die Buchführungspflicht liegen in vielen Betrieben neben monetären Aufzeichnungen auch noch quantitative zu Maschinen- und Gerätebestand, Verbrauch von Grundstoffen, Betriebs- und Hilfsstoffen, Energieträgern und Wasser vor (ebd.). Das größte Datendefizit auf den Betrieben trifft die Informationen, die nicht in unmittelbarem Zusammenhang mit der Bewirtschaftung stehen. Laut Odening et al. (2000) verfügt nur etwas mehr als die Hälfte der befragten Landwirte über Daten zu Landschaftsstrukturelementen, ergänzende Aufzeichnungen hierzu werden nur von relativ wenig Landwirten geführt. Zu beachten ist hierbei allerdings, dass diese Befragung noch vor dem Inkrafttreten der DirektZahlVerpflV 2004 erfolgte, die nun eine Erhebung von Landschaftselementen im Rahmen der Cross Compliance-Regelung (VO EG 1782/2003) vorschreibt.

Dennoch kann davon ausgegangen werden, dass die Beschaffung und Pflege von Daten, die über die reine Bewirtschaftung hinausgehen, immer noch eine große Hürde für den Landwirt darstellen. Zum einen, weil die Erhebung solcher Daten im Gelände für den Landwirt selbst eine kosten- und zeitintensive Aufgabe darstellt, wenn er diese nicht gleichzeitig mit der Bewirtschaftung zu erledigen vermag. Zum anderen liegen bestehende Daten, die der Landwirt hier potenziell heranziehen könnte, wie z.B. Landnutzungsdaten, Vegetations- und Biotopkartierungen, nicht zwingend flächendeckend und in ganz Deutschland vor. Oft sind sie auch nicht zugänglich für den Nutzer bzw. die Verfügbarkeit der Daten ist dem Nutzer nicht offenkundig. Ihre Beschaffung erfordert ebenfalls einen hohen Zeit- und Kostenaufwand. So ist z.B. der Zugriff auf Geobasisdaten mit großem Verwaltungs- und Genehmigungsaufwand verbunden (Nölle 2005). Erschwerend kommt für den Datennutzer hinzu, dass die Zuständigkeiten für diese Datensätze nicht transparent sind und die nutzungsrechtliche Situation restriktiv behandelt wird. Bei Nutzung von Daten des Liegenschaftskatasters (ALK) ist beispielsweise für Nicht-Eigentumsflächen der Nachweis des „berechtigten Interesses erforderlich“, um die Daten beziehen zu können (Streit 2004).

Des Weiteren spielen bei der Bereitschaft zur Beschaffung von Daten auch die äußeren Einwirkungen (Buchführungspflicht aufgrund gesetzlicher Vorgaben, Inanspruchnahme von

Fördermitteln) und die Persönlichkeit des Betriebsleiters eine Rolle. Seine Fähigkeiten, Neigungen und sein Ausbildungsgrad in Hinblick auf EDV-gestütztes Betriebsmanagement bestimmen letztendlich den Umfang, die Struktur und auch die Aufzeichnungsart der für den Betrieb vorliegenden Informationen (Odening et al. 2000).

Neben der Verfügbarkeit und den Inhalten werden auch in Hinblick auf die weiteren Aspekte der Datenqualität noch Defizite und daraus folgende Anforderungen in der Literatur genannt. Nölle (2005) führt an, dass Daten zurzeit noch in einem für die Landwirtschaft ungeeigneten Maßstab erstellt werden und damit aussagekräftige Analyseergebnisse für die landwirtschaftliche Betriebsebene erschweren. Zudem ist für eine Entscheidungsunterstützung im Betriebsmanagement eine hohe zeitliche Dynamik der Daten wesentlich (Korduan et al. 2000), welche ebenfalls häufig nicht gegeben ist. Streit (2004) fordert daher hier dem landwirtschaftlichen Planungshorizont entsprechende, aktuelle und großmaßstäbige-mikroskalige Geobasisdaten. Laut EU-Richtlinie dürfen die im Antrag für die Direktzahlungen („Flächenantrag") durch die Landwirte verwendeten Orthophotos nicht älter als 5 Jahre sein (Wustrack 2002). Dies kann sicherlich ein Anhaltspunkt für andere, in der Landwirtschaft zu verwendende Geodaten sein. Da eine Veränderung der landwirtschaftlichen Nutzung und damit auch der Betriebsflächen aber potenziell jedes Jahr durch Fruchtfolge, Änderung der Besitz- und Pachtverhältnisse, Förderprogramme und die aktuelle Marktsituation erfolgenden kann, ist davon auszugehen, dass in noch kürzeren Intervallen aktualisierte Datengrundlagen eine noch bessere Entscheidungsgrundlage bereitstellen.

Trotz existierender Standardisierungsbemühungen bestehen, z.B. in den Bundesländern, vielfach noch heterogene Datenbestände (Streit 2004), was eine umfassende Nutzung der Daten und auch die Möglichkeit, Empfehlungen für die Verwendung bestimmter Datenbestände auszusprechen, stark erschwert. Eine zusätzliche Herausforderung stellt die Datenhaltung dar: Während auf administrativer Ebene (z.B. in Landwirtschaftskammern) bereits zentrale Geodatenserver auf der Basis von Datenbanken für das Datenmanagement zum Einsatz kommen, arbeiten Endnutzer wie Landwirte überwiegend noch mit dateibasierter Datenhaltung, was das Datenmanagement bei einer großen Menge unterschiedlicher Geodaten erschwert (Nölle 2005). Heterogene Datenbestände in den unterschiedlichsten Formaten erfordern zudem Spezialkenntnisse zur Aufbereitung und Nutzung der Daten, die beim Nutzer nicht zwingend vorhanden sind (ebd.) (Abb. 15).

Hinzu kommt, dass Metadaten, die bei der Aufbereitung und der Einschätzung der Qualität und damit auch der Nutzbarkeit der Daten unterstützen könnten, nicht oder nicht in ausreichender Qualität verfügbar sind (Nölle 2005, Streit 2004). Dies führt dazu, dass eine gezielte Ergänzung oder Korrektur der Daten sowie das Nachvollziehen von Fehlern und Identifizieren möglicher Fehlerquellen erschwert werden und damit letztlich die Analysemöglichkeiten im GIS eingeschränkt werden (Backes et al. 2005). Fehlende Metadaten behindern darüber hinaus auch die Recherchierbarkeit der Daten (ebd.), was sich wiederum auf die Verfügbarkeit der Geodaten auswirkt, zumindest aus Sicht des Nutzers. Liegen Metadaten vor, unterstützt dies die Nachhaltigkeit der betrieblichen Datenhaltung: Zum einen geht bei der in der Landwirtschaft anstehenden Datenfülle (insbesondere im Bereich Precision Farming) die Übersicht über die Daten nicht verloren (Korduan et al. 2000). Zum anderen können betriebliche Informationen auf Nachfrage (z.B. im Falle von Kontrollen etc.) schnell vorgelegt werden, da der strukturierte, schnelle Zugriff auf die Daten gewährleistet ist (Backes et al. 2005).

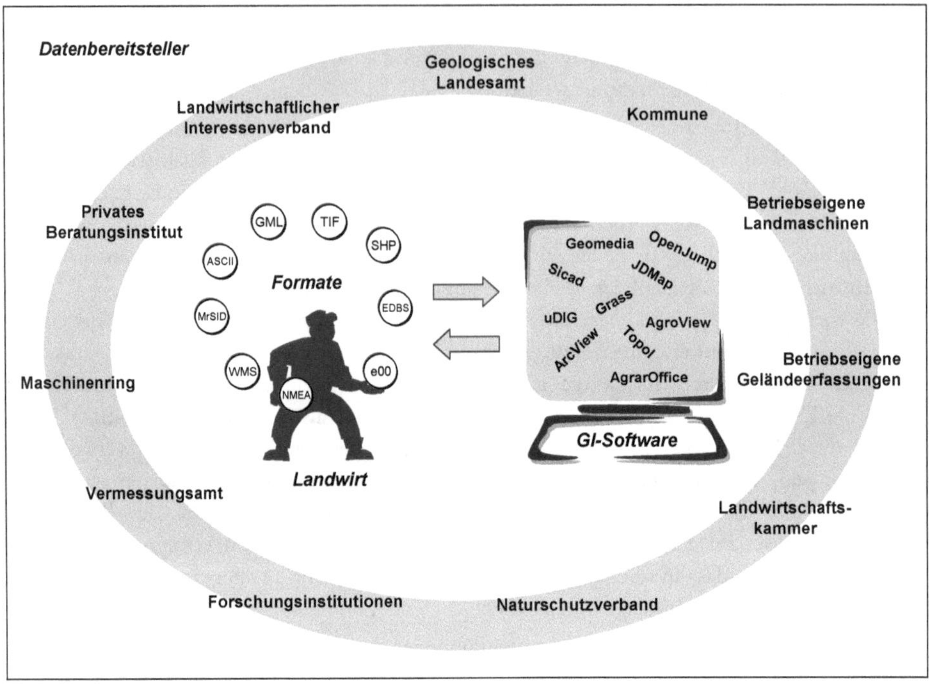

Abb. 15: Herausforderungen des Landwirtes bzgl. Datenformaten, Software und Datenbereitstellern beim Einsatz von GI-Technologie

Backes et al. (2005) sehen den Bedarf an Metadaten als abhängig von der jeweiligen Nutzergruppe an, die mit den Daten arbeiten will. Daher wurde in einer Befragung der Metadatenbedarf von Nutzern landwirtschaftlicher Geodaten in einer Befragung abgeprüft (Backes et al. 2003, Korduan 2003). Folgende Informationen sollten aus Sicht dieser Geodatennutzer in den Metadaten enthalten sein:

- Geografische Lage der Geodaten,
- Lagegenauigkeit der Koordinaten,
- Referenzsystem und Projektion der Geodaten,
- Herkunft der Geodaten (Erfasser),
- Datenformat,
- Erfassungsdatum,
- Erfassungsmethode,
- Ziel der Erfassung/Thema der Daten,
- Datenvolumen (optional),
- Informationen zum Bestellprozess (optional).

Nölle (2005) und Streit (2004) folgern abschließend, dass die Qualität bestehender Daten insgesamt als noch nicht ausreichend für den landwirtschaftlichen Sektor zu bewerten ist. Eine Verbesserung könnte hier mit der Einführung von Geodiensten über Internet und Intranet erreicht werden, die einen „vereinfachten, finanziell tragbaren, standardisierten, systemübergreifenden Zugriff auf Geoinformationen durch alle landwirtschaftlichen Akteure“ gewährleisten (Nölle 2005). Darüber hinaus ist aber auch die Verbesserung des Angebotes an Fachapplikationen für den landwirtschaftlichen Sektor essenziell, denn erst im Zusammenspiel mit geeigneten Werkzeugen stellen die Daten eine tatsächliche Unterstützung des Betriebsmanagements dar.

Anforderungen an ein geeignetes, GIS-gestütztes Werkzeug aus Sicht der Landwirtschaft formulieren Korduan et al. (2000). Aus ihrer Sicht sollte eine einfache, deutsche Benutzerführung existieren. Das System sollte möglichst viele der zahlreichen Formate und Standards unterstützen, die aufgrund der Herstellervielfalt für Jobrechner und Bordcomputer entwickelt wurden. Sollen bestehende Werkzeuge eingesetzt werden können, müssen diese für den Einsatz in der Praxis in ihrer Komplexität reduziert werden, andererseits aber auch um wichtige Funktionen für die Landwirtschaft ergänzt werden.

Die mangelnde Qualität der Geodaten und die bisher fehlenden GI-Fachapplikationen für den landwirtschaftlichen Sektor führen im Zusammenspiel mit den von Nölle (2005) ebenfalls noch angeführten mangelnden GIS-Kenntnissen bei den potenziellen Nutzern dazu, dass die Anwendung von GI-Technologien in der Landwirtschaft zum überwiegenden Teil immer noch den GIS-Spezialisten vorbehalten ist (ebd.).

3.2 Anforderungen aus der Sicht von landwirtschaftlichen Betrieben

Die Darstellung der Interviewergebnisse mit den Betriebsleitern und Mitarbeitern der Pilotbetriebe (vgl. Kap. 2.4.2) erfolgt in zusammenfassender Form anhand der zu den einzelnen thematischen Blöcken gestellten Fragen. Eine Tabelle mit den Einzelnennungen der befragten Betriebsleiter und Mitarbeiter ist in Anhang IV zu finden.

3.2.1 Bisheriger Einsatz von GIS und Geodaten in den Pilotbetrieben

Software zur Unterstützung des Betriebsmanagements wird in vier der fünf befragten Betriebe eingesetzt. Dies sind sowohl landwirtschaftsspezifische Softwareprodukte (z.B. für das Herdenmanagement) als auch allgemein eingesetzte Produkte (z.B. Microsoft Excel). Allen fünf Befragten sind Geoinformationssysteme bekannt, eingesetzt werden sie jedoch nur auf vier Betrieben. Die Bandbreite reicht hier von landwirtschaftlichen Auskunftssystemen über Spezialanwendungen aus der Landwirtschaft bis hin zu universell einsetzbaren GIS (z.B. ArcView der Firma ESRI GmbH). Als Hinderungsgründe für den fehlenden Einsatz von GIS auf dem niedersächsischen Pilotbetrieb werden die lange Einarbeitungszeit und fehlenden Fachkenntnisse in dem Bereich genannt.

Der Begriff „GIS“ ist jedoch auch für die befragten Betriebsleiter und Mitarbeiter, die entsprechende Software einsetzen, nicht klar definiert. Sowohl reine Geodatenviewer als auch spezielle Fachapplikationen (z.B. AgroView) werden von den Befragten als GIS bezeichnet. Einer der Befragten setzt ArcView auf seinem Betrieb ein, verfügbare Geodatenbestände sind ihm allerdings nicht bekannt. In zwei der fünf Betriebe sind freie GIS nicht bekannt, bzw. diese sind erst durch den Kontakt zum Forschungsvorhaben bekannt geworden. Als freie GIS werden auch Geodatenviewer im Web angesehen (z.B. Google Earth und der BayernViewer). All dies deutet darauf hin, dass Nutzbarkeit und Anwendungsbereiche von Software und Geodaten sowie die aktuell auf dem Markt verfügbaren Produkte noch nicht ausreichend vertraut sind.

Die Flächenbeantragung ist aktuell der größte Kontaktbereich dieser Nutzer zu GI-Technologien (3 Nennungen). Weitere Einsatzbereiche des GIS auf den Pilotbetrieben sind

Schlagverwaltung (2), Dokumentation (2), Außendarstellung (2), Bodenprobenmanagement (1), Zaunbau (1) und das generelle Orten von georeferenzierten Flächen und Punkten (1). Für die Bewältigung der Aufgaben finden Geobasisdaten wie Orthophotos (3) und topographische Karten (3) sowie Feldblockdaten (3) am häufigsten Anwendung. Auf einzelnen Betrieben werden zusätzlich Liegenschaftsdaten (1), Bodendaten (1), teilflächenspezifische Bewirtschaftungsdaten (1), Digitale Geländemodelle (1) und Schutzgebietsgrenzen (1) genutzt. Die umfassendere Nutzung von Geodaten findet auf den beiden Betrieben statt, die in Kontakt zu Forschungsinstitutionen stehen (Brandenburg, Bayern).

Obwohl nicht alle Befragten GIS im Betrieb einsetzen, zeigt die Auswertung des Zusatzfragebogens, dass dennoch alle GIS-Kenntnisse besitzen. Diese haben die Befragten überwiegend in der Zeit nach 2000 erlangt (5 von 6). Die Einarbeitung erfolgte i.d.R. über Selbststudien oder unter Anleitung durch Kollegen und Bekannte. Nur jeweils einmal wurde auch das Studium bzw. entsprechende Kurse als Ausbildungsweg in punkto GIS genannt. Anlass derjenigen, die sich erst im Laufe des Berufslebens mit GIS auseinander setzten, war immer die Einführung der GIS-gestützten Flächenbeantragung im Rahmen von InVeKoS auf dem Betrieb.

3.2.2 Verfügbarkeit von Geodaten

Obwohl Geodaten auf den Betrieben eingesetzt werden, werden sie nicht von den entsprechenden Befragten auf Anhieb unter den bekannten verfügbaren Datenbeständen genannt: Topographische Karten werden z.B. nur von einem Befragten als bekannt angegeben, werden aber bei konkreter Nachfrage in drei Betrieben verwendet. Luftbilder und Katasterdaten hingegen haben unter den Befragten den größten Bekanntheitsgrad und werden auch eingesetzt. Geofachdaten zu Themen wie Boden, Geologie, Natura 2000- und anderen Schutzgebieten sind ebenfalls bei zwei Betrieben bekannt. Einer dieser Betriebe nutzt das GIS für deutlich mehr Aufgabenbereiche im Betriebsmanagement als die übrigen. Im anderen Betrieb sind die Geodatenbestände vor allem dem Sohn des Betriebsleiters bekannt, der erst kürzlich sein Studium angeschlossen hat.

In Hinblick auf die Beschaffung sind die Landesvermessungsämter und die Landwirtschaftskammern für vier der Betriebe bisher die wichtigsten Institutionen, bei denen vor allem Geobasisdaten bezogen werden. Quellen für (teils kostenfreie) Geofachdaten (z.B. von Naturschutzbehörden) sind jedoch weniger bekannt. Hier spielt häufig das „Netzwerk“ des Betriebs eine entscheidende Rolle: Betriebe, die in Kooperationen mit Behörden oder Institutionen aus dem Bereich Naturschutz stehen, nutzen auch diese als Informationsquelle (3 Nennungen).

Fünf der sechs Befragten sind grundsätzlich dazu bereit, Geodaten selbst zu akquirieren und auch zu finanzieren, wenn Nutzen und Mehrwert durch den Einsatz der Daten erkennbar ist. Es wurde auch die Bereitschaft signalisiert, für Dienste zu bezahlen, die online Geodaten bereitstellen. Das Internet (z.B. Google) wurde neben den bereits bekannten Datenbereitstellern wie Vermessungsämtern etc. auch als möglicher Einstieg für eine Recherche genannt. Als „Schmerzgrenze“ für die Finanzierung wird auf einem der vier kleineren Betrieb (≤ 150 ha) ein Betrag von 300 € für die einmalige Beschaffung von Geodatensätzen angegeben. Bei wirtschaftlichem Nutzen (z.B. automatische Antragserstellung) besteht allerdings die Bereitschaft, auch mehr zu bezahlen. Jedoch müssten dafür Synergieeffekte für die Nutzung der Daten und Möglichkeiten des Bezugs eines „Datenabonnements“ bestehen, um immer auf aktuelle Geodaten zurückgreifen zu können. Zwei der Befragten vermuteten, dass „Durchschnittsbetriebe“ mit der Beschaffung von Daten überfordert sind oder nur dann dazu bereit sind, wenn behördliche Restriktionen bestehen oder Fördergelder in Aussicht gestellt werden.

Die Aufbereitung von Geodaten (z.B. den Import ins GIS) trauen sich die Befragten teils zu (4), teils nicht zu (2). Als Gründe werden hier sowohl eine fehlende Dokumentation der Geodaten als auch fehlende Kenntnisse z.B. im Bereich Formate und Koordinatensysteme genannt. Einer der Befragten schätzt, dass die verschiedenen Datenformate für ca. 98% der Mitgliedsbetriebe seines Öko-Landbau-Verbandes eine Überforderung darstellen würde.

3.2.3 Qualität und Einsetzbarkeit vorhandener Datenbestände, Erfassung eigener Daten

Bestehende Bodendaten werden von vier der sechs Befragten als bedingt ausreichend für ihre Zwecke eingestuft, insbesondere aufgrund des fehlenden Detaillierungsgrades (3). Die in der Regel vorliegende Reichsbodenschätzung (RBS) gibt z.B. die Realität auf den Flächen nur unzureichend wieder, die Trefferquote dieses Datensatzes wird insbesondere in heterogenen Gebieten als schlecht eingestuft. Drei der Befragten geben an, dass sie detailliertere Informationen zum Boden aus eigener Erfahrung oder aus Bodenproben ergänzen können. Alle Befragten können sich gut vorstellen, für eine solche Ergänzung die bereits von amtlicher Seite bereitgestellten, digitalen Bodenkarten als Basis zu nutzen. Für die detaillierten Informationen werden insbesondere im Bereich der Managemententscheidungen des Betriebs Einsatzmöglichkeiten gesehen. Interessant für die Befragten ist die Betrachtung der Bodeninformation z.B. im Zusammenhang mit Ertragsdaten (2), Düngung/Düngebilanzierung (3), Nährstoffbilanzen/ Nährstoffversorgung (3), elektrischer Leitfähigkeit (1), Feuchtigkeitszuständen (1) und zur Planung von Arbeitsgängen auf den Flächen (1). Weitere Anwendungsmöglichkeiten werden in den Themenbereichen Ökolandbau und Dokumentation gesehen (1), für letztere wurde die rückwirkende Dokumentation für die Wasserrahmenrichtlinie als Beispiel genannt. Daten zu den auf dem Betrieb vorhandenen Landschaftsbestandteilen können aus Sicht der Befragten als Grundlage für die Antragstellung (1), für Managemententscheidungen in den Bereichen Erosion/ Drainage (1), für die Flächenaufteilung (1) sowie für die Außendarstellung und Kommunikation (1) genutzt werden.

Auch in Hinblick auf Landschaftselemente (in der Befragung z.B. Hecken und Einzelbäume) besteht ein eigenes, hohes Detailwissen zu den betriebseigenen Flächen. Dies gilt insbesondere, wenn der Betrieb eher klein ist (70-150 ha, Betriebe Niedersachsen, Bayern, Baden-Württemberg I und II) oder wenn, bei größeren Betrieben, einzelne Betriebsteile besonders vertraut sind. Den Befragten war es problemlos möglich, detaillierte Angaben zu den einzelnen Hecken und Einzelbäumen anhand der Orthophotos und ihrer Flächenkenntnis zu machen, so dass eine Ergänzung der vorhandenen Daten auch hier problemlos möglich wäre. Die Bereitschaft zu einer solchen manuellen Ergänzung bestehender Daten ist für die Landschaftselemente ebenfalls vorhanden. Die Befragten setzen hier einerseits einen konkreten Anlass für die Erfassung voraus. Andererseits wünschen sie sich Unterstützung bei der Erfassung der Elemente, die nicht rein anhand des Orthophotos zu beschreiben sind sowie bessere technische Möglichkeiten, um vorhandene Daten (z.B. Planwerke) als Grundlage ins GIS zu integrieren. Die Erfassung von weiteren Naturschutzfachdaten (Biotope, Vorkommen von Tier- und Pflanzenarten) trauen sich Befragten allerdings nur bedingt zu. Auf der einen Seite führen sie mangelnde Zeit, mangelnde Arbeitskräfte, Störung des Betriebslaufes und auch mangelnde Kenntnis als Hemmnisse an. Auf der anderen Seite befürchten sie eine bindende Wirkung (Zwang zur Erhaltung und Pflege der entsprechenden Fläche) oder sehen in der Erfassung dieser Informationen keinen Nutzen für den Betrieb. Ein Anreiz für eine Erfassung bestände nur, wenn ein finanzieller Anreiz besteht (Verkauf von Umweltleistungen im Rahmen von Förderprogrammen oder Vertragsnaturschutz) und keine Sanktionen zu befürchten sind.

3.3 Anforderungen von Beratern und weiteren Experten aus dem Bereich Landwirtschaft

Die Anforderungen aus der Sicht von Experten aus landwirtschaftlicher Beratung, Forschung und Datenbereitstellung wurden im Rahmen eines eintägigen Workshops zusammengetragen. Die Ergebnisse zum bisherigen Einsatz von GIS und Daten stammen dabei aus einer schriftlichen Befragung der Teilnehmenden (n=22) (vgl. Kap. 2.4.3.1) während die Aussagen zu Vorteilen des Einsatzes von Geodaten, den aktuellen Defiziten sowie den Anforderungen an Geodaten aus der Diskussion im Rahmen der Workshop-AG „Einsatz von GIS und Geodaten“ mit 12 der Teilnehmenden resultieren (vgl. Kap. 2.4.3.2). Die Ergebnisse der Befragung sind in detaillierter Form in Anhang VII zu finden. Den Ablauf der Arbeit in der Workshop-AG sowie einen Eindruck der erzielten Ergebnisse vermitteln Anhang VI und Abbildung 10 (Kap. 2.4.3.2).

3.3.1 Bisheriger Einsatz von GIS und Geodaten durch die Experten

Im Bereich Forschung, Beratung und Datenbereitstellung mit Bezügen zur Landwirtschaft werden GI-Technologien nahezu durchgehend angewendet (18 von 22 Befragten). Das Programm ArcGIS der Firma ESRI GmbH wird hierbei bei fast allen Teilnehmern als das genutzte System angegeben (16 Nennungen). Im Bereich Forschung finden auch weitere, teils freie GIS Anwendung, hierzu gehören z.B. QGIS (2), OpenJump (4), uDIG (2), Geoserver (2), Deegree (1), GRASS (1), geotools (2), proj4 (1), gdal (1), Polyplott (1), JTS (1), Mapserver (1). Dies ist aber der Einzelfall. Daneben werden landwirtschaftliche Branchen-GIS, z.B. Polaris (1), AgrarOffice (1) und andere (1) in Beratung und Forschung eingesetzt. Lediglich vier der befragten Experten setzen GIS nicht ein, vorwiegend aufgrund der langen Einarbeitungszeit in die Systeme (4). Des Weiteren weil die Kosten der GI-Systeme (1) und der interessanten Geodaten (1) zu hoch sind oder der Einsatz von GI-Technologie im derzeitigen Arbeitsgebiet des Befragten keine Rolle spielt (1).

Das Aufgabenspektrum, das von den Befragten mit GIS bearbeitet wird, reicht von der Nutzung reiner Anzeigefunktionen über die Digitalisierung von Kartierungsergebnissen und Durchführung von Analysen, wie z.B. Flächenberechnungen, Bilanzierung, Sichtfeldanalyse, bis hin zur kartographischen Darstellung der Analyseergebnisse und der darauf aufbauenden Erstellung von Planungen.

Die Einarbeitung in GIS ist bei der Hälfte der Befragten ein Bestandteil der Ausbildung bzw. des Studiums der Befragten gewesen (11). Neben dieser Aneignung von grundlegenden Kenntnissen haben die einige der Befragten ihre Kenntnisse aber über weitere Kurse und Selbststudien vertieft (5). Fünf der Befragten haben sich ihre Kenntnisse ausschließlich über Selbststudien in Handbüchern, Online-Tutorials oder mit Unterstützung von Kollegen angeeignet. Einer der Befragten setzt GIS zwar in seinem Arbeitsbereich ein, wird dabei aber vorwiegend durch Kollegen mit mehr GIS-Kenntnissen unterstützt (1). Die erste Einarbeitung ist schwerpunktmäßig Mitte bis Ende der 1990er Jahre erfolgt (13). Nur wenige der Experten haben erst nach 2000 das erste Mal mit GIS gearbeitet (4). Anlass für die Einarbeitung waren in der Regel die Anforderungen im Studium (5) oder die darauf aufbauenden im Beruf (10).

Beim Großteil der Befragten liegt überwiegend keine Kenntnis darüber vor, welche GI-Systeme auf den mit ihnen kooperierenden, landwirtschaftlichen Betrieben eingesetzt werden (16). Diejenigen, die hierzu Angaben machen konnten (6), nannten vorwiegend branchenspezifische Systeme wie Bunsendahl (1), Acerdat (1), Agro-Sense (1), Agromap (1), JD Office (1), Fieldstar (1), GTA (1), AgroCad (1) und AgrarOffice (1). Des Weiteren wird OpenJump von zwei der Befragten als eingesetztes GIS auf den kooperierenden Betrieben genannt. Eine prozentuale Angabe zum Anteil der jeweiligen Softwareprodukte auf den Betrieben kann nur in einem Fall gemacht werden, so dass sich hierzu keine nachvollziehbare Aussage ableiten lässt.

Topographische Karten und Digitale Orthophotos werden bei der Bewältigung der Aufgaben der Befragten am häufigsten eingesetzt (jeweils 17 Nennungen), gefolgt von Schutzgebietsgrenzen (14), digitalen Geländemodellen (13), Bodeninformationen (12) und Feldblöcken (11). Liegenschaftsdaten (9) und teilflächenspezifische Informationen (7) werden bei weniger als 50% der Experten verwendet. Darüber hinaus werden in Einzelnennungen noch das Amtliche Topographisch-Kartographische Informationssystem, landesweite Biotoptypen, Informationen über die historische Landnutzung, geologische Karten, Bohrdaten, landwirtschaftliche Fachdaten (schlagbezogene Daten von Betrieben, Selbstauskünfte der Landwirte) sowie Klärschlamm-Verfahrensdaten als genutzte Datenbestände angegeben.

3.3.2 Vorteile des Einsatzes von Geodaten im landwirtschaftlichen Betriebsmanagement

Der Raumbezug von Geodaten, d.h. die Verknüpfung von Fachdaten mit der Flächengeometrie, wird als ein wesentlicher Vorteil der Geodaten für den Einsatz im landwirtschaftlichen Betriebsmanagement gesehen. Der Raumbezug ermöglicht es zum einen, Flächen eindeutig zu identifizieren und so Missverständnisse in der Kommunikation zu vermeiden. Zum anderen erlauben die Daten es, eine gute Übersicht über das abgebildete Gebiet zu bekommen und Bezüge aufzuzeigen, die auf den ersten Blick nicht sichtbar sind (z.B. Grundwasser, Schutzgebiete). Erst die raumbezogenen Daten ermöglichen Visualisierungen in Form von digitalen und analogen Karten, die wiederum für eine schnelle Erfassung unterschiedlicher Informationen hilfreich sein können. Neben den möglichen Visualisierungsformen werden auch der hohe Informationsgehalt, die durchführbaren Analysen und darauf aufbauende Auswertungen und Planungen als Vorteil für das Betriebsmanagement genannt.

Für die Landwirtschaft werden als mögliche interessante Anwendungsbereiche die Vereinfachung der Erstellung von Flächennachweisen und damit des Antragsverfahrens, die Planung komplexer Vorhaben, die Erfassung und Auswertung von Ernteerträgen sowie die Möglichkeit partieller Düngemittel/Pestizidausbringung genannt. Da die Geodaten vielfältig einsetzbar und damit mehrfach nutzbar sind, bedeutet dies eine Arbeits- und Kostenersparnis für den landwirtschaftlichen Nutzer. Ebenso ermöglichen die Ergebnisse der mit den Daten durchgeführten Analysen wiederum, das Betriebsmanagement ökonomisch zu optimieren (bessere Kosten- und Nutzenanalyse durch Raumbezug).

3.3.3 Aktuelle Defizite von Geodaten

Unabhängig vom Arbeitsschwerpunkt wird von den 12 Teilnehmenden der AG „GIS und Geodaten" der erforderliche Zeit- und Kostenaufwand zur Installation der Software, die Beschaffung und Pflege der Daten sowie fehlendes Know-how auf Seiten der Nutzer als potenzielle Hürden genannt, die den umfassenden Einsatz von Geodaten auf landwirtschaftlichen Betrieben bisher verhindern. Mangelnde Softwarekenntnisse der Landwirte, unzureichende Hilfestellungen für die Software, wenig Erfahrungen im Umgang mit Geodaten, Koordinatensystemen und Datenformaten sowie fehlende Möglichkeiten zur Interpretation der erzielten Analyseergebnisse führen dazu, dass Geodaten auf vielen landwirtschaftlichen Betrieben nicht genutzt werden.

Des Weiteren beeinflusst die Verfügbarkeit der Geodaten deren Einsatz: Landwirten ist nicht immer klar, wo und auf welchem Weg sie Daten beziehen können. Ein einheitlicher Dienst oder Ansprechpartner für den Datenbezug existiert nicht, die Daten liegen stattdessen verteilt vor. Die verfügbaren Daten entsprechen in ihrer Qualität, z.B. bezüglich Aktualität und Genauigkeit, nicht immer den Anforderungen des landwirtschaftlichen Nutzers. Zusätzlich führen fehlende Schnittstellen im Bereich der Software und die Vielzahl an Datenformaten zu Erschwernissen bei der Nutzung der Geodaten für verschiedene Aufgabenbereiche im Betriebsmanagement.

3.3.4 Anforderungen an die Verfügbarkeit von Geodaten

Die Verbesserung der Verfügbarkeit von Geodaten und die Implementierung von Standards sowohl für die Daten selbst als auch für deren Bereitstellung sind aus Sicht der Teilnehmenden für die Zukunft prioritär. Zentrale Datenbereitstellung (z.B. über WMS-Dienste oder Kataloge), freier bzw. kostengünstiger Zugang zu den Daten sowie je nach Nutzeranspruch variierende Bereitstellung von Daten (z.B. in unterschiedlicher Auflösung, unterschiedlichem Datenformat und Dienst) wurden als Verbesserungsvorschläge genannt. Der Einsatz von Normen und Standards bei der Datenbereitstellung (z.B. Webservices), einheitliche Koordinatensysteme, Semantik und Formate der zur Verfügung gestellten Geodaten würden die Anwendung der Daten in der Praxis weiter verbessern. Die schnelle Umsetzung der Geodateninfrastrukturen (GDI) und das damit verbundene einheitlichere Datenangebot würden hierzu ebenfalls einen wichtigen Beitrag leisten.

Darüber hinaus werden die Etablierung eines einheitlichen Kostenmodells und einer Digitalen Rechteverwaltung (DRM=Digital Rights Management) als prioritäre Weiterentwicklungen im Bereich der Geodaten genannt. Die Bereitschaft zum Austausch von Datenbeständen bzw. Rückfluss von Informationen aus Fachdatenbeständen zur Aktualisierung und Ergänzung der Geobasisdaten sowie die Anwendung von GIS als ein fester Bestandteil landwirtschaftlicher Ausbildung werden darüber hinaus als mögliche Lösungswege für die Aufhebung der Defizite geäußert.

3.3.5 Anforderungen an die Qualität der Geodaten

Eine Zusammenfassung der im Rahmen des Workshops erarbeiteten, konkreten Anforderungen an die Qualität der Geodaten, die zur Berücksichtigung von Naturschutzaspekten im Betriebsmanagement eingesetzt werden sollen, findet sich in Tabelle 13. Schwerpunkte in den Anforderungen liegen insbesondere bei der Standardisierung (Verfügbarkeit über standardisierte Dienste, einheitliche Kostenmodelle, standardisierte Metadaten, bundesweit einheitliche Daten), dem umfassenden, aber zielgerichteten Informationsgehalt der Daten sowie der thematischen und räumlichen Korrektheit der Daten.

Als Grundlage für ein naturschutzorientiertes Betriebsmanagement sind auf der einen Seite eine Reihe unterschiedlicher Informationen und Geodaten für den Landwirt bzw. seinen Berater relevant, dazu gehören z.B. Informationen zu Artenvorkommen, Biotoptypen, Schutzgebieten, Maßnahmen, Klimadaten, Bodenausstattung (-bewertung, /-gefährdung), ATKIS (Digitale Landschaftsmodelle, Digitale Geländemodelle, Digitale Orthophotos), die Daten der Automatisierten Liegenschaftskarte, Feldblöcke ebenso wie Betriebsdaten (Düngung, Beregnung, Pflanzenschutz). Auf der anderen Seite enthalten diese Daten auch Informationen, die nicht relevant oder erforderlich für den Betrieb sind und somit die Informationsmenge nicht mehr handhabbar machen. Eine solche Überfrachtung an Informationen sollte nicht erfolgen.

Tab. 13: Workshopergebnisse zu den Anforderungen an Geodaten für das Naturschutzmanagement landwirtschaftlicher Betriebe

Qualitätskriterium	Anforderungen
Informationsgehalt	– Informationen zu Artenvorkommen, Biotoptypen, Schutzgebieten, Maßnahmen, Klimadaten, Bodenausstattung (-bewertung, /-gefährdung), ATKIS (DLM, DGM, DOP), ALK, Feldblöcke – Betriebsdaten (Düngung, Beregnung, Pflanzenschutz) – handhabbare Informationsmenge (keine Überfrachtung)
Maßstab/räumliche Genauigkeit	– Maßstabspanne von 1:500 bis zu 1: 25.000, abhängig von der Fragestellung – Genauigkeit: 1 m
Thematische Genauigkeit	– hohe thematische Korrektheit – Variation der thematischen Tiefe je nach Nutzung der Daten ohne Verlust an Korrektheit
Vollständigkeit	– flächendeckend, bundesweit vorliegende Daten – Vollständigkeit der Elemente kann entsprechend dem Maßstab variieren
Aktualität	– Aktualisierung in regelmäßigen Abständen, abhängig vom Inhalt der Daten – leicht zugängliche Daten-Updates
Konsistenz	– Verwendung von Standards – konsistente Informationen aus verschiedenen Themenbereichen
Qualität der Metadaten	– verpflichtende Bereitstellung qualitativ guter, standardisierter Metadaten – Bereitstellung der Metadaten in (Web-)Katalogen – Mindestmaß an enthaltenen Informationen: Maßstab, Aktualität, Thema, Herausgeber, Kosten.
Verfügbarkeit	– Bereitstellung über standardisierte Dienste (zentraler Zugang) – Bereitstellung in einheitlichen Formaten – Dauerhafte, ständige Bereitstellung (24 Stunden am Tag, 7 Tage die Woche)
Kosten	– kostengünstige Bereitstellung – Verwendung eines einheitlichen und transparenten Kostenmodells
Sonstiges	– Gewährleistung der Rechtssicherheit (Parzellenschärfe)

Abhängig von der Fragstellung können Daten in unterschiedlichen Maßstäben sinnvoll sein, die Spanne reicht hierbei von 1:500 (z.B. im Bereich Precision Farming) bis zu 1: 25.000 (z.B. für betriebsübergeordnete Fragestellungen). Die Daten sollten mit einer Genauigkeit von einem Meter vorliegen. Die thematische Korrektheit der Daten ist unbedingt erforderlich, die thematische Tiefe kann allerdings je nach Nutzung der Daten variieren, ohne dass die Daten inkorrekt sind (Beispiel der Workshopteilnehmenden: Hecke → Wallhecke → usw.).

Die Daten sollten flächendeckend und bundesweit vorliegen. Die Vollständigkeit der Elemente kann entsprechend dem Maßstab variieren. Eine Aktualisierung der Daten sollte in regelmäßigen Abständen erfolgen. In welchem genau, hängt dabei vom Thema bzw. Inhalt der Daten ab. Bei digitalen Orthophotos sollte das Aktualisierungsintervall z.B. kürzer als 5 Jahre sein. Aktualisierte Daten sollten für den Nutzer leicht zugänglich sein.

Die Verwendung von Standards für die Datenerstellung und Weitergabe ist unabdingbar, dadurch ist auch die erforderliche Konsistenz zwischen verschiedenen thematischen Informationen gegeben. Die Erstellung und Bereitstellung qualitativ guter, standardisierter Metadaten sollte verpflichtend sein. Die Metadaten sollten in (Web-)Katalogen zur Verfügung stehen und im Minimum folgende Informationen enthalten: Maßstab, Aktualität, Thema, Herausgeber, Kosten.

Die Geodaten sollten dezentral über standardisierte Dienste mit einem zentralen Zugang in einheitlichen Formaten dauerhaft und jederzeit (24 Stunden am Tag, 7 Tage die Woche) zur Verfügung gestellt werden. Zudem sollten die Daten kostengünstig unter Verwendung eines einheitlichen und transparenten Kostenmodells zur Verfügung gestellt werden. Die Kleingruppe „Beratung" fordert des Weiteren, dass die Rechtssicherheit der digitalen Daten, d.h. die parzellenscharfe Aussagekraft der Daten gewährleistet sein sollte. Wasserschutzgebiete werden bisher z.B. nur in den entsprechenden analogen Karten rechtssicher dargestellt.

Die Frage, welche der vorhandenen Geodatensätze, die die in Tabelle 13 genannten Anforderungen erfüllen und somit für das naturschutzorientierte Betriebsmanagement genutzt werden können, war von den innerhalb der AG gebildeten Kleingruppen „Wissenschaft und Forschung" und „Datenstandards und -bereitstellung" nicht zu beantworten. Sie schätzten keinen der bekannten, verfügbaren Geodatensätze als verwendbar im Sinne des Anforderungskataloges ein. Die Kleingruppe „Beratung" identifizierte Feldblockdaten, das Amtliche Liegenschaftskataster (ALK), Digitale Orthophotos im Maßstab 1:50.000 (DOP 50) und die Geodaten zu den Förderkulissen als nutzbare Datensätze für diesen Anwendungsbereich.

3.4 Aus dem Datenbedarf von MANUELA resultierende Anforderungen

Die Bewertung der Umweltleistungen eines landwirtschaftlichen Betriebs in den Bereichen Biodiversität und Landschaftsästhetik mit MANUELA (vgl. Kap. 2.2.2) erfordert zum einen das Vorliegen von Informationen zur Bewirtschaftungsweise des Landwirtes, z.B. zu den angebauten Fruchtarten und der Anbaustruktur, zur Menge an ausgebrachtem Dünger, Pflanzenschutzmittel, Saatgut, zur Höhe der Erträgen sowie zu Bewirtschaftungszeitpunkten und verwendeten Arbeitsgeräten. Zum anderen werden Daten zum aktuellen Zustand und zur Empfindlichkeit der Flächen gegenüber den Nutzungswirkungen benötigt. Hierzu gehören u.a. Informationen zur Landnutzung, zur Vegetation, zu Pflanzengesellschaften und Biotoptypen, zum Boden sowie zu den vorkommenden Tier- und Pflanzenarten (vgl. Tab. 14).

Tab. 14: Erforderliche Informationen für die Bewertung der Aspekte Biodiversität und Landschaftsästhetik mit der Software MANUELA (nach Blumentrath & Haaren 2008, Vogel & Haaren 2008)

	Bewertungsgegenstand	Erforderliche Informationen zur Landschaft/zum Betrieb	
Biodiversität	Biotopbestand	Biotope	– Typ (Haupteinheit/ Untereinheit, je nach Differenzierungsgrad der Bewertung) – Dimension (Fläche, Länge, Breite) – bei Hecken zusätzlich: Alter, Anzahl der Gehölzarten, Anteil einheimischer Gehölzarten
	Artenbestand	Pflanzen	– Art – Gefährdungsstatus nach der jeweiligen Roten Liste des Bundeslandes
	Biotopentwicklungspotenzial (BEP)	Bodeninformationen	– Acker-/Grünlandzahl – pH-Wert – Feuchtestufe (alternativ auch nutzbare Feldkapazität und Grundwasserstufe)
	Wirkungen der Nutzungseinflüsse	Düngung	– N-Düngungsniveau – ggf. Viehbesatz
		Pflanzenschutz	– Anteil (%) von Grünland-/Ackerflächen ohne Pflanzenschutzmaßnahmen
		Arten und Techniken der Grünlandnutzung	– Zeitpunkt der ersten Wiesennutzung, Schnitthäufigkeit/-höhe – Mahdgerät, Mähtechnik – Nutzungsform der Weide – Anteil (%) der Heuwirtschaft am ersten Grünlandschnitt
		Saat (Acker)	– Saatdichte und PSM-Einsatz auf Flächen mit Potenzial für die Entwicklung von Ackerwildkräutern
		Pflanzengesellschaften	– Typ
Landschaftsästhetik	Konstante Landschaftsstrukturen	Nutzflächen Gewässer Gehölze Landwirtschaftliche Betriebseinrichtungen (Gebäude, Silos etc.)	– Dimension (Größe, Länge, Breite, Höhe) – Alter – historische Nutzungsform – kulturhistorische Bedeutung – Erreichbarkeit – optische Besonderheiten (z.B. Wuchsformen.) – Raumwirksamkeit – Regionaltypik – Zugänglichkeit
	Temporäre Landschaftsstrukturen	Pflanzen	– Art – Deckungsgrad und Verteilung – Blühphänologie (z.B. Blütezeitpunkte, Blühfarbe)
		Aspektwandel der Kulturen	– Art u. Zeitpunkt/Dauer der durchgeführten Arbeitsgänge (Bodenbearbeitung, Aussaat, Düngung, PSM, Ernte) – Phänologische Entwicklung der Kulturarten
		Landwirtschaftliche Nutzung (Feldarbeit, Produkte, Nutztiere)	– Art u. Zeitpunkt/Dauer der durchgeführten Arbeitsgänge (Bodenbearbeitung, Aussaat, Düngung, PSM, Ernte, Beweidung)

Der Aufwand der Datenerhebung für diese Informationen soll aus Zeit- und Kostengründen möglichst gering gehalten werden, daher werden, so weit möglich, vorhandene Daten für die Bewertung genutzt (Frauenholz 2000, Lipski et al. 2008d). Da die Daten in MANUELA automatisiert ausgewertet werden und dafür auch zunächst in eine Datenbank überführt werden müssen, ist es von Vorteil, wenn die Daten in strukturierter, einheitlicher Form vorliegen. Sie sollten daher anhand konsistenter Regeln und Standards erhoben und digitalisiert worden sein. Das heißt, dass z.B. Erfassungsstandards wie die Biotoptypenschlüssel der Länder Verwendung bei der Erstellung der Daten gefunden haben sollten (Lipski et al. 2008d). Zusätzlich ist für eine problemlose Einbindung der Daten in MANUELA auch das Datenformat entscheidend. Der Austausch von Daten sollte in einem Format erfolgen, das den Anforderungen an die Interoperabilität genügt, da nicht zu erwarten ist, dass eine einheitliche Verwendung von GI-Systemen in Zukunft stattfinden wird (vgl. BfN 2005).

Um die Übertragbarkeit der Methoden und der Ergebnisse zu erleichtern, sollten die Daten mittelfristig möglichst bundesweit flächendeckend und mit vergleichbarem Inhalt sowie vergleichbarer Aktualität und Genauigkeit vorliegen. Das flächendeckende Vorliegen von Information ist ebenfalls erforderlich, um die räumlichen Zusammenhänge des Betriebs zur umgebenden Landschaft abzubilden (z.B. Schutzgebietsgrenzen, angrenzende Flächennutzungen wie Gewässerverläufe und Straßen), da dies für sowohl für die Bewertung selbst als auch für Ableitung geeigneter, naturschutzverträglicher Maßnahmen erforderlich ist.

Für einen Einsatz der Daten auf Betriebsebene kann für die räumliche Genauigkeit von einem Maßstab von 1:10.000 oder größer ausgegangen werden, angelehnt an die gängigen, in der lokalen Landschaftsplanung verwendeten Maßstäbe (Haaren 2004). Erst durch einen großen Maßstab und die entsprechende hohe räumliche Auflösung der Daten lässt sich der Anspruch von MANUELA nach Bewertungsergebnissen auf der Ebene von Bewirtschaftungseinheiten (Schlägen) und auch darunter realisieren (Lipski et al. 2008d, Frauenholz 2000). Die Aktualisierung der Daten sollte in einem Intervall erfolgen, das im Zusammenhang mit den Einfluss- und Regelungsmöglichkeiten eines landwirtschaftlichen Betriebs steht. Hierbei ist von 1 bis 5 Jahren bzw. 10 Jahren auszugehen (bei weniger stark veränderlichen Landschaftsbestandteilen wie z.B. Gebäuden) (Lipski et al. 2007, 2008d). Nur so können die mit den Daten erzielten Bewertungsergebnisse eine nutzbare und verlässliche Grundlage für das Betriebsmanagement liefern.

3.5 Zusammenfassende Darstellung der Anforderungen an Geodaten für das landwirtschaftliche Naturschutzmanagement

Die Zusammenstellung der Anforderungen zeigt, dass Geodaten, die das landwirtschaftliche Naturschutzmanagement unterstützen sollen, eine Vielzahl von Anforderungen erfüllen müssen. Unabhängig davon, aus welcher Sicht diese Anforderungen aufgestellt werden – lokale Landschaftsplanung oder landwirtschaftliches Betriebsmanagement, Landwirte oder landwirtschaftliche Berater – decken sich diese aber in sehr hohem Maße.

Die Ergebnisse der durchgeführten Interviews in den sechs Pilotbetrieben und auch des Workshops bestätigen insgesamt die in der Literatur erwähnten Defizite existierender Geodaten und GI-Systeme und präzisieren diese aus Sicht der landwirtschaftlichen Praxis. Die Betriebsleiter und Mitarbeiter der Pilotbetriebe sind allerdings aufgrund ihrer Bereitschaft zur Datenbereitstellung und zur Teilnahme an den Interviews als aufgeschlossen einzustufen - sowohl gegenüber dem Themenbereich Naturschutz als auch gegenüber den aktuellen Möglichkeiten im Bereich des EDV-gestützten Betriebsmanagements. Es ist daher davon auszugehen, dass diese Interviewergebnisse eher die Anforderungen von Landwirten wiedergegeben, die bereits eine überdurchschnittliche Vertrautheit mit digitalen Medien besitzen. Die Äußerungen der befragten Betriebsleiter und der Workshopteilnehmenden lassen darauf schließen, dass durchschnittliche landwirtschaftliche Betriebe noch mehr Unterstützung in der Einrichtung entsprechender EDV auf dem Betrieb und bei der Beschaffung und Aufarbeitung von Geodaten benötigen.

Hohe Qualitätsansprüche bestehen insgesamt insbesondere in Hinblick auf die Kriterien Aktualität, Maßstab und Genauigkeit. Diese sind vor allem auf die Betrachtungsebene landwirtschaftlicher Betriebe und die hohe Dynamik der landwirtschaftlichen Nutzung zurückzuführen und werden daher insbesondere von den Interviewpartnern in den Pilotbetrieben angeführt.

Ein weiterer wichtiger Aspekt ist die Verfügbarkeit von Daten. Obwohl eine Reihe potenziell geeigneter Daten erhoben werden, stehen diese dem Anwender nicht zwingend zur Verfügung, u.a. weil Nutzungsrechte und zu hohe Kosten einen effizienten Einsatz erschweren. Gefordert wird hier vor allem eine Web-gestützte Bereitstellung z.B. über Geodienste, die es auch weniger versierten Anwendern ermöglicht, Daten zu recherchieren und zu beziehen.

Neben der Verfügbarkeit steht auch die Verwendung von Standards bei der Erfassung und Weitergabe von Daten im Fokus der Diskussion. Beide Disziplinen sehen hier die bisher auf dem Markt verfügbaren Datenbestände als unzureichend an und fordern die gezielte Berücksichtung von bestehenden Standards (z.B. ISO-Richtlinien und Standards des OGC). In Hinblick auf die Verwendung der Geodaten mit einer Software wie MANUELA bieten standardisierte Daten zudem verbesserte Möglichkeiten einer Einbindung und automatisierten Auswertung.

Wie auch die bessere Verfügbarkeit wird auch die Verwendung von Standards vor allem von Vertretern der Forschung und der Datenbereitstellung gefordert. Diese haben i.d.R. einen guten Überblick über die aktuellen Entwicklungen des GI-Marktes und können daher in diesem Bereichen konkretere Anforderungen stellen als die Landwirte selbst. Sie benennen zwar die Schwierigkeiten, die für sie durch die unzureichende Datenverfügbarkeit und den heterogenen Datenbestand entstehen, können aber weit weniger gezielt Handlungsmöglichkeiten zur Verbesserung der Situation als die Teilnehmenden des Workshops benennen.

Die Sachinformationen, die aus Sicht von Landwirtschaft und Naturschutz erforderlich sind, um Landwirten fundierte Unterstützung für ihr Naturschutzmanagement bereitzustellen, sind sehr umfangreich. Die von den Experten aus Wissenschaft, Beratung und Datenbereitstellung genannten Inhalte (vgl. Kap. 3.3) unterscheiden sich hier nur wenig von den Anforderungen, die aus dem Datenbedarf des Naturschutzmanagementsystems MANUELA resultieren. Es werden umfassende Informationen zur Bewirtschaftungsweise des landwirtschaftlichen Betriebs wie auch zur den Betrieb umgebenen Landschaft als erforderlich angesehen.

Um die mit den Daten gelieferten Sachinformationen, deren Qualität und Verwendbarkeit besser einschätzen zu können, werden von Seiten des Naturschutzes als auch von Seiten der Landwirtschaft Metadaten gefordert, die ausreichend Informationen zur Beurteilung der Geodaten enthalten. Angaben zu Maßstab, Aktualität, Thema, Herausgeber und Kosten werden von den Beteiligten hier als essenziell erachtet. In umfangreicheren Befragungen hierzu (vgl. Backes et al. 2005, Korduan 2003) wurden zusätzlich Angaben zu geografischer Lage der Geodaten, Lagegenauigkeit, Referenzsystem und Projektion, Datenformat, sowie zum Erfassungsdatum und der Erfassungsmethode als Teil der Metadaten gefordert.

Eine Zusammenschau der Anforderungen an die Qualität von Geodaten für das Naturschutzmanagement landwirtschaftlicher Betriebe wird in Tabelle 15 dargestellt.

Tab. 15: Zusammenschau der Anforderungen an die Qualität von Geodaten für das Naturschutzmanagement landwirtschaftlicher Betriebe

Qualitätsmerkmal	Anforderungen
Verfügbarkeit	– Bereitstellung über standardisierte Dienste (zentraler Zugang) – Bereitstellung in einheitlichen Formaten – dauerhafte, ständige Bereitstellung (24 Stunden/Tag, 7 Tage/Woche) – transparente Nutzerrechte – kostengünstige/kostenfreie Bereitstellung – Verwendung eines einheitlichen und transparenten Kostenmodells
Informationsgehalt	– Informationen zur Landschaft:: Biotoptypen, Vorkommen von Tier- und Pflanzenarten, Pflanzengesellschaften, Boden, Schutzgebiete, Klimadaten, Flächennutzung, Besitzverhältnisse – Informationen zur Bewirtschaftung: angebaute Fruchtarten, Aussaat, Bodenbearbeitung, Düngung, Beregnung, Pflanzenschutz, Ernte, Beweidung – handhabbare Informationsmenge (keine Überfrachtung)
Aktualität	– 1-5 Jahre – Aktualisierung in regelmäßigen Abständen, abhängig vom Inhalt der Daten – leicht zugängliche Daten-Updates
Vollständigkeit	– flächendeckende, bundesweit od. zumindest landesweit vorliegende Daten – Vollständigkeit der Elemente kann entsprechend dem Maßstab variieren
Maßstab/räumliche Genauigkeit	– 1:10.000 oder größer, je nach Fragestellung kann auch ein größerer Maßstab (1:500) oder kleinerer Maßstab (1: 25.000) sinnvoll sein – hohe Genauigkeit (1 m)
Thematische Genauigkeit	– hohe thematische Korrektheit – Variation der thematischen Tiefe je nach Nutzung der Daten ohne Verlust an Korrektheit
Konsistenz	– Verwendung bestehender Standards bei der Erfassung (z.B. Biotoptypenschlüssel), Weitergabe (z.B. interoperable Datenformate wie GML) und Dokumentation von Daten (z.B. ISO 19115) – Einbeziehung vorhandener Informationen bei der Erstellung von Daten
Qualität der Metadaten	– verpflichtende Bereitstellung qualitativ guter, standardisierter Metadaten – Bereitstellung der Metadaten in (Web-)Katalogen – enthaltene Informationen: Maßstab, Aktualität, Thema, Herausgeber, Kosten, geografische Lage der Geodaten, Lagegenauigkeit, Referenzsystem/Projektion, Datenformat, Erfassungsdatum und -methode
Sonstige Anforderungen	– Gewährleistung der Rechtssicherheit (Parzellenschärfe) – Verbesserte Schulung der Nutzer – Verbesserung der technischen Voraussetzungen/GIS-Ausstattung – Verwendung von Schnittstellen zur Weitergabe von Daten – Veränderung der bestehenden organisatorischen Strukturen (Datenhaltung/Datentransfer) – Abstimmung der Nutzeransprüche für die Erfassung von Daten, Vermeidung von Doppelerhebungen

4 Die Eignung von Geodaten für das landwirtschaftliche Naturschutzmanagement

Im Folgenden werden Digitale Landschaftsmodelle, die zur Verfügung stehenden Biotopkartierungen sowie die Daten aus den Flächennutzungsnachweisen der Landwirte im Detail vorgestellt und anhand des Prüfplanes in Hinblick auf ihre Eignung für das Naturschutzmanagement landwirtschaftlicher Betriebe untersucht. Die Ergebnisse der Untersuchung und Bewertung der Datenqualität erfolgt zunächst separat für die Digitalen Landschaftsmodelle, Biotoptypenkartierungen und die Flächennutzungsnachweise der Landwirte (Kap. 4.1 bis 4.3). In einem abschließenden Schritt werden die drei Datentypen zusätzlich im Vergleich betrachtet. Dazu werden sowohl der Erfüllungsgrad der Qualitätskriterien als auch die mit den Daten erzielten Bewertungsergebnisse aus MANUELA einander gegenübergestellt (Kap. 4.4).

4.1 Digitale Landschaftsmodelle

4.1.1 Hintergrundinformationen zum Datensatz

Digitale Landschaftsmodelle (DLM) sind ein zentraler Bestandteil des Amtlichen Topographisch-Kartographischen Informationssystems (ATKIS), das ein einheitliches räumliches Bezugssystem und topographische Basisinformationen für Deutschland in unterschiedlichen Maßstäben bereitstellt (AdV 2003a, Hake & Grünreich 1994). Die fachlichen, technischen und theoretischen Grundlagen für die Entwicklung und den Einsatz des ATKIS wurden im Herbst 1989 von der Arbeitsgemeinschaft der Vermessungsverwaltungen der Länder der Bundesrepublik Deutschland (AdV) beschlossen und in einer umfangreichen Dokumentation veröffentlicht (Grünreich 1990).

Das ATKIS umfasst neben den DLM drei weitere Geodatenmodelle: die Digitalen Geländemodelle (DGM), die Digitalen Topographischen Karten (DTK) sowie die Digitalen Orthophotos (DOP). Diese Daten stellen interessenneutrale Informationen über die Objekte, die Erscheinungsform und das Relief der Erdoberfläche in unterschiedlicher Form zur Verfügung, so dass sie den Anforderungen unterschiedlicher fachlicher Anwendungen gerecht werden (AdV 2003a, Illert 2001, Kaufmann 1997). Die Daten werden regelmäßig aktualisiert und von den Landesvermessungsämtern bzw. den im Zuge der Verwaltungsreform gegründeten Landesbetrieben für Geoinformation und Landesvermessung gegen eine Nutzungsgebühr abgegeben. Diese sind auch für die Erstellung und Verwaltung der Daten zuständig (BKG 2006, Endrullis & Hoppe 2001, Scholles 2006).

Die Verwendung des ATKIS als Basisgeometrie ist laut Rappe (1995) die beste Methode um Integrationsprobleme bei der Verwendung verschiedener Datenbestände zu umgehen. Dies setzt allerdings voraus, dass alle anderen Anwender und auch Datenbereitsteller ebenfalls auf den ATKIS-Datenbestand als Basis zurückgreifen (Rappe 1995). Als weiterer Vorteil des ATKIS-Datenbestandes ist die Verwendbarkeit für unterschiedliche fachliche Fragestellungen zu sehen („einmal erfassen, mehrfach nutzen“) (Kaufmann 1997).

Die Digitalen Landschaftsmodelle stellen die Informationen des ATKIS im Vektorformat und blattschnittfrei bereit (Bill & Zehner 2001). Es gibt die topographischen Informationen in digitaler, geometrisch, topologisch und thematisch strukturierter Form wieder (Grünreich 1990). Die Daten liegen "folienorientiert" vor, d. h. die Informationen werden verschiedenen

Schichten abgelegt und auch so zur Verfügung gestellt (Scholles 2006). Die Generierung der DLM erfolgt in vier verschiedenen Maßstäben (Bill & Zehner 2001, BKG 2006):

- Basis-DLM (1:25.000 und größer),
- DLM 50 (1:50.000),
- DLM 250 (1:250.000),
- DLM 1000 (1:1.000.000).

Das Basis-DLM ist das genaueste der Landschaftsmodelle in Deutschland und somit das einzige, dass als Grundlage für die Bearbeitung planerischer Fragestellungen auf lokaler Ebene herangezogen werden kann. Es wird in einem Maßstab von 1:25.000 oder größer zur Verfügung gestellt und ist weitgehend frei von kartographischen Generalisierungseinflüssen (Buziek 1995). Inhaltlich ist das Basis-DLM an der Topographischen Karte (TK) 1:25.000 orientiert, wird aber auch aus anderen, verschiedenen Grundlagen generiert. Dies können z.B. die Deutsche Grundkarte 1:5.000 (DGK 5), Digitale Orthophotos (DOP) und Topographische Karten in unterschiedlichen Maßstäben (1:10.000 oder 1:25.000) und weitere Informationsquellen wie Betriebskarten und Stadtpläne sein (Bill & Zehner 2001, BKG 2006, De Lange 2006). Die Genauigkeit des Basis-DLM beträgt i.d.R. 3 bis 5 Meter (Rappe 1995).

Für jedes in den DLM enthaltene Landschaftsobjekt werden sowohl die geometrische Ausprägung (Form, Flächengröße) als auch die Objektart und die sonstigen qualitativen und quantitativen Merkmale aufgenommen (Grünreich 1990). Diese Landschaftsobjekte werden für den jeweiligen Maßstab konsistent in einem Objektartenkatalog (ATKIS-OK) definiert, der sie hierarchisch in Objektbereiche, Objektgruppen und Objektarten kategorisiert (vgl. Abb. 16) (AdV 2003a).

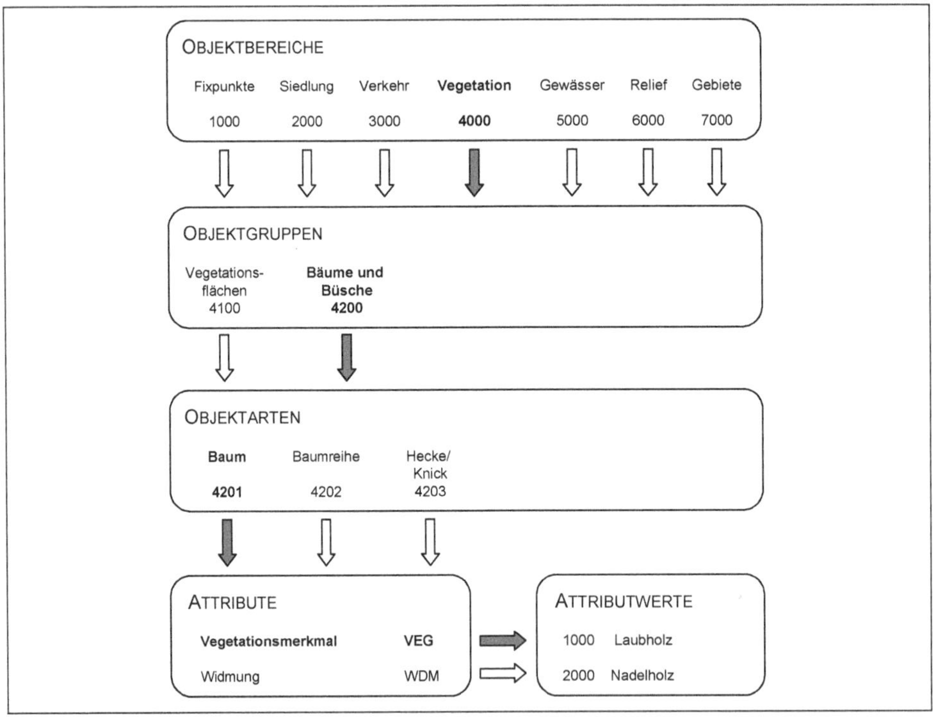

Abb. 16: Aufbau des ATKIS-Objektartenkataloges am Beispiel der Objektart „Baum" (verändert nach Bill & Zehner 2001, De Lange 2006)

Quantitative und qualitative Merkmale werden im Objektartenkatalog anhand von Attributen und Attributwerten wiedergegeben. Je nach Ausbaustufe werden Objekte durch Attribute wenig oder stark detailliert beschrieben (Grünreich 1990). Der Objektartenkatalog enthält des Weiteren für jedes Objekt eine Definition, Erfassungskriterien und besondere Objekt- und Objektteilbildungsregeln. Die Strukturierung der Inhalte über den Objektartenkatalog bietet zum einen die Möglichkeit, die Landschaftsobjekte stufenweise zu erfassen. Zum anderen kann die Information somit auch in unterschiedlichen Strukturierungsgraden dem DLM entnommen werden (De Lange 2006). Die Genauigkeiten der Objekte im Basis-DLM variieren, je nach verwendeter Erfassungsgrundlage von +/- 3 Metern bis +/- 15 Metern. Lineare Elemente werden i.d.R. mit der höheren Genauigkeit von +/- 3 Meter erfasst (AdV 2007). Eine Aktualisierung der Daten erfolgt in regelmäßigen Abständen von z.B. 5 Jahren. Für einige Objektarten (Infrastruktur, Grenzen, Gewässer) wird auch ein kürzeres Aktualisierungsintervall von 3 Monaten angestrebt (Bill 1999, BKG 2006).

Der Aufbau des Basis-DLM erfolgte aufgrund der hohen Informationsdichte und des damit verbundenen Arbeitsaufwandes in mehreren Stufen. Die Fertigstellung der Realisierungsstufe 1, die zunächst 64 Objektarten enthielt, wurde 1997 für die gesamte Bundesrepublik abgeschlossen. Auch die Realisierungsstufe 2 wurde inzwischen in den meisten Bundesländern abgeschlossen, so z.B. in Niedersachsen 2002. Die Fertigstellung der dritten Realisierungsstufe war für Ende 2006 geplant. In Baden-Württemberg, Bayern, Niedersachsen und Sachsen-Anhalt ist diese inzwischen bereits zu 100% abgeschlossen. In Brandenburg befindet sie sich aber derzeit noch im Aufbau; der Fertigstellungsgrad betrug im Dezember 2007 64% (AdV 2007). Laut Endrullis & Hoppe (2001) werden Geobasisdaten aus dem Rasterdatenbereich von den Nutzern noch bevorzugt. 62% der bei den Landesvermessungen eingehenden Aufträge betreffen den Rasterdatenbestand. Die Vektordaten des Basis-DLM gewinnen aber an Bedeutung (ca. 25% der Aufträge). Weitere Vektordaten wie DGM, Verwaltungsgrenzen und geographische Namen machen etwa 13% der Aufträge aus.

4.1.2 Verfügbarkeit des Datensatzes in den Bundesländern

Die Daten des Basis-DLM werden laut Angaben der Literatur für die einzelnen Bundesländer von den jeweiligen Landesvermessungsämtern angeboten und vertrieben (vgl. Kap. 4.1.1). Bei Eingabe des Suchbegriffs „Basis-DLM" in die Suchmaschine Google werden nahezu alle Landesvermessungsämter unter den ersten Treffern angezeigt. Lediglich Hinweise zum Basis-DLM im Saarland und in Hamburg werden hier nicht aufgeführt. Ein Bezug der Daten aus Berlin und Bremen ist jeweils über die Landesvermessungen der größeren Nachbarländer Brandenburg und Niedersachsen möglich, so dass auch hier keine Hinweise unter den ersten Treffern zu finden sind.

Die Eingabe des gleichen Suchbegriffs im Geodatenkatalog des Geoportal.Bund, das wiederum andere Geodatenkataloge durchsucht (z.B. PortalU, den Metadatendienst des Bundesamtes für Gewässerkunde u.a.), führt zu genau 16 Treffern: den Hinweisen des Bundesamtes für Kartographie und Geodäsie (BKG) auf die Datensätze des Basis-DLM in den einzelnen Bundesländern. Die Informationen, die vom BKG hier bereitgestellt werden, sind sehr ausführlich und beinhalten unter anderem Referenzsystem, Maßstab, Veröffentlichungsdatum, Erfassungszeitraum, Nutzungsbedingungen, Datenformat sowie Angaben zum Vertrieb (Datenträger, Online-Quelle, Kosten, Ansprechpartner) und zu den Metadaten (z.B. verwendeter Standard, Sprache, Datum).

Die Suche zum weniger spezifischen Begriff „DLM“ zeigt neben dem Geodatenkatalog des BKG zusätzlich auch Treffer in den Katalogen der Bundesanstalt für Gewässerkunde (BafG), der Wasser- und Schifffahrtsverwaltung des Bundes (WSV), der Bundesanstalt für Landwirtschaft und Ernährung (BLE) sowie dem Umweltportal (PortalU) an. Eine Suche beim Umweltportal PortalU selbst liefert sogar noch einige Treffer mehr, insbesondere dann, wenn unter den Begriffen „DLM“ und „Basis“ getrennt gesucht wird. Neben den reinen Hinweisen auf die Daten werden hier auch Links zu weiterführenden PDF-Dokumenten mit Präsentationen, Publikationen und Informationen zu Projekten, in denen DLM eingesetzt werden, aufgeführt. Wie auch beim Geoportal.Bund werden hier zu den einzelnen Datensätzen ausführliche Metainformationen bereitgestellt. Weitere Informationen zum Basis-DLM stellt auch die AdV unter www.adv-online.de zur Verfügung. Diese liefert vor allem länderübergreifende Informationen zu den Daten, den Erfassungsstandards sowie den angeschlossenen Projekten. Darüber hinaus sind unter www.atkis.de ältere Informationen der AdV zum DLM und verschiedene Stände des Objektartenkataloges in einer übersichtlichen Online-Version zu finden.

Die Landesvermessungsämter in Baden-Württemberg, Bayern, Brandenburg, Niedersachsen und Sachsen-Anhalt stellen umfangreiche Informationen zu den Daten des Basis-DLM zur Verfügung (vgl. Tab. 16). Diese sind übersichtlich aufgearbeitet und schnell zu finden. Alle der fünf betrachteten Landesvermessungsämter stellen auf ihren Internetseiten Erläuterungen in Text- und Bildform sowie kostenlose Testdatensätze des Basis-DLM in verschiedenen Formaten zum Download bereit. Beim Landesvermessungsamt Brandenburg sind in diesen Testdaten auch eine Projektionsdatei, Legendendateien sowie eine Anleitung zum Einbinden der Daten in ArcGIS enthalten. In Bayern wird ein kompletter Satz der Testdaten, der auch weitere Beispiele zu anderen Geobasisdaten wie DOP, DGM und den kleinmaßstäbigeren DLM enthält, auch auf CD zum Bestellen angeboten. Des Weiteren bieten die Landesvermessungsämter in Brandenburg und Niedersachsen Übersichtskarten im PDF-Format zur Verfügbarkeit und dem Stand der Daten für das jeweilige Bundesland an. In Niedersachsen steht diese Übersicht zusätzlich auch als WMS-Dienst zur Verfügung. Zur weiteren Vertiefung des Themas „Basis-DLM“ finden sich auf den Internetseiten der Landesvermessungsämter in Niedersachsen und Sachsen-Anhalt Verweise auf entsprechende Publikationen und Präsentationen im PDF-Format. Metadaten werden bei keinem der Vermessungsämter als Datensatz (z.B. im XML-Format) bereitgestellt. Die in Metadaten üblicherweise enthaltenen Informationen sind aber z.T. in den Beschreibungen der Daten und in Form von textlichen Erläuterungen bei den Testdaten zu finden. Bei dem für diese Arbeit vorliegenden Basis-DLM-Datensatz aus Niedersachsen liegen ebenfalls nur textliche Erläuterungen in Form von diversen PDF-Dokumenten und der ATKIS-Objektartenkatalog den eigentlichen Datensätzen bei. Eine eigene Metadatendatei existiert nicht. Zu den Datensätzen aus Brandenburg liegen hingegen Metadatensätze im XML-Format bei. Diese enthalten jedoch nur Metainformationen in geringem Umfang.

Für die Daten des Basis-DLM werden auf den Internetseiten aller fünf Landesvermessungsämter Bezugsmöglichkeiten und Ansprechpartner angegeben. Die Bereitstellung der Daten erfolgt in unterschiedlichen Formaten, hierzu gehören SHP, DXF und EDBS, ein spezielles Austauschformat zur Übergabe von ALK- und ATKIS-Daten. In Baden-Württemberg wird zusätzlich das Format SICAD SQD und in Brandenburg das Format ALK GIAP angeboten.

Tab. 16: Verfügbarkeit des Basis-DLM in Baden-Württemberg, Bayern, Brandenburg, Niedersachsen und Sachsen-Anhalt (Stand: August 2008)

	Baden-Württemberg	**Bayern**	**Brandenburg**	**Niedersachsen**	**Sachsen-Anhalt**
Datenbereitsteller	Landesvermessungsamt Baden-Württemberg (LV-BW) **www.lv-bw.de**	Bayerische Vermessungs-verwaltung (LVG) **www.geodaten.bayern.de**	Landesvermessung und Geo-basisinformation Brandenburg (LGB) **www.geobasis-bb.de**	Landesvermessung und Geobasisinformation Niedersachsen (LGN) **www.lgn.de**	Landesamt für Vermessung und Geoinformation Sachsen-Anhalt **www.lvermgeo.sachsen-anhalt.de**
Datenformate	EDBS, SICAD SQD, DXF, SHP	EDBS, DXF, SHP	ALK GIAP, EDBS, SHP	EDBS, DXF, SHP	EDBS, DXF, SHP
Kosten	1,00 € - 7,50 €/km²	0,50 € - 7,50 €/km²	1,00 € - 7,50 €/km²	1,00 € - 7,50 €/km²	2,50 € - 7,50 €/km²
Bezugsmöglichkeiten					
Bestellung	online und analog	analog	online und analog	analog	analog
Datenabgabe	CD, Diskette oder E-Mail	CD/DVD	CD, DAT-Tape und Download	CD/DVD	CD/DVD
Update beziehbar	ja	ja	ja	ja	ja
Nutzungsbedingungen	ja	ja	ja	ja	ja
Weitere Informationen zu den Daten (online)					
Beschreibung	ja	ja	ja	ja	ja
Metadaten im Internet	teilweise (Beschreibung)	teilweise (Beschreibung, Testdaten)	teilweise (Beschreibung, Testdaten)	teilweise (Beschreibung, Testdaten)	teilweise (Beschreibung, Testda-ten)
Metadaten zu den Da-tensätzen selbst	keine Angabe möglich	keine Angabe möglich	teilweise (PDF-Dokumente, ATKIS-OK, XML-Dateien)	teilweise (PDF-Doku-mente, ATKIS-OK)	keine Angabe möglich
Informationen zum Be-arbeitungsstand	nein	nein	ja, als Karte (PDF), im Be-stellsystem	ja, als Karte (PDF) und als WMS-Dienst	nein
Testdaten	ja (EDBS, DXF, SHP)	ja (EDBS, DXF, SHP), auch auf CD bestellbar	ja, (BSPE, ALK-GIAP, DXF, SHP) inkl. Projektionsda-tei/Anleitung ArcGIS	ja (EDBS, DXF, SHP)	Ja (XML, EDBS, DXF, SHP)
Veröffentlichungen, Präsentationen	nein	nein	nein	ja	ja
Weitere Hinweise unter...	Geoportal.Bund, Portal.U, Internetseite des AdV, Metadatendienst BafG, Metadatendienst WSV, BLE, BKG				

Die Daten werden i.d.R. nach Bestellung auf CD oder DVD an den Kunden abgegeben. In Baden-Württemberg ist zusätzlich der Bezug per Email, in Brandenburg per DAT-Tape und Download im Internet möglich. Bei diesen Landesvermessungsämtern besteht auch die Möglichkeit, die Daten online, d.h. per Angabe der erforderlichen Bestellinformationen in einem Online-Formular, zu bestellen. Die Angabe des gewünschten Gebietes, für das Daten bestellt werden sollen, erfolgt mit Unterstützung eines Kartenviewer. Das Bestellgebiet kann hier z.B. durch Angabe der gewünschten Kartenblätter, durch Aufziehen eines Rechtecks oder durch Anklicken eines Polygonumrisses definiert werden. Bei den übrigen drei Landesvermessungsämtern ist eine Bestellung nur analog, d.h. per Versenden eines Bestellschreibens als Brief, Fax oder E-Mail möglich. Bei allen fünf Landesvermessungsämtern können auch Datensätze bestellt werden, die so strukturiert sind, dass bei einer erneuten Bestellung des gleichen Gebietes nur die Veränderungen aktualisiert werden (Differenz-Update).

In allen Bundesländern unterliegen die Daten des Basis-DLM einer Reihe von Nutzungsbedingungen, die unter anderem die Verwendungsmöglichkeiten, die Weitergabe, Vervielfältigung und Veröffentlichung der Daten reglementieren. Die Kosten für die Daten variieren von 0,50 €/ km² bis zu 7,50 €/ km², abhängig davon, für welche Fläche und in welchem Bundesland die Daten bezogen werden sollen. Bei Bestellung der Daten für ein Gebiet größer als 25.000 km² reduzieren sich die Kosten z.B. in Bayern auf 0,50 €, in Baden-Württemberg, Brandenburg und Niedersachsen auf 1,00 € und in Sachsen-Anhalt auf 2,50 € pro km². Die Kosten reduzieren sich weiter, wenn die Daten in den Formaten SHP oder DXF bezogen werden, wenn nur einzelne Objektbereiche bestellt oder wenn die Daten für wissenschaftliche oder schulische Zwecke bereitgestellt werden. Sie erhöhen sich, wenn Mehrplatzlizenzen für die Daten angefordert werden. I.d.R. ist ein Mindestbestellwert für die Daten festgesetzt, dieser liegt ja nach Landesvermessungsamt zwischen 15 € (Brandenburg) und 100 € (Baden-Württemberg).

Die Kosten für die im Rahmen dieser Arbeit verwendeten Basis-DLM Datensätze aus Brandenburg und Niedersachsen sind in Tabelle 17 dargestellt. Abhängig davon, ob die DLM-Daten nur für die reine Betriebsfläche oder auch für die, den Betrieb umgebende Landschaft bestellt werden, können unterschiedlich hohe Kosten anfallen. Für die Werte in der Tabelle wird die Flächengröße der durch den Betrieb berührten Kartenblätter als Beispiel für die Berücksichtigung der betriebsumgebenden Landschaft herangezogen.

Tab. 17: Kosten des Basis-DLM für die Pilotbetriebe in Brandenburg und Niedersachsen

	Brandenburg	Niedersachsen
Kosten bei Bestellung der Basis-DLM für die Fläche des Betriebs		
Betriebsgröße	41 km² (4100 ha)	1,5 km² (150 ha)
Kosten in € (7,50 €/km², ohne Rabatt)	307, 50 €	11,25 € (Mindestbestellwert 50 €)
Kosten bei Bestellung der Basis-DLM für die Fläche der durch den Betrieb berührten Kartenblätter		
Flächengröße der Kartenblätter	486 km²	28 km²
Kosten in € (7,50 €/km², ohne Rabatt)	3720 €	210 €

Die Überprüfung der Qualität des Basis-DLM erfolgt maßgeblich anhand von zwei Datensätzen aus Niedersachsen und Brandenburg. Der brandenburgischen Datensatz wurde ausgewählt, weil für den entsprechenden Pilotbetrieb sowohl eine Biotopkartierung als auch die

Daten des Flächenantrages vorliegen und daher ein direkter Vergleich der Daten möglich ist. Der niedersächsische Pilotbetrieb ist wesentlich kleiner als der brandenburgische, so dass über die Verwendung des entsprechenden Basis-DLM auch mögliche Unterschiede in der Nutzbarkeit für verschiedene Betriebsgrößen ermittelt werden können. Da die Datensätze insgesamt aufgrund des für die Erfassung verwendeten Objektartenkataloges und der verwendeten Datengrundlagen stark vergleichbar aufgebaut sind, wird von einer Überprüfung der Datensätze aus den weiteren Bundesländern abgesehen. Die beiden untersuchten Datensätze wurden jeweils im SHP-Format von den entsprechenden Landesvermessungsämtern zur Verfügung gestellt.

4.1.3 Qualität des Datensatzes

4.1.3.1 Informationsgehalt

Das Basis-DLM enthält umfassende Informationen zur Erscheinungsform und den Objekten der Landschaft, maßgeblich orientiert an den Inhalten der Topographischen Karte (De Lange 2006) (vgl. Abb. 17). Damit stehen mit dem Basis-DLM Informationen zur Landnutzung, wie z.B. zu Siedlungen, Wirtschaftsflächen, Verkehrswegen und Gewässern, zur Bodenbewachsung (Waldflächen, landwirtschaftlich genutzte Flächen) zur Verfügung (vgl. Bill & Zehner 2001). Daneben werden aber auch Informationen zum Relief (Höhenlinien) und Grenzen (Verwaltungsgrenzen, Grenzen von Schutzgebieten) im DLM abgebildet.

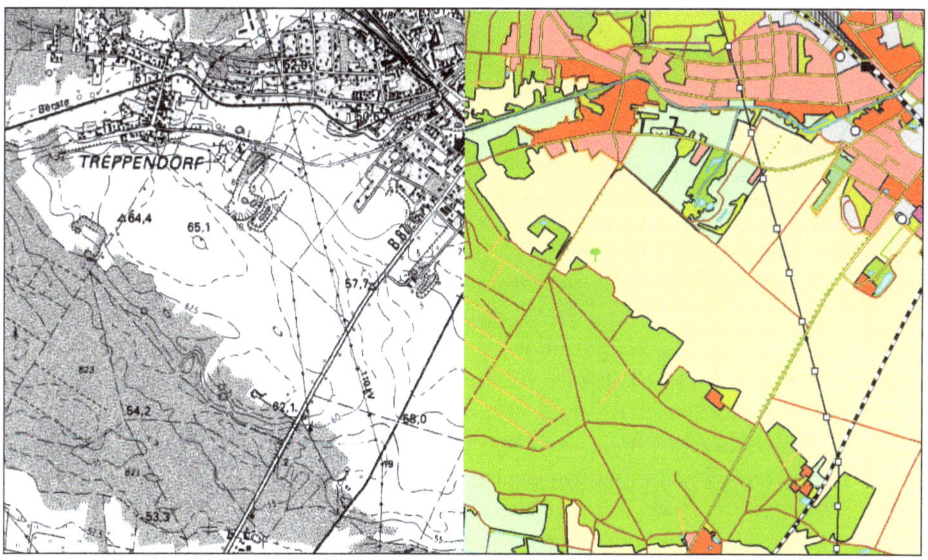

Abb. 17: Topographische Karte 1:25.000 und Basis-DLM (LGB 2005b,c)

All diese Informationen werden, kategorisiert in den sieben Objektbereichen Präsentation, Siedlung, Verkehr, Vegetation, Gewässer, Relief und Gebiete, bereitgestellt. Diese Objektbereiche lassen sich wiederum in 19 verschiedene Objektgruppen unterteilen (Tab. 18). Die hierarchische Gliederung in Objektbereiche und Objektgruppen dient vor einer sachlogischen Ordnung der Objektarten (AdV 2003a). Diese bilden die letzte Hierarchiestufe im Objektartenkatalog und beschreiben das in der realen Landschaft zu findende Objekt.

Tab. 18: Objektbereiche und Objektgruppen des Basis-DLM nach ATKIS-Objektartenkatalog (AdV 2003a)

Objektbereich	Objektgruppen
1000 - Präsentation	In diesem Objektbereich werden keine Objektgruppen durch den Objektartenkatalog definiert.
2000 - Siedlung	2100 Baulich geprägte Fläche 2200 Siedlungsfreiflächen 2300 Bauwerke und sonstige Einrichtungen
3000 - Verkehr	3100 Straßenverkehr 3200 Schienenverkehr 3300 Flugverkehr 3400 Schiffsverkehr 3500 Anlagen und Bauwerke für Verkehr, Transport und Kommunikation
4000 - Vegetation	4100 Vegetationsflächen 4200 Bäume und Büsche
5000 - Gewässer	5100 Wasserflächen 5200 Besondere Objekte in Gewässern 5300 Einrichtungen und Bauwerke an Gewässern
6000 - Relief	6100 Digitales Geländemodell (DGM) 6200 Besondere Geländeoberflächenformen
7000 - Gebiete	7100 Verwaltungsgebiete 7200 Geographische Gebietseinheiten 7300 Schutzgebiete 7400 Gefahrengebiete, sonstige Sperrgebiete

Der Objektartenkatalog unterscheidet etwa 170 verschiedene Objektarten (vgl. Anhang VIII). Die im DLM enthaltenen Objekte werden durch Definitionen, Attribute und entsprechende Attributwerte detaillierter charakterisiert. Der Objektartenkatalog enthält aktuell ca. 80 Attribute und 750 Attributwerte, die den einzelnen Objektarten zugeordnet werden können. Je nach Objektarten können die Attributwerte der Attribute variieren. So kann das Attribut „Zustand“ bei Gebäuden die Attributwerte „in Betrieb“, „außer Betrieb/stillgelegt“, „bewohnt“, „verfallen/zerstört (Ruine)“ und „verlassen“ annehmen, während bei Naturschutzgebieten für dieses Attribut die Werte „amtlich festgestellt“ und „einstweilig sichergestellt“ zur weiteren Charakterisierung genutzt werden können (AdV 2003a). Am Beispiel einzelner Objektarten aus den verschiedenen Objektbereichen wird in Tabelle 19 gezeigt, wie Definitionen und Attribute einer Objektart ausgestaltet sein können. Der Objektbereich Präsentation ist in dieser Übersicht nicht enthalten, da dieser lediglich Angaben zur Darstellung von Objektarten zu Präsentationszwecken macht, aber keine Beschreibungen der Objekte selbst bereitstellt.

Hinsichtlich einzelner Objektarten bestehen in den Bundesländern Abweichungen zum Bundesstandard der AdV (Bill et al. 2000). Die Länder ergänzen z.T. Objektarten, Attribute und Attributwerte zum Bundesstandard in den verschiedenen Realisierungsstufen, wenn diese für das jeweilige Bundesland besondere Relevanz haben. So werden im brandenburgischen Basis-DLM die Objektarten „Ehemaliges Sperrgebiet“ und „Veränderliches Ufer“ abgebildet, obwohl diese nach dem Bundesstandard nicht definiert sind.

Tab. 19: Konkretisierung der Objektarten durch Definitionen und Attribute am Beispiel der Objektarten „Gebäude", „Weg", „Hecke, Knick (Wallhecke)", „Bach, Fluss, Strom", „Stützmauer" und „Naturschutzgebiet" (nach AdV 2003a)

Objektart	Definition	Attribute
Gebäude Objektbereich Siedlung, Objektgruppe Bauwerke und sonstige Einrichtungen	'Gebäude' ist eine selbstständig benutzbare, überdeckte bauliche Anlage, die von Menschen betreten werden kann und geeignet oder bestimmt ist, dem Schutz von Menschen, Tieren, Sachen oder der Produktion von Wirtschaftsgütern zu dienen.	GFK (Gebäudefunktion) HHO (Objekthöhe) HRG (Herausragendes Gebäude) NTZ (Nutzung) OFL (Lage zur Erdoberfläche) PLZ (Postleitzahl) WDM (Widmung) WGF (Weitere Gebäudefunktion) ZUS (Zustand)
Weg Objektbereich Verkehr, Objektgruppe Straßenverkehr	Befestigter oder unbefestigter Geländestreifen, der zum Befahren und/oder Begehen vorgesehen ist. Zum Weg gehören auch Seitenstreifen und Gräben zur Wegeentwässerung einschließlich der auf Über- und in Unterführungen verlaufenden Abschnitte.	BEF (Befestigung) BRV (Breite des Verkehrsweges) FKT (Funktion) KON (Bauart, Konstruktionsmerkmal) MKG (Markierung)
Hecke, Knick (Wallhecke) Objektbereich Vegetation, Objektgruppe Bäume und Büsche	1) In einer Reihe dicht beieinander stehende, meist wildwachsende Büsche oder Sträucher. 2) Als Begrenzung oder Umzäunung angepflanzte, dichte, in sich geschlossene, ineinander verwachsene und meist in eine bestimmte Form geschnittene Reihe von Büschen oder Sträuchern.	KON (Bauart, Konstruktionsmerkmal) WDM (Widmung)
Bach, Fluss, Strom Objektbereich Gewässer, Objektgruppe Wasserflächen	Natürlicher Wasserlauf.	BRG (Breite des Gewässers) HYD (Hydrologisches Material) OFL (Lage zur Erdoberfläche) SFK (Schiffskategorie, Hafenkategorie) VEG (Vegetationsmerkmal) WDM (Widmung)
Stützmauer Objektbereich Relief, Objektgruppe Besondere Geländeoberflächenformen	Zum Stützen von Erdreich dienende Mauer.	HHO (Objekthöhe)
Naturschutzgebiet Objektbereich Gebiete, Objektgruppe Schutzgebiete	Rechtsverbindlich festgesetztes Gebiet, in dem ein besonderer Schutz von Natur und Landschaft in ihrer Ganzheit oder in einzelnen Teilen zur Erhaltung von Lebensgemeinschaften oder Biotopen bestimmter wildlebender Tier- und Pflanzenarten, aus wissenschaftlichen, naturgeschichtlichen oder landeskundlichen Gründen oder wegen ihrer Seltenheit, besonderen Eigenart oder hervorragenden Schönheit erforderlich ist.	FLA (Fläche [amtlich]) ZUS (Zustand)

4.1.3.2 Aktualität

Die Aktualität der Basis-DLM-Daten weist deutliche Unterschiede in den einzelnen Bundesländern auf. In Brandenburg, Niedersachsen und Sachsen-Anhalt erfolgt eine Aktualisierung der Daten alle 4-5 Jahre (vgl. Tab. 20). In der Regel werden dabei nicht die Daten für das gesamte Landesgebiet überarbeitet, sondern die Aktualisierung findet etappenweise für Teile des Landesgebietes statt. Dementsprechend variiert die Aktualität der Daten je nach betrachteter Region, in Niedersachsen bei einem Aktualisierungsintervall von 4 Jahren, z.B. von 2004-2008 (LGN 2008c). In Baden-Württemberg und Brandenburg werden die Daten in einem sehr kleinen Intervall von ½ bzw. einem Jahr aktualisiert und liegen dementsprechend mit „Spitzenaktualität" vor.

Tab. 20: Aktualität des Basis-DLM in Baden-Württemberg, Bayern, Brandenburg, Niedersachsen und Sachsen-Anhalt (Stand: August 2008)

	Baden-Württemberg	Bayern	Brandenburg	Niedersachsen	Sachsen-Anhalt
Aktualität	Spitzenaktuell[1]	Spitzenaktuell[1]	2005-2006[1]	2004-2008[4]	2001-2007[1]
Aktualisierungsintervall (gesamt)	zweimal pro Jahr[2]	jährlich[3]	alle 5 Jahre[5]	alle 4 Jahre[4]	alle 4 Jahre[6]
Aktualisierungsintervall (Verkehr, Grenzen, Gewässer)	alle 3 Monate[2]	alle 3 Monate[3]	jährlich[5]	3-12 Monate[4]	3-12 Monate[6]
Quellen: [1] AdV 2007, [2] LV-BW 2008, [3] LVG 2008, [4] LGN 2008c, [5] LGB 2008b, [6] LVermGeo 2008					

Eine entsprechend hohe Aktualität gibt es in allen Bundesländern für Objektarten und einige der entsprechenden Attribute aus den Objektbereichen Verkehr, Gewässer und Gebiete (vgl. Tab. 21). Zusätzlich wird seit 2003/2004 auch die Objektart „Windrad" aus dem Objektbereich „Siedlung" in einigen Bundesländern mit hoher Aktualität erfasst (LGB 2003b). Für diese Objektarten werden die Daten, abhängig von Objektart und Attribut, alle 3-12 Monate aktualisiert (vgl. AdV 2003b). In Brandenburg wird für alle Objekte mit Spitzenaktualität ein jährliches Überarbeitungsintervall angegeben (LGB 2008b).

Tab. 21: Objekte des Basis-DLM mit Spitzenaktualität (nach AdV 2003b)

Objektbereiche	Objekte mit Spitzenaktualität		
Siedlung (2000)	– Windrad (2327)		
Verkehr (3000)	– Straße (3101) – Platz (3103) – Straße (komplex) (3104) – Straßenkörper (3105) – Fahrbahn (3106) – Schienenbahn (3201) – Bahnstrecke (3205) – Flughafen (3301)	– Flugplatz, Landeplatz (3302) – Schifffahrtslinie (3403)Bahnhofsanlage (3501) – Raststätte (3502) – Verkehrsknoten (3503) – Grenzübergang/Zollanlage (3511)	– Anlegestelle, Anleger (3512) – Tunnel (3513) – Brücke, Überführung, Unterführung (3514) – Freileitung (3531) – Mast (3541)
Gewässer (5000)	– Kanal (Schifffahrt) (5102)		
Gebiete (7000)	– Verwaltungseinheit (7101) – Nationalpark (7301) – Naturschutzgebiet (7302)		

Die beiden Basis-DLM-Datensätze, die für diese Arbeit zur Verfügung standen, wurden im Jahr 2006 bei den jeweiligen Landesvermessungsämtern bestellt. In den niedersächsischen Daten ist der Zeitpunkt der digitalen Erfassung (Jahr, Monat und Tag) in den jeweiligen Attributtabellen für jedes einzelne Landschaftsobjekt dokumentiert. Das Datum gibt dabei wieder, zu welchem Zeitpunkt das Objekt in den digitalen DLM-Datensatz überführt wurde, es lässt keine Aussage zum Aufnahmezeitpunkt des evtl. zugrunde liegenden Orthophotos zu. Aber auch die DOP werden in regelmäßigen Intervallen aktualisiert und jeweils als eine Grundlage für die Erstellung der DLM-Daten genutzt. Über eine Zuordnung der im DLM enthaltenen Landschaftsobjekte zu den DOP kann so zumindest eine annäherungsweise Zuordnung des jeweiligen Aufnahmedatums des DOP und damit eine Aussage darüber erfolgen, wann das Objekt in der Landschaft erstmalig auftaucht. Die Daten für den Pilotbetrieb Niedersachsen wurden in den Jahren 1995-2004 digital erfasst (vgl. Tab. 22).

Tab. 22: Erfassungsdaten der Objekte im Basis-DLM des Pilotbetriebs in Niedersachsen

Objektbereich	Objektart	Ausbaustufe	Erfassungsdatum
Siedlung (2000)	Ortslage (2101)	1	2001-2002
	Wohnbaufläche (2111)	1	1995-2001
	Industrie- und Gewerbefläche (2112)	1	1996
	Fläche gemischter Nutzung (2113)	1	1995-2001
	Sportanlage (2201)	1	2000-2001
	Friedhof (2213)	1	2001
	Schießanlage (2223)	2	2001
	Campingplatz (2228)	1	1996
	Denkmal, Denkstein, Standbild (2332)	3	2001
	Mauer, Wand (2351)	3	2000
Verkehr (3000)	Straße (3101)	1	2001-2004
	Weg (3102)	1	1995-2001
	Schienenbahn (3201)	1	1996-2001
	Bahnstrecke (3205)	1	1996
	Bahnhofsanlage (3501)	1	2001
	Brücke, Überführung, Unterführung (3514)	1	2001
Vegetation (4000)	Ackerland (4101)	1	1995-2004
	Grünland (4102)	1	1995-2001
	Heide (4104)	1	1995-2001
	Moor, Moos (4105)	1	2001
	Wald, Forst (4107)	1	1995-2001
	Geholz (4108)	1	1995-2001
	Sonderkultur (4109)	1	2001
	Nasser Boden (4111)	2	2001
	Fläche z.Zt. unbestimmbar (4199)	1	1995-2001
	Baumreihe (4202)	2	2000-2001
	Hecke, Knick (Wallhecke) (4203)	2	2000-2001
Gewässer (5000)	Strom, Fluß, Bach (5101)	1	2002
	Graben, Kanal (Wasserwirtschaft) (5103)	1	2000-2001
	Binnensee, Stausee, Teich (5112)	1	1995-1996
Gebiete (7000)	Verwaltungseinheit (7101)	2	2002-2003
	Grenze (7299)	3	2002

Unterschiede in den Erfassungsdaten resultieren einerseits aus der mehrstufigen Realisierung des Basis-DLM (vgl. Kap. 4.1.1). So sind z.B. die Objektarten Ackerland, Grünland und Gehölz in der ersten Realisierungsstufe enthalten und wurden daher bereits frühzeitig digital erfasst, für den Pilotbetrieb Niedersachsen bspw. seit 1995. Lineare Elemente wie Baumreihen und Hecken werden erst mit Aufnahme der zweiten Realisierungsstufe erfasst, für den Pilotbetrieb ab dem Jahr 2000. Ebenfalls seit diesem Jahr wurden für den Pilotbetrieb die mit der dritten Ausbaustufe hinzugekommenen Objektarten wie z.B. Grenzen, Mauern und Denkmäler erfasst. Andererseits werden Unterschiede in den Erfassungsdaten auch durch eine Veränderung in der Landschaft selbst hervorgerufen. Für Landschaftsbestandteile, die einem höheren Veränderungsgrad unterliegen, wie z.B. Straßen und Wege, Wohnbau- und Ackerflächen, tauchen in den Daten stets wieder neue Objekte in den DLM-Daten auf. Landschaftsbestandteile, die weniger stark der Veränderung unterliegen (z.B. Friedhöfe, Campingplätze, Bahnstrecken), werden einmal dokumentiert und zeigen keinen weiteren Objektzuwachs. Verschiedene Erfassungsdaten können des Weiteren dadurch hervorgerufen werden, dass ein Gebiet durch mehrere Kartenblätter repräsentiert wird, die zu unterschiedlichen Zeitpunkten einer Aktualisierung unterzogen werden. Für den niedersächsischen Pilotbetrieb traf dies nicht zu, die Basis-DLM-Daten beruhen für alle zugehörigen Kartenblätter auf DOP-Aufnahmen aus dem Jahr 2004.

In Niedersachsen wird im Jahr 2008 eine Aktualisierung für die dem Pilotbetrieb entsprechenden Kartenblätter durchgeführt (LGN 2008d). Für die vorliegende Arbeit konnten diese Daten jedoch aus zeitlichen Gründen nicht mehr berücksichtigt werden. Die Untersuchung wurde an dem älteren Datensatz durchgeführt, der zudem den vorliegenden DOP entspricht.

Für den brandenburgischen Pilotbetrieb liegen in der Attributtabelle keine Eintragungen bzgl. der Erfassungsdaten der einzelnen Landschaftsobjekte vor. Aus den zugehörigen Metadaten lässt sich jeweils ablesen, wann der Datensatz im Landesvermessungsamt für die Datenabgabe erstellt wurde. Eine Aussage über die Aktualität des Datensatzes selbst oder der verwendeten Datengrundlagen (z.B. DOP) lässt sich anhand der Metadaten jedoch nicht treffen. Auch im Objektartenkatalog für Brandenburg und Berlin und in dem den Daten beiliegenden Textdokument sind keine weiteren Angaben zur Aktualität der Daten enthalten. Eine detaillliertere Recherche auf den Internetseiten der Landesvermessung und Geobasisinformation Brandenburg (LGB) zeigt, dass die Ersterfassung für die Datensätze des brandenburgischen Pilotbetriebs in der Zeit von 2001 bis 2005 stattgefunden hat und die Daten jährlich aktualisiert werden (LGB 2008b). Diese Informationen stehen allerdings nur für die aktuell über den Online-Shop des LGB beziehbaren Datensätze zur Verfügung, nicht für die bereits im Jahr 2006 bestellten. Erst eine Nachfrage beim LGB führt zu verlässlichen Angaben über die Aktualität der untersuchten Daten: Die DLM-Daten des Pilotbetriebs Brandenburg liegen, bis auf ein TK-Blatt, in der 2. Realisierungsstufe vor. Die Daten wurden auf der Basis von DOP aus den Jahren 2001-2003 erstellt. Die letzte Aktualisierung im Rahmen der Spitzenaktualität wurde im Juli bzw. September 2005 vorgenommen.

4.1.3.3 Vollständigkeit

Räumliche Vollständigkeit

Die Daten des Digitalen Landschaftsmodells liegen, laut Angaben der AdV und Landesvermessungsämter (vgl. Kap. 4.1.2), für alle Bundesländer flächendeckend zumindest in der 2. Realisierungsstufe und für die einzelnen Bundesländer auch in vergleichbarer Genauigkeit vor (vgl. Kap. 4.1.3.4). Die beiden Datensätze für die Pilotbetriebe Niedersachsen und Brandenburg können nach einer Sichtprüfung ebenfalls als räumlich vollständig eingestuft werden. Die als Flächengeometrien dargestellten Landnutzungen decken die jeweils angeforderten TK-Blätter vollständig ab. Lineare und punktuelle Landschaftsbestandteile der erfassten Objektarten sind ebenfalls in beiden Untersuchungsräumen zu finden. Ob insbesondere bei diesen Objektarten Lücken, das heißt nicht erhobene Teilbereiche oder Einzelelemente auftreten, wird im Detail unter dem Punkt „Konsistenz“ untersucht (vgl. Kap. 4.1.3.6).

Zeitliche Vollständigkeit

Die zeitliche Vollständigkeit der Daten ist nur bedingt gegeben. Da die Daten des Basis-DLM periodisch für dasselbe Gebiet neu erhoben werden, liegen nicht alle Daten eines Landesgebietes mit der gleichen Aktualität vor. I.d.R. erfolgt die Datenaktualisierung blockweise, orientiert an TK-Blättern. Daher können insbesondere dann die Daten mit unterschiedlicher Aktualität vorliegen, wenn das fragliche Untersuchungsgebiet, wie z.B. ein landwirtschaftlicher Betrieb, die Größe eines TK-Blattes überschreitet.

Der Pilotbetrieb Niedersachsen berührt mit seinen teils nicht arrondierten Flächen und einer Größe von 140 ha zwei TK-Blätter. Für diesen Betrieb liegen DLM-Daten aus dem Jahr 2004, also mit der gleichen Aktualität vor. Der brandenburgische Pilotbetrieb umfasst 4100 ha und ist ebenfalls nur teilarrondiert. Die DLM-Daten der entsprechenden sechs relevanten TK-Blätter variieren in ihrer Aktualität. Etwa 10% der Daten wurden auf Basis von Orthophotos aus dem Jahr 2001 erstellt, weitere 20% Prozent basieren auf DOP auf dem Jahr 2002, der überwiegende Teil (70%) auf DOP aus dem Jahr 2003. Die letzte Aktualisierung der DLM-Daten erfolgte für alle Teile des Betriebs im Jahr 2005. Insbesondere bei größeren Betrieben kann demnach davon ausgegangen werden, dass vor allem die für die Erstellung der DLM verwendeten Grundlagendaten nicht mit vergleichbarer zeitlicher Auflösung vorliegen.

Thematische Vollständigkeit

Die Tabellen 23 und 24 verdeutlichen, welche der grundsätzlich möglichen Objektarten in beiden Beispieldatendatensätzen für die Pilotbetriebe Niedersachsen und Brandenburg vorhanden sind und welche Attribute in diesen Datensätzen genutzt wurden, um die Objekte detaillierter zu beschreiben.

Der Datensatz aus Niedersachsen umfasst 32 verschiedene Objektarten, das heißt, in den Datensätzen werden etwa 19% der im Objektartenkatalog definierten Objektarten auch tatsächlich abgebildet (Tab. 23). Besonders gut erfasst ist dabei der Objektbereich Vegetation: 11 der 16 im Objektartenkatalog vorgesehenen Objektarten sind für den niedersächsischen Pilotbetrieb erfasst worden (68%). Alle weiteren im Objektartenkatalog vorgesehenen Objektarten sind wesentlich schlechter repräsentiert: Siedlung mit 15%, Verkehr mit 15%, Gewässer mit 17%, Gebiete mit 9%. Der Objektbereich Relief wurde gar nicht erfasst. In Hinblick auf die zu erfassenden Attribute entspricht der ATKIS-Objektartenkatalog Niedersachsen (LGN 2004) in großen Teilen dem Bundesstandard. Lediglich vereinzelt sind Attribute des Bundesstandards nicht mit in den landesspezifischen Katalog Niedersachsens übernommen worden (vgl. Tab. 23). Die Anzahl an möglichen Attributen, mit denen die Objektarten näher beschrieben werden können, wird jedoch im vorliegenden Datensatz nicht ausgeschöpft. 28 der 70 möglichen Attribute für die 32 erfassten Objektarten sind im Datensatz wieder zu finden (40%). Während der Erfassungsgrad bei den Objektbereichen Verkehr, Vegetation und Gewässer bei etwa 45% liegt, wird der Objektbereich Gebiete nur zu 16% durch Attribute näher beschrieben. Die Attribute des Objektbereichs Siedlung wurden im Datensatz nicht erfasst.

Tab. 23: Für den Pilotbetrieb Niedersachsen im Basis-DLM erfasste Objektarten und Attribute (**fett**: die im Objektartenkatalog Niedersachsen vorgesehenen Attribute, *kursiv*: die weiteren, nach Bundesstandard vorgesehenen Attribute) (nach LGN 2004)

Objektbereich Siedlung	
Objektart	**Attribute**
Ortslage (2101)	Im Objektartenkatalog sind keine Attribute vorgesehen.
Wohnbaufläche (2111)	*BEB (Offene Bebauung) (nicht erfasst)*
Industrie- und Gewerbefläche (2112)	**FKT (Funktion)** (nicht erfasst)
Fläche gemischter Nutzung (2113)	*BEB (Offene Bebauung) (nicht erfasst)*
Sportanlage (2201)	Im Objektartenkatalog sind keine Attribute vorgesehen.
Friedhof (2213)	Im Objektartenkatalog sind keine Attribute vorgesehen.
Schießanlage (2223)	Im Objektartenkatalog sind keine Attribute vorgesehen.
Campingplatz (2228)	Im Objektartenkatalog sind keine Attribute vorgesehen.
Denkmal, Denkstein, Standbild (2332)	**WDM (Widmung)** (nicht erfasst)
Mauer, Wand (2351)	**FKT (Funktion)** (nicht erfasst)
Objektbereich Verkehr	
Objektart	**Attribute**
Straße (3101)	**BDI (Verkehrbedeutung innerörtlich)** (nicht erfasst) **BDU (Verkehrsbedeutung überörtlich)** (nicht erfasst) **BFS (Besondere Fahrstreifen)** (nicht erfasst) **BRF (Breite der Fahrbahn)** **BRV (Breite des Verkehrsweges)** (nicht erfasst) **FKT (Funktion)** **FSZ (Anzahl der Fahrstreifen)** **IBD (Internationale Bedeutung)** **OFM (Oberflächenmaterial, Fahrbahnbefestigung)** (nicht erfasst) **WDM (Widmung)** **ZUS (Zustand)**
Weg (3102)	**BEF (Befestigung)** (nicht erfasst) **BRV (Breite des Verkehrsweges)** **FKT (Funktion)** **KON (Bauart, Konstruktionsmerkmal)** (nicht erfasst) **MKG (Markierung)** (nicht erfasst)
Schienenbahn (3201)	**BKP (Lage des Bahnkörpers)** (nicht erfasst) **BKT (Bahnkategorie)** (nicht erfasst) **BRV (Breite des Verkehrsweges)** **ELK (Elektrifizierung)** (nicht erfasst) **GLS (Anzahl der Streckengleise)** **GLZ (Anzahl der Gleise auf dem Bahnkörper)** **SPW (Spurweite)** *(nicht erfasst)* **ZUS (Zustand)**
Bahnstrecke (3205)	**BKT (Bahnkategorie)** (nicht erfasst) **ELK (Elektrifizierung)** (nicht erfasst) **GLS (Anzahl der Streckengleise)** **SPW (Spurweite)** (nicht erfasst) **ZUS (Zustand)**
Bahnhofsanlage (3501)	**BFK (Bahnhofskategorie)** **ZUS (Zustand)** (nicht erfasst)
Brücke, Überführung, Unterführung (3514)	**KON (Bauart, Konstruktionsmerkmal)** (nicht erfasst) **ZUS (Zustand)** (nicht erfasst)
Objektbereich Vegetation	
Objektart	**Attribute**
Ackerland (4101)	**VEG (Vegetationsmerkmal)** (nicht erfasst)
Grünland (4102)	**FKT (Funktion)** **VEG (Vegetationsmerkmal)** (nicht erfasst)
Heide (4104)	Im Objektartenkatalog sind keine Attribute vorgesehen.
Moor, Moos (4105)	**VEG (Vegetationsmerkmal)**
Wald, Forst (4107)	**VEG (Vegetationsmerkmal)**
Gehölz (4108)	**VEG (Vegetationsmerkmal)**
Sonderkultur (4109)	**KLT (Kulturart)** (nicht erfasst)
Nasser Boden (4111)	Im Objektartenkatalog sind keine Attribute vorgesehen.

Tab. 23: Fortsetzung

Objektbereich Vegetation	
Objektart	**Attribute**
Fläche z.Zt. unbestimmbar (4199)	Im Objektartenkatalog sind keine Attribute vorgesehen.
Baumreihe (4202)	**VEG (Vegetationsmerkmal)** **WDM (Widmung)** (nicht erfasst)
Hecke, Knick (Wallhecke) (4203)	**KON (Konstruktionsmerkmal)** (nicht erfasst) **WDM (Widmung)** (nicht erfasst)
Objektbereich Gewässer	
Objektart	**Attribute**
Strom, Fluß, Bach (5101)	**BRG (Breite des Gewässers)** **HYD (Hydrologisches Material)** (nicht erfasst) **OFL (Lage zur Erdoberfläche)** **SFK (Schiffskategorie, Hafenkategorie)** (nicht erfasst) **VEG (Vegetationsmerkmal)** (nicht erfasst) **WDM (Widmung)**
Graben, Kanal (Wasserwirtschaft) (5103)	**BRG (Breite des Gewässers)** **HYD (Hydrologisches Material)** (nicht erfasst) **OFL (Lage zur Erdoberfläche)** **VEG (Vegetationsmerkmal)** (nicht erfasst) **WDM (Widmung)**
Binnensee, Stausee, Teich (5112)	**HYD (Hydrologisches Material)** (nicht erfasst) **OFL (Lage zur Erdoberfläche)** (nicht erfasst) **VEG (Vegetationsmerkmal)** (nicht erfasst) **WDM (Widmung)**
Objektbereich Gebiete	
Objektart	**Attribute**
Verwaltungseinheit (7101)	**ADM (Administrative Funktion)** (nicht erfasst) **EWZ (Einwohnerzahl)** (nicht erfasst) **FLA (Fläche [amtlich])** (nicht erfasst) **STG (Stammgebiet)** (nicht erfasst)
Grenze (7299)	**APG (Art der Grenze)** **ZUS (Zustand)** (nicht erfasst)

In Brandenburg wurden 88 Objektarten für den Pilotbetrieb erfasst (Tab. 24). Damit sind in Brandenburg mit 52% deutlich mehr der im Objektartenkatalog vorgesehenen Objektarten aufgenommen worden. Besonders gut erfasst ist der Objektbereich Vegetation, der vollständig mit allen Objektarten vorliegt. Für die Objektbereiche Siedlung und Gewässer liegen etwas über 50% der Objektarten vor, „Verkehr" und „Gebiete" wurden zu 45% bzw. 41% erfasst. Lediglich für den Objektbereich „Relief" ist der Erfassungsgrad gering, hier wurde nur eine der möglichen neun Objektarten aufgenommen (9%).

Der brandenburgische Objektartenkatalog (LGB 2005a) unterscheidet sich vom Bundesstandard wesentlich stärker als der niedersächsische (LGN 2004a), da hier mehr der durch die AdV vorgegebenen Attribute nicht enthalten sind, dafür aber eigene hinzugefügt wurden. Erfasst wurden ausschließlich die Attribute, die im länderspezifischen Objektartenkatalog vorgesehen sind. Im Datensatz des Pilotbetriebs werden z.B. insgesamt 98 Attribute für die 88 Objektarten durch die brandenburgischen Objektartenkatalog definiert, laut Bundesstandard wären weitere 59 Attribute verwendbar, um die Objektarten näher zu beschreiben.

Der Erfassungsgrad der durch den Länderstandard vorgegebenen Attribute ist sehr hoch. Lediglich zwei der Attribute werden nicht bzw. nur teilweise erfasst (Objektart Mauer/Wand: Attribut Funktion, Objektart Biosphärenreservat: Attribut Schutzzone). Alle übrigen Attribute sind vollständig im vorliegenden Datensatz für den Pilotbetrieb erfasst worden.

Tab. 24: Für den Pilotbetrieb Brandenburg im Basis-DLM erfasste Objektarten und Attribute (**fett**: die im Objektartenkatalog Brandenburg vorgesehenen Attribute, *kursiv*: die weiteren, nach Bundesstandard vorgesehenen Attribute) (nach LGB 2005a)

Objektbereich Siedlung	
Objektart	**Attribute**
Ortslage (2101)	Im Objektartenkatalog sind keine Attribute vorgesehen.
Wohnplatz (2102)	*EWZ (Einwohnerzahl (nicht erfasst)*
Wohnbaufläche (2111)	**BEB (Offene Bebauung)**
Industrie- und Gewerbefläche (2112)	**FKT (Funktion)**
Fläche gemischter Nutzung (2113)	**BEB (Offene Bebauung)**
Fläche besonderer funktionaler Prägung (2114)	**BEB (Offene Bebauung)** **FKT (Funktion)**
Deponie (2122)	**OFL (Lage zur Erdoberfläche)** *ZUS (Zustand) (nicht erfasst)*
Umspannstation (2127)	*ZUS (Zustand) (nicht erfasst)*
Kläranlage (2129)	*ZUS (Zustand) (nicht erfasst)*
Gärtnerei (2132)	Im Objektartenkatalog sind keine Attribute vorgesehen.
Heizwerk (2133)	*PEG (Primärenergie) (nicht erfasst)* *ZUS (Zustand) (nicht erfasst)*
Wasserwerk (2134)	*ZUS (Zustand) (nicht erfasst)*
Sportanlage (2201)	Im Objektartenkatalog sind keine Attribute vorgesehen.
Freizeitanlage (2202)	Im Objektartenkatalog sind keine Attribute vorgesehen.
Friedhof (2213)	Im Objektartenkatalog sind keine Attribute vorgesehen.
Stadion (2221)	*SPO (Sportart) (nicht erfasst)*
Sportplatz (2222)	*SPO (Sportart) (nicht erfasst)*
Schießanlage (2223)	Im Objektartenkatalog sind keine Attribute vorgesehen.
Schwimmbad, Freibad (2224)	Im Objektartenkatalog sind keine Attribute vorgesehen.
Freizeitpark, Safaripark (2226)	Im Objektartenkatalog sind keine Attribute vorgesehen.
Grünanlage (2227)	**FKT (Funktion)**
Campingplatz (2228)	Im Objektartenkatalog sind keine Attribute vorgesehen.
Tagebau, Grube, Steinbruch (2301)	**PRO (Produkt)** **ZUS (Zustand)**
Vorratsbehälter, Speicherbauwerk (2313)	*HHO (Objekthöhe) (nicht erfasst)* **KON (Bauart, Konstruktionsmerkmal)** **OFL (Lage zur Oberfläche)** *PRO (Produkt) (nicht erfasst)*
Absetzbecken, Schlammteich, Erdfaulbecken (2314)	*VEG (Vegetationsmerkmal) (nicht erfasst)*
Turm (2316)	**FKT (Funktion)** **HHO (Objekthöhe)** *WDM (Widmung) (nicht erfasst)* *ZUS (Zustand) (nicht erfasst)*
Schornstein, Schlot, Esse (2317)	**HHO (Objekthöhe)**
Brunnen (2319)	**FKT (Funktion)** *HYD (Hydrologisches Merkmal) (nicht erfasst)*
Kran (2324)	Im Objektartenkatalog sind keine Attribute vorgesehen.
Pumpe, Pumpstelle (2325)	**PRO (Produkt)**
Windrad (2327)	**FKT (Funktion)** **HHO (Objekthöhe)**
Archäologische Fundstätte (2331)	**ATP (Archäologischer Typ)** *WDM (Widmung) (nicht erfasst)*
Denkmal, Denkstein, Standbild (2332)	*WDM (Widmung) (nicht erfasst)*
Mauer, Wand (2351)	**FKT (Funktion)** (teils erfasst, teils nicht)

Tab. 24: Fortsetzung

Objektbereich Verkehr	
Objektart	**Attribute**
Straße (3101)	**BDI (Verkehrbedeutung innerörtlich)** *BDU (Verkehrsbedeutung überörtlich) (nicht erfasst)* *BFS (Besondere Fahrstreifen) (nicht erfasst)* **BRF (Breite der Fahrbahn)** **BRV (Breite des Verkehrsweges)** **FKT (Funktion)** **FSZ (Anzahl der Fahrstreifen)** **IBD (Internationale Bedeutung)** *OFM (Oberflächenmaterial, Fahrbahnbefestigung) (nicht erfasst)* **WDM (Widmung)** **ZUS (Zustand)**
Weg (3102)	*BEF (Befestigung) (nicht erfasst)* **BRV (Breite des Verkehrsweges)** **FKT (Funktion)** **KON (Bauart, Konstruktionsmerkmal)** *MKG (Markierung) (nicht erfasst)*
Platz (3103)	**FKT (Funktion)**
Straße (komplex) (3104)	**FTR (Fahrbahntrennung)**
Straßenkörper (3105)	**BDI (Verkehrsbedeutung innerörtlich)** *BDU (Verkehrsbedeutung überörtlich)* **BRV (Breite des Verkehrsweges)** **IBD (Internationale Bedeutung)** **WDM (Widmung)**
Fahrbahn (3106)	*BFS (Besondere Fahrstreifen) (nicht erfasst)* **BRF (Breite der Fahrbahn)** **FKT (Funktion)** **FSZ (Anzahl der Fahrstreifen)** *OFM (Oberflächenmaterial [Fahrbahnbefestigung]) (nicht erfasst)* **ZUS (Zustand)**
Schienenbahn (3201)	*BKP (Lage des Bahnkörpers) (nicht erfasst)* **BKT (Bahnkategorie)** **BRV (Breite des Verkehrsweges)** **ELK (Elektrifizierung)** **GLS (Anzahl der Streckengleise)** **GLZ (Anzahl der Gleise auf dem Bahnkörper)** **SPW (Spurweite)** **ZUS (Zustand)**
Bahnstrecke (3205)	**BKT (Bahnkategorie)** **ELK (Elektrifizierung)** **GLS (Anzahl der Streckengleise)** **SPW (Spurweite)** **ZUS (Zustand)**
Flugplatz, Landeplatz (3302)	**FKT (Funktion)** *NTZ (Nutzung) (nicht erfasst)* *ZUS (Zustand) (nicht erfasst)*
Hafen (3401)	*FKT (Funktion) (nicht erfasst)* *NTZ (Nutzung) (nicht erfasst)*
Hafenbecken (3402)	*NTZ (Nutzung) (nicht erfasst)*
Bahnhofsanlage (3501)	**BFK (Bahnhofskategorie)** **ZUS (Zustand)**
Raststätte (3502)	Im Objektartenkatalog sind keine Attribute vorgesehen.
Verkehrsknoten (3503)	*KON (Bauart, Konstruktionsmerkmal) (nicht erfasst)*
Tunnel (3513)	Im Objektartenkatalog sind keine Attribute vorgesehen.
Brücke, Überführung, Unterführung (3514)	**KON (Bauart, Konstruktionsmerkmal)** *ZUS (Zustand) (nicht erfasst)*
Freileitung (3531)	**FKT (Funktion)** **OFL (Lage zur Erdoberfläche)** *SPG (Spannungsebenen) (nicht erfasst)*
Rohrleitung, Pipeline (3532)	**OFL (Lage zur Erdoberfläche)** **PRO (Produkt)**
Mast (3541)	**FKT (Funktion)** *HHO (Objekthöhe) (nicht erfasst)*

Tab. 24: Fortsetzung

Objektbereich Vegetation	
Objektart	**Attribute**
Ackerland (4101)	*VEG (Vegetationsmerkmal) (nicht erfasst)*
Grünland (4102)	**FKT (Funktion)** *VEG (Vegetationsmerkmal) (nicht erfasst)*
Gartenland (4103)	Im Objektartenkatalog sind keine Attribute vorgesehen.
Heide (4104)	Im Objektartenkatalog sind keine Attribute vorgesehen.
Moor, Moos (4105)	**VEG (Vegetationsmerkmal)**
Sumpf, Ried (4106)	**VEG (Vegetationsmerkmal)**
Wald, Forst (4107)	**VEG (Vegetationsmerkmal)**
Gehölz (4108)	**VEG (Vegetationsmerkmal)**
Sonderkultur (4109)	**KLT (Kulturart)**
Nasser Boden (4111)	Im Objektartenkatalog sind keine Attribute vorgesehen.
Vegetationslose Fläche (4120)	**OFM (Oberflächenmaterial [Fahrbahnbefestigung])**
Schneise (4198)	**BRO (Breite des Objekts)**
Fläche z.Zt. unbestimmbar (4199)	Im Objektartenkatalog sind keine Attribute vorgesehen.
Baum (4201)	**VEG (Vegetationsmerkmal)** **WDM (Widmung)**
Baumreihe (4202)	**VEG (Vegetationsmerkmal)** **WDM (Widmung)**
Hecke, Knick (Wallhecke) (4203)	**KON (Konstruktionsmerkmal)** **WDM (Widmung)**
Objektbereich Gewässer	
Objektart	**Attribute**
Strom, Fluß, Bach (5101)	**BRG (Breite des Gewässers)** **HYD (Hydrologisches Material)** **OFL (Lage zur Erdoberfläche)** **SFK (Schiffskategorie, Hafenkategorie)** *VEG (Vegetationsmerkmal) (nicht erfasst)* *WDM (Widmung) (nicht erfasst)*
Kanal (Schifffahrt) (5102)	**BRG (Breite des Gewässers)** **SFK (Schiffskategorie, Hafenkategorie)** *VEG (Vegetationsmerkmal) (nicht erfasst)* *WDM (Widmung) (nicht erfasst)* *ZUS (Zustand) (nicht erfasst)*
Graben, Kanal (Wasserwirtschaft) (5103)	**BRG (Breite des Gewässers)** **HYD (Hydrologisches Material)** **OFL (Lage zur Erdoberfläche)** *VEG (Vegetationsmerkmal) (nicht erfasst)* *WDM (Widmung) (nicht erfasst)*
Binnensee, Stausee, Teich (5112)	*HYD (Hydrologisches Merkmal) (nicht erfasst)* **SFK (Schifffahrtskategorie)** **VEG (Vegetationsmerkmal)** *WDM (Widmung) (nicht erfasst)*
Veränderliches Ufer(5199)	Im Objektartenkatalog sind keine Attribute vorgesehen.
Durchlass (5301)	**KON (Bauart, Konstruktionsmerkmal)**
Talsperre, Wehr (5302)	**KON (Bauart, Konstruktionsmerkmal)** *ZUS (Zustand) (nicht erfasst)*
Schleuse (5303)	**KON (Konstruktionsmerkmal)** *ZUS (Zustand) (nicht erfasst)*
Schleusenkammer (5304)	*ZUS (Zustand) (nicht erfasst)*
Uferbefestigung (5321)	**KON (Bauart, Konstruktionsmerkmal)**
Objektbereich Relief	
Objektart	**Attribute**
Damm, Wall, Deich (6201)	*ADE (Art von Damm, Wall, Deich) (nicht erfasst)* **FKT (Funktion)** *WDM (Widmung) (nicht erfasst)* **WHO (Höhe von 'Damm, Wall, Deich')**

Tab. 24: Fortsetzung

Objektbereich Gebiete	
Objektart	**Attribute**
Verwaltungseinheit (7101)	**ADM (Administrative Funktion)** **EWZ (Einwohnerzahl)** *FLA (Fläche [amtlich]) (nicht erfasst)* *STG (Stammgebiet) (nicht erfasst)*
Insel (7211)	Im Objektartenkatalog sind keine Attribute vorgesehen.
Grenze (7299)	**APG (Art der Grenze)** *ZUS (Zustand) (nicht erfasst)*
Naturschutzgebiet (7302)	*FLA (Fläche [amtlich]) (nicht erfasst)* *ZUS (Zustand) (nicht erfasst)*
Landschaftsschutzgebiet (7304)	*FLA (Fläche [amtlich]) (nicht erfasst)* *ZUS (Zustand) (nicht erfasst)*
Naturpark (7305)	Im Objektartenkatalog sind keine Attribute vorgesehen.
Biosphärenreservat (7306)	*FLA (Fläche [amtlich]) (nicht erfasst)* **SZM (Schutzzone [nach dem Einfluss menschlicher Tätigkeit])** (nicht erfasst)
Ehemaliges militärisches Sperrgebiet (7499)	**NTZ (Nutzung)**

4.1.3.4 Maßstab und räumliche Genauigkeit

Da die Inhalte des Basis-DLM ursprünglich maßgeblich den Inhalten der Topographischen Karte im Maßstab 1:25.000 entsprechen (Bill & Zehner 2001, De Lange 2006), ist von einem Mindestmaßstab des Basis-DLM von 1:25.000 auszugehen. Inzwischen werden neben den Topographischen Karten jedoch auch andere Datengrundlagen zur Erstellung der Basis-DLM-Datensätze verwendet (Tab. 25), so dass i.d.R. der Maßstabsbereich von 1:10.000 bis 1:25.000 in Dokumentationen und dem Objektartenkatalog angegeben wird. Lediglich Brandenburg gibt in den beim Geoportal.Bund geführten Metadaten den genaueren Maßstab von 1.10.000 explizit an. Die Genauigkeit des Basis-DLM liegt in Baden-Württemberg, Brandenburg und Niedersachsen bei etwa 3 Metern. In Sachsen-Anhalt und Bayern wird eine geringere Genauigkeit von 3 bis 5 bzw. 5-10 Metern für die Datensätze angegeben (Tab. 25).

Tab. 25: Maßstab und räumliche Korrektheit des Basis-DLM in Baden-Württemberg, Bayern, Brandenburg, Niedersachsen und Sachsen-Anhalt (Stand: August 2008)

	Baden-Württemberg	**Bayern**	**Branden-burg**	**Nieder-sachsen**	**Sachsen-Anhalt**
Daten-grundlage	Digitale Orthophotos (DOP), topographische Karten 1:10.000, Deutsche Grundkarte 1:5.000 (DGK 5), weitere Geodaten	Digitale Orthophotos (DOP), Topographische Karten 1:25.000 (TK 25)	Digitale Orthophotos (DOP), Topographische Karten 1:10.000 (TK 10)	Deutsche Grundkarte 1:5.000 (DGK 5), Digitale Orthophotos (DOP)	Digitale Orthophotos (DOP), Topographische Karten 1:10.000 (TK 10), Automatisierte Liegenschaftskarte (ALK), weitere Geodaten
Maßstab	1:25.000	1.25.000	1.10.000	1:10.000 bis 1:25.000	1:10.000 bis 1:25.000
Räumliche Genauigkeit	+/-3 m	5-10 m	+/- 3 m	+/- 3 m	+/- 3-5 m

Objekte des DLM, die an der Erdoberfläche wenig oder nicht sichtbare Landschaftsbestandteile abbilden, wie z.B. Brunnen, Pumpenstellen, Rohrleitungen, Tunnel und Durchlässe lassen sich in ihrer Genauigkeit nicht anhand eines Orthophotos überprüfen. Das gleiche gilt für Grenzen (z.B. Verwaltungsgrenzen, Schutzgebietsgrenzen), die i.d.R. überwiegend virtuelle Abgrenzungen sind und daher nur in Teilen auch in der Landschaft wieder zu finden sind. Zur Genauigkeit dieser Objekte kann im Rahmen der vorliegenden Untersuchung deshalb keine Aussage getroffen werden.

Die Überprüfbarkeit punktueller Elemente ist abhängig von der Größe des zu überprüfenden Objektes, von der Auflösung der zur Überprüfung herangezogenen Orthophotos und von der Art des Objektes. Die Genauigkeit von Objekten, deren Ausdehnung in der Realität nicht punktuell ist, die aber im DLM mit einem Punktsymbol abgebildet werden, wie z.B. Bahnhofsanlagen, lässt sich anhand eines Orthophotos nur bedingt überprüfen. In solchen Fällen kann nur grundsätzlich festgestellt werden, ob anhand des Punktsymbols das zugehörige Element im Orthophoto identifiziert werden kann.

Die Überprüfung des Basis-DLM-Datensatzes aus Brandenburg zeigt, dass die vom Landesvermessungsamt angegebene Genauigkeit von +/- 3 Metern in hohem Maße zutrifft. Auch punktuelle und lineare Elemente werden mit einer entsprechenden Genauigkeit erfasst. Insbesondere stark anthropogen beeinflusste Landschaftsbestandteile wie z.B. Straßen, Eisenbahnlinien, Windräder und Strommasten weisen eine sehr hohe Genauigkeit auf (Abb. 18).

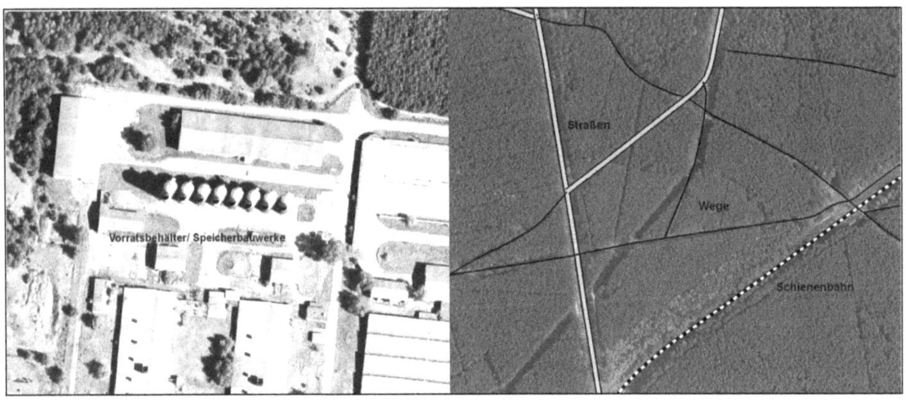

Abb. 18: Basis-DLM Brandenburg: Beispiele für eine hohe räumliche Genauigkeit bei anthropogen geprägten Punkt- und Linienelementen (LGB 2001/2003, 2005)

Treten Ungenauigkeiten auf, sind diese i.d.R. eher bei vegetationsgeprägten Landschaftsbestandteilen wie Bäumen und Hecken zu finden. Hier handelt es sich aber lediglich um Einzelfälle (Abb. 19, Abb. 20). In den gezeigten Beispielen beträgt die Abweichung von den in den Orthophotos dargestellten Landschaftselementen 5 bis 7 Meter (Bäume) bzw. 8 Meter (Baumreihen). Des Weiteren sind vereinzelt Ungenauigkeiten bei der Abgrenzung von Wegen festzustellen, die ebenfalls als Linien im DLM erfasst werden. Hier treten geringe Abweichungen von 4-5 Metern bei Feldwegen und Waldwegen auf (Abb. 21).

Die durch Punktsymbole repräsentierten flächigen Landschaftsbestandteile wie z.B. Bahnhofsanlagen lassen sich im brandenburgischen Basis-DLM gut identifizieren.

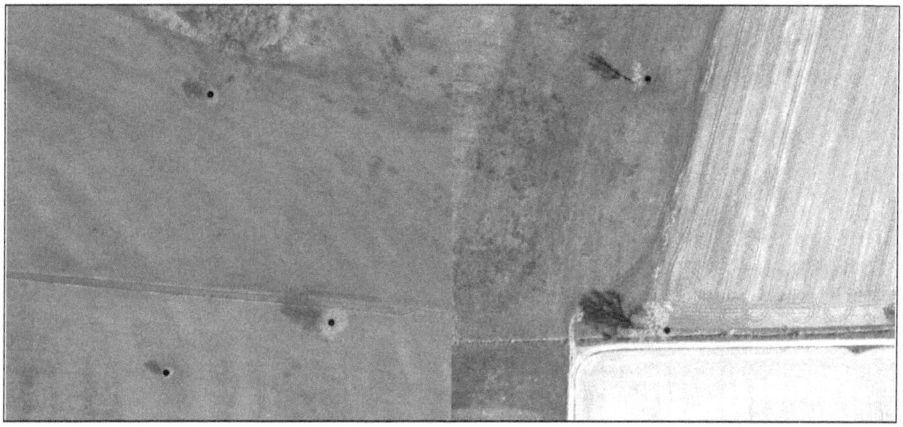

Abb. 19: **Basis-DLM Brandenburg: Beispiele für eine hohe (links) und geringe (rechts) räumliche Genauigkeit bei Einzelbäumen (LGB 2001/2003, 2005)**

Abb. 20: **Basis-DLM Brandenburg: Beispiele für eine hohe (links) und geringe (rechts) räumliche Genauigkeit bei Baumreihen (LGB 2001/2003, 2005)**

Abb. 21: **Basis-DLM Brandenburg: Beispiele für eine geringe räumliche Genauigkeit bei Feld- und Waldwegen (LGB 2001/2003, 2005)**

Flächige Landschaftsbestandteile werden im brandenburgischen Basis-DLM ebenfalls mit sehr hoher Genauigkeit erfasst. Dies gilt auch für kleinere Landschaftsbestandteile wie Gehölze, die auch inmitten von Ackerflächen sehr präzise durch das DLM wiedergegeben werden (Abb. 22). Abweichungen von den Darstellungen des Orthophotos sind nur an wenigen Objekten des Datensatzes festzustellen. Beispiele für solche Abweichungen sind ungenaue Abgrenzungen von Siedlungsbereichen (Abb. 23) und Abweichungen der Waldgrenze an Übergängen zu anderen vegetationsgeprägten Landschaftsbestandteilen wie Ackerflächen und Grünland (Abb. 24). Die Abweichungen in der Abgrenzungen der Siedlungsbereiche liegen in den Beispielen bei etwa 7 bzw. 40 Metern. Die Waldgrenzen weichen um etwa 8 bis 10 Meter von den Darstellungen der Orthophotos ab.

Die im DLM erfassten nassen Böden (Objektart 4111) lassen sich durch einen Abgleich mit den Orthophotos in ihrer Genauigkeit nicht vollständig überprüfen, da Anhaltspunkte für eine Vernässung der Flächen, wie eine dunklere Farbgebung im Orthophoto nur teilweise zu finden sind. Es ist davon auszugehen, dass für die Ermittlung dieser Flächen auch andere Datengrundlagen herangezogen wurden.

Abb. 22: Basis-DLM Brandenburg: Beispiele für eine hohe räumliche Genauigkeit bei Gehölzen (links) und Wäldern (rechts) (LGB 2001/2003, 2005)

Abb. 23: Basis-DLM Brandenburg: Beispiele für eine geringe räumliche Genauigkeit bei der Abgrenzung von Siedlungsbereichen (LGB 2001/ 2003, 2005)

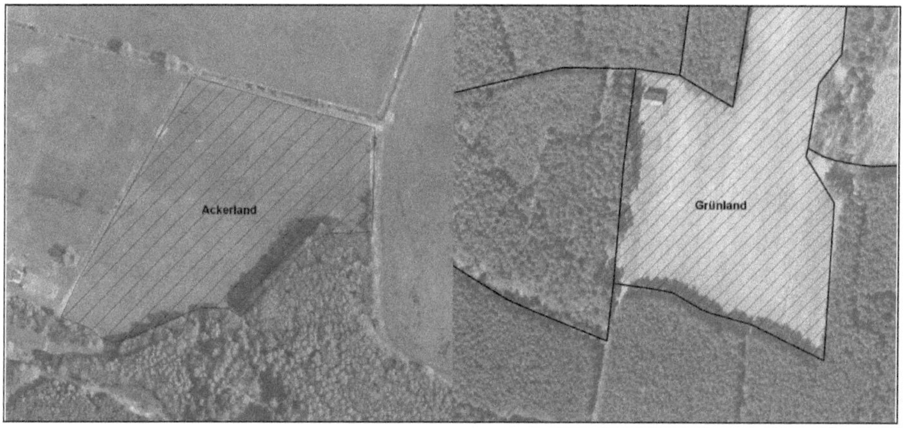

Abb. 24: Basis-DLM Brandenburg: Beispiele für eine geringe räumliche Genauigkeit bei Übergängen von Wald zu Acker- und Grünlandflächen (LGB 2001/2003, 2005)

Punktuelle Landschaftsbestandteile sind im Basis-DLM für den niedersächsischen Pilotbetrieb kaum erfasst (vgl. Tab. 23). Die einzige erfasst Objektart „Denkmal, Denkstein, Standbild" lässt sich in ihrer Genauigkeit anhand des Orthophotos nicht überprüfen.

Wege und Straßen werden im niedersächsischen Basis-DLM mit sehr hoher Genauigkeit wiedergegeben. Abweichungen von den Darstellungen der Orthophotos ergeben sich wie auch beim Basis-DLM Brandenburg in geringem Maße bei Feldwegen (Abb. 25). Hier liegen die Abweichungen jedoch noch im von der Landesvermessung angegeben Toleranzbereiche von +/- 3 Metern. Vergleichbares gilt auch für die Abbildung der Bahnstrecken durch das Basis-DLM.

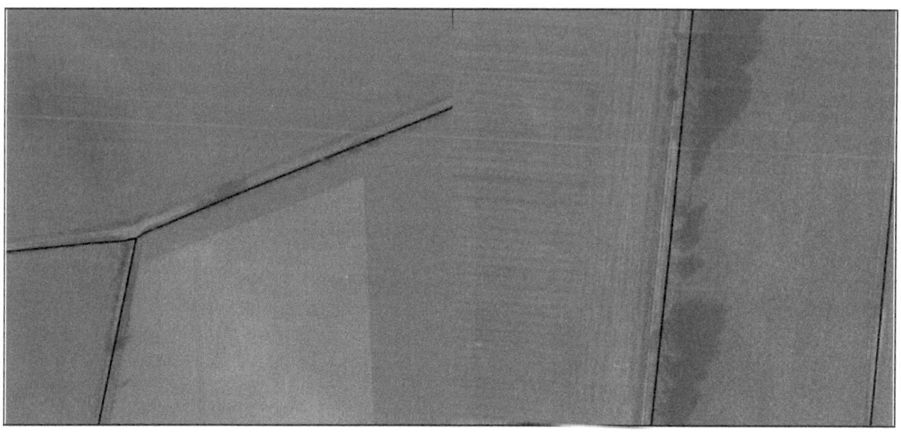

Abb. 25: Basis-DLM Niedersachsen: Beispiele für eine geringe Abweichung in der räumliche Genauigkeit von Wegen (LGN 2004)

Im Basis-DLM Niedersachsen sind im Bereich der linearen Gehölzstrukturen sowohl Baumreihen als auch Hecken erfasst worden. Diese repräsentieren die in den Orthophotos abgebildeten Gehölzstrukturen mit nur wenigen Abweichungen (Abb. 26). In Einzelfällen betragen diese bis zu 7 Metern.

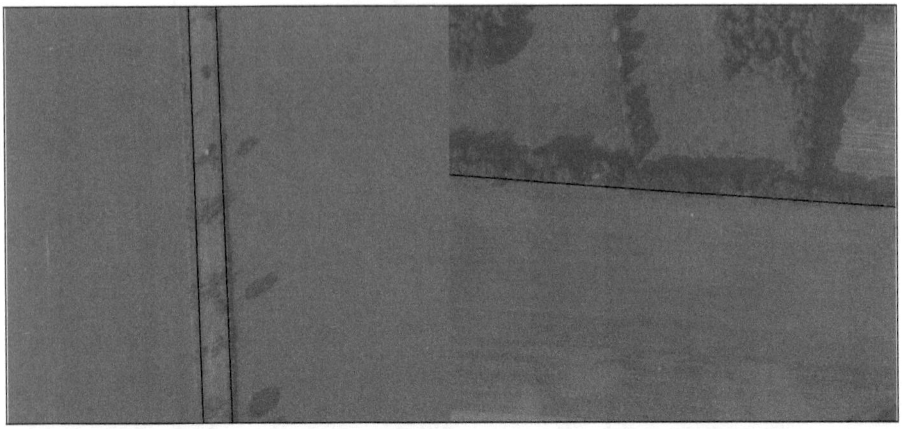

Abb. 26: Basis-DLM Niedersachsen: Beispiele für eine hohe (links) und geringe (rechts) räumliche Genauigkeit bei linearen Gehölzstrukturen (LGN 2004)

Die Abgrenzungen der flächigen Landschaftsbestandteile erfolgt auch im DLM Niedersachsens insgesamt mit einer den Angaben der LGN entsprechenden Genauigkeit. Siedlungsbereiche, wie z.B. die Flächen gemischter Nutzung (Objektart 2113), unter die landwirtschaftliche Betriebe häufig fallen, werden mit sehr hoher Genauigkeit erfasst (Abb. 27). In Einzelfällen auftretende, leichte Abweichungen, wie der in der Abbildung rechts zu sehende Übergang vom Siedlungsbereich zur bewirtschafteten Fläche, liegen durchgehend im von der LGN angegebenen Toleranzbereich von +/- 3 Metern.

Abb. 27: Basis-DLM Niedersachsen: Beispiele für eine hohe räumliche Genauigkeit bei der Abgrenzungen von Siedlungsbereichen (LGN 2004)

Ungenauigkeiten in der Abgrenzung der flächigen, anthropogen geprägten Nutzungen treten lediglich in Einzelfällen auf. So konnte eine Abweichung von der Darstellung im Orthophoto für eine Sportanlage ermittelt werden. Die Differenzen von den im Orthophoto zu erkennenden Objekten betragen hier zwischen 5 bzw. 15 Metern (Abb. 28).

Abb. 28: Basis-DLM Niedersachsen: Beispiel für eine geringe räumliche Genauigkeit bei anthropogen geprägten Nutzungen (LGN 2004)

Größere Ungenauigkeiten treten bei der Abgrenzung von vegetationsgeprägten Landnutzungen und hier insbesondere bei den landwirtschaftlich genutzten Flächen (Ackerland, Grünland) auf. Hier liegen die Abweichungen nicht nahe dem Toleranzbereich, sondern es treten starke Ungenauigkeiten von bis zu 30 Metern auf, die damit auch zu erkennbaren thematischen Ungenauigkeiten führen (vgl. Kap. 4.1.3.5). Abbildung 29 zeigt beispielhaft Ackerflächen, die mit einer solch geringen Genauigkeit abgegrenzt wurden. Vergleichbare Abweichungen finden sich auch bei Grünlandflächen, Mooren/ Moosen und Heideflächen. Etwa 10% der im niedersächsischen Datensatz enthaltenen, nicht gehölzdominierten Vegetationsflächen geben die Orthophotos mit so geringer Genauigkeit wieder. Für die Objektarten Wald/ Forst und Gehölz treten im Gegensatz dazu nur sehr stark vereinzelt Abweichungen im Bereich vom etwa 5 Metern auf. Ebenso werden Gewässer (Gräben, Teiche) mit einer hohen Genauigkeit im niedersächsischen Basis-DLM wiedergegeben.

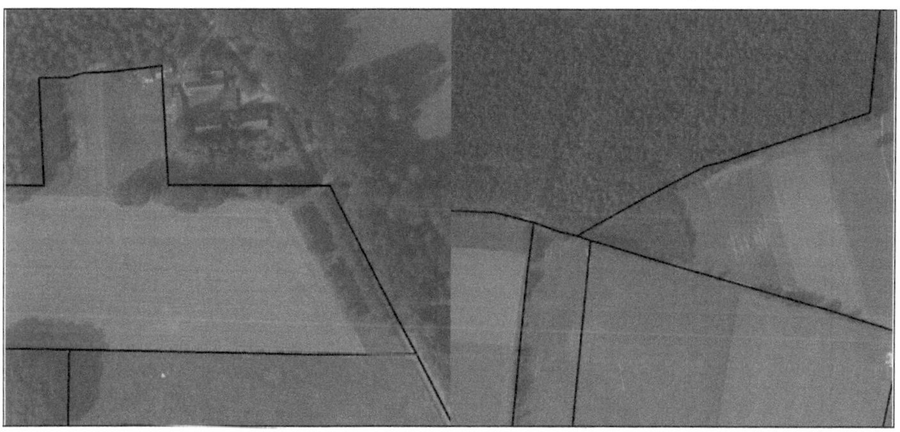

Abb. 29: Basis-DLM Niedersachsen: Beispiele für eine geringe räumliche Genauigkeit bei der Abgrenzungen von Ackerflächen (LGN 2004)

Für beide untersuchten Datensätze ergibt sich insgesamt eine räumliche Genauigkeit, die den von den Landesvermessungsämtern gemachten Angaben zur Lagegenauigkeit (+/- 3 Meter) entspricht. Abweichungen treten, unabhängig vom Geometrietyp allerdings in einigen Fällen auf, die überwiegend den Objektbereich Vegetation betreffen.

4.1.3.5 Thematische Genauigkeit

Die Untersuchungen der räumlichen Genauigkeit der Datensätze aus Niedersachsen und Brandenburg zeigte bereits, dass Ungenauigkeiten in der räumlichen Abgrenzung von flächig dargestellten Objektarten auch Ungenauigkeiten in deren thematischer Zuordnung nach sich ziehen. Werden z.B. Ackerflächen ungenau abgegrenzt, fällt ein Teil der betreffenden Fläche einer anderen Flächennutzung zu, diese ist damit thematisch falsch zugeordnet. Anhand der zuvor ermittelten räumlichen Ungenauigkeiten lassen demnach Aussagen zur thematischen Genauigkeit unmittelbar ableiten. Für die punktuellen und linearen Elemente muss eine weitere Überprüfung der Datensätze erfolgen, da hier die räumliche Genauigkeit keine Aussage über die thematische Genauigkeit zulässt.

Im brandenburgischen Datensatz treten Ungenauigkeiten in der thematischen Zuordnung der Objektarten nur vereinzelt auf. Diese betreffen vor allem die Übergangsbereiche zwischen den stärker anthropogen geprägten Siedlungsbereichen und den umliegenden Nutzungen wie Grünland oder Gehölzen (vgl. Abb. 23) sowie zwischen verschiedenen vegetationsgeprägten Objektarten (Acker/ Wald, Grünland/ Wald) (vgl. Abb. 24). Da diese Abweichungen aber in sehr geringem Maße auftreten, kann für die flächigen Objektarten des brandenburgischen Datensatz insgesamt von einer hohem thematischen Genauigkeit gesprochen werden. Auch für die linearen Elemente aus den Objektbereichen Verkehr und Gewässer sind die Abweichungen der zugeordneten Objektart sehr gering.

Die linearen Landschaftsbestandteile des Objektbereichs Vegetation weisen hingegen eine deutlich geringere thematische Genauigkeit auf. Die Abgrenzung dieser Elemente und die Zuordnung zu einer der möglichen Kategorien des Objektartenkataloges ist z.T. falsch vorgenommen worden oder lässt sich anhand der im Orthophoto zu erkennenden Struktur zumindest anzweifeln. So werden heckenartige, lineare Strukturen, die laut Orthophoto nicht nur aus Bäumen bestehen, sowohl als Baumreihen wie auch als Gehölz eingestuft (Abb. 30). Einzelbäume als punktuelle Gehölzstrukturen werden wiederum thematisch richtig zugeordnet.

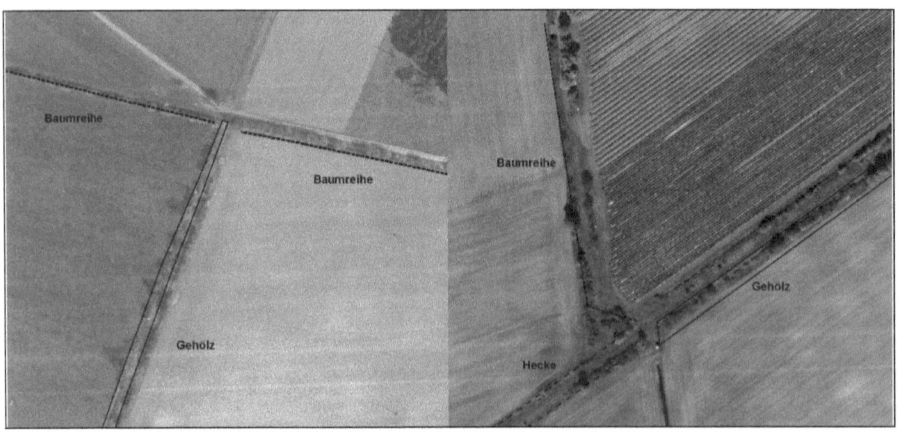

Abb. 30: Basis-DLM Brandenburg: Beispiele für Ungenauigkeiten in der thematischen Zuordnung von linearen Gehölzstrukturen (LGB 2001/2003, 2005)

Für den niedersächsischen DLM-Datensatz treten Ungenauigkeiten in Hinblick auf die Zuordnung der linearen Gehölzstrukturen in vergleichbarer Größenordnung auf. Auch hier ist die Zuordnung der Objektarten Gehölz, Hecke und Baumreihe auf Basis der Orthophotos als nicht eindeutig einzustufen.

Weit größere Ungenauigkeiten treten allerdings für die flächig dargestellten Objektarten im Bereich der Vegetation auf. Werden die anthropogen beeinflussten Nutzungen räumlich wie auch thematisch mit nur geringen Abweichungen z.B. im Siedlungsrandbereich abgebildet, liegen für die Vegetation räumliche Abweichungen von bis zu 30 Metern vor. Diese ziehen wiederum starke thematische Abweichungen nach sich. Lediglich für die Objektart Wald trifft diese Aussage nicht zu, hier wurden nur in Einzelfällen die Abgrenzung der Objektarten Wald und Gehölz nicht nachvollziehbar vorgenommen (Abb. 31). Alle weiteren Objektarten werden zu etwa 10% nicht richtig zugeordnet. Ein Beispiel hierfür ist die ungenaue Zuordnung der Objektart Grünland. Diese enthält laut Definition gemähte oder beweidete Gras- und Rasenflächen, wird aber im Datensatz auch für stärker gehölzgeprägte Flächen vergeben (Abb. 32).

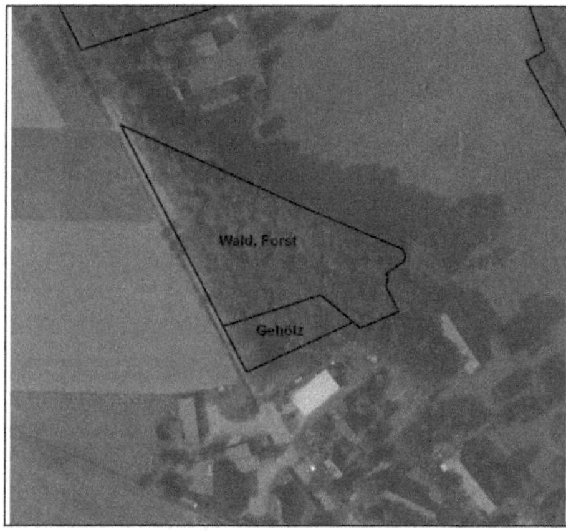

Abb. 31: Basis-DLM Niedersachsen: Beispiele für Ungenauigkeiten in der thematischen Zuordnung von Wald und Gehölz (LGN 2004)

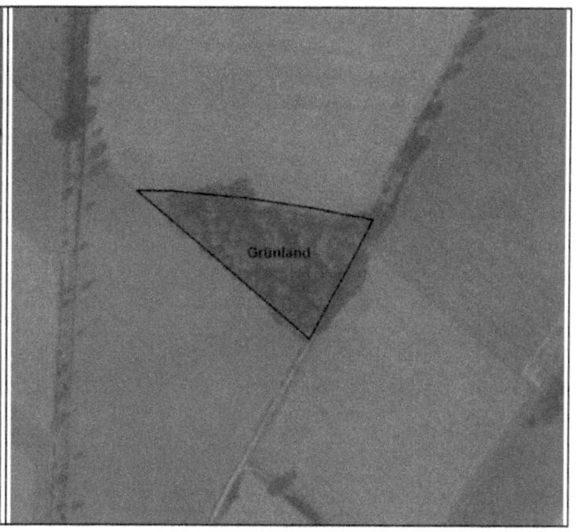

Abb. 32: Basis-DLM Niedersachsen: Beispiel für Ungenauigkeiten in der thematischen Zuordnung von Grünland (LGN 2004)

Ebenso wurden Ackerflächen, die an Gehölzstrukturen wie Wälder oder Gehölze grenzen, z.T. räumlich wie auch thematisch falsch abgegrenzt (vgl. Abb. 29). Auch in Hinblick auf die Objektarten Heide, Moor und Sonderkulturen treten thematische Ungenauigkeiten in der Abgrenzung der Flächen auf. In den meisten Fällen werden hier die Unterschiede zu anderen, vegetationsgeprägten Objektarten wie z.B. Grünland anhand der Orthophotos nicht deutlich, so dass die Aussagen des DLM an dieser Stelle angezweifelt werden müssen. Des Weiteren werden deutlich zu erkennbare Ackerflächen als Grünland bezeichnet, beweidete Flächen als Sonderkultur sowie an bebautes Gebiet angrenzende Flächen mit Swimmingpool als Heide. In einem Fall wird auch die Objektart Teich zugeordnet, der aber anhand des Orthophotos in keiner Weise erkennbar ist. Die entsprechenden Ausschnitte aus dem DLM und den Orthophotos hierzu sind in Abbildung 33 zu finden.

Auch die Objektart Moor wird in zwei Fällen nur bedingt eindeutig eingeordnet. So können die in Abbildung 34 dargestellten Flächen nicht eindeutig von Gehölzen bzw. Grünland unterschieden werden.

Abb. 33: Basis-DLM Niedersachsen: Beispiele für Ungenauigkeiten in der thematischen Zuordnung der Objektarten des Bereichs Vegetation (LGN 2004)

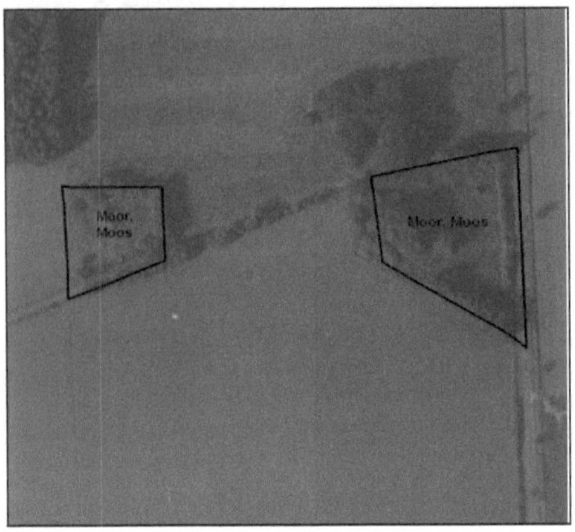

Abb. 34: Basis-DLM Niedersachsen: Beispiele für Ungenauigkeiten in der thematischen Zuordnung der Objektart Moor/ Moos (LGN 2004)

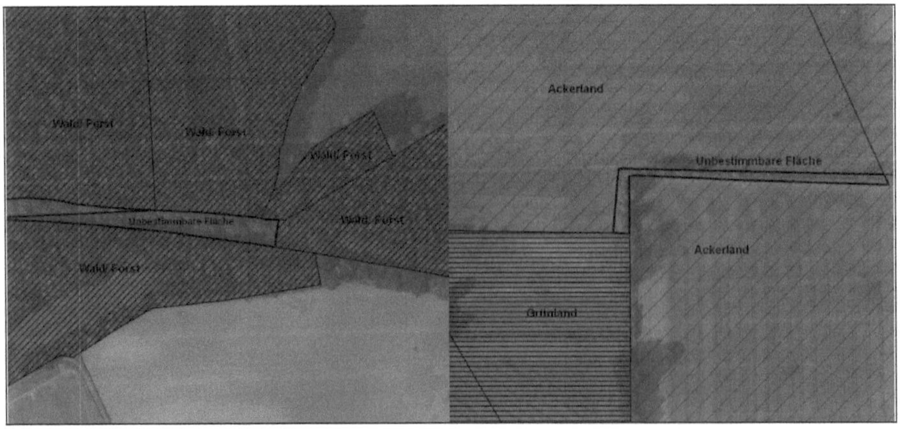

Abb. 35: Basis-DLM Niedersachsen: Beispiele für Ungenauigkeiten in der thematischen Zuordnung der Objektart Fläche z. Zt. unbestimmbar (LGN 2004)

Die Objektart „Fläche, z.Zt. unbestimmbar" wurde im brandenburgischen Datensatz für Gebiete vergeben, deren Nutzung einem starken Wechsel unterworfen ist, z.B. in Baugebieten, oder die auf so vielfältige, kleinteilige Weise genutzt werden, das sie nur schwer einer Objektart zuzuordnen sind. Der niedersächsische Datensatz weist diese Objektart hingegen weit mehr bei linearen Strukturen auf, die anscheinend bei der Zuordnung der umliegenden Flächen als „Zwickelflächen" übrig geblieben sind (Abb. 35). Anhand der Orthophotos lässt sich zwischen diesen und den umliegenden, zugeordneten Flächen kein Unterschied ausmachen, so dass hier eigentlich eine korrekte thematische Abgrenzung der Fläche hätte erfolgen können. Die thematische Genauigkeit der Attribute lässt sich nur in Teilen anhand der Orthophotos überprüfen. So sind z.B. Attribute wie die Vegetationsmerkmale (Laub- oder Nadelgehölz) oder Kulturarten, die Breite von Objekten sowie die Anzahl von Gleisen oder Fahrbahnen gut anhand der Orthophotos überprüfen. Die Zuordnung von Kategorien und die Angabe der Funktion oder Bauart von Objekten lassen sich noch zum Teil überprüfen. Angaben zur Höhe von Objekte, zu ihrem Schutzstatus (Widmung) oder ihrem Zustand sind dagegen nur schwer nachvollziehbar. Die Überprüfung muss sich daher auf die Attribute beschränken, deren thematische Zuordnung überhaupt verlässlich anhand der Orthophotos nachvollziehen lässt.

Für beide überprüften Datensätze aus Brandenburg und Niedersachsen ist die Zuordnung der Attribute i.d.R. zutreffend, wenn auch die Objektart korrekt zugeordnet wurde. Für die vegetationsgeprägten Objektarten ist die Zuordnung des Vegetationsmerkmals (Laubgehölz, Nadelgehölz) in den stichprobenartig untersuchten Objekten auch dann korrekt, wenn die Objektart nicht zutrifft. Grundsätzlich ist jedoch festzustellen, dass die Bandbreite der zur Verfügung stehenden Attribute vor allem in Niedersachsen nicht genutzt wird. Daher ist der Detailgrad der Informationen im Basis-DLM nicht so hoch, wie er laut Objektartenkatalog sein könnte.

4.1.3.6 Konsistenz

Der Objektartenkatalog beinhaltet neben der Definition der Objektarten auch Erfassungskriterien und Modellierungsvorschriften für die Bildung entsprechender Geometrien. Gemeinsam mit der Definition der Objektarten und den Attributen bestimmen diese Inhalte des Objektartenkataloges den Umfang und die Genauigkeit der Objekterfassung (AdV 2003a).

Grundsätzlich werden Objekte einer Landschaft im Basis-DLM dann erfasst, wenn „ihre topographische Bedeutung dem Maßstabsbereich 1:10.000 / 1:25.000 angemessen ist" (AdV 2003a). Ob dies der Fall ist, kann auch anhand der weiteren, für die einzelnen Objektarten festgelegten Erfassungskriterien ermittelt werden. Die Erfassung von Objekten erfolgt nach dem Dominanzprinzip, d.h. die Landschaftsobjekte werden immer der vorherrschenden Objektart zugeordnet. Objekte, die z.B. eine in den Erfassungskriterien festgelegte Mindestgröße unterschreiten, werden einem benachbarten Objekt zugeschlagen.

Die Modellierungsvorschriften umfassen Vorgaben für die zu verwendenden Objekttypen (Punkte, Linie, Flächen) bei der Digitalisierung der Objektarten sowie Regeln zur Bildung von Objekten einer Objektart. Diese Objektbildungsregeln lassen sich weiter unterteilen in

- allgemein gültige Regeln, die für alle Objektarten zu beachten sind und in
- besondere Objekt- und Objektteilbildungsregeln, die nur für die jeweilige Objektart Verwendung finden müssen.

In den allgemeinen Objektbildungsregeln ist z.B. vorgegeben, wann ein neues Objekt zu bilden ist oder welche Geometrieformen zulässig und unzulässig sind (vgl. Abb. 36).

Die besonderen Objektbildungsregeln ergänzen diese Regelungen um weitere Bedingungen, häufig in Abhängigkeit von bestimmten Attributen. Zudem ist hier auch festgelegt, wann ein Objekt ein anderes überlagern darf oder sogar muss. So muss z.B. der Objektart „Nasser Boden" immer eine Vegetationsfläche anderer Objektart unterliegen. Weitere Beispiele für Erfassungskriterien und Modellierungsvorschriften sind in Tabelle 26 aufgeführt.

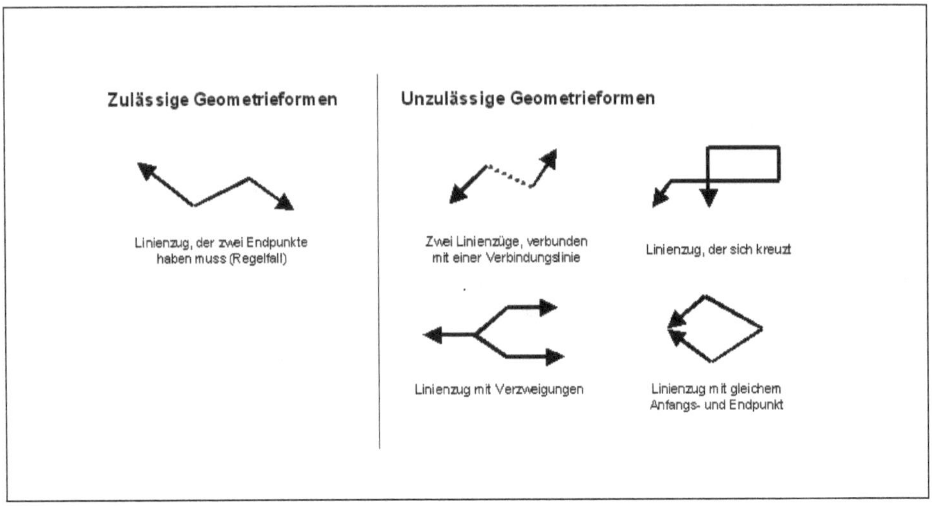

Abb. 36: Beispiele für zulässige und nicht zulässige Liniengeometrien nach ATKIS-Objektartenkatalog (AdV 2003a)

Die visuelle Überprüfung der Datensätze für die Pilotbetriebe Brandenburg und Niedersachsen zeigt, dass für die digitale Abbildung der Landschaft durchgehend zulässige Geometrien verwendet wurden. Weder Selbstüberschneidungen noch offene Polygone, Duplikate oder Lücken zwischen Flächen konnten festgestellt werden. Die automatische Qualitätsüberprüfung von OpenJump bestätigt diesen Eindruck. Beim Datensatz aus Brandenburg liefert die automatische Kontrolle für mehrere Objektarten Hinweise auf Selbstüberschneidungen der Objekte. Dabei handelt es sich jedoch in allen Fällen um geschlossene Flächen mit Aussparung, die laut ATKIS-Objektartenkatalog zu den zulässigen Geometrien gehört (Abb. 37).

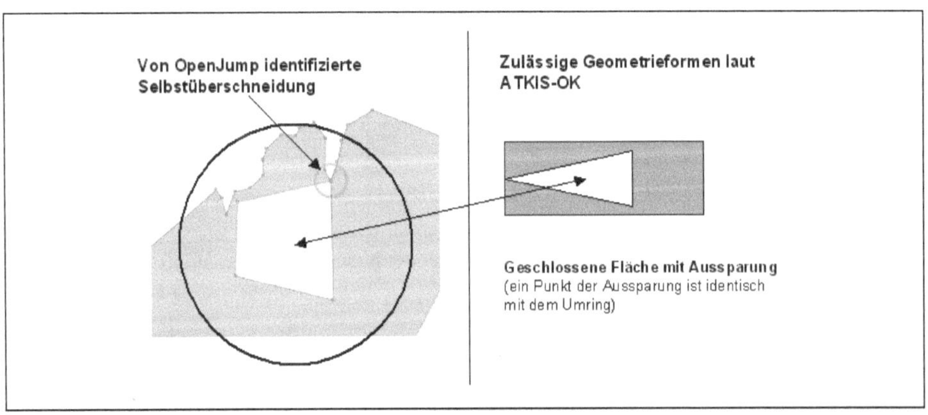

Abb. 37: Selbstüberschneidungen im Basis-DLM Brandenburg (links), laut Objektartenkatalog eine zulässige Geometrie (rechts) (nach AdV 2003a)

Für den niedersächsischen Datensatz werden mit OpenJump in drei Fällen ungültige Geometrien ermittelt. Dabei handelt es sich in zwei Fällen um aneinandergrenzende Flächen gleicher Nutzung, deren Geometrien zu einem Objekt zusammengefasst worden sind. Im dritten Fall wurde eine Inselfläche ohne Anschlüsse an den äußeren Umring als fehlerhafte Geometrie ausgegeben. Beide Fälle sind laut Objektartenkatalog weder explizit zulässig noch unzulässig, so dass für diese Fälle keine endgültige Aussage zur geometrischen Konsistenz des niedersächsischen Datensatzes getroffen werden kann. Da allerdings nur drei der Geometrien evtl. fehlerbehaftet sind, bewegen sich die Inkonsistenzen in jedem Fall im Promillebereich und können daher als vernachlässigbar für die Gesamtbewertung eingestuft werden.

Tab. 26: Erfassungskriterien und Modellierungsvorschriften für Objektarten des Basis-DLM am Beispiel verschiedener Objektarten (nach AdV 2003a)

Objektart	Erfassungskriterien	Modellierungsvorschriften	
		Objekttyp	Besondere Objekt- und Objektbildungsregeln
Gebäude Objektbereich Siedlung, Objektgruppe Bauwerke und sonstige Einrichtungen	Vollzählige Erfassung der Gebäude, für die von der Gemeinde eine Hausnummer vergeben wurde sowie alle anderen Gebäude. Nicht erfasst werden untergeordnete Gebäude wie Lagerschuppen, Einzelgaragen, Gartenhäusern und dergl. mit einer Fläche < 50 qm. Bei punktförmiger Modellierung liegt die Objektkoordinate innerhalb des Gebäudes.	flächenförmig, punktförmig	Hat ein Gebäude mehr als eine Hausnummer, so ist für jede Hausnummer ein neues Objekt zu bilden.
Weg Objektbereich Verkehr, Objektgruppe Straßenverkehr	Vollzählige Erfassung der Hauptwirtschaftswege und Verbindungswege (Fahrwege) sowie der Wirtschaftswege (Feld- und Waldwege). Sonstige Wege werden erfasst, wenn sie topographisch von Bedeutung, d.h. im Allgemeinen ausgebaut oder besonders angelegt sind. Fußpfade in Sumpfgebieten, Steige und Pfadspuren im Hochgebirge und ähnliche, nicht deutlich sichtbare und nicht gesicherte Wege werden nur dann erfaßt, wenn keine andere direkte Wegeverbindung besteht. Wege erhalten das Attribut MKG = 'gekennzeichneter Rad(wander)weg' nur dann, wenn sie als Radwanderwege ausgewiesen sind. Anmerkung: Das Attribut FKT – 'Radweg' ist für solche Fahrstreifen vorgesehen, die für die Benutzung von Fahrrädern bestimmt sind.	linienförmig	Ein neues Objekt ist zu bilden, 1. wenn sich der Wert des Attributes "Funktion" ändert (herausgehobenes Attribut im Sinne der Objektbildung), 2. an einem Netzknoten mit dem Straßennetz, 3. an einem Netzknoten des Wegenetzes in Bezug auf abgehende Wege (d.h. drei oder mehr abgehende Wege können nicht zu ein und demselben Objekt gehören). Die Änderung des Attributwertes beim Attribut BEF, FKT mit den Attributen 1703-9999, MKG, wird nur dann berücksichtigt, wenn dadurch Objektteile entstehen, deren Länge >= 250 m ist. Beim Attribut BRV führt eine Änderung bei der Klasseneinteilung zur Bildung neuer Objektteile, wenn der Wegabschnitt eine Länge >= 500 m erreicht.
Hecke, Knick (Wallhecke) Objektbereich Vegetation, Objektgruppe Bäume und Büsche	Vollzählig ab einer Länge >= 200 m, wenn sie landschaftsprägend ist.	linienförmig	keine
Bach, Fluss, Strom Objektbereich Gewässer, Objektgruppe Wasserflächen	Bei HYD = 'ständig Wasser führend' vollzählig, bei HYD = 'nicht ständig Wasser führend' ab einer Länge >= 500 m	linienförmig (bis 12 m Breite), flächenförmig (ab 12 m Breite)	keine
Stützmauer Objektbereich Relief, Objektgruppe Besondere Geländeoberflächenformen	HHO >= 3 m (im flachen Gelände >= 1 m) und Länge >= 200 m.	flächenförmig, linienförmig	keine
Naturschutzgebiet Objektbereich Gebiete, Objektgruppe Schutzgebiete	vollzählig	flächenförmig	keine

Im Gegensatz zu der konsistenten Abgrenzung der Geometrien selbst sind die entsprechenden thematischen Abgrenzungen einzelner Objekte in Teilen inkonsistent. Auch wenn umfangreiche Erfassungskriterien für die einzelnen, im DLM enthaltenen Objektarten vorliegen, werden diese für die Objektarten im Bereich der Vegetation und hier insbesondere im niedersächsischen Datensatz nicht konsequent angewendet. Die Folge sind die bereits in den vorangegangenen Kapiteln vorgestellten räumlichen und thematischen Ungenauigkeiten. Im Falle der flächenhaft abgebildeten Objektarten wie z.B. Grünland, Ackerland und Gehölz führt die uneinheitliche Anwendung der Erfassungskriterien zwar nicht zu Datenlücken, aber doch zu einer Verschiebung der Flächenanteile einzelner Nutzungen.

Bei den linearen und punktuellen Landschaftsbestandteilen resultieren aus der unzureichenden Beachtung der Erfassungskriterien Datenlücken. Das heißt, Landschaftsbestandteile wie Hecken, Baumreihen und Bäume, die anhand des Orthophotos vergleichbar in Typ und Ausdehnung sind, werden z.T. erfasst und z.T. nicht. Abbildung 38 zeigt Landschaftsausschnitte sowohl aus dem niedersächsischen als auch aus dem brandenburgischen Datensatz, für die eine solche, lediglich teilweise Erfassung der linearen und punktuellen Landschaftsbestandteile zu erkennen ist. Es kann demnach davon ausgegangen werden, dass die linearen und vermutlich auch die punktuellen Elemente im Basis-DLM deutlich unterrepräsentiert sind.

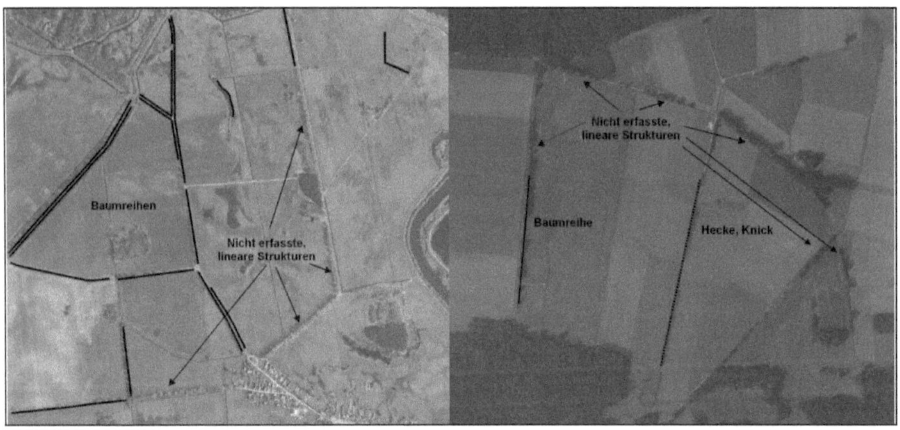

Abb. 38: Beispiele für die inkonsistente Erfassung der linearen und punktuellen Landschaftsbestandteile im Basis-DLM von Brandenburg (links) (LGB 2001/2003, 2005) und Niedersachsen (rechts) (LGN 2004)

Attribute werden insgesamt wiederum sehr konsistent vergeben. Sie sind zum einen thematisch korrekt zugeordnet (vgl. Kap. 4.1.3.5), entsprechen aber auch den Vorgaben des Objektartenkataloges. Bei den vorliegenden Untersuchungen wurde in keinem Fall ein Attribut oder Attributwert für ein Objekt vergeben, das nicht den Vorgaben des Objektartenkataloges entsprach.

Für die Datenbereitstellung wird das insgesamt konsistente Muster der Objektarten ebenfalls fortgeführt: Die niedersächsischen Dateien werden im SHP-Format z.B. in einzelnen Dateien abgegeben, die jeweils genau eine Objektart enthalten. In Brandenburg werden die Objektarten thematisch sortiert zu Dateien im SHP-Format zusammengefasst. Das LGB liefert hierzu auch gleich Legendendateien in unterschiedlichen Formaten mit, mit denen der Nutzer schnell eine ansprechende kartografische Darstellung der DLM-Daten erhält. Bei der Nutzung der Legendendateien fielen allerdings an einer Stelle falsch beschriftete Objektarten auf. Bei der Erzeugung der Legendendatei wurden hier die Objektarten 2316 (Schornstein, Schlot, Esse) und 2317 (Turm) bzw. deren Beschriftung miteinander vertauscht.

4.1.3.7 Qualität der Metadaten

Die bisherige Analyse der Qualität des Basis-DLM und hierbei insbesondere des Kriteriums Verfügbarkeit zeigt, dass Metainformationen zu den Datensätzen des DLM in unterschiedlichen Formen und sehr verteilt vorliegen. So finden sich Angaben zu Thema, Maßstab, Aktualität, Kosten, Formaten usw. auf den Internetseiten der jeweiligen Vermessungsämter und der AdV, in den Geodatenkatalogen PortalU und Geoportal.Bund, im Objektartenkatalog, in den beiliegenden PDF- und XML-Dateien sowie z.T. auch in den Attributtabellen der Datensätze (vgl. auch Tab. 16).

Um eine Einschätzung der Metadatenqualität zu ermöglichen, wurde für die Datensätze der beiden Pilotbetriebe Brandenburg und Niedersachsen im Detail zusammengestellt, in welcher Form die erforderlichen Metainformationen (vgl. Tab. 15) vorliegen (Tab. 27). Da in Niedersachsen keine Dokumentation, z.B. im XML-Format, dem Datensatz selbst beilag, konnte hier nur auf die Angaben auf den Internetseiten der LGN und der AdV sowie die Ergebnisse der Metadatenrecherche in den Geodatenkatalogen zurückgegriffen werden. Allerdings enthalten auch die den brandenburgischen Daten beiliegenden XML-Dokumente keine der geforderten Informationen. Für den jeweiligen Datensatz sind hier das Erstellungsdatum des DLM-Auszuges, Informationen zur räumlichen Ausdehnung des Datensatzes, zur verwendeten Arbeitsumgebung für das Prozessieren der Daten (Betriebssystem und Software), zur Historie der Geoverarbeitung sowie der verwendete Metadatenstandard dokumentiert. Hinweise zu Maßstab, Aktualität, Herkunft, Inhalten etc. fehlen gänzlich in der XML-Datei. Alle geforderten Informationen müssen daher, ebenso wie beim niedersächsischen Datensatz, aus anderen Quellen zusammengetragen werden.

Angaben, die aufgrund der bundesweiten Festlegungen für das Basis-DLM unabhängig vom Bundesland gelten (z.B. Thema, Erfassungsmethode), finden sich für beide Datensätze auch in denselben Informationsquellen, wie z.B. den Internetseiten der AdV und des jeweiligen Landesvermessungsamtes sowie im Objektartenkatalog. Aber auch in Hinblick auf die weiteren untersuchten Punkte ergeben sich kaum Unterschiede.

Der einzige Unterschied in der Informationsquelle besteht für die Metadatenangaben, die sich auf die Aktualität der Datensätze beziehen. Wird im niedersächsischen Datensatz sogar das Erfassungsdatum jedes einzelnen Objektes in der Attributtabelle dokumentiert, liegt dem brandenburgischen Datensatz keine Angabe zur Aktualität bei. Eine Recherche auf den Internetseiten der LGB ergibt zwar, dass während des Online-Bestellvorganges die Aktualität des DLM für einzelne TK-Blatt-Quadranten eingesehen werden kann. Für Daten, deren Bestellung, wie im vorliegenden Fall, aber schon einige Zeit zurückliegt, lassen sich genaue Angaben nur über eine direkte Nachfrage beim Datenhersteller beziehen.

Die Zusammenstellung in Tabelle 27 verdeutlicht, dass zwar nahezu alle erforderlichen Informationen zu finden sind, die Angaben aber i.d.R. nicht dem Datensatz selbst beiliegen. Stattdessen sind sie in externen Quellen enthalten, die sich der Datennutzer erst erschließen muss. Vereinzelte Angaben können sogar nur auf Nachfrage hin vom Datenbereitsteller zusammengetragen werden.

Tab. 27: **Vorliegende Metadaten zu den Daten des Basis-DLM in Brandenburg und Niedersachsen (Stand: August 2008)**

Geforderte Metainformation	Brandenburg	Niedersachsen
Thema	**Information liegt vor** – Geodatenkataloge – Internetseiten der AdV – Internetseiten des Vermessungsamtes – Objektartenkatalog	**Information liegt vor** – Geodatenkataloge – Internetseiten der AdV – Internetseiten des Vermessungsamtes – Objektartenkatalog
Geografische Lage der Geodaten	**Information liegt vor** – Geodatenkataloge – Internetseiten des Vermessungsamtes	**Information liegt vor** – Geodatenkataloge – Internetseiten des Vermessungsamtes
Erfassungsdatum	**Information liegt nicht vor**	**Information liegt vor** – Attributtabelle des Datensatzes
Erfassungsmethode	**Information liegt vor** – Internetseiten der AdV – Internetseiten des Vermessungsamtes – Objektartenkatalog	**Information liegt vor** – Internetseiten der AdV – Internetseiten des Vermessungsamtes – Objektartenkatalog
Maßstab	**Information liegt vor** – Geodatenkataloge – Objektartenkatalog	**Information liegt vor** – Geodatenkataloge – Objektartenkatalog
Aktualität	**Information liegt vor** – Internetseiten der AdV (generelle Angabe für die Bundesländer) – Bestellsystem der LGB (für aktuell vertriebene Daten) – Auskunft der LGB auf Nachfrage (für Daten älterer Jahrgänge)	**Information liegt vor** – Internetseiten der AdV (generelle Angabe für die Bundesländer) – Attributtabelle des Datensatzes
Lagegenauigkeit	**Information liegt vor** – Geodatenkataloge – Internetseiten der AdV – Internetseiten des Vermessungsamtes – Objektartenkatalog	**Information liegt vor** – Geodatenkataloge – Internetseiten der AdV – Internetseiten des Vermessungsamtes – Objektartenkatalog
Herausgeber	**Information liegt vor** – Geodatenkataloge – Internetseiten der AdV – Internetseiten des Vermessungsamtes	**Information liegt vor** – Geodatenkataloge – Internetseiten der AdV – Internetseiten des Vermessungsamtes
Kosten	**Information liegt vor** – Geodatenkataloge – Internetseiten der AdV – Internetseiten des Vermessungsamtes	**Information liegt vor** – Geodatenkataloge – Internetseiten der AdV – Internetseiten des Vermessungsamtes
Datenformat	**Information liegt vor** – Geodatenkataloge – Internetseiten der AdV – Internetseiten des Vermessungsamtes	**Information liegt vor** – Geodatenkataloge – Internetseiten der AdV – Internetseiten des Vermessungsamtes
Referenzsystem/ Projektion	**Information liegt vor** – Geodatenkataloge – Internetseiten des Vermessungsamtes	**Information liegt vor** – Geodatenkataloge – Internetseiten des Vermessungsamtes

4.1.4 Einsetzbarkeit des Datensatzes für das landwirtschaftliche Naturschutzmanagement

Umfangreiche Informationen zum Digitalen Landschaftsmodell sind über Suchmaschinen und Geodatenportale im Internet veröffentlicht und so schnell zu finden. Die entsprechenden Datenbereitsteller, die Landesvermessungsämter, lassen sich über diese Quellen ebenfalls schnell ausmachen. Auf deren Internetseiten sind weitere Informationen zu finden, hierzu gehören neben den Metadaten auch Testdaten des DLM und Informationen zu den Nutzungsbedingungen. Diese sind sehr umfassend und abhängig vom Nutzertyp (privates Unternehmen, Behörde, Forschungseinrichtungen etc.).

Online-Bestellmöglichkeiten für das Basis-DLM bestehen bereits bei einigen Landesvermessungsämtern (z.B. Brandenburg, Baden-Württemberg). Hier werden zur Unterstützung des Bestellvorganges auch Kartendienste eingesetzt, mit deren Hilfe das gewünschte Gebiet ausgewählt werden kann. Auch die Bereitstellung erfolgt z.T. schon online oder per Email, so dass grundsätzlich ein schneller, von Öffnungs- und Bürozeiten unabhängiger Zugriff auf die Daten möglich ist. Die geforderte Rund-um-die-Uhr-Bereitstellung ist damit aber noch nicht realisiert. Die Daten werden bisher nicht über standardisierte Dienste angebotene, jedoch lassen sich die Daten bei allen Landesvermessungsämtern in jeden Fall in den Formaten SHP, EDBS und DXF abrufen, so dass hier einheitliche Bezugsmöglichkeiten bestehen.

Die Bereitstellung der DLM-Daten erfolgt kostenpflichtig. Es existiert ein Kostenmodell, dass allerdings aufgrund der Bedingungen, aus denen sich die Kosten ergeben können, für den Nutzer nicht wirklich transparent ist. Abhängig von Nutzertyp (privates Unternehmen, Behörde, Forschungseinrichtungen), der Anzahl angeforderter Quadratkilometer, der Anzahl an Arbeitsplätzen, an denen der Datensatz verwendet werden soll und der Anzahl an bestellten Objektbereichen variieren die Kosten von 0,50 € bis 7,50 € pro km². Zudem verlangen einige der Landesvermessungsämter eine Mindestgebühr für den Bezug der Daten, die ebenfalls nicht einheitlich ist (vgl. Tab. 17). Die Aufstellung der Kosten für das DLM der beiden Beispielbetriebe in Brandenburg und Niedersachsen zeigt zwar, dass bei einer Bestellung der Daten für die reine Betriebsfläche die entstehenden Kosten durchaus in einem von den Landwirten tolerierten Bereich liegt (vgl. Kap. 3.2.3). Für die Ermittlung der Naturschutzleistungen eines Betriebs ist es jedoch von Vorteil, auch die umliegende Landschaft bei der Analyse mit einzubeziehen, so dass auch über die Betriebsfläche hinausgehende Daten von Interesse sein können. Ein Bezug weiterer DLM-Daten führt dann zu Kosten, die möglicherweise über dem von Landwirten für die Datenakquise einsetzbaren Budget liegen.

Obwohl die Verfügbarkeit angesichts der vielfältigen, online bereitgestellten Informationen und der leicht erreichbaren Bestellmöglichkeiten bei den Landesvermessungsämtern sicher insgesamt als gut einzustufen ist, erfüllt sie die Anforderungen, die von Seiten der Datennutzer gestellt werden, nur teilweise. Sie liegen in einheitlichen Formaten vor, werden jedoch nicht kostenfrei, über standardisierte Dienste und rund um die Uhr zur Verfügung gestellt. Nutzungsbedingungen sind einsehbar. Diese sind jedoch, wie auch das Kostenmodell sehr komplex aufgebaut. Die Daten werden daher in Hinblick auf die Verfügbarkeit als bedingt geeignet für landwirtschaftliche Naturschutzmanagement eingestuft.

Das Basis-DLM liefert umfassende Informationen zur Landnutzung und enthält daneben auch Informationen zu Schutzgebietsgrenzen sowie im Objektbereich Vegetation vereinzelt auch zu Bodenverhältnissen und Biotoptypen. Insbesondere die thematische Tiefe der Informationen zu den Landnutzungen im Siedlungs- und Infrastrukturbereich ist als sehr hoch anzusehen. Die Informationstiefe im Bereich der weniger anthropogen geprägten Landnutzungen wie Gewässer und Vegetation ist insgesamt geringer. Vor allem im Objektbereich Vegetation ist die Beschreibung der Objektarten anhand von weiteren Attributen deutlich weniger detailliert.

Tab. 28: Eignung der untersuchten Basis-DLM-Datensätze für das landwirtschaftliche Naturschutzmanagement

Untersuchte Qualitätskriterien	Eignung der Basis-DLM-Datensätze	
Verfügbarkeit	(✓)	- Bereitstellung durch die Landesvermessungsämter - z.T. Online-Bestellmöglichkeiten - einheitliche Formate (EDBS, SHP, DXF), aber keine Bereitstellung über zentrale (Web-)Dienste - Bezug der Daten online, per Email oder per CD/ DVD - umfassende, komplexe Nutzungsbedingungen - keine kostenlose Bereitstellung der Daten - komplexes Kostenmodell
Informationsgehalt	(✓)	- umfassende Informationen zur Landnutzung - teilweise Informationen zu Bodenverhältnissen, Biotoptypen, Schutzgebieten - Gefahr der Überfrachtung des Nutzers (Umfang der Daten, stark zergliederte Aufbereitung)
Aktualität	✓	- Aktualisierung des gesamten Datensatzes mind. alle 5 Jahre - Erfassung einzelner Landschaftsbestandteile alle 3-12 Monate („Spitzenaktualität“) - Bereitstellung von (Differenz-)Updates
Vollständigkeit	✓	- flächendeckender Datenbestand für ganz Deutschland/ die Bundesländer - zeitliche Varianz der Daten liegt bei 1-5 Jahren - keine thematisch vollständige Erhebung
Maßstab/ räumliche Genauigkeit	(✓)	- Maßstab 1:10.000 bis 1:25.000 - Räumliche Genauigkeit i.d.R.+/- 3 m - Abweichungen von der räumlichen Genauigkeit im Objektbereich Vegetation
Thematische Genauigkeit	(✓)	- hohe thematische Genauigkeit für die Objektbereiche Siedlung, Verkehr und Gewässer - Abweichungen in der thematischen Genauigkeit im Objektbereich Vegetation
Konsistenz	✓	- Vorgaben für eine konsistente Erfassung von Geometrien und Sachdaten anhand des Objektartenkataloges - hohe Konsistenz der erfassten Geometrien - konsistente Vergabe der vorgegebenen Attribute und Attributwerte - Abweichungen in der thematischen Zuordnung von Objektarten des Objektbereichs Vegetation
Qualität der Metadaten	(✓)	- Metainformationen zum DLM liegen grundsätzlich vor - u.a. auch Bereitstellung in Webkatalogen (z.B. Geoportal.Bund) - insgesamt verteilte Struktur der Metadaten - für Auszüge des DLM liegen Metainformationen nicht in vollem Umfang und stark verteilt vor
Einstufung der Eignung: ✓ Qualitätsanforderungen sind erfüllt/ die Daten sind geeignet (✓) Qualitätsanforderungen sind z.T. erfüllt/ die Daten sind bedingt geeignet		

Die Informationen des Basis-DLM sind zwar stark strukturiert, dennoch ist die Menge an Informationen für den wenig geübten Nutzer möglicherweise überfordernd. Dies ist zum einen auf die Anzahl der mit einem DLM-Datensatz zur Verfügung gestellten, einzelnen Dateien zurückzuführen. Da die Bereitstellung i.d.R. basierend auf den Objektarten erfolgt, liegen z.B. für den niedersächsischen Betrieb etwa 30 Dateien im SHP-Format vor. Obwohl das brandenburgische Landesvermessungsamt diese Datenfülle noch durch die Zusammenfassung der Objektarten zu thematischen Gruppen reduziert, belaufen sich die bereitgestellten Datensätze auf eine ähnliche Anzahl. Weiterer Grund für die Überfrachtung des Nutzeres ist die Menge an Informationen, die für die Unterstützung des landwirtschaftlichen Naturschutzmanagements nicht erforderlich sind. Hierzu gehören insbesondere die detaillierten Angaben zur Infrastruktur, die für eine Bewertung der Aspekte Biodiversität und Landschaftsästhetik nicht eingesetzt werden. Auch in Hinblick auf den Informationsgehalt werden die Daten daher insgesamt als nur bedingt geeignet für das Naturschutzmanagement eingeschätzt.

Die Aktualität des Basis-DLM liegt laut Angaben der AdV im Bereich von 2004 und 2007. Die untersuchten, beide 2006 bestellten Datensätze weisen eine entsprechende Aktualität auf: der niedersächsische Datensatz wurde 2004 letztmalig aktualisiert, der brandenburgische 2005. Die Daten entsprechen damit in sehr hohem Maße der geforderten Aktualität von 1-5 Jahren. Zudem werden die Daten ebenfalls in entsprechenden Intervallen überarbeitet. Auch hier stehen zwar die anthropogen geprägten Landnutzungen stark im Vordergrund, diese werden z.T. in einem sehr kurzen Intervall von 3-12 Monaten aktualisiert, doch auch für die übrigen Informationsschichten des DLM erfolgt eine regelmäßige Überarbeitung im Minimum alle 5 Jahre (vgl. Tab. 20). Die Aktualisierungsintervalle entsprechen damit auch den unterschiedlichen Geschwindigkeiten, mit denen sich die einzelnen Landnutzungen verändern. Die Landesvermessungsämter bieten neben dem Bezug eines vollständigen DLM-Datensatzes für ein Gebiet auch die Möglichkeiten des Bezuges von Differenz-Updates an, die in kostengünstigerer Version nur die Veränderungen eines Gebietes dokumentieren. Die Anforderungen, die an die Aktualität der Daten gestellt werden, werden vom Basis-DLM damit in hohem Maße erfüllt. Die Daten können in diesem Punkt als geeignet zur Unterstützung des landwirtschaftlichen Naturschutzmanagements angesehen werden. Das Basis-DLM liegt für die einzelnen Bundesländer und damit auch für ganz Deutschland flächendeckend vor. Insbesondere die flächenhaften Landnutzungen werden über die Daten lückenlos abgebildet. Hier bestehen keine „informationslosen" Bereiche. Die Untersuchungen des Aspektes Konsistenz ergaben jedoch Datenlücken im Bereich der linearen und punktuellen Landschaftsstrukturen. Diese wurden nicht durchgehend erfasst, so dass hier von einer teilweisen räumlichen Unvollständigkeit des DLM gesprochen werden muss. Die zeitliche Vollständigkeit der Datensätze entspricht grundsätzlich den Anforderungen der Nutzer. Auch wenn die Daten etappenweise für die jeweilige Landesfläche erhoben werden und sich damit zeitliche Unterschiede in der Erfassung ergeben können, variiert die Aktualität im Maximum um 5 Jahre. Damit liegt die Aktualität der Daten weiterhin im geforderten Bereich von 1-5- Jahren. Das Beispiel aus Brandenburg hat gezeigt, dass auch für verhältnismäßig große Betriebe die Daten vollständig einem Jahrgang entstammen konnen. Beachtet werden muss hierbei jedoch, dass die für die Erstellung des DLM verwendeten Grundlagendaten (z.B. DOP) nicht zwingend zeitgleich erhoben wurden und daher u.U. weitere Daten und Informationen von anderen Behörden für die Aktualisierung der Daten einbezogen wurden.

Die Untersuchung der thematischen Vollständigkeit zeigt, dass die einzelnen Datensätze aus Brandenburg und Niedersachsen die grundsätzlich möglichen Inhalte nicht vollständig enthalten. Dies ist zum einen darauf zurückzuführen, dass nicht alle Objektarten landes- oder bundesweit gleich verteilt sind. Insbesondere in ländlichen Räumen sind die Objektarten der Objektbereiche Siedlung und Verkehr sicher vergleichsweise unterrepräsentiert. Dies zeigt sich auch an dem hohen Erfassungsgrad des Objektbereichs Vegetation in beiden Beispieldatensätzen. Zum anderen wurden aber auch Objektarten offensichtlich nicht erfasst, die laut Orthophoto aber in den Gebieten der Pilotbetriebe auszumachen sind. Hierzu zählen insbesondere die Einzelbäume, die für den niedersächsischen Betrieb gar nicht erfasst wurden. Des Weiteren ist auch festzustellen, dass der Informationsumfang, der durch die Erfassung von Attributen erzeugt werden könnte, nicht voll ausgeschöpft wird. Sowohl die Datenlücken als auch die mangelnde Erfassung der Attribute für bestimmte Objektarten sind im niedersächsischen Datensatz stärker ausgeprägt. Ob dies auf unterschiedliche, verwendete Grundlagen Daten zurückzuführen ist, müsste noch ermittelt werden. Während in Niedersachsen maßgeblich die Deutsche Grundkarte und Digitale Orthphotos für die Erstellung des Basis-DLM herangezogen werden, sind es in Brandenburg die Digitalen Orthophotos in Kombination mit den Topographischen Karten im Maßstab 1:10.000. Trotz der teilweisen Unvollständigkeit in Hinblick auf Erfassungszeitraum und Thema können die DLM-Daten insgesamt als vollständig im Sinne der Anforderungen eingestuft werden, da hier vor allem die räumliche Vollständigkeit im Vordergrund stand.

Dem geforderten Maßstab von 1:10.000 oder größer werden die Basis-DLM-Daten nur bedingt gerecht, da für deren Nutzung der Maßstabsbereich von 1:10.000 bis 1:25.000 von den Datenherstellern angegeben wird. In Hinblick auf die Genauigkeit erfüllen die Daten jedoch zu großen Teilen den Wunsch nach einer sehr hohen, räumlichen Genauigkeit. Von den in den Orthophotos zu erkennenden Strukturen weichen die Vektordaten des DLM i.d.R. kaum ab. Insbesondere für die flächenhaften Landnutzungen kann die von den Landesvermessungsämtern angegebene Genauigkeit von 0-3 Metern durch die Untersuchung bestätigt werden. Hiervon abweichende Genauigkeiten sind allerdings für einzelne Objekte des Objektbereichs Vegetation feststellbar. Mögliche Ursache hierfür können Schwierigkeiten bei der Abgrenzung dieser Objekte sein. Vegetationsgeprägte Nutzungen besitzen häufig unscharfe Grenzen und Übergangsbereiche zu anderen Nutzungen (z.B. Säume), die eine eindeutige Grenzziehung erschweren. Auch wenn die räumlichen Ungenauigkeiten nicht durchgehend und vorwiegend für bestimmte Objektbereiche auftreten, werden die DLM-Daten in Hinblick auf das Kriterium Maßstab/räumliche Genauigkeit insgesamt als nur bedingt geeignet für den Einsatz im landwirtschaftlichen Naturschutzmanagement eingestuft. Da gerade der Objektbereich Vegetation im ländlichen Raum vorherrschend ist und dem hier i.d.R. ansässigen Nutzer ungenaue Aussagen des Datensatzes aufgrund seiner Ortskenntnis besonders in Auge fallen dürften, fallen die räumlichen Ungenauigkeit für den untersuchten Anwendungszweck besonders ins Gewicht.

Die Ergebnisse für die thematische Genauigkeit resultieren unter anderem auch aus den räumlichen Ungenauigkeiten. In Hinblick auf die flächenhaften Landnutzungen treten somit auch bei der thematischen Abgrenzung unterschiedlicher vegetationsbestandener Fläche Ungenauigkeiten auf. Über den Umfang der räumlichen Ungenauigkeiten gehen die Daten aus Niedersachsen aber hier noch hinaus. Während die mit Wald bewachsenen Flächen in diesem Datensatz nur in Einzelfällen nicht korrekt bestimmt wurden, treten im Bereich der übrigen Objektarten des Objektbereichs Vegetation an diversen Stellen falsch oder zumindest fragwürdig zugewiesene Objektarten auf. Da hier wiederum die besondere Relevanz der vegetationsgeprägten Landnutzungen für den ländlichen Raum greift, muss die thematische Genauigkeit zumindest für Niedersachsen als nicht ausreichend für den angestrebten Anwendungszweck eingestuft werden. Weil aber der brandenburgische Datensatz diese starken Schwächen nicht aufweist, wird das Basis-DLM insgesamt für dieses Kriterium als noch bedingt geeignet bewertet. Ursache für die Defizite des DLM im Bereich Vegetation können neben den Schwierigkeiten bei der eindeutigen Abgrenzung von Flächen auch eine mangelnde Nutzung von Informationen aus dem Umweltbereich für die Erstellung des Datensatzes sein. Während für die anthropogen geprägten Objektarten, z.B. aus der Infrastrukturbereich, die jeweiligen Verursacher Informationen über die Landschaftsveränderungen an die Datenhersteller weitergeben (Lom 2000), wurde ein solcher Informationsfluss von Seiten der Landschaftsplanung oder des Naturschutzes in der Literatur nicht dokumentiert.

Die Inhalte des Digitalen Landschaftsmodells werden nach bundes- bzw. landesweit vorliegenden Standards erfasst. Diese beinhalten sowohl Erfassungskriterien für die einzelnen Objektarten als auch Modellierungsvorschriften für die Abgrenzung der Geometrien und die Vergabe von Attributen und Attributwerten. Bei der Aufstellung dieser Standards sind zum Teil bereits bestehende Objektdefinitionen berücksichtigt worden. Ebenso orientiert sich die Gliederung der Inhalte an der sehr bekannten Topographischen Karte. Bei der Erstellung der DLM werden neben letzterer auch andere vorhandene Daten, wie z.B. die Deutsche Grundkarte und die Digitalen Orthophotos, einbezogen. Allerdings werden die Vorgaben in beiden Beispiel-Datensätzen nicht durchgehend berücksichtigt. Auch hier treten insbesondere für den Objektbereich Vegetation Mängel in der Datenqualität auf, was wiederum auf eine nicht konsistente Anwendung der Erfassungskriterien zurückzuführen ist. So wurden zum einen Landschaftsbestandteile, die im Orthophoto als vergleichbar in Typ und Ausdehnung angesehen werden, nicht derselben Objektart zugeordnet. Zum anderen bestehen im Bereich der linearen und punktuellen Landschaftsbestandteile Datenlücken, da einzelne Objekte gar nicht erfasst wurden. In Hinblick auf die geometrische Konsistenz ist die Qualität des DLM dagegen als sehr hoch einzustufen. Die automatische Überprüfung mit OpenJump zeigte hier nur in drei Fällen Geometrien, deren Zulässigkeit nicht einwandfrei ermittelt wurden konnte. Die geforderte Weitergabe der Daten auf Basis von interoperablen Datenformaten wie GML erfolgt derzeit noch nicht. Zumindest aber werden die Daten in den einzelnen Bundesländern in denselben Formaten zur Verfügung gestellt, so dass hier auch im Landesgrenzen überschreitenden Bereich keine Schwierigkeiten auftreten sollten. Ob Standards für die Metadaten verwendet werden, konnte anhand der betrachteten Datensätzen nicht abschließend ermittelt werden. Im Geoportal.Bund wird jedoch für alle Basis-DLM-Datensätze der Metadatenstandard ISO 19115 angegeben, so dass auch diese Anforderung als erfüllt angesehen werden kann. Insgesamt wird der Datensatz trotz der Mängel in der inhaltlichen Konsistenz als grundsätzlich geeignet für die Unterstützung des landwirtschaftlichen Betriebsmanagements eingeordnet. Da der Schwerpunkt der Anforderungen auf der Verwendung von Standards lag und die Defizite bzgl. der Abgrenzung der Objektarten des Objektbereichs Vegetation bereits in die beiden Bewertungen zur Genauigkeit eingeflossen sind, wurde diese Einstufung vorgenommen.

Information über die Daten liegen für das Digitale Landschaftsmodell in großem Umfang in Geodatenportalen, den Internetseiten der AdV und der Landesvermessungsämter sowie in diversen Publikationen und Präsentationen vor. Dies ermöglicht dem Nutzer zum einen eine leichte Zugänglichkeit zu den Daten. Zum anderen kann er aber auch die Nutzbarkeit der Daten für seine Zwecke besser einschätzen. Insgesamt stellen diese Informationsquellen den geforderten Umfang an Metainfomationen zur Verfügung. Dennoch muss hier kritisiert werden, dass die Metainformationen sehr stark verteilt vorliegen. Dies tritt insbesondere dann zutage, wenn der Nutzer nicht auf der Suche nach grundsätzlichen Informationen zum DLM ist, sondern die Angaben zu einem bestimmten Datensatz, also einem Auszug des DLM, benötigt. In diesem Fall ist die Zusammenstellung aller Metainformationen sehr aufwendig und kann, wie im Beispiel Brandenburg, nur mit Nachfrage beim jeweiligen Datenhersteller erfolgen. Für den wenig versierten Nutzer ist dies eine deutlich zu zeitintensive Aufgabe. Obwohl die Metadaten laut Angaben des Geoportal.Bund standardisiert erhoben werden sollen, kann dies nach der Untersuchung der beiden Datensätze aus Niedersachsen und Brandenburg nicht belegt werden. Die Qualität der Metadaten ist daher insgesamt als nur bedingt geeignet für den im Rahmen der vorliegenden Arbeit angestrebten Anwendungszweck anzusehen.

Eine Übersicht der Einschätzung für die einzelnen, überprüften Qualitätskriterien ist in Tabelle 28 dargestellt. Insgesamt kann das Digitale Landschaftsmodell anhand dieser Untersuchungsergebnisse als bedingt geeignet für den Einsatz im landwirtschaftlichen Naturschutzmanagement eingestuft werden. Vorteile des Datensatzes sind vor allem die Aktualität, die flächendeckende Verfügbarkeit sowie die konsistente Erhebung der Daten auf Basis des Objektartenkataloges.

Die im Rahmen der vorliegenden Arbeit erzielten Ergebnisse spiegeln sich in der fachlichen Diskussion um die Einsatzmöglichkeiten des DLM in Landwirtschaft und Landschaftsplanung in Teilen wieder. So stuft Lipp (2004b, 2005) die Daten als fachlich nur bedingt geeignet für die örtliche Landschaftsplanung ein. Als Gründe hierfür nennt er die für bestimmte Fragestellungen nicht ausreichende Genauigkeit sowie den aus seiner Sicht nicht ausreichenden Bearbeitungsstand der Daten. Die unterschiedlichen, föderalismusbedingten Bearbeitungsstände des DLM führte Kaufmann bereits 1997 als Nachteil einer Nutzung der Daten im Umweltbereich an (Kaufmann 1997). Weiterer Kritikpunkt in der Literatur, der aber in den vorliegenden Untersuchungen nicht bestätigt werden konnte, ist die mangelnde Aktualität des Datensatzes. Dieser wird sowohl aus Sicht der Landschaftsplanung (Lipp 2004b) als auch aus Sicht der Landwirtschaft (Streit 2004) angeführt.

Der von Streit (2004) ebenfalls genannte Nachteil der unscharfen Definition der Objektarten ergänzt hingegen die ermittelten Ergebnisse in Hinblick auf die räumliche und thematische Genauigkeit der Daten. Eine klarere Definition der Objektarten im Bereich Vegetation würde hier demnach auch zu besseren Ergebnissen in der Abgrenzung der einzelnen Landschaftsbestandteile führen. Empfehlungen für die Behebung dieses Defizits und die zukünftige Ausgestaltung der Daten sind hier also insbesondere erforderlich. Zu klären ist für diesen Punkt zusätzlich, warum die Erfassungsstandards für den Bereich Vegetation bisher weniger detailliert sind und warum die erfassten Daten hier im Verhältnis zu den übrigen Objektbereich mit mehr Ungenauigkeiten behaftet sind. Grundsätzlich entsteht durch die Fokussierung auf die anthropogen beeinflussten Landnutzungen der Eindruck, dass das DLM verstärkt bei planerischen Fragestellungen im Siedlungs- und Infrastrukturbereich eingesetzt wird und auch die Anforderungen an die Daten aus diesem Bereich kommen.

Für eine weitere Verbesserung der Einsetzbarkeit der Daten im landwirtschaftlichen Betriebsmanagement wäre zu überprüfen, inwieweit Neuerungen in der Erstellung des DLM von Seiten der AdV und der Landesvermessungsämter geplant sind und ob diese dazu beitragen, im Bezug auf Naturschutzmanagement landwirtschaftlicher Betriebe festgestellte Defizite zu beheben (vgl. hierzu auch Kap. 5).

4.2 Flächennutzungsnachweise der Landwirte

4.2.1 Hintergrundinformationen zum Datensatz

Neben den direkt flächenbasierten Einkommenshilfen wurde mit der Umsetzung der Reform der Gemeinsamem Agrarpolitik (GAP) im Jahr 1992 auch das Integrierte Verwaltungs- und Kontrollsystem (InVeKoS) zur Beantragung, Kontrolle und Auszahlung von Agrarsubventionen für die Landwirtschaft eingerichtet (Burger 2004, Nölle 2002). Das für die nationalen Verwaltungen verpflichtend einzusetzende System wurde zunächst auf Basis alphanumerischer Datenbanksysteme mit Bezug auf die Flurstücke geführt, wurde dann aber schrittweise um GIS-basierte Komponenten erweitert (Burger 2004, Nölle 2002). Zielsetzung der Implementation von GI-Technologien war es, die Umsetzung der landwirtschaftlichen Beihilferegelungen (Flächen- und Tierprämien) mit Hilfe eines einfacheren Antragsverfahrens zu ermöglichen, das für die Landwirte zudem mehr Sicherheit bietet (Spitzer 2004, Torchala et al. 2005).

Laut InVeKoS-Verordnung (InVeKoSV, VO EG 1593/2000) ist die Einführung einer GIS-gestützten Identifizierung landwirtschaftlicher Flächen für die Kontrolle und Auszahlung der Direktzahlungen im Rahmen von InVeKoS seit dem 1. Januar 2005 für alle EU-Mitgliedsstaaten verpflichtend (Nölle 2002, Spitzer 2004, Torchala et al. 2005). Demnach besteht das InVeKoS seit der Umsetzung der jüngsten Reform („Luxemburger Beschlüsse 2003") (Reiter & Roggendorf 2007) im Jahr 2005 aus den folgenden Komponenten:

- einem GIS-gestützten System zur Identifizierung landwirtschaftlich genutzter Flächen (Flächennachweise),
- einem System zur EU-weit genormten Tier-Kennzeichnung,
- einem System zur Bearbeitung und Auszahlung von Beihilfeanträgen und
- Verwaltungskontrollen sowie mittels Risikoanalyse ausgewählten Vor-Ort-Kontrollen, die auch Cross Compliance-Standards enthalten (Reiter & Roggendorf 2007).

Die GIS-gestützte Flächenidentifizierung wird mit dem sogenannten Land Parcel Identification System (LPIS) realisiert. LPIS ist der zentrale Bestandteil des InVeKoS für die Verwaltung und Kontrolle der flächenbasierten Agrarförderungen und unterstützt alle Stadien des Antragsverfahrens wie Anträge der Landwirte, administrative Querkontrolle sowie Risikoanalysen und Vor-Ort-Kontrollen (Burger 2004). Zudem ermöglicht die GIS-Unterstützung auch die Kontrolle der Flächen unter Berücksichtigung von Gebietskulissen, Sonderflächen und landwirtschaftlich nicht genutzten Flächen (Streit 2004). Die Flächengrößen aus diesem System stellen die Grundlage für die Zuteilung von Geldern an die Landwirte dar (Oltmanns 2004). Landwirte weisen mit Hilfe eines jährlichen Flächennutzungsnachweises („Flächenantrag") ihre Zahlungsansprüche nach (Reiter & Roggendorf 2007).

Landwirtschaftliche Parzellen und deren Flächengrößen werden im LPIS auf Basis von Referenzparzellen identifiziert. Die Bundesländer können für die Umsetzung des jeweiligen, landesweit genutzten LPIS aus verschiedenen Flächenidentifizierungssystemen wählen: Parzellen bzw. Schläge, Feldstücke, Flurstücke und Feldblöcke (vgl. Tab. 27). Diese werden durch ihre geografische Verortung, die Referenzfläche und weitere förderfähige Elemente charakterisiert (Burger 2004). Die neu eingeführten Feldblöcke sind räumlich zusammenhängende, landwirtschaftlich genutzte Flächen mit weitgehend festen, dauerhaften Grenzen (Straßen, Wald, bebautem Gebiet, Gewässer). Sie umfassen überwiegend nur eine Bodennutzungskategorie und liegt immer innerhalb eines Bundeslandes (Freistaat Sachsen 2005). Ein Feldblock kann von einem oder mehreren Antragstellern bewirtschaftet werden (Oltmanns 2004). Mit der Einführung der Feldblöcke ist das Problem des Nichtübereinstimmens von Schlaggrenzen und Flurstücksgrenzen, die bisher für die Beantragung herangezogen wurden, weitestgehend gelöst. Bislang bestanden durch die Verwendung dieser Daten Unsicherheiten aus Seiten des Landwirtes, hoher Kontrollaufwand sowie die Gefahr von Sanktionen für die Antragsteller (Freistaat Sachsen 2005).

11 Bundesländer setzen für die Realisierung des LPIS das Feldblocksystem ein (vgl. Tab. 29). Bayern baute das LPIS auf der Grundlage von Feldstücken auf, Hessen und das Saarland auf der Grundlage von Parzellen bzw. Schlägen. Zwei Bundesländer (Baden-Württemberg und Rheinland-Pfalz) verwenden weiterhin vorwiegend das Grundstückskataster (Flurstücke) als Referenz. Dieses entspricht aber häufig nicht mehr den realen Landnutzungen, wie z.B. der Bewirtschaftung über Flurstücksgrenzen hinweg, so dass hier Schwierigkeiten bei der Erstellung der Flächenanträge sowie der Verwaltung und Kontrolle der Parzellen auftreten können (Burger 2004). Der mit der Realisierung des LPIS verbundene Aufbau und die Verfügbarkeit von Schlagkatastern für das LPIS wird als der zentrale Baustein beim Aufbau der GI-Technologien im Bereich Landwirtschaft gesehen (Nölle 2002).

Tab. 29: Eingesetzte Referenzsysteme für das LPIS in Deutschland (nach Burger 2004, STMLF 2008a)

Referenzsystem	Definition	Bundesländer
Flurstück	im Liegenschaftskataster abgegrenzte Fläche	Rheinland-Pfalz, Baden-Württemberg
Landwirtschaftliche Parzelle/Schlag	Zusammenhängende, landwirtschaftliche Fläche eines Betriebsinhabers, die mit der gleichen Kulturart genutzt wird	Hessen, Saarland
Feldstück	Zusammenhängende, landwirtschaftliche Fläche eines Betriebsinhabers	Bayern
Feldblock	Von dauerhaften Grenzen umgebene zusammenhängende landwirtschaftlich genutzte Fläche, die von einem oder mehreren Betriebsinhabern mit einer oder mehreren Kulturarten genutzt wird	Berlin, Brandenburg, Bremen, Hamburg, Niedersachsen, Mecklenburg-Vorpommern, Nordrhein-Westfalen, Sachsen, Sachsen-Anhalt, Schleswig-Holstein, Thüringen

Leitmaßstab für das LPIS ist 1:10.000. Dieser soll auf Grundlage von Geobasisdaten, vorzugsweise Orthophotos und Satellitenbildern mit möglichst homogener Qualität umgesetzt werden (Leo & Lemoine 2001, VO EG 1593/2000). In den im Rahmen dieser Arbeit betrachteten Bundesländern werden z.T. weitere Daten als Grundlage für das LPIS und damit auch als Grundlage für die Flächenanträge der Landwirte verwendet, hierzu gehören z.B. Verwaltungsgrenzen, Liegenschaftskataster, Förderkulissen (vgl. Tab. 30). Bei der Erstellung der Datengrundlage werden die jeweils im Bundesland für die Antragsbearbeitung zuständigen Behörden u.a. durch die Landesvermessungsämter unterstützt. Für die Landwirte stehen in den einzelnen Bundesländern verschiedene Softwarelösungen für die jährliche Antragstellung zur Verfügung (vgl. Tab. 30). Diese werden den Landwirten i.d.R. online, z.T. aber auch zur lokalen Installation zur Verfügung gestellt. Zusätzlich erhalten die Landwirte Zugriff auf die für die Abgrenzung ihrer beihilfefähigen Flächen erforderlichen, digitalen Datengrundlagen (z.B. Orthophotos, Verwaltungsgrenzen, Feldblöcke) für ihren Betrieb. Als Alternative kann der Landwirt auch mit Unterstützung der zuständigen Behörde seine Daten ins System einpflegen.

Tab. 30: **GIS-gestützte Antragstellung in den Bundesländern Baden-Württemberg, Bayern, Brandenburg, Niedersachsen und Sachsen-Anhalt (LVLF 2008b, LWK Niedersachsen 2008, MLR 2008, MLU 2008, STMLF 2008b)**

Bundesland	**Bayern**	**Baden-Württemberg**	**Brandenburg**	**Niedersachsen**	**Sachsen-Anhalt**
Referenzsystem	Feldstücke	Flurstücke	Feldblöcke	Feldblöcke	Feldblöcke
Datengrundlage (Referenzsystem)	Grundlagen-Daten des Bayern-Viewers: Liegenschaftskataster (Grundstücke und Gebäude), Digitale Flurkarte (DFK), Automatisiertes Liegenschaftsbuch (ALB)	Verwaltungsgrenzen, Befliegungsblöcke, Flurstücke, Flurstücksnummern (ALK Basis), Orthophotos	Digitale Luftbildkarte, Digitale Feldblockkarte	Digitale Luftbildkarte, Feldblöcke	Verwaltungsgrenzen, Fördergebietsgrenzen und -kulissen
Zuständige Behörde (Antragsbearbeitung)	Amt für Landwirtschaft und Forsten	Landratsämter	Amt für Verbraucherschutz und Landwirt-	Außenstellen der Landwirtschaftskammern	Amt für Landwirtschaft, Flurneuordnung und Forsten
Software für die Antragstellung	BayernViewer-agrar, benötigte Software: JavaScript-fähiger Browser, Adobe Reader https://ssl.stmlf.bayern.de/mfa/Login	FIONA https://fiona.landbw.de/	profilinet (Antragstellung,), AgroView (Auskunftssystem Feldblockkataster) http://www.agrarantrag-bb.de/	Feldblockfinder www.feldblockfinder-niedersachsen.de	profilinet (Antragstellung,), AgroView (Auskunftssystem Feldblockkataster) https://www.invekos.sachsen-anhalt.de/Profilinet_ST_P/
Datengrundlagen für die Antragstellung	Orthophotos	Beantrage Flächen des Vorjahres, Hangneigungsflurstücke, Bruttoflächen, Verwaltungsgrenzen, Befliegungsblöcke, Flurstücke, Orthophotos, Wasserschutzgebiete, § 32-Biotope, Mähwiesen, Schutzwald, Erholungswald, Verfahrensgrenzen der Flurneuordnung	Orthophotos, Feldblöcke, Antragdaten aus dem Vorjahr	Digitale Feldblockkarte, Orthophotos, Verwaltungsgrenzen, Schutzgebietsgrenzen, erosionsgefährdete Gebiete	Feldblöcke, Verwaltungsgrenzen (Kreise, Gemeinden), DTK 10, Schutzgebietsgrenzen (NSG, Natura 2000), Fördergebietsgrenzen, Landschaftselemente, Orthophotos

Alle landwirtschaftlich genutzten Flächen werden durch den Landwirt selbst mit Hilfe der Software oder des Behördenmitarbeiters eindeutig identifiziert und entsprechend in den Beihilfeantrag aufgenommen. Dabei wird unterschieden zwischen Grünland, Ackerland, Dauerkultur sowie geförderten Forstflächen. Nicht landwirtschaftlich genutzte Flächen, wie Gebäude- und Wegflächen sind nicht beihilfefähig. Sie sind daher z.B. in den Feldblöcken als Sperrflächen enthalten (DVL & NABU 2005, LWK NRW 2004).

Des Weiteren sind Landschaftselemente beihilfefähig, wenn sie Bestandteil der Eigentums- bzw. Pachtfläche sind oder in unmittelbarem Zusammenhang mit den Flächen stehen (InVeKoSV). Sowohl § 5 der DirektzahlVerpflV als auch § 16 InVeKoSV definieren eine Reihe beihilfefähiger Landschaftselemente (vgl. Tab. 32). Hierzu gehören unter anderem auch Hecken, Baumreihen, Feldgehölze, Feuchtgebiete, Tümpel, Raine und Mauern. Die Landschaftselemente unterscheiden sich hinsichtlich ihrer Auflagen voneinander: Die durch die DirektzahlVerpflV als beihilfefähig ausgewiesenen Elemente sind Cross Compliance(CC)-relevant und müssen daher erhalten werden. Jedes dieser Landschaftselemente ist im Flächenverzeichnis des Beihilfeantrages obligatorisch anzugeben und mit Lage und Größe zu dokumentieren. Auch neu angelegte Landschaftselemente, die keinen räumlichen Zusammenhang mit den bewirtschafteten Flächen aufweisen, aber zur Betriebsfläche gehören, fallen bei entsprechender Größe unter die CC-Regelung und dürfen damit nicht beseitigt werden (DVL & NABU 2005). Elemente, die die in der DirektzahlVerpflV genannten Mindestgrößen unterschreiten, zählen fakultativ, d.h. nur auf ausdrücklichen Wunsch des Antragsstellers, zur beihilfefähigen Fläche (Freistaat Sachsen 2005). Für die in § 16 InVeKoSV genannten Landschaftselemente ist die Beantragung von Beihilfen ebenfalls fakultativ.

4.2.2 Verfügbarkeit des Datensatzes in den Bundesländern

Bisher werden die im Rahmen der Flächenanträge erhobenen Daten über die landwirtschaftlich genutzten Flächen und die Landschaftselemente fast ausschließlich für die verwaltungstechnische Abwicklung der Direktzahlungen verwendet (Reiter & Roggendorf 2007). Darüber hinaus wurde einer weiteren Nutzung der Daten bisher nur für die nach EU-Recht durchzuführende Evaluierung der Entwicklungspläne des ländlichen Raumes sowie für agrarstatistische Zwecke statt gegeben (ebd.). Demzufolge sind Hinweise auf die Daten der Flächenanträge bei Recherchen im Internet nur stark vereinzelt in Suchmaschinen und Geodatenkatalogen zu finden.

Bei Eingabe des Suchbegriffs „Flächenantrag" bei Google werden überwiegend Internetseiten mit Hinweisen zur Antragstellung für die Landwirte angezeigt. Urheber dieser Informationen sind sowohl die für die Antragstellung zuständigen Behörden (vgl. Tab. 30) als auch die Landwirtschaftskammern und andere beratende Stellen der Landwirtschaft sowie Softwarehersteller, die Antragssoftware vertreiben. Vergleichbare Suchergebnisse lassen sich mit den Begriff „InVeKoS" erzielen. Hier finden sich zusätzlich noch mehr allgemeine Informationen und auch Veröffentlichungen zu diesem System. Metainformationen zu den Daten selbst lassen sich über diesen Weg nicht recherchieren. Das Geoportal.Bund liefert bei Eingabe des Suchbegriffs „InVeKoS" 27 Treffer. Diese beinhalten vor allem Angaben zum Erfassungssystem InVeKoS-FIGO und dem Feldblockkataster in Sachsen. Derselbe Suchbegriff verweist im PortalU auf Veröffentlichungen und Projekte zum Thema InVeKoS sowie auf Fachinformationssysteme für die Flächenbeantragung. Hinweise auf Daten liefern nur zwei der Treffer: Das Ministerium für Wirtschaft, Verkehr, Landwirtschaft und Weinbau weist auf Daten von 2004 aus dem Verwaltungs- und Kontrollsystem hin, allerdings ohne weitere Angaben zum

Inhalt oder zur Ausgestaltung der Daten. Die Thüringer Landesanstalt für Landwirtschaft liefert dagegen ausführlichere Metainformationen zur Digitalen Grundkarte Landwirtschaft, die als Grundlage für die Antragstellung dient. Diese ist allerdings nur „verwaltungsintern zugänglich" (PortalU 2008). Der Suchbegriff „Flächenantrag" liefert auch im PortalU keine Ergebnisse. Der Suchbegriff Flächennachweis führt zu der Beschreibung eines weiteren Fachinformationssystems für das Biosphärenreservat Oberlausitzer Heide- und Teichlandschaft.

Die Recherche zeigt, dass nicht nur die Daten der Flächennutzungsnachweise selbst, sondern auch Metainformationen zu ihnen nicht verfügbar sind. Die Daten stehen, wie auch schon von Reiter & Roggendorf (2007) angegeben, bisher nur den Landwirten selbst bzw. den für die Flächenantragstellung zuständigen Behörden zur Verfügung. In welcher Form die Daten beim Landwirt und auch in der Behörde vorliegen, hängt dabei vor allem vom Referenzsystem für die Flächenbeantragung und der technischen Unterstützung für die Antragstellung ab. Diese variieren von Bundesland zu Bundesland (vgl. Kap. 4.2.1). Einige Länder stellen den Landwirten GIS-gestützte Software-Lösungen zur Verfügung, die eine digitale Übermittlung der Flächenanträge als Geodatensatz ermöglichen. Andere liefern zwar Online-Lösungen mit Kartenmaterial zur Identifizierung der Flächen, die Beantragung selbst erfolgt jedoch weiterhin anhand von tabellarisch aufgebauten Dokumenten, die sich lediglich mit Referenznummern auf das Online-Kartenmaterial beziehen (vgl. Tab. 30). In den Bundesländern, in denen letztere Lösung umgesetzt wurde, stehen dem Landwirt selbst seine Flächenantragsdaten nicht digital als Geodatensatz zur Verfügung. Die Behörde übernimmt stattdessen die Umsetzung seiner tabellarischen Angaben in digitale, räumliche Informationen. Diese werden dem Landwirt dann i.d.R. über das Online-System als Hintergrundinformation für die Antragstellung im folgenden Jahr zur Verfügung gestellt. Die begrenzte Verfügbarkeit der Flächenantragsdaten in digitaler Form selbst für die Landwirte führt dazu, dass auch im Rahmen dieser Arbeit nur sehr eingeschränkt auf Geodaten aus diesem Bereich zurückgegriffen werden kann. Da nur die beiden Betriebe in Brandenburg und Sachsen-Anhalt ihre Flächenanträge selbst digital und mit GIS-Unterstützung erstellen und übermitteln, können auch nur diese beiden Datensätze für die Qualitätsuntersuchung herangezogen werden. Zu beachten ist hierbei, dass der Datensatz aus Brandenburg für das Jahr 2007 bereits von der für die Beantragung zuständigen Behörde weiter überarbeitet wurde. Der Datensatz aus 2006 sowie auch der Datensatz aus Sachsen-Anhalt sind hingegen noch im „Rohzustand", das heißt, er wurde von den Betrieben so zur Verfügung gestellt, wie er an die Behörde übermittelt wurde.

4.2.3 Qualität des Datensatzes

4.2.3.1 Informationsgehalt

Die Flächennutzungsnachweise enthalten sowohl Informationen zu landwirtschaftlichen Nutzflächen als auch zu den Landschaftselementen, die Bestandteil der Eigentums- bzw. Pachtfläche des Landwirtes sind oder in unmittelbarem Zusammenhang mit den Flächen stehen. Die beihilfefähigen Nutzflächen werden jeweils werden mit Hilfe des Referenzsystems verortet, zudem wird ihre Größe und ihre genaue Nutzung vom Landwirt angegeben (Reiter & Roggendorf 2007). Übergeordnete Nutzungskategorien sind z.B. Getreide, Öl- und Eiweißpflanzen, Ackerfutter, Grünland, Hackfrüchte, Gemüse und sonstige Handelsgewächse, mehrjährige Kulturen und Dauerkulturen, Stilllegungen (mit/ohne nachwachsenden Rohstoffe, Stilllegungen nach diversen Förderprogrammen) sowie die Kategorie der sonstigen Fläche. Weitere Unterkategorien sind ebenfalls definiert worden. Hierfür stehen in den Landeslisten die entsprechenden Nutzungscodes zur Verfügung (vgl. Tab. 31).

Tab. 31: Nutzungscodes für die Beschreibung von landwirtschaftlich genutzten Flächen im Flächennutzungsnachweis am Beispiel Brandenburg (MLUV 2008)

Kulturart	Nutzungscodes	
Getreide	- Hartweizen (Durum)- 113 - Dinkel -114 - Winterweizen (o. Durum)- 115 - Sommerweizen (o. Durum) -116 - Winterroggen -121 - Sommerroggen - 122 - Wintermengegetreide 125 Wintergerste - 131 - Sommergerste - 132 - Winterhafer - 142 - Sommerhafer - 143 - Sommermenggetreide - 145	- Wintertriticale - 156 - Sommertriticale - 157 - Körnermais – 171 - Corn Cob Mix - 172 - Zuckermais - 174 - Mischanbau Mais/ Sonnenblumen (Energiebeihilfe) - 175 - Hirse - 181 - Buchweizen - 182 - Körnersorghum - 183 - alle anderen Getreidearten - 190
Eiweißpflanzen (Hülsenfrüchte)	- Erbsen z.K. - 210 - Acker-, Puff- und Pferdebohnen z.K. - 220 - Süßlupinen z.K. - 230	- Erbsen/ Bohnen z.K. - 240 - Wicken (auch Saatwicken) - 291 - alle anderen Hülsenfrüchte z.K. - 290
Ölsaaten	- Winterraps z.K. - 311 - Sommerraps z.K.- 312 - Winterrübsen z.K. - 315 - Sommerrübsen z.K. - 316 - Sonnenblumen z.K. - 320	- Sojabohnen z.K., - 330 - Öllein z.K. - 341 - Faserflachs - 342 - andere Ölfrüchte z.K. - 390
Ackerfutter (Hauptfutterfläche)	- Silomais - 411 - Futterhackfrüchte (ohne Runkelfutterrüben Kohlsteckrüben und Kartoffeln) - 412 - Runkel-Futterrüben - 413 - Kohl-Steckrüben - 414	- Klee - 421 - Kleegras -. 422 - Luzerne - 423 - Ackergras - 424 - Alle anderen Futterpflanzen - 429
Dauergrünland (Hauptfutterfläche)	- Wiesen - 451 - Mähweiden - 452 - Weiden und Almen - 453 - Hutungen - 454	- Streuwiesen - 458 - Alle anderen Grünlandnutzungen - 459 - Streuobstfläche mit Grünlandnutzung - 480 - Anteil an Gemeinschaftswiesen - 491
Flächenstilllegung	- Stilllegung nach FELEG/ GAL - 454 - Aufforstung nach Aufforstungsprämie - 556 - Nach Art. 22 bis 24 der VO 1257/99 stillgelegte Ackerfläche - 563 - Nach Art. 31 der VO 1257/99 ab 28.06.1995 aufgeforstete Ackerfläche - 564	- Nach Art. 22 bis 24 der VO 1257/99 stillgelegte Dauergrünlandfläche - 567 - Nach Art. 31 der VO 1257/99 ab 28.06.1995 aufgeforstete Dauergrünlandfläche - 568
Aus der Produktion genommen	- Ackerland aus der Erzeugung genommen - 591	- Dauergrünland aus der Erzeugung genommen - 592
Hackfrüchte	- Frühkartoffeln - 611 - Sonstige Speisekartoffeln - 612 - Industriekartoffeln (außer Stärke) - 613 - Futterkartoffeln - 614 - Pflanzkartoffeln - 615 - Sonstige Kartoffeln - 619 - Zuckerrüben - 620 - Topinambur - 630 - Stärkekartoffeln zur Vertragskartoffeln an Südstärke - 640	- Stärkekartoffeln zur Vertragskartoffeln an Emslandstärke - 641 - Stärkekartoffeln zur Vertragskartoffeln an AVEBE/KPW Deutschland - 642 - Stärkekartoffeln zur Vertragskartoffeln an AVEBE Niederlande - 643 - Stärkekartoffeln zur Vertragskartoffeln an AGRANA - 644
Gemüse u. sonstige Handelsgewächse	- Gemüse Freiland - 710 - Frisch-/Speiseerbsen Freiland - 711 - Blumenkohl Freiland - 712 - Tomaten Freiland - 713 - Spargel - 715 - Blumen und nicht verholzende Zierpflanzen (Freiland) - 722 - Erdbeeren (Freiland) - 723 - Gemüse und Pilze unter Glas - 731 - Blumen und nicht verholzende Zierpflanzen unter Glas, Plastik, Folie - 732 - Pilzbeet- und Gemüseflächen im Gebäude (nicht im Gewächshaus) - 733	- Aromahopfen - 751 - Bitterhopfen - 752 - Hopfen vorrübergehend stillgelegt (Gerüst steht noch) - 753 - Tabak - 760 - Heil-, Duft- und Kräuterpflanzen - 770 - Küchenkräuter - 771 - Alle anderen Handelsgewächse - 790 - Gartenbausämerei (Zierpflanzen) - 791 - Gartenbausämerei (Obst und Gemüse) - 792 - Hanf - 793 - Rollrasen - 794
Mehrjährige und Dauerkulturen	- Streuobst (ohne Wiesennutzung) - 812 - Birnen (Ertragsanlagen) - 813 - Äpfel in Vollanbau (Ertragsanlagen) - 827 - Pfirsiche in Vollanbau - 821 - Sonst. Obstanlagen in Vollanbau (ohne Äpfel, Birnen, Pfirsiche) - 814 - Kirschen (Ertragsanlagen) - 822	- Pflaumen (Ertragsanlagen) - 823 - Sonst. Steinobst (ohne Kirsche, Pflaume) - 828 - Beerenobst (z.B. Johannisbeer-, Stachelbeer-) - 817 - Sonstige Obstanlagen - 819 - Sanddorn - 818 - Baumschulen, nicht für Beerenobst - 830 - Beerenobst zur Vermehrung (in Baumschulen) - 831
z.K. = zur Körnergewinnung		

Tab. 31: Fortsetzung

Kulturart	Nutzungscodes	
Mehrjährige und Dauerkulturen	- Korbweiden - 845 - Weihnachtsbäume - 846 - Schnellwüchsige Fortgehölze, Umtriebszeit > 20 Jahre - 847 - Schnellwüchsige Forstgehölze, Umtriebszeit <= 20 Jahre - 848 - Rebland - 850	- Unbestockte Rebfläche - 852 - Rebschulfläche - 853 - Unterlagsrebfläche - 854 - Pappeln - 891 - Rhabarber - 892 - Chinaschilf (Miscanth.) - 896 - Sonstige Dauerkulturen - 890
Sonstige Flächen	- Grassamenvermehrung - 912 - Grünland ohne landw. Nutzung - 923 - Biotope ohne landw. Nutzung - 924 - Bewirt. Gewässer/Teichflächen - 930 - Alle anderen Gewässer (unbew.) - 940 - Gründüngung Hauptfrucht für Ausgleichszulage - 941 - Unkultivierte Heidefläche - 966	- unbefestigte Mieten-, Stroh-, Futter- und Dunglagerplatz auf GL (kurzfristig) - 994 - Forstfläche (Waldbodenfläche) - 995 - unbefestigte Mieten-, Stroh-, Futter- und Dunglagerplatz auf AL (kurzfristig) - 996 - Sudangras - 980 - Alle anderen Flächen - 990

z.K. = zur Körnergewinnung

In den Bundesländern werden einzelne Nutzungen z.T. noch weiter differenziert. So umfasst in den meisten Bundesländern die Kategorie Dauergrünland die Nutzungen Weide, Wiese und Hutung, während z.B. in Niedersachsen auch die Unterkategorien Magerrasen und montane Wiese und in Brandenburg die Unterkategorien Streuwiese und Streuobstfläche vergeben werden können (MLUV 2008, Reiter & Roggendorf 2007).

Neben Größe und Nutzung sind z.T. weitere Informationen zu den bewirtschafteten Flächen im Antragssystem angebbar. Hierzu gehören in Brandenburg z.B. die Schlagnummer, die Anzahl der Teilschläge, weitere Nutzer der Fläche und die Art der Konflikte (LVLF 2008). In Baden-Württemberg sind im Antragssystem FIONA Eingabemöglichkeiten für weitere Details zur Bewirtschaftung im Hopfenanbau und zur Mulchsaat im Herbst vorhanden (MLR 2008).

Die Landschaftselemente, die in den Flächennutzungsnachweis aufgenommen werden können, werden in § 5 der DirektzahlVerpflV und § 16 InVeKoS-Verordnung festgelegt, hierzu gehören:

- Hecken oder Knicks,
- Baumreihen,
- Feldgehölze,
- Feuchtgebiete,
- Einzelbäume und –sträucher,
- Tümpel, Sölle, Dolinen und andere vergleichbare Feuchtgebiete,
- Feldraine,
- Trocken- und Natursteinmauern, Lesesteinwälle,
- Fels- und Steinriegel sowie naturversteinte Flächen sowie
- Binnendünen.

Zu den Landschaftselementen wird wie auch zu den landwirtschaftlich genutzten Flächen der Typ und die Dimension (Flächengröße oder Länge) im Flächennutzungsnachweis angegeben. Zusätzlich wird die Relevanz des Landschaftselementes für die Einhaltung der Cross Compliance-Auflagen dokumentiert. Sind neben der Größe andere Kriterien für die CC-Relevanz entscheidend, sind hierzu ebenfalls Eingabemöglichkeiten in der Antragssoftware vorhanden. So wird z.B. für Baumreihen die Anzahl der Bäume mit angegeben (vgl. Kap. 4.2.3.6). Daneben erfolgt auch bei den Landschaftselementen die Angabe, ob sie nur durch den antragstellenden Landwirt oder auch durch weitere bewirtschaftet werden.

4.2.3.2 Aktualität

Die Antragstellung für die Geltendmachung seiner Zahlungsansprüche erfolgt jährlich durch den Landwirt. Die Frist für die Antragstellung ist i.d.R. im Mai. Die Angaben zu den landwirtschaftlichen Nutzflächen und den zugehörigen Landschaftselementen werden damit einmal im Jahr aktualisiert. Als Unterstützung für die Antragstellung stehen dem Landwirt jedoch nicht immer entsprechend aktuelle Datengrundlagen zur Verfügung (vgl. Tab. 30). Insbesondere die Aktualität der von behördlicher Seite zur Verfügung gestellten Orthophotos kann schwanken, da i.d.R. alle 5 Jahre eine neue Befliegung und Erstellung stattfindet.

Für die vorliegende Arbeit liegen die Flächennutzungsnachweise aus den Jahren 2006 und 2007 (Pilotbetrieb Brandenburg) sowie 2006 (Pilotbetrieb Sachsen-Anhalt) vor. Angaben zur Aktualität der Daten werden nur z.T. in den Geodaten selbst mitgeführt. Hier ist dann das entsprechende Erntejahr in den Attributtabellen vermerkt. Metadaten werden nicht mitgeführt.

4.2.3.3 Vollständigkeit

Räumliche Vollständigkeit

Flächennutzungsnachweise sind in allen Bundesländern Deutschlands von Landwirten zu stellen, die Zahlungsansprüche für ihre wirtschafteten Flächen geltend machen wollen. Grundsätzlich liegen also Daten aus Flächennutzungsnachweisen in allen Bundesländern und damit deutschlandweit vor. Die Daten der Flächennutzungsnachweise liegen i.d.R. für den gesamten entsprechenden landwirtschaftlichen Betrieb vor, decken jedoch seine Flächen nicht zwingend ab. Da es dem Landwirt obliegt, Zahlungsansprüche für die Flächen geltend zu machen, besteht die Möglichkeit, dass Teile seiner Nutzflächen nicht im Antrag enthalten sind. Zudem sind Flächen, die zwar dem Landwirt gehören, aber nicht zu den beihilfefähigen Nutzflächen gehören, wie z.B. Gebäude- und Hofflächen, nicht Teil des Antrages. Liegen die Flächen eines landwirtschaftlichen Betriebs in zwei verschiedenen Bundesländern, so ist es möglich, dass nicht alle seine Flächen gleichermaßen digital im Flächenantrag von ihm erfasst werden. In Sachsen-Anhalt ermöglicht die Antragssoftware lediglich die tabellarische Aufarbeitung von Flächen aus angrenzenden Bundesländern, da für diese keine graphischen Hintergrundinformationen wie Orthophotos etc. bereitgestellt werden können (ALFF 2008).

Reiter & Roggendorf (2007) gehen davon aus, dass im Mittel mehr als 95% der landwirtschaftlich genutzten Flächen über die Flächenanträge abgebildet werden, auch wenn der Erfassungsgrad in den Bundesländern unterschiedlich ist. Auf die Erfassungsbreite und -tiefe der Daten wirkten sich insbesondere die Einführung der GIS-gestützten Erfassung wie auch die Bindung der Direktzahlungen an die Einhaltung der CC-Standards positiv aus (Reiter & Roggendorf 2007). Für die im Antrag enthaltenen Landschaftselemente ist eine räumliche Vollständigkeit der Daten nur bedingt gegeben, da auch hier nicht alle Landschaftselemente vom Landwirt obligatorisch aufzunehmen sind. Elemente, die laut Erfassungskriterien (vgl. Kap. 4.2.3.6) nicht beihilfefähig sind oder nach § 16 InVeKoS-Verordnung fakultativ erfasst werden können, sind daher nicht flächendeckend im Flächennutzungsnachweis enthalten. Welche Lücken, das heißt, welche nicht erhobenen Teilbereiche oder Einzelelemente bei den zur Verfügung stehenden Datensätzen tatsächlich auftreten, wird im Detail unter dem Punkt „Konsistenz“ untersucht (vgl. Kap. 4.2.3.6).

Zeitliche Vollständigkeit

Alle erforderlichen Informationen für den Flächennutzungsnachweis werden jährlich vom Landwirt zusammengetragen und einheitlich für den gesamten Betrieb dokumentiert. Auch wenn die der Beantragung zugrundeliegenden Datengrundlagen in ihrer Aktualität nicht immer vergleichbar sind (vgl. Kap. 4.2.3.2), die daraus resultierenden Angaben des Landwirtes sind für den jeweiligen Betrieb als zeitlich vollständig anzusehen. Es ist davon auszugehen, dass der Landwirt um eine korrekte, den aktuellen Verhältnissen entsprechende Darstellung seiner Flächen und Landschaftselemente bemüht ist, um seine Zahlungsansprüche entsprechend geltend zu machen. So werden u.U. bei Vorlage älterer Datengrundlagen mit Hilfe von Geländebegehungen und Nutzung mobiler, GPS-gestützter Erfassungsgeräte genauere Angaben für den Flächennutzungsnachweis erzielt.

Thematische Vollständigkeit

Die EDV-gestützten Antragssysteme der Bundesländer ermöglichen eine Reihe von Eingaben zu den landwirtschaftlichen Nutzflächen, die von Identifikationsangaben wie Schlagnummer, Gemarkungen, Feldblockidentifikatoren und Flurstücksnummern bis hin zu den Angaben zur Bewirtschaftung in unterschiedlichen Detailgraden reichen (vgl. Kap. 4.2.3.1). Die Eingabemöglichkeiten unterscheiden sich hierbei von Bundesland zu Bundesland, je nachdem, welches Referenzsystem vorliegt und welche Angaben aus Sicht der zuständigen Behörde für die Antragsbearbeitung ebenfalls erforderlich erschienen.

Viele dieser Informationen werden jedoch in den (digitalen) Antragsformularen selbst und nicht in den Sachdaten der zugehörigen Geodatensätze dokumentiert. Die Informationen werden vermutlich bei der für die Antragsbearbeitung zuständigen Behörde in einer Datenbank zusammengeführt. Dem Landwirt selbst liegen die Informationen jedoch in nicht in einem Datensatz und vor allem nicht gesammelt als Geodatensatz vor. Die Geodatensätze enthalten nur die wesentlichen Informationen, die zur Identifikation der Fläche und zur Verknüpfung der Geometrien mit den Angaben im Antragsformular erforderlich sind, sowie die Angabe der angebauten Kulturart. Eine Überprüfung der thematischen Vollständigkeit kann daher nur in Teilen auf Basis der vorliegenden Datensätze durchgeführt werden. Hierfür wird die Vollständigkeit der jeweiligen Attributtabelle überprüft, so dass zumindest eine Aussage über die grundsätzlich in den Sachdaten zur Verfügung stehenden Informationen gemacht werden kann.

Der Datensatz aus Sachsen-Anhalt enthält zu allen Landschaftselementen vollständige Angaben in den Attributtabellen. Hier liegen neben einer Identifikationsnummer allerdings keine weiteren Angaben zur Charakterisierung der Landschaftselemente (z.B. die Größe) vor. Die Angaben zu den landwirtschaftlichen Nutzflächen sind nahezu vollständig. Alle Nutzflächen sind mit Identifikationsnummern, der Flächengröße, der Flächengröße des zugehörigen Feldblocks, dem Erntejahr und auch der Nutzungsart (Grünland, Ackerland) versehen. Angaben zur Kulturart fehlen jedoch bei zwei der im Flächennutzungsnachweis erfassten Flächen.

Die Nutzflächen des Datensatzes aus Brandenburg sind für beide zur Verfügung stehenden Jahre mit Attributen zur Identifikation der Flächen, der Flächengröße sowie der Kulturart versehen. Im Datensatz aus 2007 ist allerdings im Gegensatz zu dem Datensatz von 2006 das Erntejahr und damit eine Angabe zur Aktualität der Daten nicht in der Attributtabelle dokumentiert. Im Datensatz aus Brandenburg wurden für die Jahre 2006 und 2007 jeweils 8 verschiedene Nutzungscodes bzw. angebaute Kulturarten angegeben. Die Flächen des Pilotbetriebs Sachsen-Anhalt werden 2006 mit 12 unterschiedlichen Kulturarten bewirtschaftet. Beide

Betriebe schöpfen hier aufgrund ihrer Betriebsform nur ein geringes Spektrum der möglichen Attributwerte für die Flächen aus.

Die beiden brandenburgischen Datensätze zu den Landschaftselementen unterscheiden sich in ihrem Aufbau deutlich voneinander, da es sich bei dem Datensatz aus 2006 um den vom Betrieb selbst erstellten Datensatz handelt, während der Datensatz aus 2007 bereits von der Behörde überarbeitet wurde. Im Datensatz aus 2006, der alle Landschaftselemente auf der Basis von Punktgeometrien abbildet, sind Informationen zum Erfassungsjahr, zur Identifikation, zur Dimension des Elementes (Flächengröße, Länge, Anzahl der Bäume) sowie zur CC-Relevanz enthalten. Die Typisierung wird in diesem Datensatz allerdings zunächst lediglich über die Unterscheidung zwischen punkt-, linien- und flächenförmigen Elementen in der Attributtabelle vorgenommen. Im Datensatz aus 2007 ist dagegen eine Einordnung der Landschaftselemente entsprechend der in § 5 der DirektzahlVerpflV und § 16 InVeKoS-Verordnung vorgesehen Kategorien vorgenommen worden. Zusätzlich sind in der Attributtabelle auch Angaben zu den vorherigen Punktkoordinaten und zu den zugehörigen TK-Blättern enthalten. Im überarbeiteten Datensatz sind alle Landschaftselemente zudem als Polygone abgebildet, so dass die Flächengröße entsprechend genau ermittelt und in der Attributtabelle vermerkt werden konnte.

4.2.3.4 Maßstab und räumliche Genauigkeit

Laut Leo & Lemoine (2001) ist der Leitmaßstab für das LPIS 1:10.000. Demzufolge ist auch für die Flächenantragsdaten ein entsprechender Maßstab anzunehmen. Die Genauigkeit beträgt für diesen Maßstab laut Faustformel (vgl. Schukraft & Lenz 2005) etwa +/- 10 Meter. Allerdings muss die Meldung der landwirtschaftlichen Nutzflächen mit einer sehr hohen Genauigkeit erfolgen, da Abweichungen hier förderrechtliche Sanktionen nach sich ziehen. In Brandenburg führt eine Abweichung der Flächengröße von 2%-20% zu einer Kürzung der ermittelten Fläche um das Doppelte der festgestellten Differenz und somit auch zu einer deutlichen Kürzung der Beihilfe. Flächenabweichungen über 20% führen sogar zu einer kompletten Streichung der Beihilfe für die betroffene Kulturgruppe im gesamten Betrieb (LVLF 2008). Vergleichbares gilt für die Meldung der beihilfefähigen Landschaftselemente: eine 2%ige Abweichung vom tatsächlichen Zustand kann hier bereits zu Sanktionen führen (DVL & NABU 2005). Es ist daher davon auszugehen, dass die Daten der Flächennutzungsnachweise eine höhere Genauigkeit als +/- 10 Meter aufweisen. Überprüft werden kann dies nur anhand eines visuellen Abgleichs der Daten mit den entsprechenden Orthophotos, da Metainformationen zur Genauigkeit der einzelnen Datensätze aus Brandenburg und Sachsen-Anhalt nicht vorliegen.

Die in den Flächennutzungsnachweisen 2006 und 2007 aus Brandenburg abgebildeten landwirtschaftlichen Nutzflächen geben mit hoher Genauigkeit die Informationen der Orthophotos wieder. Abweichungen bestehen in Einzelfällen im Bereich von Übergängen der landwirtschaftlichen Fläche zu Gehölzen und Wald. Diese betragen dann etwa 5 bis 10 Meter. Insbesondere die Abgrenzung der bewirtschafteten Flächen zu den umliegenden Landschaftselementen erfolgte jedoch sehr detailliert. Hier tauchen Abweichungen nur sehr stark vereinzelt auf. Abbildung 39 zeigt Beispiele für die räumliche Genauigkeit der Daten zu den Nutzflächen aus Brandenburg.

Zur räumlichen Genauigkeit der Daten zu den Landschaftselementen des brandenburgischen Pilotbetriebs aus dem Jahr 2006 kann nur eine eingeschränkte Aussage getroffen werden. Da die Daten vom Betrieb selbst zunächst als Datensatz mit Punktgeometrien erzeugt wurden, kann hier lediglich überprüft werden, ob die Anordnung der Punkte einen Rückschluss auf das zugehörige Landschaftselement im Orthophoto zulässt. Eine Zuordnung der Informationen ist grundsätzlich möglich, allerdings bestehen durchaus Abweichungen zwischen den Punktgeometrien und den Landschaftselementen im Orthophoto, die z.T. bis zu 15 Meter betragen (vgl. Abb. 40). Zudem wurden auch Gruppen aus Einzelbäumen zunächst nur mit einem Punkt und einem entsprechenden Vermerk in den Sachdaten erfasst, so das die Überprüfung der Genauigkeit ohne das Hinzunehmen der Attributtabelle nicht möglich ist. Die Daten aus dem Jahr 2007 sind hingegen bereits von der für die Antragsbearbeitung zuständigen Behörde weiter aufbereitet worden. Hier liegen die Landschaftselemente als Polygone mit sehr genauen Abgrenzungen vor (vgl. Abb. 40). Nur vereinzelt ergeben sich geringfügige Abweichungen von wenigen Metern von den Darstellungen in den Orthophotos. Diese betreffen überwiegend die als sehr kleine Polygone abgebildeten Einzelbäume des Betriebs. Die hohe Genauigkeit der Informationen zu den Landschaftselementen und hier insbesondere zu den Hecken wurde auch von Nagel (2007) bestätigt.

Abb. 39: Flächenantrag Brandenburg: Räumliche Genauigkeit landwirtschaftlicher Nutzflächen, links: hohe Genauigkeit der Abgrenzung von bewirtschafteter Fläche und umliegenden Landschaftselementen, rechts: geringere Genauigkeit der Abgrenzung von bewirtschafteten Flächen am Waldrand (LGB 2001/2003, Pilotbetrieb Brandenburg 2007)

Abb. 40: Flächenantrag Brandenburg: Räumliche Genauigkeit der Landschaftselemente (Flächenantrag 2006: schwarze Punkte, Flächenantrag 2007: schwarz schraffierte Flächen) (LGB 2001/2003, Pilotbetrieb Brandenburg 2007)

Auch die Daten zu den landwirtschaftlich genutzten Flächen des Pilotbetriebs Sachsen-Anhalt weisen eine sehr hohe räumliche Genauigkeit auf. Die Abgrenzung der Nutzflächen zu Wegen, nicht bewirtschafteten Randstreifen und Gehölzstrukturen ist nahezu ohne Abweichungen erfolgt. Vereinzelt treten Abweichungen an Gehölz- bzw. Waldrändern von bis zu 5 Metern auf (vgl. Abb. 41). Im Bereich der Landschaftselemente treten im Datensatz aus Sachsen-Anhalt im Gegensatz zum brandenburgischen Datensatz Ungenauigkeiten auf. Bei knapp der Hälfte der im Datensatz enthaltenen Landschaftselemente sind Abweichungen von 2-5 Metern von den Darstellungen in den Orthophotos zu verzeichnen. Die Abweichungen sind tendenziell eher bei stark gehölzdominierten Landschaftselementen zu verzeichnen. Mit niedriger Vegetation bewachsene Flächen z.B. zwischen zwei bewirtschafteten Ackerflächen sind nur in Einzelfällen als abweichend vom Orthophoto einzustufen. Beispiele für die Genauigkeit der Landschaftselemente im Flächennutzungsnachweis aus Sachsen-Anhalt finden sich in Abbildung 41.

Abb. 41: Flächenantrag Sachsen-Anhalt: Beispiele für eine hohe räumliche Genauigkeit der erfassten Nutzflächen (links) und vereinzelte Ungenauigkeiten an Gehölz- und Waldrändern (rechts, rechte obere Bildecke) (LVermGeo 2005, Pilotbetrieb Sachsen-Anhalt 2006)

Abb. 42: Flächenantrag Sachsen-Anhalt: Beispiele für eine hohe (links) und geringere (rechts) räumliche Genauigkeit der erfassten Landschaftselemente (LVermGeo 2005, Pilotbetrieb Sachsen-Anhalt 2006)

4.2.3.5 Thematische Genauigkeit

Eine Überprüfung der thematischen Genauigkeit der in den Flächennutzungsnachweisen enthaltenen bewirtschafteten Flächen und ihrer Nutzungscodes ist nur bedingt anhand der Orthophotos möglich. Dies ist vor allem darauf zurückführen, dass sich anhand der Orthophotos zwar die Oberkategorie der Kulturart (z.B. Grünland oder Ackerland) überprüfen lässt, aber nur in einzelnen Fällen eine Ermittlung der angebauten Kulturart im Detail erfolgen kann. Sowohl der Erfassungszeitpunkt der Orthophotos als auch die Bildauflösung wirken sich hier einschränkend aus. In Brandenburg erschweren die lediglich schwarz-weiß vorliegenden Orthophotos die Identifizierung. Zudem stammen die für die vorliegende Arbeit zur Verfügung stehenden Orthophotos nicht aus demselben Jahr wie die vorliegenden Daten der Flächennutzungsnachweise, was ebenfalls die Nachvollziehbarkeit der Angaben zur Kulturart stark einschränkt.

Da die räumliche Genauigkeit der Flächennutzungsnachweise sehr hoch ist, sind thematische Ungenauigkeiten, die aus einer mangelnden räumlichen Ungenauigkeit resultieren, in keinem der beiden untersuchten Datensatz zu finden. Die visuelle Überprüfung der zugeordneten Attribute zeigt, dass im brandenburgischen Datensatz viele der Flächen in den Jahren 2006 und 2007 gleich bewirtschaftet wurden. Dies trifft insbesondere auf Flächen zu, die als Mähweide oder für den Anbau von Ackergras genutzt werden bzw. stillgelegt wurden. Hier lassen sich auch deutliche Unterschiede in der Struktur der Flächen im Vergleich zu den mit Mais oder Getreide bestandenen Flächen erkennen. Diese Kulturarten wechseln bei einigen Flächen. Unterschiede lassen sich jedoch anhand des Orthophotos kaum ausmachen, so dass die thematische Genauigkeit für diese Kulturarten nicht überprüft werden kann.

Abb. 43: Flächenantrag Brandenburg: Mögliche thematische Ungenauigkeit bei der Zuordnung der Landschaftselementtypen (LGB 2001/2003, Pilotbetrieb Brandenburg 2007)

Die thematische Genauigkeit der Landschaftselemente konnte für den Pilotbetrieb Brandenburg insbesondere anhand der Daten aus dem Flächenantrag 2007 überprüft werden, da hier in der Attributtabelle eine konkrete Zuordnung der beihilfefähigen Typen vorgenommen wurde. Im Datensatz aus 2006, der zunächst nur durch den Betrieb erhoben worden war, konnte nur anhand der zugewiesenen Attributwerte für die Dimension zwischen punktuellen, linearen und flächigen Elementen unterschieden werden. Die Zuordnung der Landschaftselementtypen wurde mit hoher thematischer Genauigkeit vorgenommen, nur vereinzelt erscheint die Zuordnung fraglich. Ein Beispiel dazu ist in Abbildung 43 zu sehen. Hier wurden Elemente, die anhand des Orthophotos durchaus als vergleichbar einzustufen sind, sowohl als Hecke/Knick, als Feldgehölz sowie als Einzelbaum eingestuft. In einigen Fällen wird bei der visuellen Überprüfung auch deutlich, das Orthophotos und Antragsdaten nicht aus denselben Jahren stammen. Abbildung 44 zeigt einen Landschaftsausschnitt, in dem für den Flächenantrag 2007 eine Baumreihe vermerkt ist, die aber auf den Orthophotos aus dem Jahr 2003 noch nicht vorhanden ist.

Die Nutzflächen des Datensatzes aus Sachsen-Anhalt lassen sich anhand der Orthophotos ebenfalls nur bedingt überprüfen, da auch diese nicht aus dem gleichen Jahr wie die Antragsdaten stammen. Jedoch sind anhand der für diesen Pilotbetrieb in Farbe vorliegenden Orthophotos Unterschiede zwischen verschiedenen Fruchtarten(gruppen) (z.B. Getreide, Raps, Hackfrüchte) durchaus zu identifizieren. Neben den Fahrspuren sind auch unterschiedliche Bewirtschaftungsstadien der Flächen zu erkennen (vgl. Abb. 45). Aufgrund der in den Jahren wechselnden Fruchtarten lassen sich jedoch auch über diese bessere Identifizierbarkeit keine verlässlichen Aussagen über die thematische Genauigkeit des Datensatzes treffen. Noch besser als an den schwarz-weißen Orthophotos lassen sich anhand der farbigen die Unterschiede zwischen Grünland und Ackerland erkennen. Für die Grünlandflächen des Pilotbetriebs Sachsen-Anhalt kann hier von einer sehr hohen thematischen Genauigkeit ausgegangen werden. Die im Flächenantrag enthaltenen Grünlandflächen sind auch auf den etwas älteren Orthophotos wieder zu finden (Abb. 46). Da für die Landschaftselemente des Flächenantrages aus Sachsen-Anhalt keine weiteren Attribute zur Kennzeichnung des Elementtyps in der Attributtabelle enthalten sind, kann hier auch keine visuelle Überprüfung der thematischen Genauigkeit der Angaben stattfinden. Nagel (2007) konnte in seiner Arbeit knapp 90% der für den Pilotbetrieb Sachsen-Anhalt erfassten Landschaftselemente anhand der Orthophotos den in Tabelle 32 dargestellten Typen zuordnen. Es ist daher davon auszugehen, dass auch hier die Zuordnung insgesamt korrekt ist und die thematische Genauigkeit damit ebenfalls als hoch eingestuft werden kann.

Abb. 44: Flächenantrag Brandenburg: Landschaftselement, das im Flächenantrag vorhanden ist, auf dem Orthophoto von 2003 noch nicht (LGB 2001/2003, Pilotbetrieb Brandenburg 2007)

Abb. 45: Beispiel für ein Orthophoto auf dem Unterschiede zwischen verschiedenen Kulturarten erkennbar sind (LVermGeo 2005, Pilotbetrieb Sachsen-Anhalt 2006)

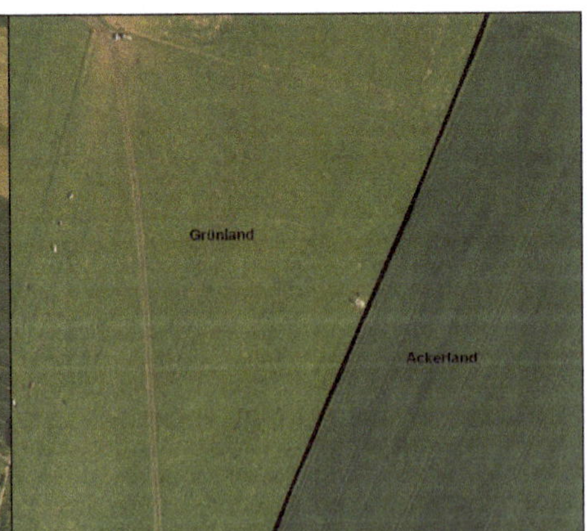

Abb. 46: Flächenantrag Sachsen-Anhalt: Beispiel für gut zu unterscheidende Acker- und Grünlandflächen (LVermGeo 2005, Pilotbetrieb Sachsen-Anhalt 2006)

4.2.3.6 Konsistenz

Vorgaben für die Erstellung der Flächennutzungsnachweise und der entsprechenden Geodaten werden in verschiedenen Dokumenten gemacht. Erfassungskriterien für die Nutzflächen bestehen in den Länderverordnungen zur Ausführung der InVeKoSV. So besagt beispielsweise die niedersächsische Verordnung zur Ausführung der InVeKoSV und der Betriebsprämiendurchführungsverordnung (BetrPrämDurchfV) (InVeKoSVAVO), dass die Mindestgröße einer landwirtschaftlichen Fläche, für die ein Flächenantrag gestellt werden kann, 0,1 Hektar betragen muss. Erfassungskriterien für die beihilfefähigen Landschaftselemente sind sowohl in der DirektzahlVerpflV als auch in der InVeKoSV zu finden. Diese umfassen neben Definitionen vor allem Mindest- und Maximalgrößen für die einzelnen Landschaftselementtypen (vgl. Tab. 32).

Tab. 32: Erfassungskriterien der beihilfefähigen Landschaftselemente (LEL Schwäbisch Gmünd 2008, LVLF 2008a)

Typ	Erfassungskriterien
Rechtsgrundlage § 5 der DirektzahlVerpflV	
Hecken oder Knicks	lineare Strukturelemente, die überwiegend mit Gehölzen bewachsen sind ab einer Länge von 20 m, ohne Größenbegrenzung
Baumreihen	Anpflanzungen von nicht landwirtschaftlich genutzten Bäumen in linearer Anordnung, die aus mindestens fünf Bäumen bestehen und eine Länge von mindestens 50 m aufweisen, ohne Größenbegrenzung
Feldgehölze	überwiegend mit gehölzartigen Pflanzen bewachsene Flächen, die nicht der landwirtschaftlichen Erzeugung dienen, mit einer Größe von mindestens 100 m² bis höchstens 2 000 m²
Feuchtgebiete	geschützt nach § 30 Abs. 1 Nr. 1 und 2 des Bundesnaturschutzgesetzes und über die Biotopkartierung erfasst, maximale Größe von 2000 m²
Einzelbäume	Freistehende Bäume, geschützt nach § 28 des Bundesnaturschutzgesetzes
Rechtsgrundlage § 8a InVeKoSV	
Einzelbäume und -sträucher	nicht geschützt nach § 28 des Bundesnaturschutzgesetzes, auch soweit sie abgestorbenen sind
Tümpel, Sölle, Dolinen und andere vergleichbare Feuchtgebiete	Tümpel: Kleingewässer mit natürlicher Vegetation, regelmäßiges oder gelegentliches Austrocknen; Dolinen (Erdfälle): natürliche, meist trichterförmige Einstürze oder Mulden; Sölle: natürlich entstandene, stehende Wasseransammlungen (z.B. Toteislöcher) Bis zu einer Größe von höchstens 2000 m²
Feldraine	Mit gras- und krautartigen Pflanzen bestockte, schmale lang gestreckte Flächen zwischen den landwirtschaftlichen Nutzflächen. Sie bilden oft kleine Geländestufen an Eigentums- oder Bewirtschaftergrenzen Keine weiteren Angaben
Trocken- und Natursteinmauern, Lesesteinwälle	Keine weiteren Angaben
Fels- und Steinriegel sowie naturversteinte Flächen	Bis zu einer Größe von höchstens 2000 m²
Binnendünen	Natürliche Sandanhäufungen im Binnenland mit lückiger Vegetation Keine weiteren Angaben

Des Weiteren stellen die für die Antragsbearbeitung zuständigen Behörden Hinweise für die Erfassung der Nutzflächen und der Landschaftselemente in Form von Broschüren für die Landwirte bereit, die auch im Internet als Download zur Verfügung stehen. In diesen sind zum einen Hinweise für die Abgrenzung und Charakterisierung von der beihilfefähigen Flächen enthalten. So führt z.B. das LVLF Brandenburg in seinen Erfassungshinweisen an, dass der überwiegende Flächenanteil eines Teilelementes immer den Charakter des gesamten Landschaftselementes bestimmt. Zudem bestimmt die Cross Compliance-Einstufung eines Teilelementes auch den Charakter des gesamten Landschaftselementes hinsichtlich Cross Compliance (LVLF 2008a). Um die Charakterisierung zusätzlich zu erleichtern, sind z.T. auch Illustrationen und Fotos von unterschiedlichen Landschaftselementtypen enthalten. Abbildung 47 zeigt eine der Illustrationen, deren zugehöriger Text erläutert, wie die im Bild zu sehenden Feldgehölze für den Flächennutzungsnachweis abzugrenzen sind.

„Das Luftbild zeigt eine Ackerfläche mit eingebetteten Feldgehölzen. Die Bauminsel mit Zuwegung und Strauchwerk ist in diesem Fall als ein Landschaftselement zu betrachten. Die Trennung in einen linearen und einen flächenhaften Teil ist nicht zulässig. Es hat einen überwiegend flächenhaften und weniger einen linearen Charakter. Als Feldgehölz kann es ohnehin nur dann deklariert werden, wenn die Obergrenze von 2.000 m² eingehalten wird. Dies ist nicht der Fall, weshalb es nicht in die beihilfefähige Fläche aufgenommen werden kann. Bei den anderen im Luftbild erkennbaren Feldgehölzen ist die Struktur und Obergrenze von 2.000 m² für die Anerkennung entscheidungsrelevant" (LVLF 2008a).

Abb. 47: Ausschnitt eines Flächenantrages – Ackerfläche mit eingebetteten Feldgehölzen (LVLF 2008a)

Zum anderen stellen die Behörden auch konkrete Anleitungen für die Erfassung von Landschaftselementen zur Verfügung. Das LVLF Brandenburg empfiehlt hier den Landwirten bei der Datenaufnahme ihrer Landschaftselemente die folgende Entscheidungskaskade (LVLF 2008a):

- Handelt es sich um ein Landschaftselement (LE), das als Cross Compliance- oder InVeKoS-relevanter LE-Typ Bestandteil der beihilfefähigen Fläche sein darf? Wird das LE von mehreren unterschiedlichen LE-Typen gebildet? Welcher LE-Typ nimmt den überwiegenden Flächenanteil ein und bestimmt damit den LE-Typ des gesamten LE?
- Entsprechen die Abmessungen des LE den Vorgaben, bei den linearen Hecken und Baumreihen den Mindestlängen bzw. der Mindestanzahl Bäume, bei flächigen Feldgehölzen und Feuchtgebieten (geschützte Biotope, Tümpel, Sölle und Dolinen) den Maximalflächen des gesamten LE?
- Gehört das LE ganz bzw. in Teilen zu meiner Betriebsfläche (Eigentum, Pacht, vertragliche Tauschfläche)?
- Zu welchem Schlag meiner Betriebsfläche steht das LE in „unmittelbarem räumlichen Zusammenhang“, d. h. an welchen Schlag grenzt es direkt, also ohne Zwischenraum an, von welchem Schlag wird es eingeschlossen?
- Welche Fläche nimmt das dem Schlag meiner Betriebsfläche zugeordnete LE ein?
- Unterliegt das LE dem Beseitigungsverbot nach Cross Compliance (CC-Relevanz) und muss es demzufolge ein CC-Häkchen erhalten?

Darüber hinaus sind auch in der Antragssoftware Vorgaben für die Erfassung der Daten enthalten. Zum Teil sind die Vorgaben fest in der Software enthalten: So stehen dem Nutzer z.B. Erfassungsformulare für die Eingabe von Daten zur Verfügung, die eine inkonsistente Eingaben von Attributen wie Nutzungscodes, Landschaftselementtypen etc. verhindern. Überdies sind in der Software auch Regeln für die Erfassung von Geometrien enthalten. Die Software AgroView, die in Brandenburg und Sachsen-Anhalt eingesetzt wird, erlaubt beispielsweise keine Überlappungen zweier Nutzflächen und keine Digitalisierung von Flächen über die Feldblockgrenzen hinaus. Die Erfassungskriterien sind für den Nutzer in der Bedienungsanleitung der Software ersichtlich.

Die Überprüfung der geometrischen Konsistenz in OpenJump zeigt, dass sowohl die Datensätze aus Sachsen-Anhalt als auch aus Brandenburg konsistent erfasst worden sind. Das heißt, sie weisen keine Duplikate, ungültigen Geometrien oder Selbstüberschneidungen auf. Die visuelle Überprüfung zeigt jedoch, dass im Datensatz aus Sachsen-Anhalt Lücken und vereinzelt auch Überschneidungen zwischen Flächen zu verzeichnen sind, die laut Orthophoto eigentlich direkt aneinander grenzen (vgl. Abb. 48). Etwa die Hälfte der im Datensatz enthaltenen Nutzflächen weist diese Ungenauigkeiten in der Digitalisierung auf. Dies sind nahezu alle Flächen, die unmittelbar (ohne dazwischenliegende Wege oder Saumstrukturen) aneinandergrenzen. Bei den Landschaftselementen sind diese Inkonsistenzen nicht zu verzeichnen, da hier die einzelnen Geometrien nicht aneinander grenzen.

Im brandenburgischen Datensatz grenzen weit weniger bewirtschaftete Flächen als in Sachsen-Anhalt unmittelbar aneinander, da hier vermehrt Wege, Saum- oder andere lineare Strukturen zwischen den Schlägen liegen. Jedoch sind auch hier in der visuellen Kontrolle Lücken zwischen direkt aneinander grenzenden Flächen zu finden (vgl. Abb. 48). Da sowohl in Sachsen-Anhalt als auch in Brandenburg mit der gleichen Erfassungssoftware für die Antragstellung gearbeitet wird (profilinet, AgroView), liegt die Vermutung nahe, dass in der Software keine Werkzeuge wie z.B. Fangoptionen zur Verfügung stehen, um derartige Lücken zwischen den Flächen zu vermeiden. In der Anleitung zur Software sind entsprechende Möglichkeit zur Erfassung mit Hilfe von Fangoptionen nicht angegeben. Die Digitalisierung läuft in den Dokumenten zudem unter dem Titel „GIS-Skizzen" (ALFF 2008). Allerdings enthält AgroView laut Online-Anleitung eine Automatik, die Überlappungen verhindert und neu gezeichnete Schläge automatisch an bereits vorhandene Schläge angepasst (GAF AG 2008).

Abb. 48: Beispiele für Inkonsistenzen (Lücken, Überschneidungen) bei der Digitalisierung aneinander grenzender landwirtschaftlicher Nutzflächen, links: Sachsen-Anhalt (LVermGeo 2005, Pilotbetrieb Sachsen-Anhalt 2006), rechts: Brandenburg (LGB 2001/2003, Pilotbetrieb Brandenburg 2007)

Die Angaben in den Attributtabellen der Datensätze sind insgesamt als konsistent zu bezeichnen. Flächengrößen, Angaben zur Identifizierung und das Erfassungsjahr sind einheitlich und vollständig für die jeweiligen Flächen zugeordnet worden. In der Attributtabelle des Datensatzes zu den Nutzflächen in Sachsen-Anhalt fehlt die Angabe zweier angebauter Kulturarten, was aber z.B. auch darauf zurückzuführen sein kann, dass diese für den betreffenden Schlag zum Zeitpunkt der Erstellung des Datensatzes noch nicht feststanden. Allerdings werden sowohl im Datensatz aus Sachsen-Anhalt als auch in dem aus Brandenburg die Kulturarten nicht mit den in den jeweiligen Verordnungen vorgegebenen, numerischen Codes bezeichnet, sondern mit Buchstabenkürzeln, die jeweils für die Kulturart stehen. Beispiele hierfür aus dem brandenburgischen Datensatz sind KLGR für Kleegras, LUPI für Lupinen, MÄH für Mähweide, SMAI für Silomais und WR für Winterroggen. Auch in

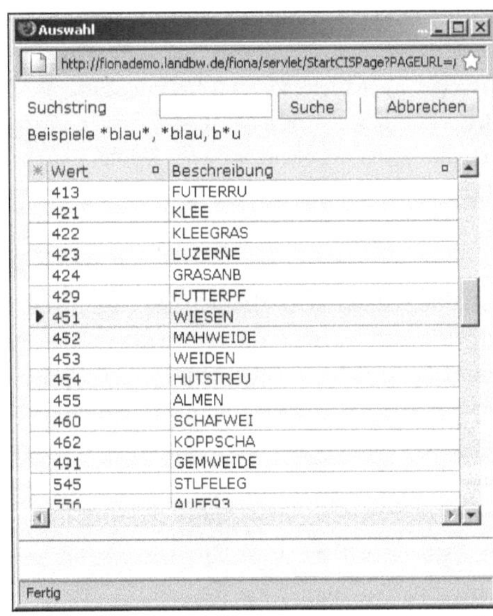

Abb. 49: Numerische Nutzungscodes und entsprechende Buchstabenkürzel für die Eingabe von Kulturarten im System FIONA aus Baden-Württemberg (MLR 2008)

der Antragssoftware für Baden-Württemberg werden für die Eingabe entsprechende Kürzel zusätzlich zu den numerischen Codes für die leichtere Eingabe angeboten (Abb. 49). Die Kürzel unterscheiden sich jedoch z.T. von Bundesland zu Bundesland, so dass hier in jedem Fall Metadaten erforderlich sind, um auch einheitliche Rückschlüsse auf die angebauten Kulturarten zu ziehen.

4.2.3.7 Qualität der Metadaten

Metainformationen stehen für die beiden Flächennutzungsnachweise nur in sehr bedingtem Maße zur Verfügung (vgl. Tab. 33). Insbesondere Angaben zum Maßstab, zur räumlichen Genauigkeit, der Projektion und der geografischen Lage der Daten liegen nicht vor. Angaben zur Aktualität sind i.d.R. in den Datensätzen selbst enthalten, da das zugehörige Erntejahr für den Flächenantrag mit angegeben wird. Weitere Informationen liegen dem Datensatz selbst aber nicht bei. Das Thema der Daten und auch Hinweise zur Erfassungsmethode lassen sich z.T. noch über Internetseiten der Antragbearbeitenden Behörden ermitteln. Einzelne Hinweise lassen sich hier vor allem aus den Anleitungen für die Antragsstellung und den Onlinehilfen der Antragssoftware entnehmen. Es ist allerdings davon auszugehen, dass bei der Nutzung der zur Verfügung gestellten Antragssoftware zumindest einige Metainformationen wie Erfassungsdatum, geografische Lage oder auch Projektion an die Antragbearbeitende Behörde übergeben werden. Da die für diese Arbeit vorliegenden Informationen jedoch vom Landwirt selbst erstellt wurden, liegen ihm diese Informationen zunächst nicht selbst vor, es sei denn er führt sie ebenfalls mit. Die Informationen werden allerdings zum einen aktuell nur für die Antragstellung verwendet. Gerade bei der Verwendung solcher eher als „intern" anzusehenden Daten wird häufig auf die Erstellung von Metadaten verzichtet. Zum anderen kann davon ausgegangen werden, dass der Landwirt selbst ebenfalls auf die Erstellung von Metadaten aus zeitlichen Gründen und evtl. auch aus Unkenntnis verzichtet.

Tab. 33: Vorliegende Metadaten zu den Flächennutzungsnachweisen in Brandenburg und Sachsen-Anhalt

Geforderte Metainformation	Brandenburg	Sachsen-Anhalt
Thema	**Information liegt vor** – Internetseiten der für die Beantragung zuständigen Behörden	**Information liegt vor** – Internetseiten der für die Beantragung zuständigen Behörden
Geografische Lage der Geodaten	**Information liegt nicht vor**	**Information liegt nicht vor**
Erfassungsdatum	**Information liegt vor** – Attributtabelle des Datensatzes	**Information liegt vor** – Attributtabelle des Datensatzes
Erfassungsmethode	**Information liegt vor** – Internetseiten der AdV	**Information liegt vor** – Internetseiten der AdV
Maßstab	**Information liegt nicht vor**	**Information liegt nicht vor**
Aktualität	**Information liegt vor** – Attributtabelle des Datensatzes	**Information liegt vor** – Attributtabelle des Datensatzes
Lagegenauigkeit	**Information liegt nicht vor**	**Information liegt nicht vor**
Herausgeber	**Information liegt nicht vor**	**Information liegt nicht vor**
Kosten	**Information liegt nicht vor**	**Information liegt nicht vor**
Datenformat	**Information liegt nicht vor**	**Information liegt nicht vor**
Referenzsystem/ Projektion	**Information liegt nicht vor**	**Information liegt nicht vor**

4.2.4 Einsetzbarkeit des Datensatzes für das landwirtschaftliche Naturschutzmanagement

Die Erstellung der Geodaten zu den Flächennutzungsnachweisen erfolgt i.d.R. durch den Landwirt selbst oder zumindest mit dessen Unterstützung. Grundsätzlich kann also davon ausgegangen werden, dass der Landwirt dann auch selbst über den Datensatz verfügt und ihn so auch für andere Zwecke verwenden könnte. Die Erstellung der Daten wird in den einzelnen Bundesländern allerdings anhand unterschiedlicher Erfassungs- und Referenzsysteme (Feldblock, Feldstück, Flurstück, Schlag) realisiert, z.T. sogar noch analog. Daher ist selbst für den antragstellenden Landwirt die Verfügbarkeit dieser Daten nicht immer gegeben. Für andere Verwendungszwecke als die Abwicklung der Direktzahlungen, die Evaluierung der Entwicklungspläne für den ländlichen Raum und agrarstatistische Zwecke sind die Datensätze ohnehin bisher nicht freigegeben worden. Für nicht landwirtschaftliche Nutzer oder auch einfach nur für Landwirte, die für Betriebsmanagement auch Daten außerhalb ihrer eigenen Flächen nutzen wollen, stehen die Daten damit nicht zur Verfügung.

Auch Streit (2004) beklagt diese mangelnde, mehrfache Nutzbarkeit der Daten, die er vor allem auf die unterschiedlichen Referenzsysteme, die verschiedenen, eingesetzten Online- und Offline-Technologien zur Flächenerfassung und Antragstellung sowie unterschiedliche Verfahren der Vor-Ortkontrolle in den Bundesländern zurückführt. Diese Unterschiede führen unter anderem auch dazu, dass Daten in den Bundesländern in unterschiedlicher thematischer Tiefe erfasst werden. Die Vollständigkeit der Daten ist damit zumindest auf Bundesebene als eingeschränkt zu bewerten, obwohl die räumliche Abdeckung der erfassten landwirtschaftlichen Nutzflächen mit 95% angegeben wird und ein einheitlicher Erfassungszeitraum für die vorliegt. Insbesondere die thematisch und auch räumlich vollständige Erfassung an den Ländergrenzen (z.B. bei länderübergreifend agierenden Betrieben) wird durch die Individuallösungen der Länder verhindert. Zudem ist aufgrund der Einschränkung durch die Erfassungskriterien und die fakultative Erfassung der Landschaftselemente nach §16 InVeKoS-Verordnung auch von einer räumlich unvollständigen Erhebung der Landschaftselemente auszugehen.

Aus inhaltlicher Sicht entsprechen die Daten den zusammengestellten Anforderungen, decken jedoch nur einen Anteil der geforderten Informationen ab. Informationen zu den Hofflächen, zu Wegen, Boden und Schutzgebieten sind in den Flächennutzungsnachweisen nicht enthalten. Daher kann auch dieser Datensatz in Hinblick auf den Informationsgehalt als nur bedingt geeignet für das landwirtschaftliche Naturschutzmanagement eingestuft werden. Die Aktualität der Daten entspricht hingegen vollständig den Anforderungen. Da die Daten die landwirtschaftliche Nutzung jahresaktuell dokumentieren, entsprechen sie damit der gefragten Dynamik in höchstem Maße.

Als Maßstab für die Flächennutzungsnachweise wurde der angestrebte Maßstab von 1:10.000 für das zugrundeliegende LPIS angenommen. Entsprechend wurde von einer Genauigkeit von +/-10 Metern bei den Geometrien ausgegangen. Die visuelle Überprüfung der Daten zeigt, dass die Daten i.d.R. sogar mit einer noch höheren Genauigkeit von 0-3 Metern erfasst wurden und damit den Anforderungen gerecht werden. Da den Landwirten bei einer ungenauen Erfassung ihrer Nutzflächen und Landschaftselemente Sanktionen drohen, liegt hierin sicherlich auch die sehr genaue Erfassung der Daten begründet. Ungenauigkeiten der Daten treten allerdings im Datensatz aus Sachsen-Anhalt bei den Landschaftselementen auf. Diese schlagen sich in der Bewertung der Flächennutzungsnachweise allerdings nicht negativ nieder, da sie im Bereich von 2-5 Meter und damit immer noch weit unter der angenommenen Ungenauigkeit von 10 Metern liegen.

Tab. 34: Eignung der untersuchten Flächennutzungsnachweise für das landwirtschaftliche Naturschutzmanagement

Untersuchte Qualitätskriterien	Eignung der untersuchten Flächennutzungsnachweise	
Verfügbarkeit	(✓)	- Erstellung des Datensatzes durch den Landwirt selbst - unterschiedliche Erfassungs- und Referenzsysteme in den Bundesländern, z.T. noch analog - Eingeschränkter Verwendungsbereich der Daten: Abwicklung der Direktzahlungen, Evaluierung der Entwicklungspläne des ländlichen Raumes, agrarstatistische Zwecke - keine Metainformationen in Geodatenportalen etc. verfügbar
Informationsgehalt	(✓)	- Informationen zu landwirtschaftlichen Nutzflächen (Größe, Kulturart) und Landschaftselementen wie Hecken, Feldgehölze, Kleingewässer etc. (Größe, CC-Relevanz)
Aktualität	✓	- Aktualisierung der Datensätze erfolgt jedes Jahr im Rahmen der Flächenanträge
Vollständigkeit	(✓)	- Nahezu flächendeckende Erfassung der landwirtschaftlichen Nutzflächen in Deutschland (95%) - vollständige Erfassung an den Ländergrenzen problematisch - partielle Erhebung der Landschaftselemente (Einschränkung durch Erfassungskriterien, fakultative Erfassung nach § 16 InVeKoS-Verordnung) - einheitlicher Erfassungszeitraum - Unterschiede in der thematischen Vollständigkeit der Erhebung (abhängig davon, ob Nutzfläche/ Landschaftselement und abhängig vom Bundesland)
Maßstab/ räumliche Genauigkeit	✓	- Maßstab 1:10.000 - räumliche Genauigkeit i.d.R. 0 bis 3 m - Abweichungen von der räumlichen Genauigkeit z.T. bei den Landschaftselementen
Thematische Genauigkeit	✓	- thematische Genauigkeit der Nutzflächen vermtl. hoch - im Bereich der Landschaftselemente vereinzelt Ungenauigkeiten
Konsistenz	(✓)	- Vorgaben für eine konsistente Erfassung der Geometrien werden z.T. durch die Antragssoftware gemacht - Vorgaben für Sachdaten sind in Verordnungen enthalten - z.T. unterschiedliche Vorgaben in den Bundesländern - z.T. Überschneidungen und Lücken zwischen aneinandergrenzenden Geometrien
Qualität der Metadaten	X	- es liegen nahezu keine Metainformationen vor (nur Thema, Erfassungsmethode, Aktualität/ Erfassungsdatum)

Einstufung der Eignung:

✓ Qualitätsanforderungen sind erfüllt/ die Daten sind geeignet

(✓) Qualitätsanforderungen sind z.T. erfüllt/ die Daten sind bedingt geeignet

X Qualitätsanforderungen sind nicht erfüllt/ die Daten sind nicht geeignet

Da die Flächennutzungsnachweise insgesamt eine sehr hohe räumliche Genauigkeit aufweisen, sind hieraus resultierende thematische Ungenauigkeiten nicht zu auszumachen. Die Überprüfung fehlerhafter Zuordnungen der Attribute ist allerdings anhand der Orthophotos für die landwirtschaftlichen Nutzflächen nur bedingt möglich. Jedoch weisen alle überprüfbaren Attribute bzw., Attributwerte eine hohe Genauigkeit auf, ebenso wie die Sachdaten zu den erfassten Landschaftselementen, so dass darauf basierend für den gesamten Datensatz Rückschlüsse gezogen wurden.

Vorgaben für die Erfassung werden den Landwirten sowohl in Hinblick auf die zu erfassenden Sachdaten als auch in Hinblick auf die Digitalisierung der Geometrien ihrer Flächen gemacht. Diese unterscheiden sich jedoch von Bundesland zu Bundesland. Die Erfassung der Sachdaten wird aus inhaltlicher Sicht durch die entsprechenden, den Flächenanträgen zugrundeliegenden Verordnungen vorgegeben. Technisch existieren wiederum Standards für die Erfassung der Sachdaten in der jeweiligen Antragssoftware. Diese enthält auch die Regeln für die Erstellung konsistenter Geometrien, die automatisch, ohne Zutun des Softwarenutzers zur Anwendung kommen. Die automatische Überprüfung der Daten mit OpenJump zeigt zunächst auch keine Inkonsistenzen wie Datenduplikate oder Selbstüberschneidungen. Die visuelle Überprüfung macht jedoch deutlich, dass insbesondere bei aneinandergrenzenden Flächen Lücken und Überschneidungen auftreten, die die Konsistenz des Datensatzes beeinträchtigen. Seine Eignung für das landwirtschaftliche Naturschutzmanagement wird aufgrund dieser Erfassungsfehler als bedingt geeignet eingestuft. Diese Bewertung wird noch untermauert durch die Tatsache, dass in Hinblick auf die Verwendung bestehender Standards bei der Erstellung der Flächennutzungsnachweise für die vorliegenden Datensätze bisher keine Hinweise zu finden sind.

Abgesehen von Informationen zur Aktualität bzw. zum Erfassungsdatum, zum Thema und zur Erfassungsmethode der Daten liegen keine Metainformationen für die Datensätze vor. Auch wenn davon ausgegangen werden kann, dass bei einer Online-Antragstellung durch den Landwirt weitere Metainformationen an die Antragbearbeitende Behörde über die Antragssoftware weitergegeben werden, wird der Datensatz hier als ungeeignet für das Naturschutzmanagement landwirtschaftlicher Betriebe eingestuft.

Die Daten der Flächenanträge werden insgesamt als bedingt geeignet eingestuft, da sie in einigen Punkten teilweise Defizite aufweisen (Verfügbarkeit, Informationsgehalt, Vollständigkeit, Konsistenz), in einem Punkt (Metadaten) sehr deutliche Defizite. Die Aussagen von Reiter & Roggendorf (2007) stützen die erzielten Untersuchungsergebnisse. Sie bezeichnen den GIS-gestützten Flächennachweis als die genauste und differenzierteste Darstellung der landwirtschaftlichen Flächennutzung in Deutschland, führen allerdings die Erfassung der Landschaftselemente als noch zu wenig valide an. Dies ist ihrer Meinung nach vor allem darauf zurückzuführen, dass die Erfassung aufgrund technischer Grenzen noch unzureichend war und die Angaben der Landwirte nicht in allen Fällen plausibel waren. Sie rechnen hier jedoch mit deutlichen Verbesserungen in den nächsten Jahren, die dann dazu beitragen können, mit Hilfe der Angaben aus den Flächenanträgen die Verteilung der Landschaftselemente in den agrarisch geprägten Gebieten aufzeigen zu können. Inwiefern dies zutrifft, wird in Kapitel 5.1.2 weitergehend diskutiert.

4.3 Biotoptypenkartierungen

4.3.1 Hintergrundinformationen zum Datensatz

Unter dem Begriff „Biotope“ werden in der Ökologie abgrenzbare Lebensräume von Tieren und Pflanzen bzw. deren Lebensgemeinschaften verstanden, die einheitliche Lebensbedingungen und eine gewisse Mindestgröße aufweisen (Bastian & Schreiber 1994, Blab 1993). Biotoptypen fassen diese in der Landschaft zu findenden, abgrenzbaren Biotope nach vergleichbaren und erfassbaren Merkmalen zusammen (Drachenfels 2004, Kirsch-Stracke & Reich 2004). Diese Charakterisierung kann z.B. anhand von Aspekten wie Vegetation, Nutzungsform und Struktur erfolgen (Knickrehm & Rommel 1995). Der Begriff „Biotoptyp“ steht damit letztlich für ein gedankliches Konstrukt, dass es ermöglicht, anhand von Ordnungsschemata (Biotoptypenschlüssel, Kartieranleitung) ein abstrahiertes Abbild der Realität herzustellen (ebd.).

Grundsätzlich können Biotoptypenkartierungen in einem breiten Spektrum an landschaftsplanerischen und naturschutzfachlichen Aufgaben eingesetzt werden, hierzu gehören:

- Schutzgebietsausweisungen,
- das Kataster der nach § 32 geschützten Biotope,
- Pflege- und Entwicklungsplanungen in Schutzgebieten,
- Biotopverbundplanungen,
- Beurteilung von Eingriffen in Natur und Landschaft,
- Er-/ Überarbeitung von Landschaftsplänen und Landschaftsrahmenplänen,
- Koordinierung von Vertragsnaturschutzmaßnahmen sowie
- landesweite biotopbezogene Aussagen.

Eine Kartierung der Landschaft kann in diesen Zusammenhängen sowohl auf der Erfassung von Biotoptypen als auch auf der Erfassung individueller Biotope fußen. Letztere beinhaltet im Ergebnis die individuelle Beschreibung der einzelnen, begrenzbaren Raumeinheiten (Kirsch-Stracke & Reich 2004).

Bei der Kartierung von Biotopen(typen) wird des Weiteren zwischen flächendeckender Erfassung und selektiver Kartierung unterschieden. Bei der flächendeckenden Erfassung erfolgt eine gleichmäßige Bearbeitung des gesamten Untersuchungsgebietes. Alle Landschaftsbestandteile werden anhand eines Typisierungsschemas einem Biotoptyp zugeordnet (LUA 2003). Die Bearbeitungsintensität richtet sich dabei z.B. nach dem Zweck der Untersuchung, der Komplexität der Fragestellung und dem Bearbeitungsmaßstab (Kaule 2002). Für die selektive Kartierung wird in einem ersten Untersuchungsschritt zunächst festgestellt, welche Flächen oder Teile des Untersuchungsgebietes in Hinblick auf die Fragestellung relevant sind, um dann in einem zweiten Schritt eine intensivere Bearbeitung dieser Flächen durchzuführen. Die Bereiche zwischen diesen Flächen bleiben bei der selektiven Kartierung undifferenziert (Kirsch-Stracke & Reich 2004).

Die verschiedenen Erfassungsarten (individuell/typisiert, flächendeckend/ selektiv) können auch miteinander kombiniert werden. So kann z.B. eine flächendeckende Erfassung typisierter Einheiten mit einer selektiven Erfassung individuell beschriebener Biotope ergänzt werden (zweistufige Erfassung). Oder jede Kartiereinheit einer flächendeckenden, typbezogenen Erfassung wird anhand von ein oder mehreren Beispielflächen im Untersuchungsgebiet genauer untersucht und beschrieben. Die Ergebnisse werden auf alle Flächen des gleichen Typs übertragen (vgl. Kirsch-Stracke & Reich 2004). Abbildung 50 zeigt die verschiedenen (Kombinations-)Möglichkeiten einer Erfassung von Biotopen in der Landschaft in der Übersicht.

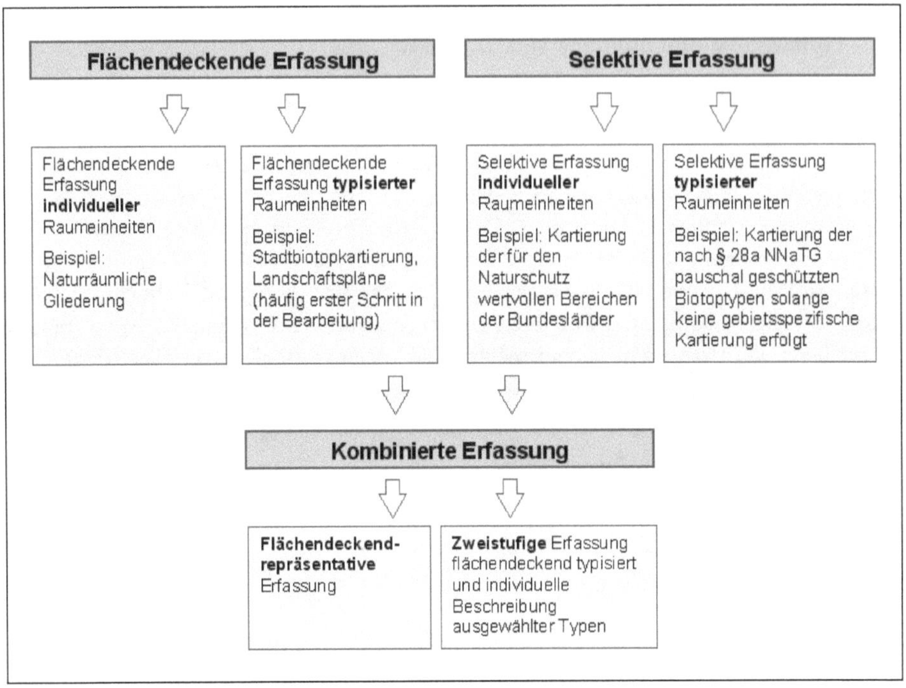

Abb. 50: Verschiedene Formen der Erfassung von Biotopen bzw. Biotoptypen in der Landschaft (nach Kirsch-Stracke & Reich 2004)

Selektive Kartierungen werden z.B. auf der Ebene der Bundesländer durchführt, um die schutzwürdigen bzw. für den Naturschutz wertvollen Bereiche zu erfassen. Die Ergebnisse dieser Erhebung können für die Vorbereitung einer Schutzgebietsausweisung oder auch die Entwicklung von Schutzgebietssystemen herangezogen werden (Kirsch-Stracke & Reich 2004). Die übliche Vorgehensweise einer solchen Kartierung beinhaltet die Vorabschätzung relevanter Flächen anhand von Orthophotos, Topographischen Karten und Bodenkarten sowie die darauf aufbauende Kartierung der entsprechend als potenziell wertvoll ermittelten Bereiche nach einem Kartierschlüssel. Die Ermittlung der Schutzwürdigkeit der Flächen erfolgt zusätzlich im Gelände (Knickrehm & Rommel 1995). Da die Kartierungen häufig in engem Zusammenhang mit der Erfassung der gesetzlich geschützten Biotope nach Landesrecht stehen, berücksichtigen die Kartierschlüssel für die selektiven Biotopkartierungen i.d.R. bereits entsprechende Informationen. In Niedersachsen, Brandenburg und Mecklenburg existieren keine separaten Kartierschlüssel für die Erfassung der wertvollen oder geschützten Bereiche (Hänel 2007). Hier sind die Angaben in den Kartieranleitungen für die flächendeckende Kartierung enthalten (vgl. Bierhals et al. 2004, Drachenfels 2004, LUA 2003). Die selektiven Kartierungen der Bundesländer liegen überwiegend in Form von Komplexkartierungen vor. Das heißt, das aufgrund von angestrebtem Maßstab und Erfassungsaufwand mehrere Biotopflächen zu einer Kartiereinheit zusammengefasst wurden (Hänel 2007). Die Grenzen der eigentlich unterschiedlichen eingestuften Flächen werden damit aufgelöst, was Aussagen zu den räumlichen Zusammenhängen und auch den Qualitäten der kartierten Gebiete erschweren kann.

Flächendeckende Kartierungen werden z.B. in Hinblick auf bestimmte Aufgaben durchgeführt. Sie dienen als Grundlage für die Landschaftsplanung auf lokaler und regionaler Ebene sowie für die Beurteilung von Eingriffsvorhaben (Knickrehm & Rommel 1995). Die Flächenstaaten besitzen für diese Form der Erhebung jeweils eigene Kartierschlüssel (ebd.) Weitere Anwendungsbeispiele für die flächendeckende Erfassung sind die Biotop- und Nutzungstypenkartierungen, die vor allem in den ostdeutschen Bundesländern, aber beispielweise auch in Schleswig-Holstein auf der Grundlage von Luftbildbefliegungen durchgeführt wurden (BfN 2002a, Hänel 2007, Jessel & Tobias 2002). Für diese Kartierungen existieren sowohl auf Bundes- als auch auf Länderebene verschiedene Kartierschlüssel, die Kriterien für die Abgrenzung von Flächen im Gelände und die Interpretation des Bildmaterials bereitstellen (vgl. Riecken et al 1993, BfN 1995).

Die erste selektive Biotoptypenkartierung in Deutschland erfolgte in den Jahren 1973 bis 1977 durch den Freistaat Bayern (Jessel & Tobias 2002, Kirsch-Stracke & Reich 2004). Die aus pragmatischen Gründen gewählte, landesweite Erfassung der wertvollen Biotope wurde zunächst im Maßstab 1:50.000 realisiert. Bei Nachkartierungen wurden auch Ergänzungen in größeren Maßstäben (1:25.000 und 1:5.000) eingearbeitet (Jessel & Tobias 2002). In den 80er-Jahren wurden erste flächendeckende Kartierungen durchgeführt, um dem Bedarf der Landschaftsplanung nach flächendeckenden Informationen gerecht zu werden (Kirsch-Stracke & Reich 2004). Sie gewannen durch die Verfügbarkeit von Color-Infrarot(CIR)-Bildern, die den Erfassungssaufwand flächendeckender Erhebungen deutlich reduzierten, an Bedeutung (Bierhals 1988). Im Gegensatz zu den selektiven Biotopkartierungen wurden die flächendeckenden Erfassungen weit weniger wissenschaftlich begleitet. Knickrehm & Rommel war 1995 eine wissenschaftliche Diskussion der flächendeckenden Biotoptypenkartierung nicht bekannt. Einzige bestehende Anforderung war die der Flächendeckung der Kartierung. Stattdessen wurde die Arbeitsweise der selektiven Biotoptypenkartierung unter Berücksichtigung der Erkenntnisse aus den flächendeckenden CIR-Daten, den Diskussionen um die Kartierung städtischer Bereiche und aufgrund des Bedarfs an Daten für die Landschaftsplanung auf die flächendeckende Kartierung übertragen (Knickrehm & Rommel 1995).

Für die Erhebung der Daten werden Luftbilder empfohlen, da sie in Deutschland flächendeckend aktuelle Informationen zur Landschaft zur Verfügung stellen (Kirsch-Stracke & Reich 2004). In Kombination mit anderen Informationen wie einer aktuellen Topographischen Karte, der naturräumlichen Gliederung, Bodenkarten oder auch bereits zur Verfügung stehenden Kartierungen bieten diese die Möglichkeit, sich einen Überblick über das zu erfassende Gebiet zu verschaffen und „unklare Bereiche“ oder Besonderheiten zu identifizieren (ebd.). CIR-Bilder und deren stereoskopische Bildauswertung werden als Grundlage für die Erarbeitung von Biotoptypenkartierungen als besonders geeignet eingestuft, da Vegetationsbestände im nahen Infrarot eine deutlich differenzierte Rückstrahlung aufweisen als in den für das menschliche Auge sichtbaren Grüntönen. So lassen sich über CIR-Bilder auch Standorteigenschaften, Nutzungs- und Bewirtschaftungsspuren oder Vitalitätsschäden erkennen und differenzieren (Kirsch-Stracke & Reich 2004). Da CIR-Bilder allerdings nicht immer mit hoher Aktualität vorliegen, sollten die erfassten die Daten terrestrisch überprüft werden (Lipp 2007). Für die Geländebegehung kann die Verwendung weiterer Grundlagen wie z.B. der Deutschen Grundkarte 1:5.000 sinnvoll sein. Im Gelände erfolgt die Ermittlung der aktuellen Ausprägung der Landnutzung, der Ausstattung naturschutzfachlich wertvoller Biotope sowie evtl. die zusätzliche Erhebung von Kleinstrukturen und evtl. vorliegender Störeinflüssen (Kirsch-Stracke & Reich 2004). Zunehmend kommen für die Erfassung der Biotoptypen und vor allem deren Geometrien im Gelände auch GPS-gestützte Erfassungsgeräte zum Einsatz (ebd.).

4.3.2 Verfügbarkeit des Datensatzes in den Bundesländern

Die Eingabe des Suchbegriffs „Biotoptypenkartierung" in der Suchmaschine Google ergibt zunächst eine Reihe von Treffern, die vor allem auf Literatur, Skripte und Präsentationen zum Thema und auf Büros hinweisen, die Biotoptypenkartierungen in ihrem Leistungsspektrum führen. Nur vereinzelt tauchen Hinweise auf durchgeführte Biotoptypenkartierungen in verschiedenen Untersuchungsgebieten auf. Daneben gibt es, ebenfalls stark vereinzelt, Links zu Planwerken, in denen Biotoptypenkartierungen eine Rolle spielen. Die Eingabebegriffe „selektive Biotoptypenkartierung" oder auch „selektive Biotopkartierung" liefern hingegen auch Treffer, die auf die landesweiten Erhebungen der Bundesländer hinweisen. Zu finden sind hierüber z.B. die Internetseiten zu den Kartierungen aus Sachsen, Hessen und Brandenburg, die Informationen zu Erfassungsmethoden, Kartierschlüsseln und Erfassungsständen der selektiven Kartierungen enthalten. Eine Google-Suche nach „Biotop- und Nutzungstypenkartierungen" führt eher zu treffenderen Ergebnissen. Hier sind unter den ersten Treffern Hinweise auf die Kartierungen aus Schleswig-Holstein, Brandenburg, Sachsen- Anhalt, Sachsen und Mecklenburg-Vorpommern zu finden. Daneben betreffen die Suchergebnisse überwiegend Veröffentlichungen, kleinräumig durchgeführte Kartierungen für bestimmte Gebiete und Informationen von Forschungseinrichten wie Universitäten, dem DLR und dem UFZ zum Thema Biotop- und Nutzungstypenkartierung. Referenzen von Planungsbüros sind bei diesem Suchbegriff nur stark vereinzelt dabei.

Das Geoportal.Bund liefert bei der Suche nach „Biotopkartierung" bzw. „Biotoptypenkartierung" insgesamt 61 Treffer. 45 dieser Treffer werden beim PortalU angezeigt, hiervon betreffen etwa 50% die landesweiten Erfassungen wertvoller Biotope (z.B. aus Baden-Württemberg, Mecklenburg-Vorpommern, Schleswig-Holstein, Sachsen) bzw. die Ergebnisse CIR-gestützter Biotop- und Nutzungstypenkartierungen (Schleswig-Holstein). Zum Teil werden die Daten mehrfach aufgeführt, zum Teil handelt es sich bei den Treffern um analoge Karten. Zudem sind abgesehen von Kontaktpersonen ebenfalls keine weiteren Metainformationen vorhanden. Die weiteren Treffer beziehen sich auf lokal oder regional durchgeführte Kartierungen aus unterschiedlichen Zusammenhängen.

Die Suche nach Biotopkartierungen direkt über das PortalU liefert insgesamt über 5000 Treffer. Hier sind aber unter den ersten 10 Treffern gleich die Informationen zu den landesweiten Kartierungen der Bundesländer zu finden (z.B. aus Niedersachsen, Schleswig-Holstein, Bayern und Rheinland-Pfalz). Die Einschränkung der Suche über den zusätzlichen Begriff „selektiv" liefert noch treffendere Ergebnisse, da hier sofort Hinweise zu den Geodaten erscheinen, z.B. auf die selektive Biotopkartierung in Sachsen. Der Begriff Biotoptypenkartierung liefert hingegen insgesamt deutlich weniger Treffer (nur gut 300) und dabei vor allem Hinweis zu Planwerken einzelner Gemeinden, Kreise oder Kartierungen für ausgewählte Gebiete. Biotop- und Nutzungstypenkartierungen lassen sich mit Hilfe des PortalU schnell finden. Hier sind gleich unter den ersten Treffern die konkreten Hinweise auf die Datensätze aus Mecklenburg-Vorpommern, Sachsen-Anhalt, Thüringen und Schleswig-Holstein in der Trefferliste. Gleiches gilt auch für eine Suche nach diesem Begriff über das Geoportal.Bund. Neben den reinen Datensätzen werden im PortalU aber auch zuständige Behörden, Veröffentlichungen und Hinweise auf Projekte, die mit den Daten der Biotop- und Nutzungstypenkartierung weiterarbeiten, angezeigt.

Die Suche auf den Internetseiten der Landesumweltämter selbst liefert dagegen deutlich umfangreichere Informationen im Bereich „Biotopkartierung" (vgl. Tab. 35): Die Landesumweltämter in Bayern (LfU 2008b), Baden-Württemberg (LUBW 2008b) und Niedersachsen

(NLWKN 2008) bieten die Daten der selektiven Biotopkartierung jeweils zum Download im Internet an. Beim LfU erfolgt dieser landkreisweise. Der NLWKN stellt zu den Datensätzen auch ISO 19115-konforme Metadaten zum Download zur Verfügung. LUBW und NLWKN bieten die Daten zusätzlich als WMS-Dienst an. In Sachsen-Anhalt können die CIR-gestützte Biotop- und Nutzungstypenkartierung sowie die Ergebnisse der selektiven Biotopkartierung kostenfrei per Brief, Email oder Fax auf CD oder per Email beim Landesamt für Umweltschutz Sachsen-Anhalt bestellt werden. Auf den Internetseiten des Landesumweltamtes Brandenburg (LUA) sind hingegen keine Hinweise auf Bezugsmöglichkeiten der selektiven Biotopkartierung oder der Biotop- und Nutzungstypenkartierung zu finden.

Die Informationen zu den tatsächlich verfügbaren Biotopkartierungen der Länder sind in Tabelle 35 zusammengeführt worden. Basis hierfür waren vor allem die Internetseiten der jeweiligen Landesumweltämter sowie die Ergebnisse eines Forschungsvorhaben zum Thema länderübergreifender Biotopverbund, in dem umfassende Angaben zu den Länderkartierungen zusammengestellt wurden (Fuchs et al. 2007).

Die Suche nach Biotopkartierungen aus Landschaftsplänen über die Suchmaschine Google liefert z.T. gute Hinweise. Die Kombination der Suchbegriffe Landschaftsplan und Biotopkartierung bzw. Biotoptypenkartierung liefert zwar ebenfalls überwiegend Referenzen und Dienstleistungsangebote von Planungsbüros. Dennoch weisen die ersten Treffer auf Landschaftspläne in konkreten Städten und Gemeinden hin (z.B. Herne, Schwerin, Karlsruhe, Laupheim, Chemnitz, Königsfeld). Die Informationen liegen aber vorwiegend in Textform auf den Internetseiten der zuständigen Behörden oder Planungsbüros vor. In einzelnen Fällen stehen die entsprechenden Planwerke, insbesondere der Textteil, als PDF-Dokument zur Verfügung. In den meisten Fällen werden Ansprechpartner genannt. Informationen zu verfügbaren Geodaten sind bei keinem der Treffer zu finden.

Die zusätzliche Eingabe des jeweiligen Gemeindenamens der Pilotbetriebe zum Suchbegriff „Landschaftsplan" liefert in 4 von 6 Fällen Treffer bei Google, die grundsätzlich Hinweise auf Planungswerke geben. In 3 Fällen sind dies konkrete Hinweise auf die Planwerke (z.B. die Referenz des zuständigen Planungsbüros, die Legende des Plans als PDF-Dokument, der Eintrag im Landschaftsplanverzeichnis des Bundeslandes oder des Bundesamtes für Naturschutz). In einem Fall ist der Landschaftsplan einer benachbarten Gemeinde der Treffer, der auch den betreffenden Gemeindenamen im Text enthält. Für zwei der Pilotbetriebe finden sich überhaupt keine Hinweise zu Landschaftsplänen über Google. Die Suchergebnisse umfassen hier lediglich Büros sowie Landschafts- und Gartenbaubetriebe aus der Region.

Das PortalU bietet dem Nutzer bei Eingabe der Suchbegriffe „Biotopkartierung" und „Landschaftsplan" vorwiegend Treffer mit Veröffentlichungen und zuständigen Behörden für diese Aufgaben und weitere Internetangebote, in denen diese Suchbegriffe wiederum auftauchen. Landschaftspläne der Gemeinden, zu denen die Pilotbetrieben gehören, lassen sich über das PortalU gar nicht ausmachen. Bei Eingabe der entsprechenden Suchbegriffe finden sich hier in vier von sechs Fällen gar keine Informationen. In zwei Fällen tauchen Hinweise zu Organisationseinheiten und Pressemitteilungen auf, die aber den Namen der Gemeinde und den Begriff Landschaftsplan nicht im Zusammenhang enthalten. Über das Geoportal.Bund lassen sich über die Informationen des PortalU hinaus keine weiteren, ergänzenden Angaben zu den Landschaftsplänen der Pilotbetriebe finden. Allerdings zeigt sich bei der Suche in diesem Geodatenportal, dass in einzelnen Ländern durchaus Informationen zu vorhandenen Landschaftsplan geführt werden: Rheinland-Pfalz ermöglicht z.B. über seinen Metadatenbroker die Suche nach Landschaftsplänen.

Tab. 35: Übersicht über vorhandene Biotop(typen)kartierungen in den sechs Pilotbetrieben (BfN 2008, Fuchs et al. 2007, LAU 2008, LfU 2008b, LUA 2003, LUBW 2008b, NLWKN 2008)

Baden-Württemberg I	Baden-Württemberg II	Bayern	Brandenburg	Niedersachsen	Sachsen-Anhalt
Landschaftsplan					
vorhanden (1984)	vorhanden (1992, aktualisiert 1995)	vorhanden (befindet sich in Bearbeitung)	vorhanden (1996, aktualisiert 1998 und 2004)	nicht vorhanden	vorhanden (1996)
Selektive Kartierung					
Komplexkartierung, getrennt nach Offenland und Wald, Offenland: Erhebung seit 1992, bis auf 4 Gemeinden vollständig abgeschlossen, Wald: Erhebung1989-1998, Fortschreibung seit 2002		Komplexkartierung, getrennt nach Flachland, Alpen, Städte, Militärische Flächen, Erhebung seit 1974; von 2001 bis 2005 Aktualisierung der gesetzlich geschützten Biotope	Komplexkartierung, Erhebung: 1991–1998	Komplexkartierung, Erhebung seit 1985	Komplexkartierung, Erhebung: 1991–2004
Biotop- und Nutzungstypenkartierung					
nicht vorhanden	nicht vorhanden	nicht vorhanden	CIR-basierte, flächendeckende Erfassung der Biotope (1991/1992)	nicht vorhanden	CIR-basierte, flächendeckende Erfassung - basierend auf Luftbildern der Aufnahmejahre 1992/93, anhand der Luftbilder 2005 lagekorrigiert - basierend auf Luftbildern des Aufnahmejahres 2005
FFH-Kartierungen					
kein FFH-Gebiet	FFH-Gebiet, aber keine Angaben zu Kartierungen zu finden	kein FFH-Gebiet	FFH-Gebiet, aber keine Angaben zu Kartierungen zu finden	kein FFH-Gebiet	Grenzt an ein FFH-Gebiet, für das eine selektive Biotopkartierung und flächendeckende Luftbildauswertung existiert

Im Vergleich zu den Geodatenportalen ist das Landschaftsplanverzeichnis des Bundesamtes für Naturschutz die bessere Möglichkeit, um Aussagen zu bestehenden Landschaftsplänen in den Gemeinden der Pilotbetriebe zu bekommen. Das BfN stellt bundeslandweise und geordnet nach Landkreisen bzw. kreisfreien Städten die bisher bestehenden Planwerke zusammen, die nach Inkrafttreten der Naturschutzgesetze des Bundes und der Länder erarbeitet wurden (BfN 2008). Zu 5 der 6 Pilotbetriebe lassen sich anhand des BfN-Verzeichnisses entsprechende Landschaftspläne sowie deren Maßstab und Bearbeitungsstand und die Planungsstelle (z.B. das für die Erarbeitung zuständige Planungsbüro) identifizieren.

FFH-Kartierungen sind eine weitere Möglichkeit der Beschaffung von Informationen für das Naturschutzmanagement landwirtschaftlicher Betriebe, die für die vorliegende Arbeit in Betracht kommen. Auch die Google-Suche nach dem Begriff „FFH-Kartierung" führt im überwiegenden Teil zu Dienstleistungsangeboten. Zum Teil sind aber auch Informationen zu Kartierverfahren, Kartieranleitungen und Berichte über bereits durchgeführte Kartierungen zu finden. Letztere sind unter anderem auf den Internetseiten verschiedener Naturschutzverbände zu finden. Die Suche ergibt auch einen Treffer, der wiederum auf das PortalU hinweist. Hier liegen in der Datenbank des PortalU Informationen zu einem Bericht vor, der die Ergebnisse der FFH-Kartierung an der unteren Mulde im Biosphärenreservat Flusslandschaft Mittlere Elbe enthält. Hinweise auf Geodaten sind aber über eine Suche mit Google hier mit dem recht allgemeinen Suchbegriff ebenfalls nicht auszumachen. Das Geoportal.Bund liefert zu FFH-Kartierungen gar kein Suchergebnis.

Auch im PortalU sind zum Begriff „FFH-Kartierung" wenig Informationen (12 Treffer) und keine Hinweise auf Geodaten zu finden. Vermutlich wäre es hier hilfreich, zunächst die die Pilotbetriebe betreffenden FFH-Gebiete zu identifizieren und dann anhand des Gebietsnamens gezielter auf die Suche zu gehen. Die Pilotbetriebe Niedersachsen, Bayern und Baden-Württemberg I berühren mit ihren Flächen keine FFH-Gebiete, hier sind demzufolge auch keine entsprechenden Informationen über Google oder die Geodatenportale auffindbar. Der Pilotbetrieb Brandenburg liegt in Teilen in verschiedenen FFH-Gebieten. Hier liefern Google und das PortalU Hinweise auf das zuständige Landesamt und dann wiederum Informationen zu vorkommenden Arten und Lebensraumtypen. Zudem werden Ansprechpartner für die Betreuung der jeweiligen Gebiete genannt. Hinweise auf durchgeführte Kartierungen oder entsprechende Geodaten lassen sich nicht ermitteln. Gleiches gilt für den Pilotbetrieb Baden-Württemberg II. Auch dieser liegt in Teilen in einem FFH-Gebiet. Abgesehen von einigen wenigen Angaben zu Forschungsprojekten und Veröffentlichungen zu dem Gebiet und den Hinweisen auf den zugehörigen Landschaftsrahmenplan lassen sich jedoch auch hier keine verfügbaren Datenbestände ermitteln. Der Pilotbetrieb Sachsen-Anhalt grenzt an ein FFH-Gebiet. Zu diesem ist über das PortalU der Hinweis auf eine durchgeführte, selektive Biotopkartierung und eine flächendeckende Luftbildauswertung zu finden. Weitere Angaben zum Datensatz sind allerdings nicht auszumachen. Von einer weiteren Recherche und Beschaffung der Daten wird im Rahmen der vorliegenden Arbeit abgesehen. Zum einen weil die Daten nur Aussagen zu den umliegenden Flächen machen, aber nicht zum Pilotbetrieb selbst. Zum anderen stehen für den Betrieb die Daten einer flächendeckend durchgeführten Biotop- und Nutzungstypenkartierung zur Verfügung, die für die vorliegende Untersuchung genutzt werden können (vgl. Tab. 35).

Die Auflistung der verfügbaren Daten in Tabelle 35 verdeutlicht, dass abgesehen von den landesweiten, selektiven Erhebungen der Biotope nicht für alle Pilotbetriebe alle der möglichen Varianten von Biotoptypenkartierungen vorliegen. Insbesondere die Landschaftspläne sind z.T. bereits so stark veraltet, dass eine Überprüfung der Nutzbarkeit nicht sinnvoll erscheint und teilweise aufgrund der analog vorliegenden Planwerke auch nicht möglich ist. Dies gilt vor allem für Landschaftspläne der Pilotbetriebe Sachsen-Anhalt (1996), Baden-Württemberg I (1984) und Baden-Württemberg II (1992/1995). Da der Landschaftsplan zum Pilotbetrieb Bayern sich derzeit noch in Bearbeitung befindet, verbleibt hier also nur der Landschaftsplan zum brandenburgischen Betrieb zur Überprüfung. Vorteil ist bei der Überprüfung dieses Datensatzes der mögliche direkte Vergleich mit den für diesen Betrieb ebenfalls vorliegenden Daten des Digitalen Landschaftsmodells und der Flächenutzungsnachweise (vgl. Kap. 4.1 und 4.2).

Da in Brandenburg somit bereits eine Datei zur Untersuchung der Nutzbarkeit der Biotoptypenkartierungen vorliegt, wurde hier auf eine Untersuchung der landesweit vorliegenden Kartierungen, insbesondere der flächenendeckenden Biotop- und Nutzungstypenkartierung verzichtet. Diese liegt zudem für den Pilotbetrieb in Sachsen-Anhalt mit höherer Aktualität vor, so dass sie aufgrund dessen als besser geeignet für die Untersuchung eingestuft wird. Für die im Rahmen der Arbeit betrachteten westlichen Bundesländer liegen keine CIR-basierten Biotop- und Nutzungstypenkartierungen vor, so dass hier nur auf die selektiven Erhebungen der Landesumweltämter zurückgegriffen werden kann.

Eine erste Betrachtung der selektiven Biotopkartierung für Niedersachsen zeigt, dass für den entsprechenden Pilotbetrieb die kartierten wertvollen Bereiche räumlich keine Relevanz haben. Es bestehen keine Überschneidungsbereiche der Kartierungsergebnisse mit den Betriebsflächen. Der Datensatz wird daher nicht in der Untersuchung berücksichtigt. In Bayern existieren leichte Überschneidungen zwischen dem Betrieb und der Kartierung. Die selektive Biotopkartierung für den bayerischen Pilotbetrieb wird daher Teil der Untersuchung. Von den baden-württembergischen Betrieben weist einer der beiden deutlich mehr Überschneidungen und Berührungspunkte mit der landesweiten, selektiven Biotopkartierung auf (Baden-Württemberg II), somit wird dieser für die Qualitätsuntersuchung der Daten herangezogen.

Für die Untersuchungen zur Qualität der Datensätze werden demnach folgende Datensätze genutzt:

- die Biotopkartierung aus dem Landschaftsplan für den Pilotbetrieb Brandenburg,
- die CIR-gestützte Biotop- und Nutzungstypenkartierung für den Pilotbetrieb Sachsen-Anhalt sowie
- die selektiven Biotopkartierungen für die Pilotbetriebe Baden-Württemberg II und Bayern.

Alle untersuchten Datensätze wurden kostenlos von den zuständigen Stellen zur Verfügung gestellt. Explizite Nutzungsbedingungen bestehen nur für die Daten aus Sachsen-Anhalt.

4.3.3 Qualität des Datensatzes

4.3.3.1 Informationsgehalt

Biotoptypenkartierungen enthalten Information zu vegetationstypologisch definierbaren und wiederkehrenden Landschaftsausschnitten, den Biotopen. In der Praxis schließt der Begriff „Biotop“ die zugehörige Lebensgemeinschaft selbst, z.B. die Vegetation, mit ein, da diese für die Lebensräume häufig besonders prägend ist (Drachenfels 2004). Die Vegetation ist daher ein mögliches Gliederungsmerkmal für die Typisierung von Biotopen. Ebenso können aber landschaftsökologische oder tierökologische Aspekte der fachliche Hintergrund für eine solche Typisierung der Biotope im Rahmen einer Biotoptypenkartierung sein. Letztlich geben die Kartierergebnisse damit nicht nur Informationen zu den Biotopen selbst, sondern potenziell auch zur Vegetation, den Pflanzen- und Tiergesellschaften, den Standortverhältnissen (Boden, Exposition, Relief) sowie den Strukturelementen einer Landschaft wieder. Mit den Kartierschlüsseln der Länder werden i.d.R. unterschiedliche fachliche Aspekte miteinander vereinbart (Drachenfels 2004). So sind die erzielten Ergebnisse möglichst vielfältig und für verschiedene, ökologische und planerische Fragestellungen nutzbar. Abbildung 51 zeigt ein Beispiel für eine, aus den Ergebnissen einer Biotoptypenkartierung erzeugten, analogen Karte.

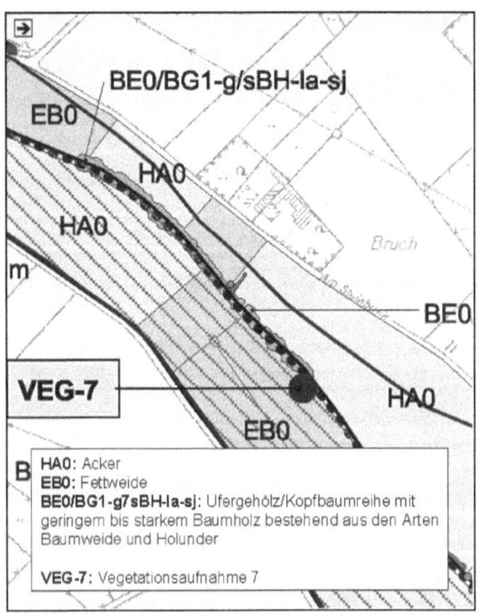

Abb. 51: Beispiel für eine Biotoptypenkartierung (Ausschnitt) (LINEG 2008)

Die Typisierung der Biotoptypen erfolgt üblicherweise hierarchisch. Enthalten sind dabei sowohl alle in der freien Landschaft vorkommenden Biotope, als auch die anthropogen geprägten Biotope der Siedlungsbereiche wie z.B. Gebäude, Verkehrs- und Industrieflächen. Die Biotoptypenschlüssel der einzelnen Bundesländer weisen durchaus Unterschiede auf, so sind z.B. in Binnenstaaten keine Kartiereinheiten zur Beschreibung von Meeres- und Küstenbiotopen enthalten. Ebenso unterscheidet sich die hierarchische Gliederung der Typen zum Teil. So existieren im niedersächsischen Biotoptypenschlüssel 13 Obergruppen (Drachenfels 2004):

- Wälder,
- Gebüsche und Kleingehölze,
- Meer und Meeresküsten,
- Binnengewässer,
- gehölzfreie Biotope der Sümpfe, Niedermoore und Ufer,
- Hoch- und Übergangsmoore,
- Fels-, Gesteins- und Offenbodenbiotope,
- Heiden und Magerrasen,
- Grünland,
- Acker- und Gartenbaubiotope,
- Ruderalfluren,
- Grünanlagen der Siedlungen,
- Gebäude-, Verkehrs- und Industrieflächen.

Sachsen-Anhalt führt hingegen nur 7 Hauptkartiereinheiten im Katalog der Biotop- und Nutzungstypen auf (LAU 1992):

- Wald,
- Gehölz,
- krautige Vegetation,
- Gewässer,
- vegetationsfreie Fläche,
- Acker-, Garten- und Weinbau,
- bebauter Bereich.

Auch wenn sich die Struktur der Kartierschlüssel in den einzelnen Ländern unterscheidet, orientieren sich dennoch die Inhalte an den gleichen Aspekten. Die Art der Vegetation und die Nutzung der Fläche spielt bei der Aufteilung der Typen in Hauptgruppen- oder einheiten zunächst die größte Rolle. Bei der Definition von Biotoptypen und weiteren Untertypen werden dann auch Deckungsgrad, Artenzusammensetzung (heimisch/ nicht heimisch), Artenvielfalt, Bodenverhältnisse (Wasser- und Nährstoffgehalt) sowie sogar einzelne Pflanzengesellschaften und Arten einbezogen. Abbildung 52 verdeutlicht am Beispiel des Biotoptyps „Hecken und Windschutzstreifen" den hierarchischen Aufbau des brandenburgischen Biotoptypenschlüssels und die weitere Unterteilung der Hauptkartiereinheiten bzw. Obergruppen.

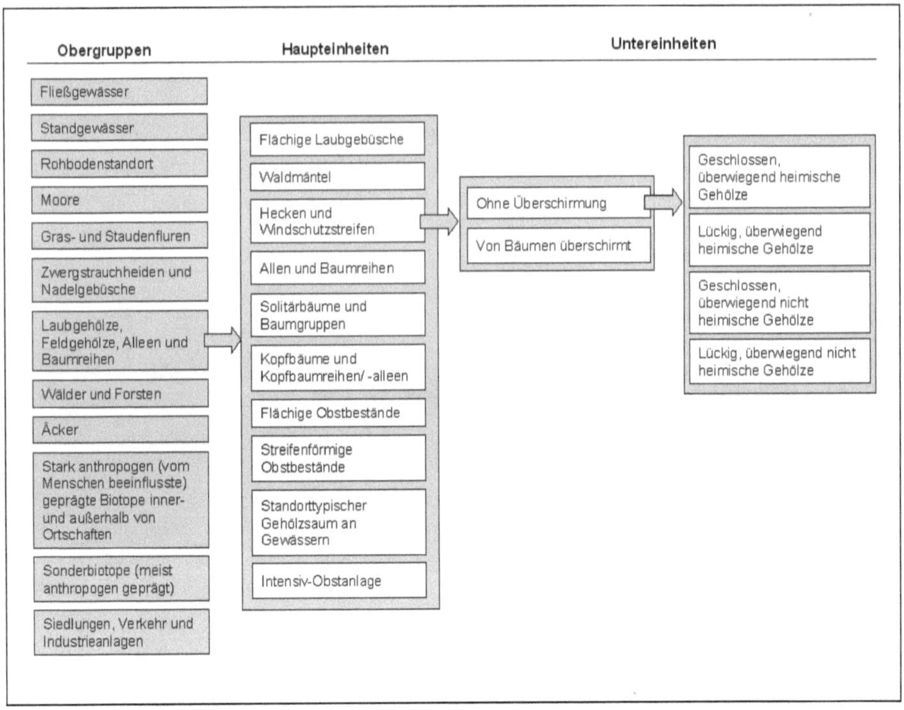

Abb. 52: Der hierarchische Aufbau von Biotoptypenschlüsseln am Beispiel des Biotoptyps „Hecke/ Windschutzstreifen" (Brandenburg) (nach LUA 2003)

4.3.3.2 Aktualität

Die Aktualität der Biotoptypenkartierungen schwankt sehr stark, unabhängig davon, ob es sich um Kartierungen aus Landschaftsplänen, die Biotop- und Nutzungstypenkartierung oder die selektiven Biotopkartierungen der Länder handelt.

Biotoptypenkartierungen auf lokaler Ebene werden i.d.R. für einen bestimmten Anwendungszweck erstellt, wie z.B. für einen Landschaftsplan. Eine regelmäßige Überarbeitung und Fortschreibung solcher Planwerke findet nicht zwingend statt. Zudem ist es möglich, dass zwar eine Fortschreibung eines Planwerkes vorgenommen wird, dafür aber keine vollständige, neue Kartierung durchgeführt wird, wie im Falle des Landschaftsplans für den Pilotbetrieb Brandenburg. Dieser wurde 1996 erstellt und in den Jahren 1998 und 2004 nochmals überarbeitet, allerdings immer auf Basis der im Jahr 1996 durchgeführten Biotopkartierung. Die Aktualität der Daten ist im Datensatz selbst nicht dokumentiert, Metadaten liegen nicht bei. Der Stand der Daten lässt sich aber anhand des zugehörigen Planwerkes und anhand des Landschaftsverzeichnisses des BfN erschließen. Grundlage für die Erhebung waren neben einer Erfassung im Gelände die für Brandenburg flächendeckend vorliegende Biotoptypen- und Landnutzungskartierung basierend auf CIR-Luftbildern aus den Jahren 1991/92.

Die weiteren, vorliegenden Landschaftspläne stammen ebenfalls vorwiegend aus den 1990er Jahren, einer der Landschaftspläne wurde bereits 1984 erstellt. Der Landschaftsplan für den bayerischen Pilotbetrieb befindet sich noch in Bearbeitung, zur letztendlichen Aktualität kann hier somit noch keine Aussage getroffen werden. Eine Auswertung der jeweiligen Landschaftsplanverzeichnisse für die Bundesländer der Pilotbetriebe zeigt, dass die starke

Schwankung der Aktualität auf Landschaftspläne insgesamt zutrifft. Die Schwankungsbreite unterscheidet sich jedoch in den Bundesländern. In den ostdeutschen Bundesländern wurden die Landschaftspläne überwiegend in den 90er-Jahren erstellt, schwerpunktmäßig in der Zeit von 1995 bis 2000. In Sachsen-Anhalt existieren aber auch einige wenige Planwerke, die in der Zeit nach 2000 veröffentlicht wurden. Dagegen befinden sich insbesondere in Brandenburg viele Landschaftspläne aktuell noch in Bearbeitung bzw. in Vorbereitung. In Baden-Württemberg hingegen existieren sowohl Planwerke aus den 70er und 80er-Jahren als auch Landschaftspläne, die in den letzten 5 Jahren, also nach 2003 erstellt worden sind. Der Anteil an Landschaftsplänen, die sich in Bearbeitung befinden, ist insgesamt geringer als in den anderen Bundesländern. Bayern und Niedersachsen verfügen beide über einen hohen Anteil an Landschaftsplänen, die sich derzeit noch Bearbeitung oder in Vorbereitung befinden. Zudem ist in beiden Bundesländern der überwiegende Teil der Planwerke in den 80er und 90er Jahren entstanden. Landschaftspläne mit einer Aktualität < 5 Jahre bilden in beiden Bundesländern die Ausnahme (BfN 2008).

Auch die landesweiten Erhebungen der wertvollen Biotope und die flächendeckenden, CIR-basierten Biotop- und Nutzungstypenkartierungen wurden maßgeblich in der 1990er Jahren gestartet. Eine Fortführung der Erhebungen erfolgte zum Teil. So sind die Landesumweltämter in Niedersachsen und Baden-Württemberg (für die Offenlandbiotope) beim zweiten Kartierdurchgang angekommen. In Bayern wurden in der Zeit von 2001 bis 2005 die mit der Kartierung landesweiten erfassten, gesetzlich geschützten Biotope aktualisiert (Fuchs et al. 2007). Eine Fortschreibung bzw. Neuerhebung der CIR-basierten Biotop- und Nutzungstypenkartierung nach 2000 hat bisher nur in Sachsen-Anhalt stattgefunden, hier wurde 2005 auf Basis neuer Befliegungsdaten ein aktuellerer Datensatz erstellt (LAU 2008). Dieser ist auch der aktuellste der Datensätze für die Untersuchungen im Rahmen der vorliegenden Arbeit.

Für die selektive Biotopkartierung aus Baden-Württemberg sind die Erfassungsdaten der einzelnen Flächen in der Attributtabelle angegeben, sie stammen für den Pilotbetrieb Baden-Württemberg II aus den Jahren 1993-1995. Die Aktualität des bayerischen Datensatz der selektiven Biotopkartierung ist bereits auf der Internetseite des LfU dokumentiert. Die Erstkartierung des zugehörigen Landkreises erfolgte im August 1984, die letzte Datenänderung wurde im September 1989 vorgenommen (LfU 2008b). Auch in der Attributtabelle des Datensatzes selbst sind die Erfassungsdaten der einzelnen Biotopflächen angegeben. Die Angaben stimmen mit denen auf der Internetseite des LfU überein. Den Daten liegt zusätzlich eine Dokumentation im PDF-Format bei, die auf die Angaben zur Aktualität im Datensatz selbst hinweist. Auch das Landesumweltamt Sachsen-Anhalt macht Angaben zur Aktualität der Biotop- und Nutzungstypenkartierung auf seinen Internetseiten (LAU 2008). Neben der aktuellen Kartierung der Biotop- und Nutzungstypen aus dem Jahr 2005 stehen auch die Ergebnisse aus einer CIR-Luftbild-Interpretation basierend auf Luftbildern der Aufnahmejahre 1992/93 zur Verfügung, die anhand von Luftbildern aus dem Jahr 2005 lagekorrigiert wurden (vgl. Tab. 35). Die Aktualität der Daten ist in der Attributtabelle des Datensatzes hier allerdings nicht dokumentiert. Angaben zur Aktualität und den verwendeten Grundlagendaten befinden sich aber in der beiliegenden Nutzungsvereinbarung.

4.3.3.3 Vollständigkeit

Räumliche Vollständigkeit

Landschaftspläne decken i.d.R. die Fläche einer Gemeinde vollständig ab, so dass hier insgesamt von einer Flächendeckung der zugehörigen Bestandsaufnahme, der Biotopkartierung, ausgegangen werden kann. Landwirtschaftliche Betriebe liegen jedoch nicht zwingend nur im Gebiet einer Gemeinde, so dass eine vollständige räumliche Abdeckung durch eine Biotopkartierung nicht zwangsläufig gegeben ist. So liegt der Pilotbetrieb Brandenburg mit seiner Größe von über 4000 ha in den Zuständigkeitsbereichen vier verschiedener Gemeinden bzw. Ämter. Nur für zwei dieser Verwaltungseinheiten liegen Landschaftspläne vor. Der für die vorliegende Arbeit verwendete Landschaftsplan deckt dabei den größeren Teil der Betriebsflächen ab. Er stellt aber für den Pilotbetrieb keine gesamtbetrieblich nutzbare Datengrundlage dar.

Die selektiven Biotopkartierungen auf Landesebene stellen bereits aufgrund der Kartiermethode keine flächendeckende Informationsgrundlage dar. Die mit den Kartierungen erhobenen, aus naturschutzfachlicher Sicht wertvollen Flächen geben lediglich einzelne Landschaftsausschnitte wieder, die nicht unbedingt mit landwirtschaftlich genutzten Flächen in Verbindung stehen müssen. Deutlich wird dies auch an der Datenauswahl für die vorliegende Arbeit (vgl. Kap. 4.3.2). Für die Betriebe Niedersachsen und Baden-Württemberg I spielen die selektiven Kartierungen auf Landesebene räumlich gesehen keine Rolle und auch die Flächen der für die Untersuchung verwendeten Betriebe Baden-Württemberg II und Bayern überschneiden sich nur teilweise mit den wertvollen bzw. geschützten Biotopen. Die landesweiten Biotop- und Nutzungstypenkartierungen liegen im Gegensatz zu den selektiven Biotopkartierungen flächendeckend vor, so dass diese auch bei größerer Betriebsfläche als Informationsgrundlage für den gesamten Betrieb herangezogen werden können.

Zeitliche Vollständigkeit

Die Daten des Landschaftsplanes aus Brandenburg wurden im Jahr 1996 erhoben, eine Aktualisierung hat bisher nicht stattgefunden. Diese Biotopkartierung ist damit als zeitlich vollständig anzusehen. Generell kann bei Erhebungen für Landschaftspläne auf Gemeindeebene aufgrund der vergleichsweise überschaubaren Untersuchungsfläche davon ausgegangen werden, dass die Daten in einem sehr kleinen Zeitraum erfasst werden und somit für diese Planwerke die zeitliche Vollständigkeit der Daten i.d.R. gegeben ist. Zeitlich nicht vollständig sind die Daten allerdings dann, wenn der Betrieb mit seinen Flächen in die Zuständigkeit mehrerer Ämter fällt. Hier können Unterschiede in der Aktualität der Daten auftreten. Der für die Untersuchung verwendete Landschaftsplan ist beispielsweise zwei Jahre älter als der einer Nachbargemeinde, in deren Flächen der Pilotbetrieb Brandenburg ebenfalls liegt.

Für Daten, die auf Landesebene erhoben werden, sind die Erfassungszeiträume hingegen aufgrund der zu untersuchenden Fläche oft größer. Die Daten der untersuchten Ausschnitte der selektiven Biotopkartierungen wurden beispielsweise in den Jahren 1984-1989 und 1993-1995 erhoben. Auch die ältere Version der Biotop- und Nutzungstypenkartierung aus Sachsen-Anhalt wurde innerhalb von zwei Jahren (1992/1993) erstellt. Lediglich die neuere Version der Biotop- und Nutzungstypenkartierung aus Sachsen-Anhalt ist vollständig auf Basis von CIR-Bildern des gleichen Jahrganges erstellt worden. Der längere Erfassungszeitraum ist sowohl darauf zurückzuführen, dass eine Erstellung der Grundlagendaten (z.B. Luftbilder) für die gesamte Landesfläche i.d.R. nicht in einem Jahr erfolgt. Zum anderen ist auch die Erhebung der Biotope selbst zeitintensiv, da hier zusätzlich zu einer Auswertung der Bilddaten auch eine terrestrische Erfassung von Flächen erfolgen muss. Die Fortführung der Daten auf

Landesebene erfolgt z.B. orientiert an TK-Blättern oder auch Verwaltungseinheiten. Liegt ein landwirtschaftlicher Betrieb innerhalb einer Verwaltungseinheit, z.B. innerhalb eines Landkreises, kann somit davon ausgegangen werden, dass die Daten zeitlich vollständig vorliegen. Ähnlich den DLM-Daten sind aber Unterschiede in der Aktualität der (Grundlagen-)Daten zu erwarten, wenn der Betrieb eine gewisse Größe überschreitet.

Thematische Vollständigkeit

Die Biotoptypenschlüssel der Länder enthalten umfassende Möglichkeiten zur Erfassung der Landschaft mit einem sehr hohen Detaillierungsgrad. Die Hierarchisierung der Lebensräume in Haupteinheiten, Biotoptypen und Untertypen erlaubt dabei auch die Rücksichtnahme auf unterschiedliche Erfassungsmaßstäbe und Untersuchungsfragen. Die Kartieranleitung Brandenburgs ist z.B. für einen Erfassungsmaßstab von 1:10.000 ausgelegt, die Kategorisierung der Biotoptypen lässt aber auch eine Aufnahme in kleineren Maßstäben zu (LUA 2003). Ob eine Biotoptypenkartierung als thematisch vollständig bezeichnet werden kann, hängt somit auch stark vom Anwendungszweck der Daten ab.

Der Biotoptypenschlüssel für Brandenburg enthält in seiner jetzigen Form in 12 Hauptgruppen über 500 Biotoptypen und noch weit mehr Untertypen (LUA 2003). In der für den vorliegenden Landschaftsplan des brandenburgischen Pilotbetriebs verwendeten Version von 1994 sind dagegen nur 11 Hauptgruppen, aber eine vergleichbare Anzahl verschiedener Typen enthalten (LUA 1994). Die Kartierung für den vorliegenden Landschaftsplan umfasst etwa 40 verschiedene Biotoptypen. Eine Zuweisung von Untertypen erfolgte in der Kartierung nicht. Im Vergleich mit den laut Biotoptypenschlüssel grundsätzlich möglichen Typen sind damit deutlich unter 10% im vorliegenden Landschaftsplan enthalten. Neben den Biotoptypen sind keine weiteren Angaben in der Attributtabelle des Datensatzes zu finden. Dies ist vermutlich vor allem darauf zurückzuführen, dass die Daten ursprünglich aus einem CAD-Programm stammen, in dem es nicht möglich ist, Sachdaten zu einzelnen Geometrien mitzuführen. Die Information zum Biotoptyp wurde hier über die Anlage unterschiedlicher Layer gesteuert, die bei einem Import der Daten in ein GIS in Attribute umgewandelt werden.

Im Schlüssel für die CIR-basierte Biotop- und Nutzungstypenkartierung in Sachsen-Anhalt sind in den bereits genannten 7 Kartiereinheiten 44 verschiedene Struktureinheiten enthalten. Diese werden durch weitere Eigenschaften charakterisiert, welche dann wiederum den Biotop- bzw. Nutzungstyp bilden. Insgesamt hält der Typenschlüssel hier über 500 verschiedene Eigenschaften bereit, die in Teilen sogar noch miteinander kombiniert werden können, so dass die tatsächliche Anzahl der möglichen Biotop-/ Nutzungstypen hier vermutlich bei weit über tausend liegen wird. Für den Landkreis, in dem der Pilotbetrieb Sachsen-Anhalt liegt, werden in der Kartierung alle 7 Kartiereinheiten und 39, also knapp 90% der möglichen Struktureinheiten genannt. Diese teilen sich dabei auf die unterschiedlichen, getrennt erfassten Geometrieformen (Polygon, Linie und Punkt) auf. Die Struktureinheiten Schluchtwald, Blockschluchtwald, Trockenwald, Wachholdertrift und Weinbau kommen im Landkreis nicht vor. Sechs der Flächen, die landkreisweit erfasst wurden, sind nicht mit einem Biotoptypen versehen worden. Zudem fehlen hier sogar die Angaben zur Kartier- und Struktureinheit. Den Betrieb selbst betreffen wiederum auch alle Kartiereinheiten, aber nur 31 Struktureinheiten. Damit sind hier etwa 70% der möglichen Struktureinheiten erfasst. Für eine der erfassten Flächen werden in der Attributtabelle lediglich die Kartiereinheit sowie weitere Eigenschaften angegeben, eine Struktureinheit wurde hier nicht zugeordnet. Auf Ebene der Biotop-/Nutzungstypen sind für den Pilotbetrieb Sachsen-Anhalt 305 verschiedene Typen als Polygon, 96 als Linie und 33 als Punkt erfasst worden. Einige der Typen doppeln sich, da sie mit unterschiedlichen

Geometrien erfasst wurden. Somit ist die Anzahl der insgesamt erfassten Typen geringer als die Summe der Geometrieformen. In der Attributtabelle der als Polygon erfassten Typen sind, neben dem Biotoptyp, Flächengrößen und die Kartiereinheit separat aufgeführt. Für die Linien wurden neben einem Hauptbiotoptypen z.T. ein oder zwei Nebentypen erfasst, die ebenfalls in der Attributtabelle dokumentiert sind. Zudem sind hier auch die Längen der jeweiligen erfassten Struktur enthalten. Die punktuell erfassten Typen sind in der Attributtabelle hingegen ausschließlich mit dem Typ erfasst. Weitere Angaben wie Erfassungsdatum, Kartierer oder ähnliches sind in den Daten der Biotop- und Nutzungstypenkartierung Sachsen-Anhalt insgesamt nicht dokumentiert.

In den beiden selektiven Kartierungen sind weniger verschiedene Biotoptypen erfasst worden. Dies ist vor allem auf die selektive Erfassungsmethode zurückzuführen, die nur die aus naturschutzfachlicher Sicht wertvollen Biotope berücksichtigt. Der Datensatz aus Baden-Württemberg umfasst auf Landkreisebene 12 verschiedene Typen, die laut Kartierschlüssel (Breunig et al. 2001) die Haupteinheiten darstellen. Aufgrund der räumlichen Lage sind dies überwiegend Typen feuchter Standorte wie z.B. Still- und Fließgewässer, Moore und Auwälder. Erfasst sind damit knapp 20% der laut Kartierschlüssel grundsätzlich möglichen 60 Haupteinheiten. Eine weitere Unterscheidung der Haupteinheiten ist in der vorliegenden Kartierung nicht vorgenommen worden. 42 der in der selektiven Kartierung enthaltenen Flächen stehen im Zusammenhang mit dem Pilotbetrieb Baden-Württemberg II. Diese geben aber immerhin 9 der im gesamten Landkreis zu findenden, aus Naturschutzsicht wertvollen Biotoptypen wieder:

- Feldhecken/ Feldgehölze,
- Hohlwege, Trockenmauern, Steinriegel, Trocken- und Magerrasen,
- Wacholder- und Zwergstrauchheiden,
- Naturnahe Bruch-, Sumpf-, Auwälder,
- Tümpel, Verlandungsbereiche, Altarme, Uferbereiche und Bereiche der Flachwasserzone des Bodensees, Moorgewässer,
- Quellbereiche, naturnahe und unverbaute Bach- und Flussabschnitte,
- Moore, Sümpfe, Röhrichtbestände, Riede, Gewässervegetation,
- Streuwiesen, seggen- und binsenreiche Nasswiesen und
- Moore, Sümpfe, Röhrichtbestände, Riede, Gewässervegetation.

Zusätzlich zu den Biotoptypen sind in der Attributtabelle des Datensatzes aus Baden-Württemberg auch aussagekräftige Namen und Beschreibungen der jeweiligen Flächen, Informationen zu Maßnahmen und Schutzstatus nach § 24a des Naturschutzgesetzes Baden-Württemberg (NatSchG BW), das genaue Kartierdatum sowie die Flächengröße enthalten.

Der Datensatz der selektiven Biotopkartierung für den bayerischen Pilotbetrieb umfasst 28 verschiedene Biotoptypen, die als Haupttyp der Flächen in der Attributtabelle vermerkt sind. Das sind gut 40% der laut Kartieranleitung für das bayerische Flachland (LfU 2007b) vorgesehenen 65 Typen. Auch hier liegt ein Schwerpunkt der wertvollen Bereiche auf den Typen feuchter Standorte (Auwald, feuchte/ nasse Hochstaudenfluren, Röhricht, Schwimmblattgesellschaften, Feucht- und Nasswiesen, Feuchtwald). Es kommen aber auch Magerrasen, Ruderalfluren, Laubwälder, Gebüsche und Feldgehölz im Landkreis des Pilotbetriebs vor. Den Betrieb selbst betreffen allerdings insgesamt nur wenige der Biotopflächen (14) und damit auch wiederum nur eine eingeschränkte Anzahl an Biotoptypen (14). Die folgenden acht wurden als Hauptbiotoptypen der Flächen erfasst:

- artenreiches Extensivgrünland,
- naturnahe Feldgehölze,
- naturnahe Hecken,
- Großseggenriede,
- nasse Initialvegetation,
- seggen- oder binsenreiche Feucht- und Nasswiesen bzw. Sumpf,
- Unterwasser- und Schwimmblattvegetation sowie
- mesophiler Wald.

Naturnahe Feldgehölze und Hecken sowie Unterwasser- und Schwimmblattvegetation wurden zusätzlich auch als Nebenbiotoptypen auf einigen Flächen des Pilotbetriebs erfasst. Des Weiteren sind auf den Flächen feuchte/ nasse Hochstaudenfluren, lineare Gewässer-Begleitgehölze, bodensaurer Laubwald, Schwimmblattvegetation, magere Altgrasbestände bzw. Grünlandbrachen und Röhrichte als Nebenbiotoptypen anzutreffen. Wie auch der Datensatz aus Baden-Württemberg enthält auch der bayerische Name und Beschreibung der kartierten Flächen, das genaue Erfassungsdatum und Angaben zum Schutzstatus. Darüber hinaus ist auch der Name des zuständigen Kartierers in die Attributtabelle des Datensatze aufgenommen worden.

4.3.3.4 Maßstab und räumliche Genauigkeit

Üblicher Maßstab für die Kartierung von Biotopen im Rahmen von Landschaftsplänen ist der Maßstab 1:10.000 (Plachter et al. 2002). Dieser garantiert die gleichmäßige Betrachtung der Landschaft, die für die angestrebte, flächendeckende Bewertung des Zustandes von Natur und Landschaft sowie für die Ableitung von Zielen und Maßnahmen erforderlich ist (Kirsch-Stracke & Reich 2004). Auch die Biotopkartierung für den Pilotbetrieb Brandenburg entspricht diesem Standard. Sie wurde laut Textteil des Landschaftsplans zum einen auf Basis der landesweit vorliegenden CIR-Kartierung im Maßstab 1:10.000 erstellt. Zum anderen wurden zusätzlich Geländeerhebungen durchgeführt, die sich vor allem an der Topographischen Karte im Maßstab 1:10.000 orientierten. Da keine individuellen Angaben zur Lagegenauigkeit des Datensatzes vorliegen, ist davon auszugehen, dass die Abweichungen für diesen Datensatz im Vergleich zu den entsprechenden Orthophotos im Bereich von +/- 10 Metern liegen sollten.

CIR-basierte Biotop- und Nutzungstypenkartierungen weisen mit ihrem Bezugsmaßstab von 1:10.000 derzeit innerhalb der in Deutschland für größere Gebiete verfügbaren Daten zur Landnutzungskartierung die höchste Auflösung auf (Hänel 2007). Die Kartierungsergebnisse aus Sachsen-Anhalt liegen entsprechend ebenfalls im Maßstab 1:10.000 vor. Sie wurden auf Basis von CIR-Luftbildern im selben Maßstab erstellt (LAU 2008). In der Erläuterung zu der älteren Biotop- und Nutzungstypenkartierung aus dem Jahr 1992 führt das LAU diverse Gründe an, warum die Daten mit einer gewissen Lageungenauigkeit vorliegen, eine Angabe hierzu in Metern wird jedoch nicht gemacht (LAU 1992). Für die neue Kartierung liegt kein entsprechendes Dokument und auch ansonsten keine Angabe zur Lagegenauigkeit der Daten vor. Es muss also auch hier, wie bei der Biotopkartierung für den brandenburgischen Betrieb, von einer Lagegenauigkeit von +/- 10 Metern ausgegangen werden.

Die beiden selektiven Kartierungen aus Bayern und Baden-Württemberg liegen im Vergleich mit den beiden anderen Datensätzen in der höchsten Auflösung vor. In Bayern liegt die selektive Biotopkartierung im Maßstab 1:5.000 vor (LfU 2007c). In Baden-Württemberg liegt der digitale, herunterladbare Datensatz im Maßstab 1:25.000 vor. Die Kartierung selbst wurde jedoch ursprünglich mit Hilfe einer Geländeerfassung und auf Basis von Orthophotos im

Maßstab 1:5.000 realisiert und abschließend generalisiert, um sie an die Darstellungsweise der TK 25 anzupassen (PortalU 2006). Die genannte Lagegenauigkeit von +/-5 Metern entspricht daher eher den verwendeten Grundlagendaten. Auch in anderen Ländern liegen die Erfassungsmaßstäbe der selektiven Kartierungen im Bereich 1:25.000. Dies ist i.d.R. darauf zurückführen, dass Grenzen für die Mindesterfassungsgrößen von Flächen festgelegt worden sind (z.B. 0,5 ha in Schleswig Holstein) (Hänel 2007). Tabelle 36 zeigt die Maßstäbe der untersuchten Datensätze in der Übersicht.

Tab. 36: Maßstäbe der untersuchten Biotop(typen)kartierungen

Baden-Württemberg Selektive Biotopkartierung	**Bayern** Selektive Biotopkartierung	**Brandenburg** Landschaftsplan	**Sachsen-Anhalt** Biotop- und Nutzungstypenkartierung
1:5.000 (Kartierung) 1:25.000 (Veröffentlichung)	1:5.000	1:10.000	1:10.000

Der Landschaftsplan für den Pilotbetrieb Brandenburg enthält den Biotoptypenbestand aufgeteilt in Punkt-, Linien und Flächengeometrien. Die Punktgeometrien, über die vorwiegend Solitärbäume, aber auch Baumgruppen, Friedhöfe, Parkanlagen, Kleingärten, Freibäder, Sport- und Spielplätze sowie ein Kahnfährhafen erfasst wurden, weisen insgesamt deutliche Abweichungen von der Darstellung der Orthophotos auf. Sie fallen insbesondere bei den erfassten Solitärbäumen ins Gewicht, da diese auch in der Realität punktuelle Elemente sind. Für die real eher flächigen Landschaftsbestandteile wie Friedhöfe, Sport- und Spielplätze, die nur aufgrund ihrer geringen Größe nicht als Fläche im Landschaftsplan erfasst wurden, sind die Abweichungen deutlich schlechter zu beziffern. Für die Solitärbäume sind in Einzelfällen Abweichungen von bis zu 30 Metern im Vergleich zu den Orthophotos festzustellen. Im Mittel liegen sie jedoch ungefähr bei 10 Metern. Für einen Teil der im Landschaftsplan erfassten Bäume lässt sich kein entsprechendes Pendant auf den Orthophotos ausmachen (vgl. Abb. 53).

Abb. 53: Landschaftsplan Pilotbetrieb Brandenburg: Beispiele für Solitärbäume, die mit geringer Genauigkeit erfasst wurden (links), Solitärbäume, deren Standort anhand des Orthophotos nicht nachzuvollziehen ist (rechts) (LGB 2001/2003, LP Pilotbetrieb Brandenburg 1996)

Zudem sind zum Teil Solitärbäume in Wäldern oder größeren Gruppen von Gehölzen erfasst worden, deren Standort sich nicht nachvollziehen lässt. Die wenigen als Punkt erfassten Baumgruppen lassen sich von den so erfassten Solitärbäumen anhand des Orthophotos nicht einmal unterscheiden (vgl. Abb. 54).

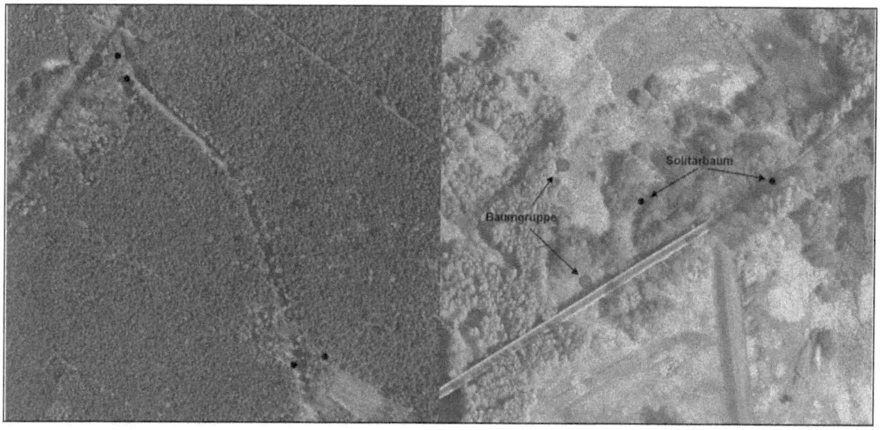

Abb. 54: Landschaftsplan Pilotbetrieb Brandenburg: Beispiele für Solitärbäume, die innerhalb von anderen Gehölzstrukturen erfasst wurden und deren Standort daher schlecht nachzuvollziehen ist (links), Solitärbäume, die anhand des Orthophotos nicht von Baumgruppen zu unterscheiden sind (rechts) (LGB 2001/2003, LP Pilotbetrieb Brandenburg 1996)

Abb. 55: Landschaftsplan Pilotbetrieb Brandenburg: Beispiele für starke Abweichungen im Bereich der linearen Landschaftsstrukturen (links: Gräben, rechts: Hecken) (LGB 2001/2003, LP Pilotbetrieb Brandenburg 1996)

Aufgrund der CAD-Herkunft des Datensatzes umfassen die als Linien erfassten Elemente der Biotoptypenkartierung sowohl lineare Strukturen der Landschaft als auch die Umrisse der als Flächen erfassten Strukturen (vgl. Kap. 4.3.3.6). Um eine getrennte Überprüfung der räumlichen Genauigkeit der linearen und flächigen Elemente zu ermöglichen, muss der Datensatz entsprechend aufgearbeitet werden. Alle auch in der Realität linearen Elemente (Hecken, Baumreihen, Fließgewässer) werden entsprechend in eine separate Datei exportiert. Trotz des Exports verbleiben die Hecken jedoch als flächige Elemente.

Baumreihen hingegen werden im Datensatz als Linien erfasst. Die Überprüfung dieser Daten zeigt, dass auch die linearen Elemente des Landschaftsplans deutliche Abweichungen im Vergleich zu den Orthophotos aufweisen. Abbildung 56 zeigt Beispiele für Gräben und Hecken im Untersuchungsgebiet, die jeweils 5 bis 15 Meter von der Darstellung im Orthophoto abweichen. Baumreihen können z.T. anhand der Orthophotos gar nicht identifiziert werden. Hier entsteht teilweise der Eindruck, dass die erfassten Daten nicht das zugehörige Untersuchungsgebiet wiedergeben.

Abb. 56: Landschaftsplan Pilotbetrieb Brandenburg: Beispiele für räumliche Ungenauigkeit in der Abgrenzung der flächig dargestellten Biotoptypen (links oben: Wohnbebauung, rechts oben: Feuchtwiesen, links unten: Feldgehölze, rechts unten: Laubholzforst) (LGB 2001/2003, LP Pilotbetrieb Brandenburg 1996)

Die flächigen Elemente des Landschaftsplans umfassen auch Grenzen von Schutzgebieten, wie z.B. Naturschutzgebieten, FFH-Gebieten und geschützten Landschaftsbestandteilen. Diese orientieren sich häufig nicht ausschließlich an Strukturen in der Landschaft, sondern auch an Verwaltungsgrenzen oder ähnlichem. Eine Überprüfung dieser Flächen aus der Kartierung wird daher nicht vorgenommen. Die in der Kartierung enthaltenen Siedlungsbiotope weichen bis auf wenige Einzelfälle durchgehend von den Darstellungen der Orthophotos ab, ebenso die weiteren Biotoptypen aus den Kategorien Acker und Grünland, Wälder und Forsten, Gehölze und Gewässer/Feuchtgebiete. Die Abweichungen liegen z.T. bei wenigen Metern und damit noch im angenommenen Toleranzbereich von +/- 10 Metern. Bei vielen Flächen weichen die erfassten Geometrien jedoch auch sehr stark (15 bis 20 Meter) von den Darstellungen der Orthophotos ab. Bei einigen Flächen führt auch die im CAD vorgenommene Digitalisierung der Geometrien zu Inkonsistenzen und Unklarheiten in der Darstellung (vgl. Kap. 4.3.3.6), was letztlich die Überprüfbarkeit der räumlichen Genauigkeit erschwert. Zudem sind auch Überlappungen von Flächen unterschiedlicher Biotoptypen zu verzeichnen, die wiederum weitere räumliche Ungenauigkeiten, aber auch thematische Zuordnungsfehler und Inkonsistenzen nach sich ziehen. Abbildung 56 zeigt an mehreren Beispielen die Ungenauigkeiten der Flächen in der Biotopkartierung für den Pilotbetrieb Brandenburg auf.

Die als Punktgeometrien abgegrenzten Biotop-/Nutzungstypen des Pilotbetriebs Sachsen-Anhalt weisen eine sehr hohe räumliche Genauigkeit auf. Lediglich in einzelnen Fällen weichen die vorwiegend über diesen Geometrietyp dargestellten Einzelbäume, landwirtschaftlichen Lagerstätten, Stillgewässer und Gebäude leicht von den Darstellungen des Orthophotos ab. Die Abweichungen betragen hier 1-5 Meter, in einem Fall sind es 7 Meter. Des Weiteren sind - ebenfalls in Einzelfällen - die erfassten Biotop-/Nutzungstypen im Orthophoto nicht zu erkennen. Dies betrifft i.d.R. Einzelbäume, die laut Biotop- und Nutzungstypenkartierung vorliegen, auf dem Orthophoto aber nicht an der betreffenden Stelle und auch nicht in unmittelbarem Umkreis auszumachen sind (Abb. 57).

Abb. 57: Biotop- und Nutzungstypenkartierung Sachsen-Anhalt : Beispiele für Einzelbäume, die mit hoher Genauigkeit erfasst wurden (links), Einzelbaum, der anhand des Orthophotos nicht zu erkennen ist (rechts) (LVermGeo 2005, LAU 2005)

Schwierigkeiten in der Bestimmung der räumlichen Genauigkeit treten zusätzlich dann auf, wenn ein eigentlich flächenhafter Landschaftsbestandteil wie z.B. Staudenfluren, Magerrasen und Gebüsche aufgrund seiner relativ geringen Größe als Punkt abgebildet wird (Abb. 58). Hier lässt sich zwar der erfasste Punkt mit der potenziell gemeinten Fläche auf dem Orthophoto in Verbindung bringen, die räumliche Abgrenzung des Biotop-/ Nutzungstyps lässt sich hier aber nicht auf ihre Korrektheit überprüfen.

Lineare Elemente wurden in der Biotop- und Nutzungstypenkartierung für Sachsen-Anhalt mit einer sehr hohen räumlichen Genauigkeit erfasst. Abweichungen von den Darstellungen im Orthophotos sind für keinen der erfassten Landschaftsbestandteile im überprüften Gebiet festzustellen.

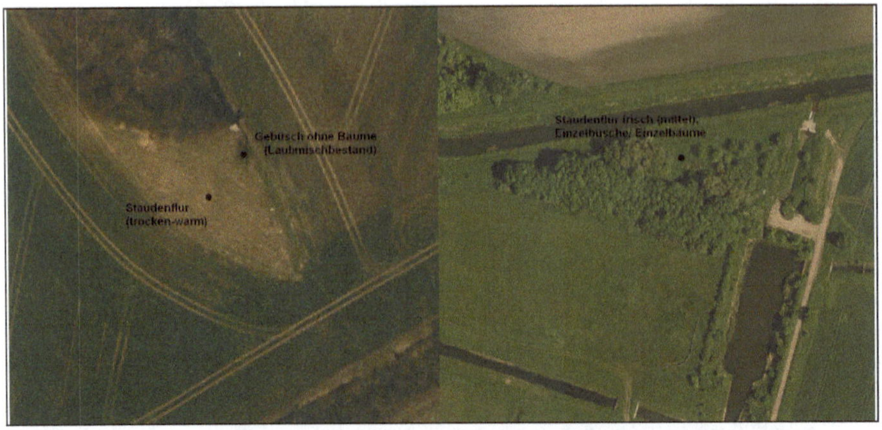

Abb. 58: Biotop- und Nutzungstypenkartierung Sachsen-Anhalt : Beispiele für als Punkt erfasste, flächige Strukturen, deren Abgrenzungen sich anhand des Orthophotos schlecht nachvollziehen lassen (LVermGeo 2005, LAU 2005)

In Abbildung 59 sind Beispiele für sehr genau abgegrenzte lineare Gehölzstrukturen (Hecken, Baumreihen), Fließgewässer und Feldwege zu finden.

Abb. 59: Biotop- und Nutzungstypenkartierung Sachsen-Anhalt: Beispiele für sehr genau abgegrenzte lineare Landschaftsbestandteile (links: Feldwege, Mitte: Fließgewässer, rechts: lineare Gehölzstrukturen) (LVermGeo 2005, LAU 2005)

Die Biotop- und Nutzungstypenkartierung weist auch bei den erfassten Flächen eine sehr hohe Genauigkeit auf. Geringe Abweichungen von den Darstellungen im Orthophoto sind hier z.B. dann festzustellen, wenn kleinere, punktuelle oder lineare Landschaftsbestandteile aufgrund ihrer geringen räumlichen Ausdehnung den flächigen zugeschlagen wurden. So sind zum Beispiel Straßen jeweils zur Hälfte in den angrenzenden flächigen Nutzungen enthalten (Abb. 60). Die Straße selbst ist als Linie erfasst. Die Abweichungen, die hierdurch entstehen liegen zwischen 2 und 5 Metern, sie liegen also im angenommenen Toleranzbereich von +/- 10 Metern. Auch bei der Abgrenzung von Grünland oder mit krautiger Vegetation bewachsener Flächen treten vereinzelt Ungenauigkeiten auf. Hier ist i.d.R. die Abgrenzung der Fläche anhand des Orthophotos nicht ausreichend nachvollziehbar (Abb. 60).

Abb. 60: Biotop- und Nutzungstypenkartierung Sachsen-Anhalt: Beispiele für geringe Abweichungen der flächigen Biotop-/ Nutzungstypen vom Orthophoto (links: Abweichungen durch Generalisierung im Bereich von Straßen, rechts: Abgrenzungen der Flächen anhand des Orthophotos nicht nachvollziehbar) (LVermGeo 2005, LAU 2005)

Aufgrund der überschaubaren Anzahl an Flächen, die aus den selektiven Biotopkartierungen relevant für die Pilotbetriebe Bayern und Baden-Württemberg II sind, wurden hier alle Flächen auf ihre räumliche Genauigkeit hin überprüft. Eine Stichprobe war nicht notwendig.

Das Gebiet um den Pilotbetrieb Baden-Württemberg II herum ist mit naturschutzfachlich wertvollen Flächen sehr gut ausgestattet. Insgesamt 42 Flächen überschneiden sich mit bzw. grenzen an die Flächen des Betriebs. Obwohl die Abgrenzung der Flächen offensichtlich mit einem hohen Detailgrad stattgefunden hat, lässt sich diese in knapp 50% der Fälle jedoch nicht am Orthophoto nachvollziehen. Insbesondere Magerrasen und die feucht geprägten Bereiche wie z.B. Röhrichte, Feuchtgebiete und Quellbereiche sowie Hohlwege sind auf den Orthophotos nur bedingt zu erkennen (vgl. Abb. 61).

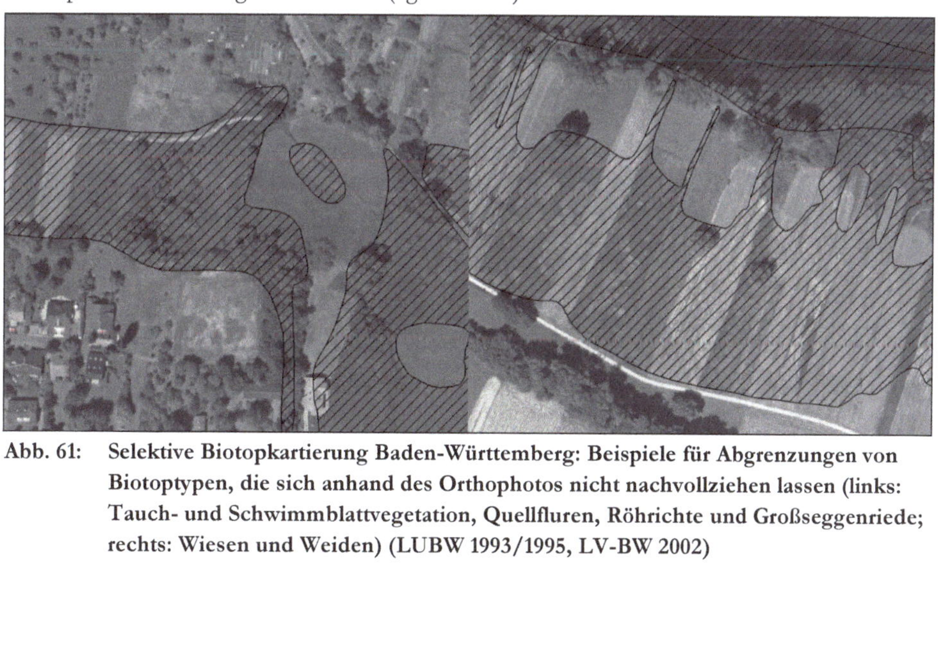

Abb. 61: Selektive Biotopkartierung Baden-Württemberg: Beispiele für Abgrenzungen von Biotoptypen, die sich anhand des Orthophotos nicht nachvollziehen lassen (links: Tauch- und Schwimmblattvegetation, Quellfluren, Röhrichte und Großseggenriede; rechts: Wiesen und Weiden) (LUBW 1993/1995, LV-BW 2002)

Eine Aussage über die räumliche Genauigkeit kann für diese Bereiche daher nicht getroffen werden. Vermutlich wurden für die Erfassung dieser Flächen neben den Orthophotos noch andere Grundlagen verwendet bzw. die Flächen wurden überwiegend im Gelände abgegrenzt.

Gehölzgeprägte Bereiche wie Wälder, Feldgehölze und Hecken lassen sich dagegen anhand des Orthophotos problemlos abgleichen (Abb. 62). Hier liegen die Abweichungen insgesamt zwischen 5 und 7 Metern. In Einzelfällen betragen sie 10 Meter. Die räumliche Genauigkeit bei den im Orthophoto erkennbaren Landschaftsstrukturen liegt damit überwiegend im Toleranzbereich.

Abb. 62: Selektive Biotopkartierung Baden-Württemberg: Beispiele für gehölzgeprägte Flächen, deren Abgrenzung sich gut anhand des Orthophotos nachvollziehen lässt (LUBW 1993/1995, LV-BW 2002)

Die selektive Biotopkartierung für den Pilotbetrieb Bayern weist Abweichungen auf, die den laut Maßstab tolerierbaren Bereich von +/- 5 Metern z.T. deutlich überschreiten. 10 der 14 für den Betrieb relevanten Flächen der Kartierung liegen mit ihren Abweichungen im Vergleich zum Orthophoto außerhalb des Toleranzbereiches. In einigen Fällen sind sogar Abweichungen von bis zu 20 Metern zu verzeichnen. Drei der Flächen weisen Abweichungen auf, die noch im Toleranzbereich liegen. Für eine Fläche kann die räumliche Genauigkeit nicht ausreichend überprüft werden, da Verschattungen auf dem Orthophoto das Nachvollziehen der Flächenabgrenzung erschweren. Beispiele für die räumlichen Ungenauigkeiten im Datensatz zeigt Abbildung 63. Diese können neben einer fehlerhaften Erhebung zum einen auf die große zeitliche Varianz zwischen der Erhebung der Daten in den 1980er Jahren (vgl. Kap. 4.3.3.2) und den für die Überprüfung verwendeten Orthophotos aus dem Jahr 2007 zurückzuführen sein. Zum anderen kann die durchgeführte Komplexkartierung Auswirkungen auf die Abgrenzung der Flächen haben. So können z.B. Saumstrukturen o.ä. als Nebenbiotoptypen in eine kartierte Fläche aufgenommen worden sein, da diese zum Biotopkomplex gehören. Eine genaue Verortung der Haupt- und Nebenbiotoptypen in der Gesamtfläche erfolgt allerdings nicht. So ist die Abgrenzung der Gesamtfläche in diesen Fällen aber anhand des Orthophotos deutlich schwerer nachzuvollziehen. Der Eindruck von vorliegenden räumlichen Ungenauigkeiten in der Abgrenzung kann entstehen.

Abb. 63: Selektive Biotopkartierung Bayern: Beispiele für Abweichungen in der Lagegenauigkeit um 5-8 Meter bei Feldgehölzen/ Hecken (links) und um 6-12 Meter bei Stillgewässern (rechts) (LfU 1984/1989, LVG 2007)

4.3.3.5 Thematische Genauigkeit

Das hohe Maß an Abweichungen in der räumlichen Genauigkeit der Biotopkartierung aus dem Landschaftsplan für den Pilotbetrieb Brandenburg hat auch starke Abweichungen in der thematischen Genauigkeit der Daten zur Folge. Somit sind hier insbesondere für die flächig abgegrenzten Biotoptypen Defizite in der thematischen Genauigkeit der Daten zu verzeichnen. Diese sind dabei unabhängig von bestimmten Biotoptypen, da die falsche geometrische Abgrenzung alle Bereiche der Kartierung betrifft. Aber auch bei den linearen und punktuellen Elementen sind thematische Ungenauigkeiten zu verzeichnen. An vielen Stellen wurden Elemente erfasst, die im Orthophoto nicht aufzufinden sind und daher nicht nur räumlich, sondern auch thematisch falsch sind. Dies trifft insbesondere auf Baumalleen und Solitärbäume zu, die in vielen Fällen im Orthophoto nicht (mehr) nachgewiesen werden konnten. Zudem entsprechen nicht alle im Datensatz angegebenen Biotoptypen in ihrer Bezeichnung denen des Biotoptypenschlüssels Brandenburg, was zu weiteren Unklarheiten im Bezug auf die Qualität der Daten führt, aber auch zu Inkonsistenzen in der Attributvergabe.

Die Daten der Biotop- und Nutzungstypenkartierung weisen dagegen ein sehr hohes Maß an thematischer Genauigkeit auf. Zum einen, da Ungenauigkeiten in Folge räumlicher Zuordnungsfehler entfallen (vgl. Kap. 4.2.3.4), zum anderen, da die Biotop-/Nutzungstypen des zugehörigen Kartierschlüssels mit einem hohen Maß an Richtigkeit zugeordnet wurden. Die Kartierung erfolgte zudem mit einem sehr hohen Detailgrad (vgl. Abb. 64). Viele der möglichen Untereinheiten, wie z.B. zuzuordnende Baumarten oder auch die zusätzlich möglichen Attribute zur Morphologie und Nutzung der Flächen wurden erfasst. Einzig für die Ackerbereiche ist die Biotop- und Nutzungstypenkartierung Sachsen Anhalt aus thematischer Sicht als nicht sehr genau einzustufen. Hier ist lediglich die Unterscheidung zwischen „Acker undifferenziert“ und „Acker mit Hopfenanbau“ vorzunehmen.

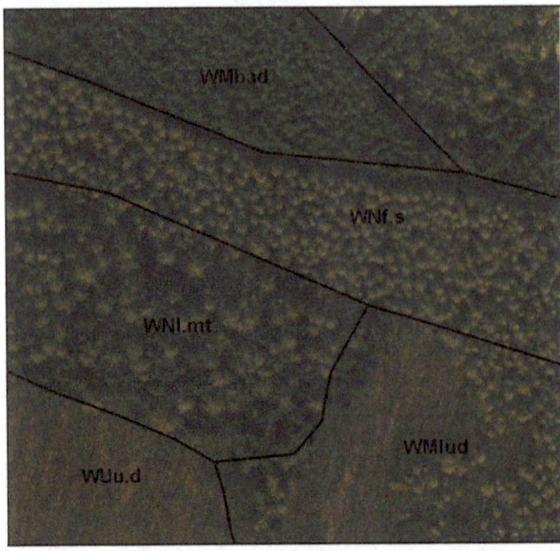

Wmbad: Mischwald (Hauptbaumart Birke, Nebenbaumart andere Nadelbaumart, Dickung)

Wmlud: Mischwald (Hauptbaumart Lärche, Nebenbaumart Buche, Dickung)

WNf.s: Nadelwald-Reinbestand (Fichte, Stangenholz)

WNl.mt: Nadelwald-Reinbestand (Lärche, schwaches Baumholz, mit Totholz)

WUu.d: Laubmischwald (Hauptbaumart Buche, Dickung)

Abb. 64: Biotop- und Nutzungstypenkartierung Sachsen-Anhalt: Beispiel für den hohen Detailgrad und die hohe thematische Genauigkeit der Kartierung (LVermGeo 2005, LAU 2005)

Abb. 65: Biotop- und Nutzungstypenkartierung Sachsen-Anhalt: Beispiel für eine anhand des Orthophotos nicht nachvollziehbare thematische Zuordnung von Flächen (LVermGeo 2005, LAU 2005)

Die erfassten Untertypen und zusätzlichen Attribute in der Biotop- und Nutzungstypenkartierung konnten nicht immer anhand des Orthophotos auf ihre Richtigkeit hin überprüft werden. So lassen sich z.B. Hauptbaumarten, forstliche Aspekte wie Dickung/ Stangenholz oder das Vorkommen von Totholz (vgl. erfasste Typen aus Abb. 64) schlecht nachvollziehen. Auf der Ebene der Struktureinheiten waren aber in jedem Fall alle Flächen auf ihre thematische Zuordnung hin anhand des Orthophotos überprüfbar. Insgesamt konnte hier nur bei einzelnen Flächen eine nicht nachvollziehbare Zuordnung der Biotop-/Nutzungstypen festgestellt werden. Dies trifft auch auf die anhand des Orthophotos überprüfbaren weiteren Untertypen und Attribute zu. Ein Beispiel für eine nicht nachvollziehbare Zuordnung zeigt Abbildung 65. Hier wurden zwei Flächen als Punktgeometrien in der Kartierung erfasst und mit den Typen bzw. Attributen „Kleingarten/ Bungalowsiedlung, gering versiegelt, gehölzfrei“ und „Übriger Sieldungsbereich, überwiegend Industrie/ Gewerbe/ Landwirtschaft, landwirtschaftliche Produktionsstätte“ belegt. Beide Zuordnungen lassen sich im Gegensatz zu der dritten, in der Abbildung enthaltenen, nicht mit den Darstellungen des Orthophotos belegen.

Die den selektiven Biotopkartierungen zugrundeliegende Erfassung von Biotopkomplexen erschwert neben der Überprüfung der räumlichen Genauigkeit der Daten auch die Überprüfung der thematischen Genauigkeit. Insbesondere der Abgleich der räumlich nicht verorteten

Nebenbiotoptypen ist allein auf Basis der Orthophotos nur bedingt möglich. Für die vorliegenden Untersuchungsergebnisse wurden daher maßgeblich die Hauptbiotoptypen einer Kontrolle unterzogen. Die Nebenbiotoptypen wurden ebenfalls soweit möglich überprüft. Da dies aber nicht durchgehend möglich war, fließen diese Ergebnisse später nicht in die Bewertung ein.

Obwohl die räumliche Abgrenzung der Flächen im bayerischen Datensatz der selektiven Biotopkartierung deutliche Mängel aufwies, ist die thematische Genauigkeit insgesamt als gut einzustufen. Trotz des Alters der Kartierung sind die vergebenen Hauptbiotoptypen der Flächen deutlich im Orthophoto auszumachen. Auch die zu den Biotoptypenkomplexen zugehörigen Nebenbiotoptypen sind nachvollziehbar zuordnet, wenn auch sie nicht immer im Orthophoto zu erkennen sind. Dies wird aber vorrangig dadurch erschwert, das die Typen innerhalb der Gesamtkomplexfläche nicht verortet sind. Die weiteren Angaben der Kartierung aus Bayern, wie z.B. der zugehörige Bearbeiter, das Erfassungsdatum oder der Schutzstatus können nicht auf ihre thematische Genauigkeit hin überprüft werden.

Auch die in der selektiven Biotopkartierung für den Pilotbetrieb Baden-Württemberg II vorliegenden Hauptbiotoptypen wurden bei den bereits räumlich genau abgegrenzten Flächen korrekt zugeordnet. Schwierigkeiten in der Nachvollziehbarkeit der Angaben treten hier jedoch bei den Flächen auf, bei denen die räumliche Abgrenzung offensichtlich auch anhand von weiterführenden Fachinformationen wie Bodenkarten oder auch anhand von Geländebegehungen vorgenommen wurde (vgl. Abb. 61 und Kap. 4.3.3.4). Dies trifft auf etwa 50% der erfassten Flächen für den Pilotbetrieb Baden-Württemberg II zu. Hier lässt sich auch die thematische Richtigkeit der Angaben nicht nur allein auf Basis der Orthophotos bestätigen, obwohl davon ausgegangen werden muss, dass diese zutrifft, insbesondere dann, wenn es sich um gesetzlich geschützte Bereiche handelt. Wie auch bei der Kartierung aus Bayern lassen sich weiterführende Angaben zu den Flächen nicht überprüfen und können daher auch nicht in die Bewertung mit aufgenommen werden.

4.3.3.6 Konsistenz

Grundlage für Biotopkartierung sind im allgemeinen die Standard-Biotoptypenschlüssel (auch Biotoptypenkatalog), die von den Naturschutzverwaltungen der Länder bzw. deren angeschlossenen Fachbehörden herausgegeben werden (Hänel 2007, Kirsch-Stracke & Reich 2004). Für Niedersachsen, Bayern, Baden-Württemberg und Sachsen-Anhalt stehen die vollständigen Kartieranleitungen im Internet zur Verfügung. Brandenburg bietet zumindest die landesweite Biotoptypenliste zum Download an. In Baden-Württemberg können auch digitale Versionen des Schlüssels als Datenbank oder im ASCII-Format beim zuständigen Landesamt bezogen werden (Breunig et al. 2001). Der Einsatz einheitlicher Kartierschlüssel ist von Vorteil, da hiermit die Kompatibilität von Kartierungen gewährleistet ist und die überregionale Austauschfähigkeit sowie die Fortschreibung der Daten erleichtert werden (Kirsch-Stracke & Reich 2004). In Brandenburg ist die Verwendung der landesweiten Kartieranleitung so z.B. für alle vom Landesumweltamt (LUA), der Landesarbeitsgemeinschaft für Selbsthilfeförderung Brandenburg e.V. (LAGS) oder der Landesforstanstalt Eberswalde (LFE) durchgeführten oder koordinierten Kartierungen in vollem Umfang verbindlich (LUA 2003). Darüber hinaus existieren aber auch Schlüssel, die für einen bundesweiten Einsatz vorgesehen sind, beispielsweise die Systematik der Biotoptypen- und Nutzungstypenkartierung (BfN 2002b), die Standard-Biotoptypenliste für Deutschland (Riecken et al. 2003) sowie die Anleitung für die flächendeckende Biotopkartierung im besiedelten Bereich (Schulte et al. 1993). Erweiterungen der Kartierschlüssel können sinnvoll sein, um die selektiven Kartierungen mit Biotoptypen der intensiv genutzten Kulturlandschaft und der Siedlungsbereiche zu ergänzen oder auch um regionale Besonderheiten der Landschaft zu erfassen (Kirsch-Stracke & Reich 2004). Trotz Vorgaben durch die Länder können sich daher regional oder auch lokal, z.B. für die Erstellung eines Landschaftsplans, angewendete Kartierschlüssel von den auf Landesebene eingesetzten unterscheiden.

Die Biotoptypenschlüssel der Länder machen unabhängig davon, ob sie für eine flächendeckend oder eine selektive Erfassung von Biotopen vorgesehen sind, detaillierte Vorgaben zur Erfassung der Biotope. Neben den eigentlichen Biotoptypenlisten sind dabei auch Vorgaben zur räumlichen Abgrenzung von Flächen, wie zu verwendende Geometrien (vgl. Tab. 37) und Mindestgrößen in den Kartierschlüsseln enthalten. In Brandenburg können z.B. nur Flächen, die größer als 0,5 ha sind, als Hauptbiotope erfasst werden. Ausnahmen von dieser Mindestgröße gelten vor allem für kleinere, bedeutsame Biotopen wie Sölle, ökologisch wertvolle Waldbestände, § 32a-Biotope und FFH-Lebensraumtypen (LUA 2003). Des Weiteren definiert der Kartierschlüssel Brandenburg auch die Unterschiede zwischen Haupt- und Begleit-/ Nebenbiotopen (ebd.).

Tab. 37: Definition der zu verwendenden Geometrietypen für die Biotopkartierung in Brandenburg (LUA 2003)

Geometrietyp	
Punkte	Biotope mit einer Flächengröße <0,5 ha und unter 100 m Länge.
Linien	Erfassung bis maximal 15 m Breite und minimal 100 m Länge. Linienbiotope, die untereinander verbunden sind und dem gleichen Biotoptyp angehören, können unter einer Gebietsnummer zusammengefasst werden
Flächen	Biotope ab einer Mindestgröße von 0,5 ha und einer Mindestbreite von > 15 m.

Für die CIR-gestützte Biotop- und Nutzungstypenkartierung in Sachsen-Anhalt ist eine Mindestgröße von 0,25 ha für die kleinste zu kartierende Fläche festgelegt worden (LAU 2007). Das entspricht auf Karte und Luftbild (jeweils im Maßstab 1 : 10 000) einer Fläche von 5 x 5 Millimeter, im Gelände real 50 x 50 Meter. Kleinere Elemente können jeweils mit Punktgeometrien erfasst werden. Strukturen mit weniger als 10 Meter Breite und mehr als 100 Meter Länge werden in Sachsen-Anhalt nicht als Fläche, sondern als Linie kartiert. Linienbegleitende Strukturen, wie z.B. Baumreihen an Wegen oder Gräben an Feldwegen, werden nicht gesondert kartiert, sondern als zusätzliche Linieneigenschaft vermerkt. Dies führt dazu, dass für Liniengeometrien bis zu drei Biotoptypen in der untersuchten Kartierung vorliegen. Vergleichbar mit den Schlüsseln aus Brandenburg und Sachsen-Anhalt sehen auch die Schlüssel der übrigen untersuchten Bundesländer Baden-Württemberg, Bayern und Niedersachsen Mindestgrößen und weitere Erfassungskriterien vor (vgl. Breunig et al. 2001, Drachenfels 2004, LfU 2007a,b).

Des Weiteren liefern die Kartierschlüssel auch umfangreiche Vorgaben zur Erfassungsmethodik wie z.B. Vorgaben für die Erstellung von Arbeitskarten und genaue Erfassungsbögen, in denen Felder bei der Kartierung nur ausgelassen werden dürfen, wenn dies explizit im Erfassungsbogen vermerkt ist (LUA 2003). Der Grundbogen zur Erfassung der Biotope in Brandenburg umfasst z.B. folgende Angaben: Biotopbeschreibung, Nummerierung und Kartierintensität. Für die Haupt- und Begleitbiotoptypen sollen neben dem Biotoptypencode auch die Biotopausbildung (besonders typisch, typisch, untypisch, nicht bewertbar), der Schutz nach § 32/ FFH-Richtlinie und der Erhaltungszustand nach FFH-Richtlinie erfasst werden. Für die Begleitbiotope ist zusätzlich die Angabe des Flächenanteils obligatorisch. Darüber hinaus sollen für die kartierten Flächen Angaben zur Oberflächenstruktur (Relief, Exposition) und zur Vegetation (Deckungsgrad für die einzelnen Vegetationsschichten) gemacht werden. Zusätzlich zum Grundbogen existieren noch Wald- und Gewässerbögen sowie Vegetationsbögen für eine noch detailliertere Aufnahme der entsprechenden Biotope. Für alle zu erhebenden Attribute liegen konkrete Attributwerte, d.h. ein Code mit entsprechender Erläuterung vor. Lediglich die Beschreibung der einzelnen Flächen erfolgt verbal ohne vorgegebene Kategorien (LUA 2003).

Die Kartieranleitung für die Biotop- und Nutzungstypenkartierung in Sachsen-Anhalt sieht i.d.R. mehrere, z.T. bis zu vier nicht hierarchische Merkmale für die Beschreibung der Flächen vor. Diese Merkmale sind zumeist Strukturmerkmale (z. B. „Verbuschung"), seltener im CIR-Luftbild erkennbare Standortmerkmale (z. B. „trocken", „feucht"). Ausschließlich mittels terrestrischer Kartierungen zu erfassende Standortmerkmale (z. B. „bodensauer") sind nicht im Kartierschlüssel vorgesehen (LAU 1992). Abbildung 67 zeigt ein Beispiel für einen Biotop- und Nutzungstypen aus dem Kartierschlüssel Sachsen-Anhalt, der mit Hilfe eines potenziell sechsstelligen Codes abgebildet wird. Zusätzlich zu den Struktur- und Standortmerkmalen sieht der Schlüssel noch jeweils ein Attribut für die Morphologie und die Nutzung der Flächen vor, die an 7. und 8. Stelle des Codes erscheinen können.

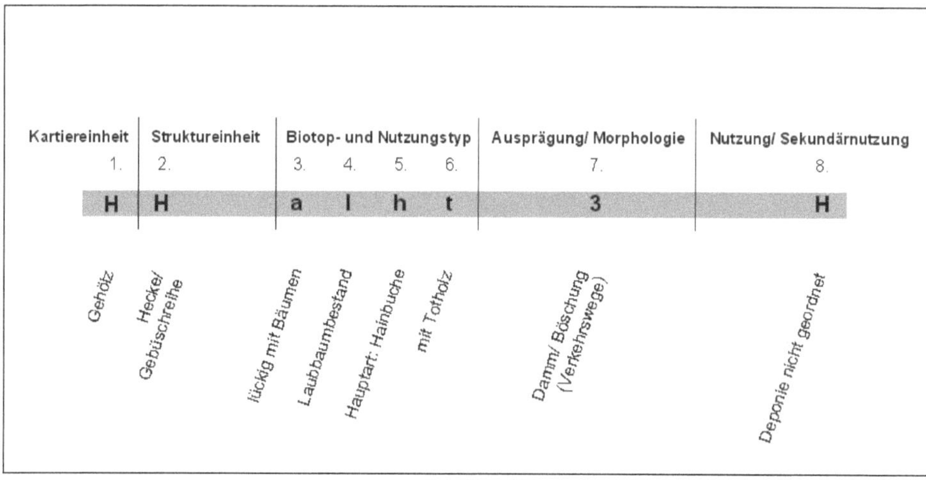

Abb. 66: Definition von Biotoptypen mit Hilfe sechsstelliger Codes und zwei weiteren codierten Attributen in der Kartieranleitung für die Biotop- und Nutzungstypenkartierung Sachsen-Anhalt (LAU 1992)

Eine Überprüfung der vorliegenden Kartierungen für die Pilotbetriebe Baden-Württemberg II, Bayern, Brandenburg und Sachsen-Anhalt mit Hilfe von OpenJump und die visuelle Kontrolle von Geometrien und Attributtabellen führt zu den folgenden Ergebnissen: Die Biotopkartierung aus dem Landschaftsplan für den Pilotbetrieb Brandenburg weist ein erhöhtes Maß an Topologiefehlern auf. Etwa ein fünftel der als Fläche erfassten Biotope enthalten Fehler. Hierbei handelt es sich überwiegend um Selbstüberschneidungen. Zum Teil werden diese durch Inselflächen hervorgerufen, die aufgrund der verwendeten Digitalisierform im CAD mit einer Linie mit dem Rand des umgebenen Polygons verbunden sind (Abb. 67). Darüber hinaus bestehen Überlappungen zwischen den flächigen Biotopen, das heißt eine Fläche ist mit mehreren Biotoptypen belegt. Dies hat neben den Inkonsistenzen auch thematische Fehler zur Folge.

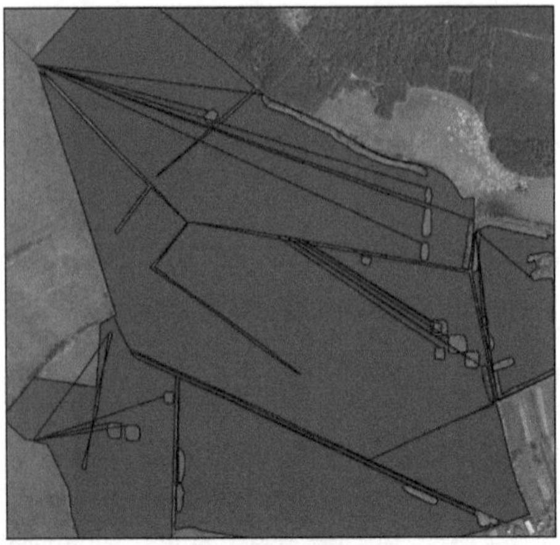

Abb. 67: Landschaftsplan Pilotbetrieb Brandenburg: Beispiel für Inkonsistenzen in den Geometrien des Datensatzes - Inselflächen, die mit einer Linie mit dem Rand des umgebenen Polygons verbunden sind (LGB 2001/2003, LP Pilotbetrieb Brandenburg 1996)

Zudem sind sowohl die flächigen als auch die linearen und punktförmigen Biotope z.T. redundant erfasst worden. Es liegen daher viele Datenduplikate vor, die vor einer weiteren Verwendung der Daten aus den Datensätzen entfernt werden müssten. Die CAD-Herkunft des Datensatzes führt dazu, dass Signaturen, die im CAD für die Darstellungen verwendet wurden und nichts mit der eigentlichen Geometrie der Flächen zu tun haben, im GIS als Geometrie dargestellt werden. So wurde z.B. im CAD eine Signatur aus drei Kreisen für Baumgruppen verwendet. Nach dem Export sind diese Kreise als Polygone ins GIS übernommen worden und verorten nun die Baumgruppen- unabhängig von der eigentlichen Größe der Flächen und der Anzahl an Bäumen in der Baumgruppe. Auch bei der Vergabe der Attribute weist der brandenburgische Datensatz Inkonsistenzen auf. Die laut mitgelieferter Legende vergebenen Biotoptypen stimmen nicht vollständig mit den in der Attributtabelle des Datensatzes enthaltenen Typen überein (z.B. Biotoptyp Wohnbebauung). Zudem ist die mitgelieferte Legende nicht vollständig, so dass mehr Biotoptypen in der Attributtabelle enthalten sind, als in der Legende angegeben. Möglich ist auch, dass hier die Legende nicht vollständig mitgeliefert wurde.

Im Gegensatz zu den brandenburgischen Daten weisen die selektiven Biotopkartierungen der Länder sowie die Biotop- und Nutzungstypenkartierung aus Sachsen-Anhalt weit weniger Inkonsistenzen auf. Auch für den Datensatz der Biotop- und Nutzungstypenkartierung zeigt die Qualitätskontrolle von OpenJump zwar Selbstüberschneidungen an. Hierbei handelt es sich jedoch um geschlossene Flächen mit Aussparung, vergleichbar mit den Geometrieformen, die auch für das DLM zulässig sind (vgl. Kap. 4.1.3.6, Abb. 36 und Abb. 37). Überschneidungen verschiedener Flächen oder Lücken in den Daten können bei der weiteren, visuellen Überprüfung der Geometrien nicht ausgemacht werden. Allerdings sind bei einigen kartierten Elementen der Biotop- und Nutzungstypenkartierung Sachsen-Anhalt die Grenzen der Erfassungskriterien nur bedingt nachzuvollziehen. So wurden vor allem punktförmige Elemente nicht durchgehend einheitlich erfasst. Dies betrifft z.B. Einzelbäume und auch Staudenfluren, die aufgrund ihrer geringen Größe z.T. ebenfalls als Punkte erfasst wurden. Abbildung 68 zeigt zwei Beispiele für erfasste Staudenfluren, deren Nachbarflächen vergleichbare Strukturen im Orthophoto aufweisen, aber nicht im Datensatz enthalten sind.

Die Attribute der Biotop- und Nutzungstypenkartierung wurden insgesamt entsprechend dem vorliegenden Kartierschlüssel vergeben. In Teilen wurden allerdings Kürzel, die den Biotop charakterisieren in Großbuchstaben, in Teilen aber auch in Kleinbuchstaben vergeben. Dies erschwert insbesondere statistische Auswertungen und die Erstellung einheitlicher Legenden. Hierfür muss der Datensatz dementsprechend zuvor noch bearbeitet werden.

Abb. 68: Biotop- und Nutzungstypenkartierung Sachsen-Anhalt: Beispiele für nicht durchgängig erfasste Biotope (in beiden Bildern: punktförmig erfasste Staudenfluren) (LVermGeo 2005, LAU 2005)

Die selektive Biotopkartierung aus Bayern weist eine Selbstüberschneidung auf, die optisch ebenfalls, wie auch bei der Biotop- und Nutzungstypenkartierung Sachsen-Anhalt, eine Fläche mit einer Aussparung ist. Aufgrund der geringen Größe dieser Aussparung von unter 4 Metern ist jedoch eher auf einen Digitalisierfehler zu schließen. Die selektive Kartierung für den Pilotbetrieb Baden-Württemberg II weist gar keine Überprüfungsfehler auf. Auch andere Inkonsistenzen wie Überschneidungen unterschiedlicher Biotope oder Duplikate sind bei beiden selektiven Kartierungen nicht zu verzeichnen. Die Gefahr der Überschneidungen ist jedoch hier auch viel geringer, da die Biotope nicht flächenhaft erfasst wurden und daher auch die Geometrien nicht flächendeckend und mit topologisch korrekten Anschlüssen digitalisiert werden müssen.

4.3.3.7 Qualität der Metadaten

Bei keinem der untersuchten Datensätze zu den Biotopkartierungen liegen Metainformationen in einer eigenen Datei vor, die den von der ISO 19115 geforderten Standards gerecht wird. Insgesamt liegen die geforderten Metainformationen verteilt vor, der Datennutzer muss sie aus verschiedenen Quellen zusammenstellen (vgl. Tab. 38). Allgemein gültige Informationen, insbesondere zu den Biotopkartierungen auf Landesebene (selektive Kartierung, Biotop- und Nutzungstypenkartierung), stehen auf den Seiten der Landesumweltämter und in den zugehörigen Kartierschlüsseln und -anleitungen zur Verfügung. Thema und Erfassungsmethode sind hier im Detail erläutert. Wie aktuell die Daten sind, wurde für die selektiven Kartierungen in Baden-Württemberg und Bayern auch in der Attributtabelle der Datensätze vermerkt. Für die Datensätze aus Brandenburg lässt sich diese Angabe zumindest aus dem zugehörigen Planwerk, dem Landschaftsplan, bzw. auf den Seiten des zugehörigen Landesumweltamtes ausfindig machen. Informationen zur eher technischen Beschaffenheit der Daten wie z.B. deren geografische Lage oder Projektion liegen nicht für alle untersuchten Datensätze vor.

Tab. 38: Vorliegende Metadaten zu den untersuchten Biotopkartierungen aus Baden-Württemberg, Bayern, Brandenburg und Sachsen-Anhalt

Geforderte Metainformation	Baden-Württemberg II	Bayern	Brandenburg	Sachsen-Anhalt
Thema	**Information liegt vor** – Geodatenkataloge – Internetseiten des Landesumweltamtes – Kartierschlüssel	**Information liegt vor** – Geodatenkataloge – Internetseiten des Landesumweltamtes – Kartierschlüssel – Beiliegende PDF-Dokumentation	**Information liegt vor** – Internetseiten des Landesumweltamtes – Kartierschlüssel – Zugehöriges Planwerk (LP)	**Information liegt vor** – Geodatenkataloge – Internetseiten des Landesumweltamtes – Kartierschlüssel – Beiliegende PDF-Dokumentation
Geografische Lage der Geodaten	**Information liegt nicht vor**	**Information liegt vor** – Beiliegende PDF-Dokumentation	**Information liegt nicht vor**	**Information liegt vor** – Interseiten des Landesumweltamtes – Nutzungsvereinbarung
Erfassungsdatum	**Information liegt vor** – Attributtabelle des Datensatzes	**Information liegt vor** – Attributtabelle des Datensatzes	**Information liegt nicht vor**	**Information liegt nicht vor**
Erfassungsmethode	**Information liegt vor** – Kartierschlüssel	**Information liegt vor** – Kartierschlüssel	**Information liegt vor** – Kartierschlüssel	**Information liegt vor** – Kartierschlüssel
Maßstab	**Information liegt vor** – Geodatenkataloge – Internetseiten des Landesumweltamtes – Kartierschlüssel	**Information liegt vor** – Internetseiten des Landesumweltamtes – Kartierschlüssel – Beiliegende PDF-Dokumentation	**Information liegt vor** – Zugehöriges Planwerk (LP)	**Information liegt vor** – Internetseiten des Landesumweltamtes – Kartierschlüssel
Aktualität	**Information liegt vor** – Attributtabelle des Datensatzes	**Information liegt vor** – Attributtabelle des Datensatzes – Internetseiten des Landesumweltamtes	**Information liegt vor** – Zugehöriges Planwerk (LP) – Landschaftsplanverzeichnis des BfN	**Information liegt vor** – Internetseiten des Landesumweltamtes
Lagegenauigkeit	**Information liegt nicht vor**	**Information liegt nicht vor**	**Information liegt nicht vor**	**Information liegt nicht vor**
Herausgeber	**Information liegt vor** – Geodatenkataloge – Internetseiten des Landesumweltamtes	**Information liegt vor** – Geodatenkataloge – Internetseiten des Landesumweltamtes	**Information liegt vor** – Landschaftsplanverzeichnis des BfN	**Information liegt vor** – Geodatenkataloge – Internetseiten des Landesumweltamtes
Kosten	**Information liegt vor** – Internetseiten des Landesumweltamtes	**Information liegt vor** – Internetseiten des Landesumweltamtes	**Information liegt nicht vor**	**Information liegt vor** – Internetseiten des Landesumweltamtes
Datenformat	**Information liegt vor** – Internetseiten des Landesumweltamtes	**Information liegt vor** – Internetseiten des Landesumweltamtes	**Information liegt nicht vor**	**Information liegt vor** – Internetseiten des Landesumweltamtes
Referenzsystem/ Projektion	**Information liegt nicht vor**	**Information liegt vor** – Internetseiten des Landesumweltamtes	**Information liegt nicht vor**	**Information liegt vor** – Internetseiten des Landesumweltamtes

Explizite Angaben zur Lagegenauigkeit werden für keinen der untersuchten Datensätze gemacht. Hier wurden für alle Datensätze Werte anhand von angegebenem Maßstab und der Faustformel nach Schukraft & Lenz (2005) angenommen. Insbesondere für die Biotopkartierung aus dem Landschaftsplan für den Pilotbetrieb Brandenburg lassen sich diese Angaben nur schwer zusammenstellen. Der Datensatz ist im Vergleich zu den landesweit vorliegenden Kartierungen deutlich am schlechtesten dokumentiert. Die Landesumweltämter Bayern und Sachsen-Anhalt liefern hingegen mit den Daten Dokumentationen im DOC- oder PDF-Format mit, die zumindest Teile der Metainformationen beinhalten. Insgesamt liefern die Internetseiten der Landesumweltämter am meisten Informationen zu den Daten, z.T. sind diese auch zu den landesweiten Kartierungen bei Geodatenportalen hinterlegt (vgl. Kap. 4.3.2).

4.3.4 Einsetzbarkeit des Datensatzes für das landwirtschaftliche Naturschutzmanagement

Die Untersuchung zeigt, das Biotoptypenkartierungen sehr unterschiedliche Qualitäten aufweisen, auch abhängig davon, in welchem Kontext sie erzeugt wurden. Die Verfügbarkeit der Datensätze ist insgesamt als bedingt geeignet bis nicht geeignet einzustufen. Über die landesweiten Erhebungen (Biotop- und Nutzungstypenkartierung, selektive Biotopkartierung) lassen sich zwar Informationen über Internetsuchmaschinen und Geodatenportale ausmachen. Diese sind jedoch als nicht ausreichend für die Nutzer einzustufen, denen die Existenz der Datensätze nicht bekannt ist. Ist bekannt, dass die Landesumweltämter die Daten herausgeben, ist die Verfügbarkeit der Daten als deutlich besser einzustufen, da hier Informationen zu den Kartierungen veröffentlicht werden sowie i.d.R. auch Download- oder Bestellmöglichkeiten bestehen. Informationen zu Landschaftsplänen und entsprechenden Biotopkartierungen sind dagegen deutlich schlechter zugänglich. Hier verfügt zwar das BfN über ein umfassendes Verzeichnis der bestehenden und unter Bearbeitung stehenden Planwerke. Es ist jedoch davon auszugehen, dass dieses Verzeichnis landwirtschaftlichen Datennutzern nicht bekannt ist. Über Internetsuchmaschinen und Geodatenportale sind Landschaftspläne allenfalls auszumachen, wenn sie für eine konkrete Gemeinde gesucht werden. Die Formate, in denen die verschiedenen Biotopkartierungen bereitgestellt werden, sind unterschiedlich. Gängigstes Format scheint das SHP-Format der Firma ESRI GmbH zu sein. Es wurden aber auch Daten im CAD-Format DXF zur Verfügung gestellt. Letztere sind für einen Import in ein GIS als nachteilig anzusehen, da das CAD keine Sachdaten vorhält und daher nur eine eingeschränkte Vermittlung von Informationen über die Daten stattfinden kann. Ob Nutzungsbedingungen für die Biotopkartierungen vorliegen, wird von den jeweiligen Datenbereitstellern nur bedingt deutlich gemacht. Eine explizite Nutzungsvereinbarung wurde nur vom Landesumweltamt Sachsen-Anhalt für die Nutzung der Biotop- und Nutzungstypenkartierung getroffen. Demzufolge sind dem Nutzer die Verwendungsmöglichkeiten der Daten nicht in vollem Umfang klar.

Der Informationsgehalt der Kartierungen ist insgesamt als sehr gut geeignet für das landwirtschaftliche Naturschutzmanagement einzustufen. Insbesondere Landschaftspläne und die Biotop- und Nutzungstypenkartierungen können aufgrund des flächendeckend erfassten Biotopbestandes zum einen einen vollständigen Eindruck der Landschaft vermitteln (inkl. anthropogen geprägter Flächen) als auch wertvolle Informationen über die Biotoptypen hinaus liefern. So enthalten die Kartierungen letztlich auch Informationen zu Vegetation, Standorteigenschaften, dem Schutzstatus von Flächen, Pflanzengesellschaften und u.U. auch einzelnen Tier- und Pflanzenarten. Die selektive Biotopkartierung enthält zwar detaillierte Angaben zu den naturschutzfachlich wertvollen Flächen in der Landschaft, wird aber aufgrund der nicht flächendeckenden Erfassung und der eingeschränkten Bandbreite an erfassten Biotoptypen insgesamt als nur bedingt geeignet für die Anwendung im landwirtschaftlichen Naturschutzmanagement eingestuft.

In Hinblick auf die Aktualität sind sowohl die selektiven Biotopkartierungen aus Baden-Württemberg und Bayern als auch die Biotopkartierung aus dem Landschaftsplan für den Pilotbetrieb Brandenburg als nicht geeignet anzusehen. Die Anforderung, dass die Daten nicht älter als 5 Jahre sein sollen, wird hier weit verfehlt. Die Daten der selektiven Biotopkartierungen stammen aus den Jahren 1984-1989 (Bayern) und 1993-1995 (Baden-Württemberg), die Kartierung aus dem Landschaftsplan aus dem Jahr 1996. Laut Fuchs et al. (2007) wurden die selektiven Kartierungen in Baden-Württemberg und Bayern zwar z.T. fortgeschrieben. Für die fraglichen Gebiete ist diese Aktualisierung aber anscheinend noch nicht oder ohne nach sich ziehende Veränderungen des Datensatzes erfolgt. Insgesamt zeigt sich, dass Aktualisierungen dieses landesweiten Datensatzes nur z.T., nicht immer flächendeckend und auch nicht in regelmäßigen Abständen vorgenommen werden (vgl. Fuchs et al. 2007). Die Aktualität der selektiven Kartierungen wird auch über den in dieser Arbeit untersuchten Anwendungszweck hinaus als ungeeignet zur Abbildung des realen Zustandes und der Entwicklungen der Landschaft eingestuft. Die notwendigen Fortschreibungen der Daten alle 5-10 Jahre sind laut Hänel (2007) angesichts des ständigen Wandels der Landschaft hervorgerufen z.B. durch anthropogene Tätigkeit und Sukzession immer schwerer zu bewerkstelligen. Es ist demnach nicht damit zu rechnen, dass bundesweit aktuelle Daten auf diesem Sektor zu Verfügung stehen. Auch der Landschaftsplan für den Pilotbetrieb Brandenburg wurde inzwischen fortgeschrieben. Die zugrundeliegende Kartierung wurde jedoch nicht überarbeitet. Im Vergleich mit anderen Landschaftsplänen in der BRD ist der vorliegende in punkto Aktualität durchaus repräsentativ. Auch wenn die Durchsicht des Landschaftsplanverzeichnisses des BfN zeigt, dass aktuell viele Landschaftspläne in Bearbeitung sind und damit (hoffentlich bald) mit einer, dem landwirtschaftlichen Naturschutzmanagement angemessenen Aktualität zur Verfügung stehen-viele der bisher bestehenden Planwerke wurden in den 80er und 90er Jahren erstellt. Lediglich die Biotop- und Nutzungstypenkartierung aus Sachsen-Anhalt entspricht mit ihrem Erstellungsjahr 2005 den Anforderungen des landwirtschaftlichen Naturschutzmanagements. Sachsen-Anhalt ist jedoch das einzige Bundesland, in dem eine CIR-gestützte Kartierung mit so hoher Aktualität vorliegt. In anderen Bundesländern, die bereits über einen solchen Datensatz verfügen, ist eine Fortschreibung allenfalls geplant, aber noch nicht durchgeführt (vgl. Kap. 4.3.3.2).

Die in den Anforderungen der Nutzer eher zweitrangige zeitliche und thematische Vollständigkeit der Daten liegt bei allen untersuchten Datensätzen in vergleichbarem Maße vor. Hier bestehen in der Nutzbarkeit der Daten keine Einschränkungen. Die räumliche Vollständigkeit der Biotopkartierungen ist jedoch nur bei der Biotop- und Nutzungstypenkartierung aus Sachsen-Anhalt gegeben. Dieser Datensatz liegt flächendeckend für das Bundesland vor und erfasst die gesamte Landschaft, so dass hier für den untersuchten landwirtschaftlichen Pilotbetrieb räumlich vollständige Informationen zu den Biotopen und Nutzungen vorliegen. Die Kartierung aus dem Landschaftsplan deckt zwar auch eine gesamte Gemeinde ab. Ist der untersuchte Betrieb jedoch so groß, dass er die Gebiete mehrerer Gemeinden berührt, ist die Vollständigkeit nur dann gegeben, wenn auch für alle diese Gemeinden Landschaftspläne vorliegen. Biotopkartierungen aus Landschaftsplänen werden daher als nur bedingt geeignet für das landwirtschaftliche Naturschutzmanagement in Hinblick auf ihre Vollständigkeit bewertet. Selektive Biotopkartierungen liegen zwar auf landesweiter Ebene und hier grundsätzlich auch flächendeckend vor. Da sie jedoch nur den naturschutzfachlichen wertvollen Biotopbestand erfassen, fehlen Informationen zur Landschaft, insbesondere zu den anthropogen geprägten Flächen, die für den Landwirt durchaus von Interesse sind (wie z.B. das Wegenetz). Die Daten erhalten daher aus Sicht der Anforderungen für den Anwendungszweck des landwirtschaftlichen Naturschutzmanagements - vergleichbar mit dem Informationsgehalt - die Einstufung „bedingt geeignet".

Der Maßstab aller untersuchten Biotoptypenkartierungen entspricht in hohem Maße den Anforderungen. Alle Kartierungen wurden in einem Maßstab von 1:10.000 oder größer erstellt. Das Landesamt Baden-Württemberg veröffentlicht die Daten lediglich in generalisierter Form, damit sie den Darstellungen der Topographischen Karte entspricht. Die räumliche Genauigkeit der Daten entspricht jedoch nur bei den Daten der Biotop- und Nutzungstypenkartierung den Anforderungen. Bei diesem Datensatz weichen die Flächen nur in einzelnen Fällen von den Darstellungen der zugehörigen Orthophotos ab. Die Kartierungsdaten aus dem Landschaftsplan weisen dagegen ein erhöhtes Maß an Abweichungen auf. Sie weichen z.T. bis zu 20 Meter von den Darstellungen im Orthophoto ab, unabhängig davon, ob es sich um Flächen-, Linien- oder Punktgeometrien handelt. Insgesamt sind die räumlichen Ungenauigkeiten als so gravierend einzustufen, dass der Datensatz letztlich nur als „nicht geeignet" für den geforderten Anwendungszweck eingestuft werden kann. Zu beachten ist hier jedoch zum einen das Alter der Kartierung, gerade im Vergleich zu den verwendeten Orthophotos. Die Kartierung stammt aus dem Jahr 1996 während die Orthophotos 2001 bzw. 2003 erstellt wurden. Für den dazwischenliegenden Zeitraum kann demnach von Veränderungen der Landschaft ausgegangen werden, die insbesondere auch Strukturelemente wie Einzelbäume, Hecken etc. betreffen können. Zum anderen können Abweichungen in der Genauigkeit auch auf die Datengrundlagen zurückzuführen sein, die für die Erstellung verwendet wurden. Die Biotopkartierung des Landschaftsplans wurde auf Basis von Topographischen Karten und CIR-Bildern durchgeführt. Auch die Konvertierung von Daten in andere Koordinatensysteme, z.B. aus dem derzeit in Deutschland üblicherweise noch verwendeten Gauß-Krüger-System in das in Brandenburg bereits verwendete System ETRS 89, können zu Verzerrungen innerhalb des Datensatzes geführt haben. Die Abgrenzungen der Biotope in den selektiven Biotopkartierungen sind zum einen aufgrund der durchgeführten Komplexkartierung nicht am Orthophoto nachzuvollziehen. Zum anderen wurden vermutlich für die Erfassung der Daten zusätzliche Datengrundlagen wie Bodenkarten verwendet und Geländeerhebungen durchgeführt. Insbesondere für die Kartierung in Baden-Württemberg lassen sich die Flächenabgrenzungen daher nur bedingt nachvollziehen, hier sind ca. 50% der Flächen nicht im Orthophoto wiederzuerkennen. Doch auch in der Kartierung aus Bayern treten Verschiebungen und unklare Abgrenzungen der Flächen auf. Die selektiven Biotopkartierungen werden daher insgesamt als nur bedingt geeignet in punkto räumlicher Genauigkeit eingestuft.

Durch die starken Defizite bei der räumlichen Genauigkeit weist die untersuchte Biotoptypenkartierung aus dem Landschaftsplan auch ein erhöhtes Maß an thematischer Ungenauigkeit auf. Hinzu kommen Inkonsistenzen, die auf die Erstellung der Daten im CAD und deren Überführung ins GIS zurückzuführen sind. Diese haben ebenfalls thematische Ungenauigkeiten zur Folge, die Sachdaten entsprechen vielfach nicht den Gegebenheiten der im Orthophoto abgebildeten Landschaft. Die Daten werden daher hier ebenfalls als „ungeeignet" für den Anwendungszweck bewertet. Biotop- und Nutzungstypenkartierung und die selektiven Kartierungen geben die Landschaft hingegen mit einer sehr hohen thematischen Genauigkeit wieder. Einschränkungen bestehen hier allenfalls bei den räumlich nicht nachvollziehbar abgegrenzten Biotopen der selektiven Kartierungen. Dennoch werden beide Kartiertypen als geeignet für die Anwendung im landwirtschaftlichen Naturschutzmanagement eingestuft.

Tab. 39: Eignung der untersuchten Biotoptypenkartierungen für das landwirtschaftliche Naturschutzmanagement

Untersuchte Qualitätskriterien	Eignung der untersuchten Biotoptypenkartierungen			
	LP	BTNT	SBK	Anmerkungen
Verfügbarkeit	X	(✓)	(✓)	- LP: Informationen nahezu nur über das Landschaftsplanverzeichnis des BfN verfügbar - Bereitstellung von BTNT/SBK durch die Landesumweltämter, Informationen auch über Geodatenportale auffindbar - i.d.R. werden digitale Daten zu Biotopkartierungen kostenlos und z.T. auch als download bereitgestellt - uneinheitliche Formate - Nutzungsbedingungen nur für BTNT
Informationsgehalt	✓	✓	(✓)	- LP und BTNT: umfassende Informationen zu den vorkommenden Biotoptypen, zusätzlich z.T. Informationen zu Vegetation, Standorteigenschaften, Schutzstatus von Flächen, Pflanzengesellschaften, Pflanzenarten - SBK: Beschränkung auf die naturschutzfachlich wertvollen Biotoptypen, dadurch Einschränkungen in der Bandbreite der Biotoptypen
Aktualität	X	✓	X	- LP: Daten sind älter als 10 Jahre, keine (regelmäßige Aktualisierung) - BTNT: Daten sind < 5 Jahre, keine regelmäßige Aktualisierung - SBK: Daten sind älter als 10 Jahre (BW)/ als 15 Jahre (BY), keine regelmäßige Aktualisierung
Vollständigkeit	(✓)	✓	(✓)	- LP: Daten liegen gemeindeweit vor, Einschränkung der Datendeckung bei größeren Betrieben - BTNT: flächendeckender Datenbestand auf Landesebene - SBK: Beschränkung auf die naturschutzfachlich wertvollen Biotoptypen, dadurch keine flächendeckende Informationsgrundlage - Zeitlich und thematisch insgesamt vollständige Datenbestände
Maßstab/ räumliche Genauigkeit	X	✓	(✓)	- LP: Maßstab 1:10.000, starke Lageungenauigkeit (Abweichungen von bis zu 20 m) - BTNT: Maßstab 1:10.000, nur geringfügige Abweichungen in der Lage - SBK: Maßstab: 1.5.000 bis 1:25.000 (general. Version), räumliche Abgrenzungen aufgrund Komplexkartierung und weiterer, verwendeter Grundlagen nicht nachvollziehbar
Thematische Genauigkeit	X	✓	✓	- LP: starke thematische Ungenauigkeiten aufgrund von Lageungenauigkeiten und Inkonsistenzen - BTNT: hohe Genauigkeit und hoher Detailgrad der erfassten Sachdaten - SBK: thematisch genaue Erfassung der Sachdaten, Einschränkungen in der Nachvollziehbarkeit bei räumlich inkorrekt erfassten Flächen
Konsistenz	X	✓	✓	- Insgesamt: Vorgaben für eine konsistente Erfassung von Geometrien und Sachdaten anhand der Kartierschlüssel, Kartierung auf Basis unterschiedlicher, bereits bestehender Datenbestände und Geländebegehungen - LP: hohes Maß an Inkonsistenzen aufgrund der Konvertierung aus CAD, Überschneidungen/Duplikate, inkonsistente Erhebung der Sachdaten - BTNT/SBK: konsistente Erhebung (Geometrien, Sachdaten)
Qualität der Metadaten	X	(✓)	(✓)	- LP: große Teile der geforderten Metainformationen fehlen, keine Bereitstellung in Geodatenkatalogen - BTNT/SBK: z.T. fehlen Metainformationen, teilweise Bereitstellung in Geodatenkatalogen - Insgesamt keine Verwendung des ISO-Standards, verteilt vorliegende Metadaten

LP: Landschaftsplan, BTNT: Biotop- und Nutzungstypenkartierung, SBK: Selektive Biotopkartierung

Einstufung der Eignung:

✓ Qualitätsanforderungen sind erfüllt/ die Daten sind geeignet

(✓) Qualitätsanforderungen sind z.T. erfüllt/ die Daten sind bedingt geeignet

X Qualitätsanforderungen sind nicht erfüllt/ die Daten sind nicht geeignet

Für alle untersuchten Biotopkartierungen liegen umfassende Kartierschlüssel vor, die neben der reinen, meist hierarchischen Typisierung der Biotope auch Erfassungskriterien sowie Vorgaben für die anzuwendende Erfassungsmethodik enthalten. Die Kartierschlüssel geben die jeweilige Sicht des Bundeslandes wieder, sie unterscheiden sich daher von Bundesland zu Bundesland. Jeder Planer, der einen solchen Schlüssel verwendet, passt ihn ggf. weiter an die lokalen oder regionalen Gegebenheiten und Besonderheiten der Landschaft an. Für die Ableitung naturschutzfachlicher Biotoptypen und die entsprechenden Einstufungen (z.B. Rote Liste der Biotoptypen) kommen wiederum weitere und auch unterschiedliche Kriterienkataloge zum Einsatz (Jessel & Tobias 2002). Die damit eingeschränkte Einheitlichkeit der Kartierergebnisse verhindert Vergleiche und gemeinsame Verwendung von Daten, insbesondere über Ländergrenzen hinweg. Auch die Bewertung des Biotopbestandes über die Ländergrenzen hinweg wird so eingeschränkt. Dies ist ein Punkt, der auch das landwirtschaftliche Naturschutzmanagement betreffen kann, wenn ein Betrieb in zwei Bundesländern liegt.

Die Biotop- und Nutzungstypenkartierung aus Sachsen-Anhalt und die selektiven Kartierungen aus Baden-Württemberg und Bayern entsprechen den Vorgaben der jeweiligen Kartierschlüssel in sehr hohem Maße. Zudem weisen alle drei Datensätze konsistent erfasste Geometrien und Sachdaten auf. Sie werden daher als geeignet in Hinblick auf das Qualitätskriterium eingestuft. Die Biotopkartierung aus dem Landschaftsplan entspricht dem Kartierschlüssel nur in Teilen. Die Sachdaten enthalten Biotoptypen, die im Kartierschlüssel nicht enthalten sind. Darüber hinaus enthält der Datensatz in Summe sehr inkonsistent erfasste Geometrien. Es existieren sowohl Datenduplikate als auch Flächenüberschneidungen. Aufgrund der im CAD verwendeten Digitalisiertechnik werden insbesondere erfasste Inselflächen nicht konsistent im GIS wiedergegeben. Der Datensatz wird somit auch in punkto Konsistenz als nicht geeignet für das landwirtschaftliche Naturschutzmanagement bewertet.

Metainformationen liegen für die Biotopkartierungen, wie auch schon für die Digitalen Landschaftsmodelle sehr stark verteilt vor. Nur für die landesweiten Kartierungen sind konkrete Informationen zu den Geodaten auch über Internetsuchmaschinen und Geodatenportale auffindbar. Eine erfolgbringende Suche nach Landschaftsplänen zu bestimmten Gemeinden lässt sich indessen erfolgreicher mit Hilfe des Landschaftsplanverzeichnis des BfN realisieren. Für den vorliegenden Landschaftsplan fehlen allerdings große Teile der geforderten Metainformationen. Aber auch für die Datensätze auf Landesebene weisen die Daten Lücken auf. Zudem liegen für keinen der untersuchten Datensätze die Metadaten entsprechend dem ISO-Standard vor. Das Qualitätskriterium „Qualität der Metadaten" wird für die landesweiten Erhebungen (Biotop- und Nutzungstypenkartierung, selektive Biotopkartierung) daher mit „bedingt geeignet" und für die Kartierung aus dem Landschaftsplan als „ungeeignet" für das landwirtschaftliche Naturschutzmanagement gewertet.

Die Zusammenstellung aller Bewertungen in Tabelle 39 verdeutlicht, wie die untersuchten Datensätze insgesamt in Hinblick auf ihre Einsetzbarkeit im landwirtschaftlichen Naturschutzmanagement einzuschätzen sind. Die Biotop- und Nutzungstypenkartierung erfüllt für sechs der acht berücksichtigten Kriterien die Anforderungen voll. Zwei der Kriterien sind bedingt, also mit Einschränkungen erfüllt. Der Datensatz kann somit im landwirtschaftlichen Naturschutzmanagement sinnvoll eingesetzt werden und liefert wertvolle Unterstützung für die Erhebung und Bewertung der Aspekte Biodiversität und Landschaftsästhetik auf den landwirtschaftlichen Betriebe. Die selektiven Kartierungen können als insgesamt bedingt geeignet angesehen werden. Sie weisen zwar Defizite auf, liefern aber gerade im Hinblick auf naturschutzfachlich bedeutsame Flächen Hinweise für Landwirt, die er für Managemententscheidungen heranziehen kann - wenn der Betrieb Überschneidungen mit entsprechend erfassten Flächen aufweist. Die Biotopkartierung aus dem Landschaftsplan muss als insgesamt ungeeignet für den geforderten Anwendungszweck eingeordnet werden. Die Defizite in den Bereichen Maßstab/ räumliche Genauigkeit, thematische Genauigkeit und Konsistenz stehen im deutlichen Gegensatz zu den Anforderungen und den Qualitäten der weiteren untersuchten Kartierungen. Haaren & Bathke (2007) sehen Landschaftspläne als wichtige bzw. sogar die umfassendste Umwelt-Informationsgrundlage für die Ableitung von Agrarumweltmaßnahmen an. Die Einsetzbarkeit des untersuchten Landschaftsplans mit der gegebenen Qualität ist hier aber stark anzuzweifeln. Der Aufwand für die Aufarbeitung der Daten steht in keinem Verhältnis zum Nutzen, insbesondere dann, wenn die Daten zusätzlich so stark veraltet sind, wie die vorliegenden. Empfehlenswert wäre es in solchen Fällen eher, den Landschaftsplan als analoges Exemplar zu beschaffen und anhand der Karte wesentliche Inhalte für die Ableitung von Maßnahmen herausarbeiten (z.B. Ziele für bestimmte Gebiete). Die digitale Erfassung des aus Sicht von Biodiversität und Landschaftsästhetik wertvollen Inventars des Betriebs sollte auf Basis anderer geometrischer Grundlagen erfolgen.

4.4 Digitale Landschaftsmodelle, Flächennutzungsnachweise der Landwirte und Biotoptypenkartierungen im Vergleich

4.4.1 Gegenüberstellung der Analyseergebnisse

Die umfassende Untersuchung anhand des Prüfplans zeigt, dass alle drei untersuchten Datentypen Defizite im Bezug auf die Verfügbarkeit der Daten selbst als auch im Bezug auf die zugehörigen Metainformationen aufweisen (Tab. 40).

Tab. 40: Eignung der untersuchten Geodatensätze für das landwirtschaftliche Naturschutzmanagement im Vergleich

Untersuchte Qualitätskriterien	Eignung der untersuchten Datensätze				
	Digitales Landschaftsmodell	Flächennutzungsnachweise	Biotopkartierungen		
			LP	BTNT	SBK
Verfügbarkeit	(✓)	(✓)	X	(✓)	(✓)
Informationsgehalt	(✓)	(✓)	✓	✓	(✓)
Aktualität	✓	✓	X	✓	X
Vollständigkeit	✓	(✓)	(✓)	✓	(✓)
Maßstab/ räumliche Genauigkeit	(✓)	✓	X	✓	(✓)
Thematische Genauigkeit	(✓)	✓	X	✓	✓
Konsistenz	✓	(✓)	X	✓	✓
Qualität der Metadaten	(✓)	X	X	(✓)	(✓)

Einstufung der Eignung:
✓ Qualitätsanforderungen sind erfüllt/ die Daten sind geeignet
(✓) Qualitätsanforderungen sind z.T. erfüllt/ die Daten sind bedingt geeignet
X Qualitätsanforderungen sind nicht erfüllt/ die Daten sind nicht geeignet

Keiner der untersuchten Datensätze erfüllt die gestellten Anforderungen für die Qualitätskriterien „Verfügbarkeit" und „Qualität der Metadaten" vollständig. Die Defizite für das Kriterium Verfügbarkeit sind bei den Digitalen Landschaftsmodellen vorrangig auf die kostenpflichtige Bereitstellung sowie die Komplexität der Kostenmodelle und Nutzungsbedingungen beim Bezug zurückzuführen. Bei den Flächennutzungsnachweisen und den Biotopkartierungen führt hingegen die mangelnde Zugänglichkeit der Daten und die Uneinheitlichkeit in Formaten und Abgabeformen zu den negativen Bewertungen der Einsetzbarkeit. Da Informationen zu Landschaftsplänen nahezu ausschließlich in den Landschaftsplanverzeichnissen des BfN zu finden sind, wird für diese Daten die Verfügbarkeit am schlechtesten bewertet. Flächennutzungsnachweise sind zwar ähnlich schlecht aufzufinden wie Daten aus Landschaftsplänen, haben aber den Vorteil, dass der Landwirt selbst an der Erzeugung mitwirkt. So ist davon auszugehen, dass Landwirte zumindest die Informationen zu ihren eigenen Flächen aus den Anträgen nutzen können.

Metadaten sind insbesondere bei den Flächennutzungsnachweisen und dem untersuchten Landschaftsplan unzureichend verfügbar. Während bei den übrigen Datensätzen auch bei Nichtvorhandensein eines separaten Metadatensatzes Informationen zur Datenqualität im Internet oder in beiliegenden Textdokumenten zur Verfügung steht, ist selbst letzteres für diese Datentypen nicht gegeben.

Die Kombination aus unzureichender Verfügbarkeit und Qualität der Metadaten bei den Flächenutzungsnachweisen und dem Landschaftsplan kann darauf zurückzuführen sein, dass beide Datentypen jeweils vor dem Hintergrund eines (bisher) sehr eindeutig definierten und lokal begrenzten Anwendungszwecks erhoben wurden. Infolgedessen werden die Daten auch nur von einem eingeschränkten Nutzerkreis (Antragsteller/ zuständige Behörde bzw. Gemeinde) eingesetzt. Eine Weitergabe der Daten an weitere Nutzer in digitaler Form ist einerseits nicht vorgesehen oder evtl. auch nicht erwünscht. Auch personelle und finanzielle Einschränkungen können im Fall von Landschaftsplänen dazu führen, dass eine Datenherausgabe nicht stattfindet. Andererseits haben Dritte den Bedarf an den Daten und deren Nutzbarkeit für ihre Zwecke vielleicht (noch) nicht ausreichend deutlich gemacht. Aufgrund des schmaleren Einsatzfeldes der Flächennutzungsnachweise und der Landschaftspläne gerade im Vergleich zu den DLM oder zu den landesweiten Biotopkartierungen könnte es sein, dass Informationen zu den Daten weit weniger publik gemacht werden und Metadaten nicht standardmäßig in ausreichender Qualität vorgehalten werden. Inwieweit die aktuellen Entwicklungen im Bereich der GI-Technologie diese Zurückhaltung in der Veröffentlichung Daten und Metadaten beeinflussen, wird in Kapitel 5 vertieft diskutiert.

Alle Datensätze sind in Hinblick auf ihren Informationsgehalt mindestens bedingt geeignet für das landwirtschaftliche Naturschutzmanagement. Die Biotopkartierung aus dem Landschaftsplan und die landesweite Biotop- und Nutzungstypenkartierung bieten aufgrund der bereitgestellten Inhalte die besten Möglichkeiten zur Unterstützung des Landwirts. Digitale Landschaftsmodelle, Flächennutzungsnachweise und die selektiven Biotopkartierungen stellen nutzbare, aber weniger umfangreiche Informationen zur Verfügung, die letztlich eine Ergänzung der Daten durch den Landwirt selbst oder einen Berater unumgänglich machen.

Die Aktualität der untersuchten Daten entspricht bei den Digitalen Landschaftsmodellen, den Flächennutzungsnachweisen und der untersuchten Biotop- und Nutzungstypenkartierung aus Sachsen-Anhalt den Anforderungen. Diese Datensätze sind in den letzten fünf Jahren entstanden. Der untersuchte Landschaftsplan wie auch die untersuchten selektiven Biotopkartierungen sind dagegen älteren Datums. Die Untersuchungsergebnisse für die Digitalen Landschaftsmodelle und die Flächennutzungsnachweise sind bundesweit als repräsentativ anzusehen, da diese regelmäßigen Aktualisierungen unterliegen. Die als nicht geeignet eingestuften selektiven Biotopkartierungen sind kein Einzelfall. Da diese Kartierungen keiner regelmäßigen Aktualisierung unterliegen, ist das Ergebnis auch für andere Gebiete und auch in anderen Bundesländern zutreffend. Datenstände aus den 80er und 90er Jahren sind nach den Recherche im Internet keine Seltenheit. Es können aber aufgrund einer kürzlich durchgeführten Überarbeitung der Daten durchaus auch in Teilen hochaktuelle Daten vorliegen, so dass aus bundesweiter Sicht die selektive Biotopkartierung eher als bedingt geeignet eingestuft wurden müsste. Vergleichbares gilt auch für die Biotopkartierungen aus Landschaftsplänen, deren Erstellungszeiträume sich laut Landschaftsplanverzeichnis des BfN stark unterscheiden. Auch für diese Daten müsste das Untersuchungsergebnis demnach im bundesweiten Kontext korrigiert werden. Die Biotop- und Nutzungstypenkartierung aus Sachsen-Anhalt ist mit ihrer hohen Aktualität allerdings im Gegensatz zu den übrigen verfügbaren Kartierungen gleichen Typs aus den übrigen östlichen Bundesländern und aus Schleswig-Holstein eine Ausnahme. Unter Einbeziehung der Angaben zu den weiteren in Deutschland vorhandenen Daten ist hier demnach insgesamt die Bewertung „bedingt geeignet“ angemessener.

Alle untersuchten Datensätze sind in ihrer Vollständigkeit mindestens „bedingt geeignet“ für das landwirtschaftliche Naturschutzmanagement. Einschränkungen in der Bewertung ergeben sich dann, wenn die Betriebsflächen durch die Daten räumlich nicht vollständig abgedeckt werden, was in der vorliegenden Untersuchung bei den Flächennutzungsnachweisen, den Biotopkartierungen aus Landschaftsplänen sowie den selektiven Biotopkartierungen der Fall ist. Die Einschränkung in der Flächendeckung bei den Flächennutzungsnachweisen und den selektiven Biotopkartierungen ist letztlich auf die thematische Einschränkung der erfassten Inhalte zurückzuführen. Dagegen liegt diese bei den Landschaftsplänen ausschließlich in der fehlenden Übereinstimmung von Betriebs- und Gemeindegrenzen begründet. Die zeitliche Vollständigkeit hat bei keinem der Datensätze zu einer negativen Bewertung geführt. Die zeitliche Varianz innerhalb der Datensätze liegt jeweils in dem auch für die Aktualität als geeignet angesehenen Intervall von 1-5 Jahren. Die Digitalen Landschaftsmodelle wie auch die Flächennutzungsnachweise haben Defizite in der thematischen Vollständigkeit. Abhängig von den Erfassungsvorgaben in den jeweiligen Bundesländern werden hier zum einen unterschiedliche Attribute und Attributwerte erfasst. Zum anderen sind nicht für alle vorgesehenen Attribute und Attributwerte auch Angaben in den Datensätzen zu finden. Bei den Digitalen Landschaftsmodellen kann die thematische Unvollständigkeit z.B. auf mangelnde Qualität der Datengrundlagen zur Überprüfung der Attribute oder mangelnde zeitliche, finanzielle und personelle Ressourcen für eine evtl. erforderliche Überprüfung im Gelände zurückzuführen sein. Da die Flächennutzungsnachweise erst seit vergleichsweise kurzer Zeit GIS-gestützt erstellt werden, können die Defizite hier vermutlich einerseits durch eine (noch) geringe Etablierung der Erfassungsstandards hervorgerufen werden. Andererseits kann sich auch die Diskrepanz zwischen den technischen und inhaltlichen Anforderungen auf Seiten der Behörden und der geringen GIS-Erfahrung der eigentlichen Datenurheber - der Landwirte - negativ auf Qualitätskriterien wie Vollständigkeit und Konsistenz der Daten auswirken.

Die Genauigkeit der Daten ist durch diesen Faktor nicht beeinträchtigt. Wie auch die Biotop- und Nutzungstypenkartierung erfüllen die Flächennutzungsnachweise in hohem Maße die aufgestellten Anforderungen an die räumliche und thematische Genauigkeit. Die Digitalen Landschaftsmodelle weisen hier hingegen Defizite auf, die insbesondere im Objektbereich Vegetation auftreten, der für den vorliegenden Anwendungszweck die wertvollsten Daten liefern könnte. Die Daten des Digitalen Landschaftsmodells sind damit trotz ihrer ansonsten vorwiegend lagegenau und korrekt erfassten Inhalte als nur eingeschränkt geeignet eingestuft worden. Ihre Verwendung ist ohne zusätzliche Erfassungen anhand anderer Daten oder auch im Gelände für den Landwirt nicht realistisch. Die selektiven Biotopkartierungen unterliegen nur Einschränkungen in der räumlichen Genauigkeit. Diese sind vorrangig auf die durchgeführten Komplexkartierungen und die z.T. nicht nachvollziehbaren Flächenabgrenzungen zurückzuführen. Letztere mögen sich vielleicht nach weiterer Überprüfung im Gelände oder anhand weiterer Datengrundlagen als richtig herausstellen. Für den Landwirt bedeuten sie aber einen erhöhten Nachbesserungsaufwand beim Einsatz der Daten. Die untersuchte Biotopkartierung des Landschaftsplans ist in Hinblick auf die thematische und räumliche Genauigkeit überhaupt nicht für das landwirtschaftliche Naturschutzmanagement geeignet. Gründe hierfür sind vor allem die ursprüngliche Erstellung der Daten in einem CAD sowie deren mangelnde Aktualität. Auch die Konsistenz der Daten entspricht nicht den Anforderungen. Der technische und personelle Aufwand, um die Daten so zu überarbeiten, dass ein Landwirt sie sinnvoll einsetzen kann, ist unverhältnismäßig hoch und kann vom Landwirt selbst in den meisten Fällen nicht geleistet werden. Inwieweit jedoch diese Ergebnisse auch für andere Landschaftspläne und deren Kartierungen gelten, müsste in weiteren Arbeiten überprüft werden. Es ist zu vermuten, dass Landschaftspläne mit einem Erstellungsdatum nach 2000, bei deren Aufstellung neuere Software und aktuelle Standards zum Einsatz gekommen sind, eine höhere Qualität aufweisen und damit besser im landwirtschaftlichen Betriebsmanagement einsetzbar sind.

Im Gegensatz zu der Biotopkartierung aus dem Landschaftsplan sind die übrigen untersuchten Datensätze in Hinblick auf ihre Konsistenz als geeignet oder zumindest bedingt geeignet für das landwirtschaftliche Naturschutzmanagement anzusehen. Insbesondere die auf landesweiter Ebene erstellten Digitalen Landschaftsmodelle, die Biotop- und Nutzungstypenkartierung und die selektiven Biotopkartierungen wurden mit einem hohen Maß an geometrischer Konsistenz erstellt. Auch die bestehenden Standards (Biotoptypenschlüssel und ATKIS-Objektartenkatalog) wurden bei der Erstellung der Daten konsequent umgesetzt. Einschränkungen in der Konsistenz gibt es bei den Flächennutzungsweisen. Diese liegen in den sich stark unterscheidenden Vorgaben für die Erfassung in den Bundesländern sowie den nicht in allen Fällen korrekt erfassten Geometrien begründet. Wie bereits erwähnt, können auch hier die Unerfahrenheit der Datenhersteller sowie die bisher noch nicht vollständig umgesetzten Standards Ursache für die mangelnde Datenqualität sein. Chancen einer Verbesserung der Datenqualität in diesem Bereich werden in Kapitel 5 weiterführend diskutiert.

In Hinblick auf die Übertragbarkeit der Ergebnisse bestehen ebenfalls Unterschiede zwischen den untersuchten Datensätzen (vgl. Abb. 69): Durch die über die Bundesländer hinaus abgestimmte Erfassung der DLM-Daten ist eine Übertragbarkeit der erzielten Ergebnissen im bundesweiten Kontext in Hinblick auf alle Kriterien gegeben, auch wenn in der vorliegenden Arbeit lediglich die Daten aus zwei Bundesländern untersucht wurden und hier leichte Unterschiede bzgl. der thematischen und räumlichen Genauigkeit von Objekten im Bereich Vegetation festgestellt wurden. Positiv hervorzuheben sind aber die Ergebnisse für das Kriterium Konsistenz, die insbesondere im Kontext einer softwaretechnischen Auswertung, wie bspw. mit MANUELA von großer Bedeutung ist. Potenzial für noch aktuellere Daten besteht zwar in einigen Bundesländern durch die kürzere Aktualisierungsfrequenz (z.B. in Bayern und Baden-Württemberg), das DLM schneidet jedoch auch ohne die Berücksichtigung dieser Daten bestmöglicht bezüglich des Kriteriums Aktualität ab.

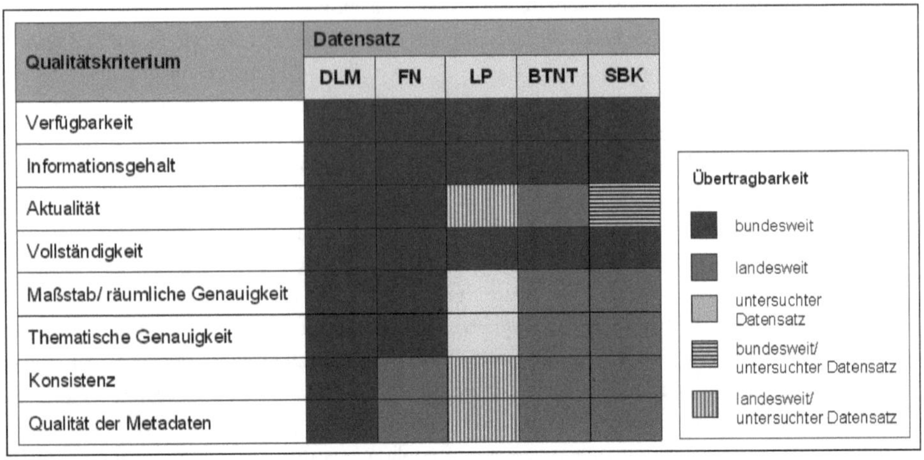

Abb. 69: Übertragbarkeit der erzielten Untersuchungsergebnisse in Hinblick auf die einzelnen Qualitätskriterien

Die Ergebnisse zu den Flächennutzungsnachweisen sind in Teilen auf die bundesweit Ebene übertragbar, auch wenn diese Aussage durch die aktuell noch stark erschwerte Beschaffung und dem daraus resultierenden Mangel an weiteren Beispieldatensätzen weiter zu überprüfen ist. In Hinblick auf die starke Abhängigkeit der Kriterien Konsistenz und Qualität der Metadaten vom jeweiligen Erfassungssystem in den Bundesländern wurde hier die Übertragbarkeit lediglich als landesweit eingestuft. Im Bezug auf die Landesebene können die betriebsindividuellen Ergebnisse jedoch in jedem Fall als übertragbar eingestuft werden, da die Erfassung der Flächenantragdaten nach landesweiten Vorgaben und mit landesweit eingesetzten Erfassungssystemen erfolgt. Dennoch gilt es zu beachten, dass es sich bei dem Bewertungsergebnis um eine Momentaufnahme handelt. Aufgrund der Tatsache, dass Flächenantragsdaten erst seit verhältnismäßig kurzer Zeit GIS-gestützt erfasst werden und die Landwirte noch wenig Routine im Umgang mit GIS und Geodaten haben, ist das Potenzial dieser Daten sicher noch nicht ausgeschöpft. Insbesondere aufgrund der jährlich erforderlichen Erhebung und Weiterarbeitung ist zu erwarten, dass aktuelle Techniken (vgl. Kap. 5) bei der Datenerhebung Berücksichtigung finden werden und die Gesamtbewertung der Flächennutzungsnachweise somit in Zukunft noch deutlich positiver ausfallen könnte. Die beiden untersuchten Datensätze können bis dahin als Referenzbeispiele, z.B. bei der Weiterentwicklung des Naturschutzmanagementsystems MANUELA herangezogen werden.

Die Ergebnisse für die selektiven Biotopkartierungen und die Biotop- und Nutzungstypenkartierung sind insgesamt als landesweit übertragbar einzustufen. Für die Kriterien Verfügbarkeit, Informationsgehalt_und Vollständigkeit kann sogar von einer bundesweiten Gültigkeit der Ergebnisse ausgegangen werden. Insbesondere die bundesweite Recherche zu den Kriterien Verfügbarkeit und Informationsgehalt verdeutlichte, dass diese Datenbestände, wenn erhoben, in vergleichbarer Qualität in den anderen Bundesländern vorliegen. Eine nicht immer landesweite Übertragbarkeit muss für die selektiven Biotopkartierungen für das Kriterium angegeben werden. Grundsätzlich handelt es sich bei der selektiven Biotopkartierung zwar um einen landesweit erhobenen und verwalteten Datensatz, die Erfassung erfolgt jedoch abschnittsweise, so dass zum Teil mehrere Jahre zwischen der Erhebung unterschiedlicher Gebiete liegen können und der landesweite Datensatz damit eine gewisse Heterogenität aufweist.

Bayern bietet z.B. für andere als den untersuchten Landkreis deutlich neuere Datenbestände zum Download an. Durch die hohe Aktualität der Biotop- und Nutzungstypenkartierung aus Sachsen-Anhalt und ihre den technischen Standards entsprechende Umsetzung würde sich diese besonders für die Einbindung in ein GIS-gestütztes Managementsystem wie MANUELA eignen. Bei den selektiven Biotopkartierungen bieten sich hier grundsätzlich aktuellere als die untersuchten Datensätze als Best Practice-Beispiel an, z.B. Daten aus anderen Gebieten oder Bundesländern.

Im Gegensatz zu der Biotop- und Nutzungstypenkartierung und der selektiven Biotopkartierung kann die Biotopkartierung aus dem Landschaftsplan nicht als repräsentatives Beispiel herangezogen werden. Die landesweite Übertragbarkeit der Ergebnisse ist hier nur z.T. gewährleistet, da davon auszugehen ist, dass neuere, GIS-gestützt erstellte Landschaftspläne deutlich besser in Hinblick auf Aktualität, Konsistenz, räumliche und thematische Genauigkeit abschneiden und damit eine bessere Datengrundlage für das landwirtschaftliche Naturschutzmanagement bereitstellen würden. In Hinblick auf die Kriterien Aktualität, Konsistenz und Metadaten sind die negativen Ergebnisse jedoch dennoch durchaus als übertragbar einzustufen, wie die bundesweite Recherche für die Kriterien sowie die eigenen Erfahrungen im Umgang mit Naturschutzfachdaten gezeigt haben. Die Ergebnisse zur räumlichen und thematischen Genauigkeit sind hingegen stark Einzelfallbezogen, da sie vor allem auf der Erstellung der Daten in einem CAD beruhen. Zu beachten ist insgesamt, dass der Informationsgehalt der Biotopkartierungen aus Landschaftsplänen den Anforderungen in hohem Maße entspricht, die technische Aufbereitung der Inhalte aber nicht den aktuellen Möglichkeiten nachkommt. Für eine Berücksichtigung der Biotopkartierungen aus Landschaftsplänen bei der softwaretechnischen Umsetzung innerhalb von MANUELA sollten daher neuere Landschaftspläne als Beispiele genutzt werden. Geeignet wären hier z.B. die für eine Online-Veröffentlichung aufbereiteten Biotopkartierungen der Landschaftspläne aus Königslutter, Güstrow und Mettmann oder auch die sehr aktuell veröffentlichten Planwerke für die Gemeinden des Hochsauerlandkreises in NRW (vgl. BfN 2009).

4.4.2 Beispielhafte Anwendung der Daten in MANUELA

Die Gegenüberstellung der Daten bildet eine wesentliche Grundlage für die Ableitung von Empfehlungen für deren Einsatz im landwirtschaftlichen Naturschutzmanagement. Sie soll Landwirten und auch anderen Datennutzern als Hilfe bei der Auswahl geeigneter Daten dienen. Zusätzlich werden die untersuchten Daten im Folgenden auch gemeinsam mit dem Naturschutzmanagementsystem MANUELA eingesetzt. So können neben der Qualität der Daten auch deren Auswirkungen auf die mit MANUELA erzielbaren Analyse- und Bewertungsergebnisse in die Diskussion um die Einsetzbarkeit der Daten einbezogen werden.

Die beispielhafte Anwendung der Daten erfolgte für die Pilotbetriebe Brandenburg und Sachsen-Anhalt. Für diese Betriebe liegen jeweils verschiedene Datensätze vor, so dass

- für den Pilotbetrieb Brandenburg das Digitale Landschaftsmodell, der Flächennutzungsnachweis und die Biotopkartierung aus dem Landschaftsplan und
- für den Pilotbetrieb Sachsen-Anhalt der Flächennutzungsnachweis und die Biotop- und Nutzungstypenkartierung

mit ihren in MANUELA erzielten Ergebnissen gegenübergestellt werden können.

Grundlage für den Vergleich waren das Bewertungsschema „Biodiversität" für die Hecken sowie das Bewertungsschema „Landschaftsästhetik" für die Einzelbäume (vgl. Kap. 2.5.2.7).

Entsprechend der vorgesehenen, standardisierten Farbgebung (vgl. Tab. 10) werden die für die Landschaftselemente anhand der vorliegenden Informationen ermittelten Wertstufen in den folgenden Abbildungen dargestellt. War aufgrund fehlender Daten keine Bewertung möglich, werden die Landschaftselemente in schwarz abgebildet. Abbildung 70 und 71 zeigen die Ergebnisse der Bewertungen der Einzelbäume und Hecken für einen Ausschnitt des Pilotbetriebs Sachsen-Anhalt.

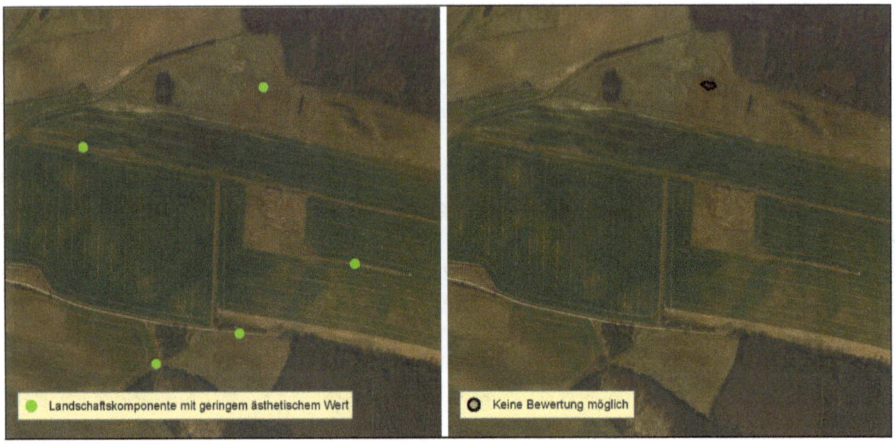

Abb. 70: Bewertung des Aspekts „Landschaftsästhetik" anhand unterschiedlicher Datengrundlagen für die Einzelbäume des Pilotbetriebs Sachsen-Anhalt (Ausschnitt) (links: Biotop- und Nutzungstypenkartierung, rechts: Flächennutzungsnachweise) (LAU 2005, LVermGeo 2005, Pilotbetrieb Sachsen-Anhalt 2006)

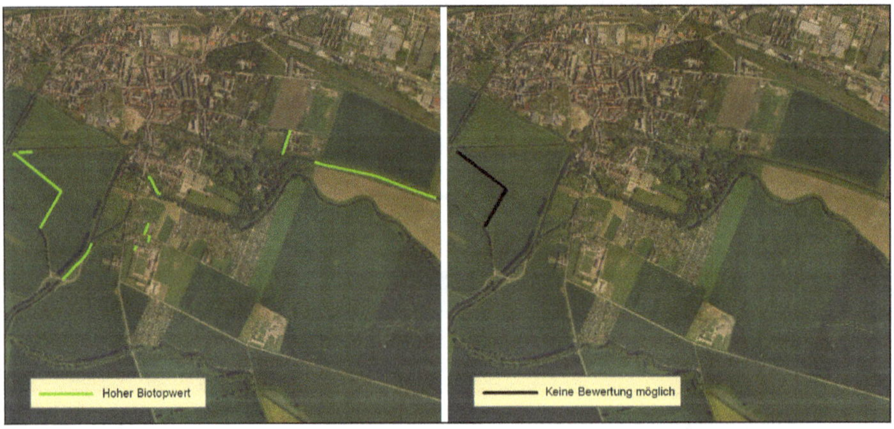

Abb. 71: Bewertung des Aspekts „Arten und Biotope" anhand unterschiedlicher Datengrundlagen für die Hecken des Pilotbetriebs Sachsen-Anhalt (Ausschnitt) (links: Biotop- und Nutzungstypenkartierung, rechts: Flächennutzungsnachweise) (LAU 2005, LVermGeo 2005, Pilotbetrieb Sachsen-Anhalt 2006)

Die Bewertungsbeispiele verdeutlichen, dass im Flächennutzungsnachweis insgesamt weniger Elemente erfasst wurden als in der Biotop- und Nutzungstypenkartierung, sowohl bei den Einzelbäumen als auch bei den Hecken. Dies kann zum einen darauf zurückzuführen sein, dass Elemente nicht Teil der Betriebsfläche sind bzw. nicht an diese angrenzen, so dass eine Erfassung durch den Landwirt nicht erfolgte. Zum anderen tragen aber auch die dem Flächennutzungsnachweis zugrundeliegenden Erfassungskriterien zu einer geringeren Anzahl an erfassten Elementen bei. Hecken sind z.B. erst ab einer Länge von 20 Metern verpflichtend im Flächennutzungsnachweis anzugeben, Bäume nur dann, wenn sie nach § 28 BNatSchG geschützt sind. Ob kürzere Hecken oder nicht geschützte Einzelbäume im Flächennutzungsnachweis auftauchen, obliegt dem Landwirt selbst (vgl. Kap. 4.2.1).

Die Verortung der in beiden Datensätzen erfassten Einzelbäume und Hecken ist deckungsgleich und korrekt. Im Flächennutzungsnachweis werden jedoch alle Elemente als Flächen erfasst. Für die Einzelbäume führt dies zu einer etwas ungenaueren Verortung des Baumstandortes als in der Biotop- und Nutzungstypenkartierung, in der Einzelbäume als Punktgeometrien erfasst werden. Eine Einschränkung der Bewertungsmöglichkeiten besteht nicht. Für die Hecken ist hingegen bei einer flächenhaften Erfassung die automatische Ermittlung der bewertungsrelevanten Heckenlänge nicht möglich. Diese müsste bei Bedarf manuell vom Landwirt ergänzt werden.

Generell enthält der Flächennutzungsnachweis des Pilotbetriebs Sachsen-Anhalt nicht ausreichend Informationen, um die Bewertungen der Aspekte „Landschaftsästhetik" und „Biodiversität" durchzuführen. Eine Unterscheidung verschiedener Landschaftselementtypen ist nicht möglich. Entsprechende Angaben sind in den Sachdaten nicht vermerkt. Da beide Bewertungen zumindest voraussetzen, dass die zugehörige Haupteinheit eines Elementes bekannt ist (z.B. Hecke, Feldgehölz, Bach, vgl. Tab. 2), ist eine Durchführung der Bewertung nur möglich, wenn der Landwirt mit Hilfe der Eingabeformulare in MANUELA weitere Informationen zu den Geometrien ergänzt.

Die Sachdaten der Biotop- und Nutzungstypenkartierung enthalten grundsätzlich mehr Informationen als die des Flächennutzungsnachweises. Neben der reinen Zuordnung einer Haupteinheit sind so zu den Bäumen potenziell folgende weitere Informationen vorhanden, die für den Aspekt Landschaftsästhetik bewertungsrelevant sind: Das Adjektiv „dominant" im Biotoptyp (HE - dominanter Einzelbaum) spezifiziert die in der Kartierung erfassten Einzelbäume. Es deutet auf die Raumwirksamkeit der Bäume hin, ein Kriterium, das für den landschaftsästhetischen Wert eines Landschaftselementes von Bedeutung ist (vgl. Blumentrath 2009). Des Weiteren kann festgehalten werden, ob es sich um einen Kopfbaum handelt. Diese Angabe ist eine mögliche Ausprägung des Kriteriums „historische Nutzung". Auch die Baumart kann dokumentiert werden. Diese ist indirekt bewertungsrelevant, da sie wiederum für die Ermittlung der Regionaltypik und des Blühaspektes genutzt wird (ebd.). Sowohl die Angabe der Baumart als auch die Angabe Kopfbaum ja/nein sind allerdings nicht durchgehend in den Sachdaten enthalten. Die Möglichkeiten des Biotoptypenschlüssels werden z.B. abhängig von der Zielsetzung der Kartierung nicht zwingend ausgeschöpft. Ein Fehlen dieser Attribute ist daher nicht damit gleichzusetzen, dass das Attribut nicht zutrifft. Im vorliegenden Beispiel liegen abgesehen vom Biotoptyp keine weiteren Informationen vor. Die erfassten Bäume werden somit einheitlich beurteilt - sie werden als gliedernde und belebende Landschaftskomponente mit geringem landschaftsästhetischem Wert eingestuft.

Bei den Hecken ermöglicht die Angabe des Biotoptyps die Nutzung des standardisierten Bewertungsverfahrens, das individuelle Wertstufen für die Biotoptypen vorsieht (vgl. Vogel 2009). Im vorliegenden Fall erhalten dennoch alle Hecken die zweithöchste Wertstufe („hoher Biotopwert"), da es sich bei allen Hecken um heimische Strauchhecken mit Bäumen handelt. Eine automatische Zuweisung dieser Wertstufe ist für die Biotop- und Nutzungstypenkartierung jedoch nicht möglich, da das Bewertungssystem in MANUELA sich an dem Biotoptypenschlüssel orientiert, der in Sachsen-Anhalt für die Eingriffsregelung eingesetzt wird. Dieser unterscheidet sich in Teilen von dem für die Biotop- und Nutzungstypenkartierung entwickelten Schlüssel. Für die Ermittlung der Wertstufen wurde daher eine manuelle Zuordnung der Biotop- und Nutzungstypen zu den bewertbaren Typen des Schlüssels zur Eingriffsregelung vorgenommen (vgl. Tab. 41).

Tab. 41: Zuordnung der Biotop- und Nutzungstypen zu den Biotoptypen und Wertstufen des Biotoptypenschlüssels für die Eingriffsregelung (Sachsen-Anhalt)

Biotoptypen der Biotop- und Nutzungstypenkartierung (LAU 1992)	Biotoptypenschlüssel der Eingriffsregelung	
	Biotoptyp (RL 42.2-22302/2)	Wertstufe (Vogel 2009)
HHc (Hecke lückig ohne Bäume) HHd (Hecke geschlossen ohne Bäume)	HHA (Strauchhecke mit überwiegend heimischen Arten)	Hoher Biotopwert
HHa (Hecke lückig mit Bäumen) HHb (Hecke geschlossen mit Bäumen)	HHB (Strauch- Baumhecke mit überwiegend heimischen Arten)	
HNl (lineare Gehölzpflanzung, nicht standortgerecht)[1]	HHC (Hecke mit überwiegend standortfremden Gehölzen)	Geringer Biotopwert
	HHD (Zierhecke)	

[1] Zuordnung zu HHC oder HHD abhängig von der jeweils angegeben Hauptart der Hecke

Eine Alternative zu dieser manuellen Zuordnung wäre die Anwendung des vereinfachten Verfahrens der Biotopbewertung (vgl. Vogel 2009) in MANUELA gewesen. Für dieses wird lediglich die Haupteinheit des jeweiligen Biotoptypen herangezogen (hier „Hecke"). Das Ergebnis wäre im vorliegenden Beispiel eine einheitliche Bewertung der Hecken mit „mittlerem Biotopwert" gewesen. Die für das differenzierte Bewertungsverfahren erforderlichen weiteren Angaben, wie Länge, Breite und Alter der Hecke, Anzahl der Gehölzarten sowie Anteil einheimischer Gehölzarten (ebd.) sind weder dem Flächennutzungsnachweis noch der Biotop- und Nutzungstypenkartierung zu entnehmen. Für ein stärker differenzierteres Bewertungsergebnis sind demnach zusätzliche Eingaben durch den Landwirt oder seinen Berater erforderlich.

Abbildung 72 und 73 zeigen die Bewertungsergebnisse für den Pilotbetrieb Brandenburg. Hier konnten neben dem Flächennutzungsnachweis sowohl die Biotopkartierung aus dem Landschaftsplan als auch das Digitale Landschaftsmodell für einen Vergleich genutzt werden. Die Anzahl der erfassten Einzelbäume unterscheidet sich weniger deutlich als bei den Daten des Pilotbetriebs Sachsen-Anhalt. In allen drei Datensätzen sind für den gezeigten Ausschnitt jeweils mehrere Bäume erfasst worden, im Flächennutzungsnachweis ist dies am stärksten ausgeprägt. Jedoch wurden unterschiedliche Bäume erfasst, so dass die Landschaft insgesamt verschieden durch die Daten repräsentiert wird. Nur zwei der Bäume sind in allen drei Datensätzen erfasst worden. Hier sind auch Unterschiede in der Verortung der Bäume zu erkennen. Wie schon beim Flächennutzungsnachweis des Pilotbetriebs Sachsen-Anhalt wurden auch im Flächennutzungsnachweis des Pilotbetriebs Brandenburg die Bäume als Flächen und nicht als Punkte erfasst.

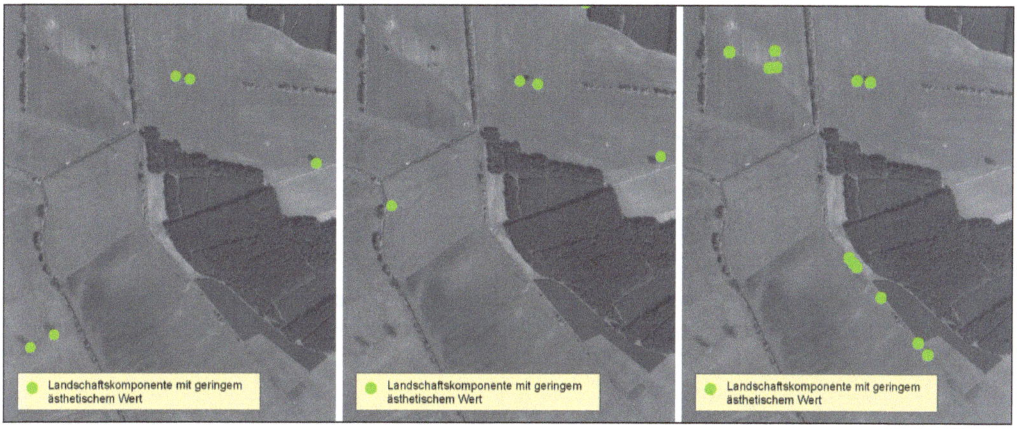

Abb. 72: Bewertung des Aspektes „Landschaftsästhetik" anhand unterschiedlicher Datengrundlagen für die Einzelbäume des Pilotbetriebs Brandenburg (Ausschnitt) (links: DLM, Mitte: Biotopkartierung [LP], rechts: Flächennutzungsnachweis) (LGB 2001/ 2003, LP Pilotbetrieb Brandenburg 1996, Pilotbetrieb Brandenburg 2007)

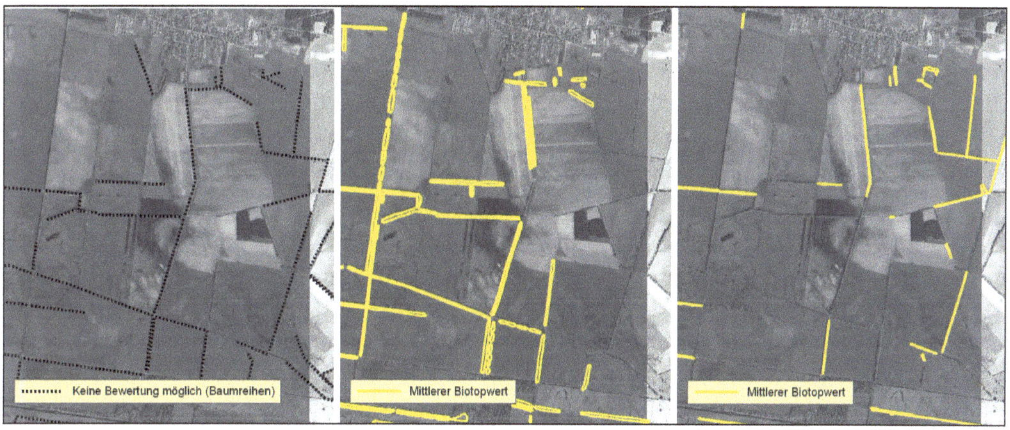

Abb. 73: Bewertung des Aspektes „Biodiversität" anhand unterschiedlicher Datengrundlagen für die Hecken des Pilotbetriebs Brandenburg (Ausschnitt) (links: DLM, Mitte: Biotopkartierung [LP], rechts: Flächennutzungsnachweis) (LGB 2001/ 2003, LP Pilotbetrieb Brandenburg 1996, Pilotbetrieb Brandenburg 2007)

Eine Bewertung der Einzelbäume aus landschaftsästhetischer Sicht ist mit allen drei Datensätzen möglich. Allerdings enthält keiner der Datensätze Sachinformationen, die ein individuelles Bewertungsergebnis zulassen. Auch die Biotopkartierung bietet lediglich die Information, dass es sich um den Typ „Solitärbaum" handelt. Ein differenziertes Bild über die Einzelbäume des Betriebs entsteht daher nicht. Hierzu müsste der Landwirt entsprechend Information in MANUELA ergänzen.

Der Vergleich der Bewertungsergebnisse für die Hecken verdeutlicht die ermittelten Defizite des Digitalen Landschafsmodells in Hinblick auf den Objektbereich Vegetation und hier insbesondere die linearen Landschaftselemente (vgl. Kap. 4.1.3). Für den gewählten Ausschnitt sind im Digitalen Landschaftsmodell keine Elemente der Objektart „Hecke/ Knick" erfasst worden. Die in den beiden anderen Datensätzen erfassten Hecken finden sich stattdessen als Baumreihen im Digitalen Landschaftsmodell wieder, eine Ermittlung des Biotopwertes der Hecken ist somit nicht möglich. Diese fehlerhafte Zuordnung betrifft nicht nur den gezeigten Ausschnitt und auch nicht nur die Objektart Hecken. Wilaszek-Budziewska (2007) wies in ihrer Arbeit sowohl für den gesamten Datensatz als auch für weitere linear erfasste Objektarten aus dem Bereich Vegetation nach, dass die im Digitalen Landschaftsmodell erfassten Objekte in der Biotopkartierung abweichend erfasst wurden. Die in der Biotopkartierung enthaltenen Hecken wiederum sind im Digitalen Landschaftsmodell vielfach den flächigen Vegetationsstrukturen Gehölz oder Wald zugeordnet worden, auch wenn sie unter die im Objektartenkatalog genannten Erfassungskriterien fallen (ebd.). Wäre die Objektart im vorliegenden Beispiel korrekt zugewiesen worden, hätte zumindest eine Bewertung der Haupteinheit „Hecke" auf Basis der Daten stattfinden können. Weiterhin wünschenswert wäre auch die Aufteilung der Kategorie in „Hecken" und „Knicks" (Wallhecken). Knicks haben aus Naturschutzsicht einen besonderen Wert. Die Information, ob es sich bei einer Hecke um einen Knick handelt, wäre für das Gesamtergebnis des Betriebs und vor allem die Ableitung geeigneter Maßnahmen von Bedeutung. Gleiches gilt auch für die im Flächennutzungsnachweis enthaltenen Sachinformationen. Auch hier werden Hecken und Knicks in der gleichen Kategorie erfasst. Mit einer weiteren Differenzierung wären auch hier über die Haupteinheit hinausgehende Bewertungen möglich. So ergibt sich auf der Grundlage des Flächennutzungsnachweises im vorliegenden Ausschnitt für alle Hecken ein mittlerer Biotopwert. Im Gegensatz zum Flächennutzungsnachweis aus Sachsen-Anhalt wird im Datensatz aus Brandenburg der jeweilige Typ des Landschaftselementes dokumentiert. Es wird unterschieden zwischen Baumreihen, Einzelbäumen, Feldgehölzen, Tümpeln und Hecken/Knicks. Eine Ermittlung der Wertstufen nach Haupteinheiten ist für alle erfassten Elemente möglich.

Die Biotopkartierung bietet individuellere Unterscheidungsmöglichkeiten für die Hecken. Erfasst wurden Hecken mit und ohne Überschirmung. In der Bewertung entsteht dennoch kein Unterschied, da für beide Typen ein mittlerer Biotopwert festgesetzt wurde (vgl. Vogel 2009). Eine Differenzierung könnte jedoch durch die Angabe von Länge, Alter und Breite der Hecke, Anzahl der Gehölzarten sowie Anteil einheimischer Gehölzarten erreicht werden. Sind alle diese Attribute optimal ausgeprägt, erfolgt nach dem für Brandenburg festgelegten Bewertungsschema eine Aufwertung um eine volle Wertstufe. Eine automatische Ermittlung der Längen kann allerdings für den Pilotbetrieb Brandenburg nicht erfolgen, da die Hecken in der Kartierung wie auch im Flächennutzungsnachweis als Flächen erfasst wurden.

Die räumliche Verteilung der Hecken unterscheidet sich in den beiden bewertbaren Datensätzen voneinander. Auch hier sind wiederum im Flächennutzungsnachweis die Landschaftselemente nicht erfasst, die außerhalb der Betriebsflächen liegen. Da der Pilotbetrieb Brandenburg nur zum Teil arrondiert ist, fällt dies besonders ins Gewicht. Die Biotopkartierung weist dagegen teilweise Defizite auf, weil sie die über die Gemeinde hinaus gehenden Informationen nicht enthält (zu sehen z.B. am rechten Bildrand der mittleren Ausschnitts in Abbildung 72). In beiden Datensätzen sind erfasste Hecken bis auf geringe Abweichungen räumlich deckungsgleich.

Defizite in der räumlichen Vollständigkeit und auch in der Lagegenauigkeit der Daten beeinflussen neben der korrekten Darstellung der aktuellen Bestandssituation zusätzlich die Ergebnisse weiterer, hierauf aufbauender Bewertungsmöglichkeiten von MANUELA wie z.B. das Ergebnis einer Bewertung der Verbundfunktion. Für diese wird der räumliche Zusammenhang von Landschaftselementen (Dichte, Abstände) zur Bewertung herangezogen. Die vollständige und lagegenaue Erfassung der Elemente ist somit Voraussetzung für ein korrektes und nutzbares Bewertungsergebnis. Insbesondere für die Landschaftselemente, die für einen

Biotopverbund eine besondere Rolle spielen können (z.B. lineare Elemente wie Hecken, Alleen, Raine oder Gewässer), sollte diese Voraussetzung erfüllt sein. Sowohl Abbildung 71 als auch Abbildung 73 lassen darauf schließen, wie verschieden die Bewertungsergebnisse der Verbundfunktion aussehen, wenn die Hecken unterschiedlich vollständig erfasst werden.

Die erzielten Bewertungsergebnisse verdeutlichen insgesamt, inwieweit der Erfüllungsgrad der Qualitätskriterien die Aussagekraft der Ergebnisse eines GIS-gestützten Systems wie MANUELA beeinflusst. Während Verfügbarkeit, Informationsgehalt und Aktualität vor allem die grundsätzliche Nutzbarkeit und den Ergänzungsbedarf der Daten bestimmen, wirken sich das Vorhandensein von Metadaten und die Konsistenz der Sachdaten vor allem auf die Verlässlichkeit und Nachvollziehbarkeit der Ergebnisse aus. Die räumliche und thematische Genauigkeit, die Vollständigkeit und die Konsistenz der Geometrien wiederum beeinflussen direkt die Richtigkeit der Bewertungsergebnisse.

4.5 Empfehlungen für den Einsatz von Digitalen Landschaftsmodellen, Flächennutzungsnachweisen und Biotopkartierungen im landwirtschaftlichen Naturschutzmanagement

Auf der Grundlage der in Kapitel 4.4.1 und 4.4.2 dargestellten Untersuchungsergebnisse lassen sich folgende Empfehlungen zum Einsatz von Digitalen Landschaftsmodellen, Flächennutzungsnachweisen und Biotopkartierungen ableiten (Abb. 74).

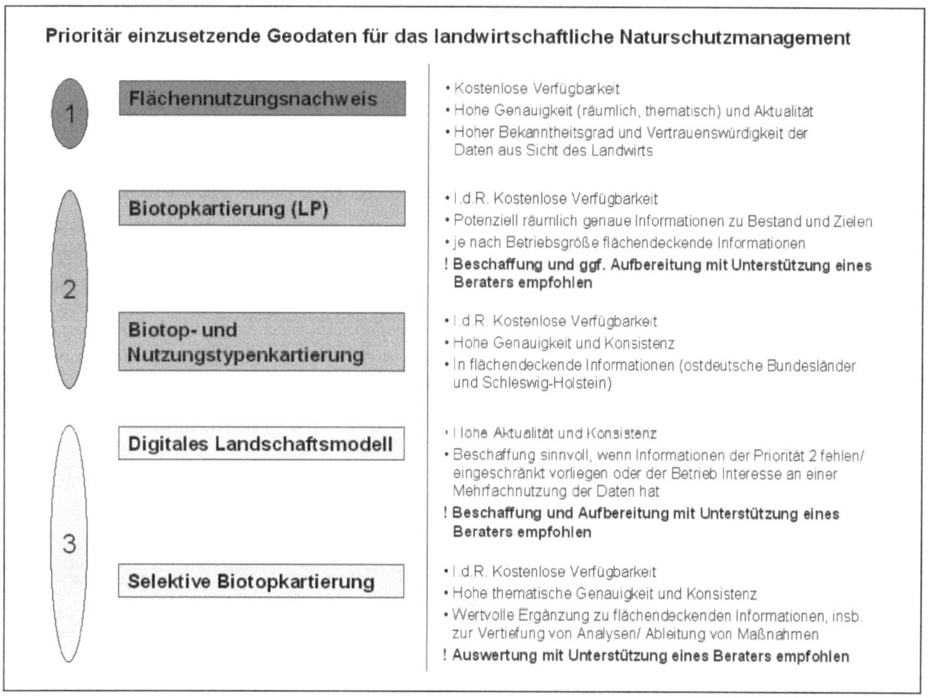

Abb. 74: Empfehlungen zum Einsatz der untersuchten Geodatensätze im landwirtschaftlichen Naturschutzmanagement in Form einer Prioritätenliste

Flächennutzungsnachweise sind als wesentliche Grundlage für eine naturschutzfachliche Bewertung der landwirtschaftlichen Flächen am besten geeignet. Auch wenn die Daten nicht die ganze Betriebsfläche abdecken, sondern nur die bewirtschafteten Flächen samt angrenzender Landschaftselemente abbilden, so liefern sie doch aktuelle und räumlich hoch aufgelöste Informationen zum jeweiligen Betrieb. Die Einschränkungen auf die bewirtschafteten Flächen und auf wesentliche Landschaftselemente sind bei einem Einstieg in das Naturschutzmanagement weniger relevant, da diese mit großer Wahrscheinlichkeit auch der erste Ansatzpunkt für Maßnahmen sein werden. Die Bewertung und Maßnahmenableitung für weitere Flächen (z.B. Hofflächen, Lagerplätze, etc.) kann in einem zweiten Schritt erfolgen. Hierfür und auch für die Ergänzung fehlender Landschaftselemente können weitere Datengrundlagen der Priorität 2 und 3 (Abb. 74) hinzugezogen werden.

Weitere Vorteile der Flächennutzungsnachweise sind vor allem ihre kostenlose Verfügbarkeit für den Landwirt sowie der Bekanntheitsgrad und die Vertrauenswürdigkeit der Daten. Letztere entstehen vor allem dadurch, dass der Landwirt selbst Datenurheber ist oder zumindest bei der Erstellung der Daten mitgewirkt hat. Voraussetzung für eine Nutzung der Daten für das landwirtschaftliche Naturschutzmanagement ist allerdings, dass die im Rahmen der Flächenbeantragung zusammengetragenen Geodaten den Landwirten auch in den Bundesländern zur Verfügung gestellt werden, deren Antragsverfahren auf Landwirtseite vorrangig auf Basis von Tabellen und den Feldblocknummern realisiert wurden. Dies erfordert die Freigabe der Antragsdaten durch die entsprechende Behörde zumindest für die beantragten Flächen. Aus Sicht des Naturschutzmanagements wäre es darüber hinaus auch wünschenswert, die Daten benachbarter Betriebe beziehen zu können, um geeignete Maßnahmen auch in größerem räumlichen Kontext ableiten zu können.

Aufbauend auf den Flächennutzungsnachweisen können im zweiten Schritt die Naturschutzfachdaten eingebunden werden, die - sofern vorhanden - flächendeckend Bestandsinformationen liefern: Biotopkartierungen aus Landschaftsplänen und Biotop- und Nutzungstypenkartierungen. Trotz der großen Mängel, die die im Rahmen dieser Arbeit untersuchte Biotopkartierung aus dem Landschaftsplan aufwies, wird der Geodatentyp als wertvolle Informationsgrundlage angesehen- vor allem da davon auszugehen ist, dass nicht alle Landschaftspläne vergleichbar schlecht in der Bewertung abschneiden. Um die Qualität einer solchen Kartierung besser einschätzen zu können, wird daher für die Beschaffung und auch die Aufbereitung von digitalen Landschaftsplänen die Unterstützung des Landwirtes durch einen technisch versierten Berater empfohlen. Eine frühzeitige Einschätzung der Datenqualität kann dem Landwirt zusätzliche Arbeit und Frustration ersparen. Das Kriterium Aktualität ist bei einer solchen Einschätzung zwar ein wichtiges, aber nicht das alleinige Maß. Auch nicht aktuelle Daten können wertvolle Informationen enthalten. Wenn allerdings Daten nicht in regelmäßigen Abständen überarbeitet werden, verringert sich die Nutzbarkeit trotz des hohen Maßes an fachlichen Informationen dennoch. Zum einen verändert sich die Landschaft und zum anderen entsprechen auch die Daten aus technischer Sicht (z.B. die Formate) nicht mehr dem aktuellen Stand. Bei Landwirten ist nicht zu erwarten, dass sie GI-Software verschiedener Generationen auf ihrem Rechner vorhalten, um diesem Umstand gerecht zu werden. Die Aktualität der Daten sollte demnach im Zusammenhang mit der Bereitstellungsform der Daten betrachtet werden. Bei nicht ausreichender Datenqualität, wie im vorliegenden Fall des Pilotbetriebs Brandenburg, ist eine Suche nach alternativen Daten empfehlenswert. Entspricht die Datenqualität den Anforderungen des Landwirts, haben Biotopkartierungen aus Landschaftsplänen zusätzliche Vorteile: Sie werden i.d.R. kostenlos zur Verfügung gestellt und liefern räumlich hoch aufgelöste Informationen zum Landschaftsbestand und den von der Gemeinde verfolgten

Zielen für Natur und Landschaft. Dem Landwirt werden hiermit auch wertvolle Ansatzpunkte für Maßnahmen zur Verfügung gestellt.

Liegt kein Landschaftsplan vor, kann in den ostdeutschen Bundesländern sowie in Schleswig-Holstein auch die landesweit vorliegende Biotop- und Nutzungstypenkartierung eine Alternative sein. Die enthaltenen Informationen liegen zum einen flächendeckend vor. Zum anderen liefern sie konsistente und räumlich angemessen aufgelöste Informationen für den Anwendungszweck Naturschutzmanagement. Weiterer Vorteil ist die vergleichbar leichte Recherche und Beschaffung der Daten bei den Landesumweltämtern, die auch bei geringen GIS-Kenntnissen ohne Berater realisierbar ist.

Liegen flächendeckende Naturschutzfachdaten nicht oder nur eingeschränkt für einen Betrieb vor, sind die Digitalen Landschaftsmodelle als weitere Alternative mit Priorität 3 für das Naturschutzmanagement zu sehen. Diese Daten liefern aktuelle und konsistente Informationen zur Landschaft, stehen allerdings nicht kostenlos zur Verfügung. Aufgrund der zusätzlich sehr komplexen Kosten- und Nutzungsrechtmodelle der Landesvermessungsämter empfiehlt es sich auch bei der Beschaffung der Digitalen Landschaftsmodelle, einen Berater hinzuziehen. Dieser kann neben der Ermittlung der tatsächlich benötigten Auszüge aus dem Digitalen Landschaftsmodell auch die erste Aufbereitung der Daten übernehmen, die Landwirte mit geringen GIS-Kenntnissen überfordern könnte. In Betrieben, in denen GI-Technologien bereits verstärkt eingesetzt werden, können die Daten des Digitalen Landschaftsmodells zusätzlich von größerem Interesse sein, wenn bereits Naturschutzfachdaten vorliegen. Da eine Mehrfachnutzung der Daten auch für andere Bereiche des Betriebsmanagements denkbar ist (z.B. für die Aufgabenbereiche Schlagverwaltung, teilschlagspezifische Bewirtschaftung oder Erntelogistik), lohnt sich die Anschaffung der Daten auf größeren Betrieben (ab 500 ha) eher als in kleineren Betrieben, die erst mit dem Einsatz von GIS beginnen (vgl. Wustrack 2002).

Auch wenn die selektiven Biotopkartierungen der Länder thematisch genaue und konsistente Informationen zu den naturschutzfachlich wertvollen Flächen liefern, sollten sie im landwirtschaftlichen Naturschutzmanagement nicht als einzige Grundlage für eine Bewertung von Betriebsflächen herangezogen werden. In vielen Fällen stellen sie gar keine Informationen zu den Flächen eines Betriebs bereit, in den übrigen nur zu Teilen der Betriebsfläche. Sie sollten daher weniger für die Erfassung des Bestandes auf einem Betrieb herangezogen werden, sondern vielmehr für die Prioritätensetzung bei der Vertiefung von Analysen und auch der Ableitung von Maßnahmen eingesetzt werden. Wird hierfür ein Berater hinzugezogen, kann die Prioritätensetzung noch gezielter und besser angepasst auf die individuellen Bedingungen des Betriebs erfolgen. Die Beschaffung der Daten lässt sich hingegen auch ohne einen Berater realisieren. Diese sind, wie auch die Biotop- und Nutzungstypenkartierungen auf Landesebene, kostenlos bei den Landesumweltämtern zu beziehen, vielfach sogar bereits als herunterladbare Datei mit entsprechenden Zusatzinformationen.

Vergleichbar mit den selektiven Biotopkartierungen können auch weitere Naturschutzfachdaten für vertiefende Analysen und die Ableitung von Maßnahmen herangezogen werden. Denkbar wären hier z.B. FFH-Kartierungen (Arten, Lebensräume), Arterfassungen oder auch Biotopkartierungen, die für geschützte oder schützenwerte Gebiete sowie für kleinere räumliche Einheiten als Gemeinden erfasst wurden (z.B. im Rahmen der Eingriffsregelung). In den meisten Fällen liegen diese Daten nicht flächendeckend für einen landwirtschaftlichen Betrieb vor. Sie erhöhen jedoch die Qualität der Analyseergebnisse und damit auch die Qualität, Realisierbarkeit und Erfolgschancen der abgeleiteten Maßnahmen.

Grundsätzlich ist allerdings zu beachten, dass beim Einsatz von Daten aus unterschiedlichen Quellen Abweichungen und Widersprüche zwischen den Geometrien und den Sachinformationen bestehen können. Diese sind zurückzuführen auf die unterschiedlichen Bearbeitungszeiträume, Erfassungskriterien und Datengrundlagen, die bei der Erstellung eingesetzt wurden. Eine Überarbeitung der Daten ist hier i.d.R. erforderlich, zumindest aber müssen Prioritäten bei der Verwendung der Daten gesetzt werden (Welche Geometrien sollen als Grundlage verwendet werden? Welche Sachinformationen werden vorrangig verwendet?) Sollen in einem Betrieb Daten aus unterschiedlichen Quellen eingesetzt werden, empfiehlt es sich, in diesen Fällen ebenfalls auf die Unterstützung eines Beraters zurückzugreifen.

Die Interviews mit den Betriebsleitern und den Mitarbeitern der Pilotbetriebe (vgl. Kap. 3.2) haben gezeigt, dass in Gebieten, deren erhöhter naturschutzfachlicher Wert bereits erwiesen ist und in denen dieser den Landwirten gegenüber kommuniziert wurde, auch der Bekanntheitsgrad entsprechender Geofachdaten höher war. Dies ist darauf zurückzuführen, dass von Seiten der Naturschutzbehörden Kontakte zu den Landwirten hergestellt wurden und auch Beratung durch die Behörden in diesen Gebieten stattfand. Zusätzlich ist davon auszugehen, dass in diesen Gebieten umfassendere Kartierungen vorliegen. Betriebe, die diese Vorteile nicht nutzen können, benötigen demnach besondere Unterstützung bei der Recherche geeigneter Datenbestände. Für Betriebe, die nicht in Schutzgebieten liegen oder sich mit geschützten oder schützenswerten Bereichen überschneiden, ist daher grundsätzlich das Hinzuziehen eines Beraters oder die direkte Kontaktaufnahme zu Behörden für die leichtere Beschaffung geeigneter Daten sinnvoll.

5 PERSPEKTIVEN IN DER GI-TECHNOLOGIE UND IHRE AUSWIRKUNG AUF DIE EINSATZMÖGLICHKEITEN VON GEODATEN IM LANDWIRTSCHAFTLICHEN NATURSCHUTZMANAGEMENT

Der Geodatenmarkt unterliegt einer ständigen Fortentwicklung. Die Möglichkeiten des Einsatzes von Geodaten verändern sich durch diese Entwicklung ebenfalls. In diesem Kapitel werden daher die möglichen Auswirkungen der aktuellen Entwicklungen auf die untersuchten Geodatenbestände (Digitales Landschaftsmodell, Flächennutzungsnachweise und Biotopkartierungen) diskutiert. Des Weiteren werden auch Entwicklungen betrachtet, die die Rahmenbedingungen für den Einsatz von Geodaten im landwirtschaftlichen Naturschutzmanagement sowie im Betriebsmanagement generell beeinflussen. Zu den aktuellen Entwicklungen, die in diesem Zusammenhang betrachtet werden, gehören z.B. die geplanten Weiterentwicklungen der untersuchten Datenbestände, der Ausbau von Geodateninfrastrukturen und Geodiensten, die Verbreitung von Web-basierten Geoinformationssystemen, die Weiterentwicklung mobiler Erfassungssysteme sowie die Weiterentwicklung von Datenstandards sowohl aus fachlicher als auch aus technischer Sicht (vgl. hierzu auch Börner & Streit 2001, Jones & Purves 2008).

5.1 Potenziale der untersuchten Datensätze

5.1.1 Potenzial der Digitalen Landschaftsmodelle

Das Digitale Landschaftsmodell weist in Hinblick auf eine Nutzung im landwirtschaftlichen Naturschutzmanagement (vgl. Kap. 4.1.3) und auch für den Umweltsektor generell Defizite auf (vgl. Kaufmann 1997, Lipp 2004b und 2005, Streit 2004, Zölitz-Möller 2000). Eine mit diesem Datensatz vergleichbare, flächendeckende und detaillierte Beschreibung der Landschaft in digitaler Form existiert in anderen europäischen Ländern jedoch nicht (BBA 2003). Die festgestellten Defizite können in Zukunft zum einen durch den Einsatz anderer Technologien zur Datenerhebung behoben werden. Zum anderen stellen die Landesvermessungsämter mit der Umsetzung eines bundesweiten Projektes zur Harmonisierung von Geobasisdaten in den nächsten Jahren eine bessere Ausgangslage für die Ableitung von entsprechenden Geofachdaten bereit.

Die Erstellung der Digitalen Landschaftsmodelle erfolgte bisher maßgeblich durch manuelle Digitalisierung der Informationen aus entsprechenden Grundlagendaten (z.B. TK, DGK, DOP). Verfahren zur automatischen Bildauswertung fanden bis Anfang der 2000er Jahre keine Anwendung, ebenso wenig die Nutzung hochauflösender Satelliten-Daten für die Fortführung der Datenbestände (Bill & Schmidt 2000). In den letzten Jahren wurden weitere Techniken für die Datenerhebung in den Bundesländern im Rahmen verschiedener Forschungsprojekte erprobt. Hierzu gehört z.B. die GPS gestützte Datenerfassung mit Pen-Computern (ebd.) Sowohl in Schleswig-Holstein als auch in Mecklenburg-Vorpommern laufen Projekte, die insbesondere bei der Erhebung der Objektarten mit Spitzenaktualität mobile GIS einbeziehen (Günther 2000, Vielsack 2000). Zum anderen existieren in Bayern Pilotprojekte in denen Satelliten- und Radardaten bei der Erhebung der Geobasisdaten eingebunden werden (z.B. IRS-1C, Landsat TM, IKONOS, Daten der Firma Aero-Sensing) (Kollmuß 2000). Willrich (2002) erarbeitete Möglichkeiten einer automatisierten Erfassung und Verifikationen von ATKIS-Daten auf der Grundlage von Orthophotos. Der Einsatz neuer oder ergänzender Erfassungsmethoden sorgt vor allem für eine vollständigere Erfassung der Daten. Dies ermöglicht aber auch eine erhöhte lagegenaue und thematisch korrekte Erfassung der Objektarten und Attribute des Digitalen Landschaftsmodells. Nachteil ist bisher, dass sich die Erprobung neuer Erfassungsverfahren auf die Objektbereiche Siedlung und Verkehr konzentriert, da für diese Themenbereiche verstärktes Interesse an der Nutzung der Daten besteht. Eine offensivere Forderung nach besserer Erfassung anderer Bereiche und die Unterstützung bei der Initiierung entsprechender Pilotprojekte durch die Datennutzer aus dem Landwirtschafts- und Umweltbereich wäre daher wünschenswert (Heinrich 1999).

Seit Mai 2000 arbeiten die Landesvermessungsämter am Projekt AFIS - ALKIS – ATKIS (kurz AAA), dessen Ziel es ist, die von amtlicher Seite bereitgestellten Geobasisdaten zu harmonisieren. Hierzu gehören die Daten des Amtlichen Topographisch-Kartographischen Informationssystems (ATKIS), des Amtlichen Liegenschaftsinformationssystems (ALKIS) sowie des Amtliche Festpunkt-Informationssystems (AFIS) (AdV 2004, De Lange 2006). In diesem Zusammenhang wird ein neues Datenmodell basierend auf UML (Unified Modelling Language) für die amtlichen Daten etabliert, das auch den internationalen Standards der ISO TC 211 und den Vorgaben des Open Geospatial Consortiums (OGC) entspricht. Gleichzeitig mit der Migration in das neue Datenmodell wurde das Koordinatenreferenzsystem von DHDN90/Gauß-Krüger auf das europaweit einheitlich genutzte System ETRS89/UTM geändert (Brüggemann 2001, Østensen 2001, Scholles 2006). Voraussetzung für die Umsetzung des Vorhabens war zunächst die Zusammenführung der Automatisierten Liegenschaftskarte (ALK) und des Automatisierten Liegenschaftsbuches (ALB). Bereits dieser vorgeschaltete Schritt wird von Streit (2004) als wichtiger Aspekt für eine Verbesserung der digitalen Arbeitsgrundlagen für fast alle Bereiche der Landwirtschaft gesehen.

Die Harmonisierung der Geobasisdaten hat verschiedene Vorteile. Eine gemeinsame Nutzung der Daten ist insbesondere in Hinblick auf die Geometrien konfliktfrei. Informationen zu Besitzverhältnissen und Landnutzung können so kombiniert und im Zusammenhang ausgewertet werden. Streit (2004) sieht in der Kombination von ATKIS, ALKIS und dem Land Parcel Information System für die Flächenbeantragung im Rahmen von InVeKoS die Möglichkeit, ein landwirtschaftliches Basis-Kataster über mehrere Maßstabsebenen hinweg aufzubauen. Insgesamt wird mit der Umsetzung des Projektes AAA das Anwendungspotenzial amtlicher Daten ausgebaut. Zudem können die ALKIS-Daten verwendet werden, um die ATKIS-Daten zu aktualisieren (Streit 2004). Allerdings besteht durch die Umstellung des Datenmodells Migrationsbedarf bei Datenlieferanten und Anwendern (Scholles 2006). In Brandenburg und Baden-Württemberg ist die vollständige Umstellung auf das neue Datenmodell bis 2010, geplant, in Sachsen-Anhalt bis 2011. In Bayern und Niedersachsen standen im August 2008 noch keine Termine für die vollständige Umsetzung des Projektes AAA fest (AdV 2008).

5.1.2 Potenzial der Flächennutzungsnachweise

Die Flächennutzungsnachweise enthalten laut Reiter & Roggendorf (2007) die genaueste und differenzierteste Darstellung der landwirtschaftlichen Flächennutzung in Deutschland. Mit Hilfe der über den Flächenantrag vorhandenen Klassifizierung der landwirtschaftlichen Flächen entsteht ein deutlich differenzierteres Bild der Landnutzung als dies über andere vorhandene Datensätze bisher möglich war. Zuvor erfolgten Angaben zur landwirtschaftlichen Nutzung weniger flächenkonkret über die Zuordnung der Sachinformation zu Raumeinheiten wie Gemeinden, Kreisen oder Bundesländern. Eine Verschneidung mit anderen, räumlich höher aufgelösten Daten war so nur schwer möglich. Räumlich besser aufgelöste Auswertungen waren nur mit einem sehr hohen Erfassungsaufwand oder auf der Basis von Fernerkundungsdaten realisierbar (Reiter & Roggendorf 2007). Die flächenkonkreten Information aus den Anträgen können, zusammen mit den über die CC-Richtlinien enthaltenen Zusatzinformationen, als Grundlage für querschnittsorientierte Aufgaben dienen und somit auch für Fragestellungen außerhalb der reinen Flächenbeantragung eingesetzt werden (Burger 2004, Reiter & Roggendorf 2007, Streit 2004). Aufgrund der unterschiedlichen, dem Flächenantrag zugrundeliegenden Raumeinheiten (Schläge, Feldblöcke, Feldstücke) und den Individuallösungen der Bundesländer bei den GI-Applikationen für die Flächenbeantragung ist eine Mehrfachnutzung der Datensätze allerdings bisher stark eingeschränkt. Aus Sicht von Streit (2004) wurde die Chance auf ein bundeseinheitliches Basiskataster für die Landwirtschaft und darauf aufbauender Mehrwertdienste im ersten Anlauf des InVeKoS-Aufbaus vertan.

Voraussetzung für eine Mehrfachnutzung wäre zudem die Freigabe der Daten durch die Behörden und auch durch die Landwirte für die über die Förderung hinausgehenden Anwendungsbereiche (Burger 2004). Unter Berücksichtigung des Datenschutzes könnten die Daten für weitere Anwendungszwecke eingesetzt werden. Hierzu gehören z.B. betriebsinterne Anwendungsbereiche wie das Führen der Schlagkartei aber auch privatwirtschaftliche Interessen (Hagelversicherung, Bodengesundheitsdienst) (ebd.) sowie behördliche Aufgaben (Aktualisierung von Geobasisdaten) (Streit 2004). Reiter & Roggendorf (2007) sehen die Informationen über die Intensität der Tierhaltung und die räumliche Verteilung der Landschaftselemente als besonders gut einsetzbar für andere Anwendungszwecke an. Die Informationen zu den Landschaftselementen stufen sie allerdings bisher noch als zu wenig valide ein (ebd.). Dies ist vor allem darauf zurückzuführen, dass die Erfassung aufgrund technischer Grenzen noch unzureichend war und die Angaben der Landwirte nicht in allen Fällen plausibel waren. Es wird hier jedoch mit deutlichen Verbesserungen in den nächsten Jahren gerechnet, die dazu beitragen könnten, mit Hilfe der Angaben aus den Flächenanträgen die Verteilung der Landschaftselemente in den agrarisch geprägten Gebieten aufzeigen zu können. Der Zustand der Elemente (z.B. Pflege) kann aber nur unter Zuhilfenahme weiterer Informationen von den Landwirten angegeben werden (ebd.). Wären Landwirte bereit, auch über die verpflichtenden Angaben im Flächenantrag hinaus Landschaftselemente auf ihrem Betrieb zu erfassen, würde dies die Qualität der Datenbasis weiter erhöhen. Der Digitalisieraufwand erhöht sich hierdurch vermutlich nicht maßgeblich. Laut Empfehlungen der Antragsbearbeitenden Behörde sollte der Landwirt vor einer Aufnahme in den Antrag zunächst Typ und Dimension des Landschaftselementes bestimmen und darauf aufbauend die Beihilfefähigkeit abprüfen (Freistaat Sachsen 2005). I.d.R. kann davon ausgegangen werden, dass hierzu eine Digitalisierung oder zumindest Abmessung des Landschaftselementes im GIS erfolgt. Die erforderlichen Schritte für die Aufnahme des Elementes in den Antrag sind also erfolgt, seine Geometrie wurde nur nicht festgehalten. Es bestehen demnach Möglichkeiten, das Potenzial der vorhandenen Informationen noch besser auszuschöpfen.

Bei einer Freigabe der Daten für die Verwendung außerhalb des agrarischen Sektors wären im Themenbereich Naturschutz und Landschaftsplanung folgende Anwendungsbereiche denkbar (Reiter & Roggendorf 2007):

- Entwicklung einer Förderkulisse für den Grünlanderhalt in Natura-2000-Gebieten sowie die Abschätzung des finanziellen Bedarfs für entsprechende, flächengebundene Fördermaßnahmen,
- Überprüfung der Eignung von Agrarumweltmaßnahmen und Unterstützung der Entwicklung von Fördermaßnahmen für den Erhalt und die Pflege wertvoller Biotopstrukturen,

- Ermittlung von Strukturindices zur Verbesserung der Bewertung von Habitat- und Vernetzungsfunktionen der Agrarlandschaft.

Im Zusammenhang mit weiteren Daten (Standortinformationen, Informationen zur Produktionsweise und Nutzungsintensitäten) ließen sich zudem vertiefte Aussagen zum Themenbereich Biodiversität treffen. Reiter & Roggendorf (2007) führen hier als Beispiel die Methode von Wetterich & Köpke (2003) zur Ermittlung der Habitateignung der bewirtschafteten Fläche auf Basis der Informationen aus Flächennutzungsnachweisen an. Darüber hinaus bietet die jährliche Erfassung der Daten optimale Voraussetzungen für die Analyse der Landschaftsentwicklung über mehrere Jahre hinweg und kann damit Monitoring-Aufgaben unterstützen. Großer Vorteil der Daten ist dabei die Erfassung im Rahmen eines bereits etablierten Verfahrens, es entstehen somit keine zusätzlichen Kosten für die Datenerhebung.

Weitere Forschungsprojekte, in denen die sich abzeichnenden Potenziale der Daten aus den Flächennutzungsnachweisen vor allem auch in der Praxis weiter untersucht werden, werden aktuell von der Bundesforschungsinstitut für Ländliche Räume, Wald und Fischerei (Institut für ländliche Räume) initiiert (Reiter & Roggendorf 2007). Eines der Vorhaben wird in Kooperation zwischen der Bundesforschungsanstalt, dem NABU und dem DVL durchgeführt. Hier sollen die Flächenantragsdaten genutzt werden, um die Wirkungen der EU-Agrarreform auf Umwelt und Landschaft abzuschätzen (DVL 2008). Im Gegenzug werden auch Studien durchgeführt, die wiederum überprüfen, inwieweit die öffentlich bereitgestellten Geodaten in landwirtschaftliche Betriebssoftware eingebunden werden können (KTBL 2007).

5.1.3 Potenzial der Biotoptypenkartierungen

Insgesamt wird die Fortentwicklung der Biotopkartierungen, unabhängig davon, ob es sich um landesweite Kartierungen oder Landschaftspläne handelt, in der Literatur aktuell deutlich weniger dynamisch diskutiert als die der Digitalen Landschaftsmodelle und der Flächennutzungsnachweise.

Zur Aufhebung einiger Defizite wäre zwar die regelmäßige Aktualisierung der Datenbestände aus Sicht des Naturschutzmanagements wünschenswert, entspricht aber nicht der Realität. Aktualisierungen der Biotop- und Nutzungstypenkartierungen erfolgten in den letzten Jahren lediglich in Sachsen-Anhalt und Sachsen. Die Überarbeitungen der selektiven Biotopkartierungen werden zwar als notwendig erachtet und gefordert, sind aber unter den gegenwärtigen gesellschaftlichen Bedingungen immer schwerer zu bewerkstelligen (Hänel 2007). Die Realisierung einer Datenüberarbeitung hängt dabei weniger von fachlichen Aspekten, sondern vielmehr von den Entscheidungen in Politik und Verwaltung ab.

Durch die Vielzahl an Planwerken und verantwortlichen Stellen ist eine generelle Aussage zur regelmäßigen Aktualisierung der Biotopkartierungen aus Landschaftsplänen nicht möglich. Eine Durchsicht der Landschaftsplanverzeichnisse des BfN zeigte jedoch, dass aktuell ein Teil der Landschaftspläne noch in Bearbeitung ist, was zumindest darauf schließen lässt, dass in diesen Gemeinden in absehbarer Zeit aktuelle Informationen zum Biotopbestand vorliegen könnten. In welcher Form die Daten bereitgestellt werden, lässt sich jedoch aus der Aufstellung des BfN nicht entnehmen. Eine digitale Bereitstellung über das Internet wie auch bei den landesweiten Daten ist für Landschaftspläne bisher kaum etabliert. Positive Beispiele sind hier die Planwerke aus Mettmann und Güstrow sowie der im Rahmen eines Forschungsvorhabens erstellte und mit moderner Informations- und Kommunikationstechnologie unterstützte Landschaftsplan der Gemeinde Königslutter (BfN 2009, Haaren et al. 2005). Der Zugang zu den Geodaten wird in diesen Fällen deutlich erleichtert. Zudem stehen auch die zugehörigen

Planwerke meistens parallel zum Herunterladen zur Verfügung. Durch Vernetzung mit Geodatensuchmaschinen könnte der Zugang zu solchen, lokal bereitgestellten Daten weiter optimiert werden. Hier gewährleistet zudem der Aufbau von Geodateninfrastrukturen eine bessere Zugänglichkeit der Daten (vgl. Kap. 5.2.2).

Der Einsatz von neuen Erfassungstechniken wird ebenfalls für die Kartierung von Biotoptypen diskutiert: Für die Erfassung von Daten wird im Rahmen von Biotopkartierungen der Einsatz von GPS-gestützten Methoden praktisch erprobt (z.B. Fachhochschule Stuttgart 2003, Hulbert & French 2001). Für die Kartierung von Biotop- und Nutzungstypen wurden in verschiedenen Projekten unter anderem Fernerkundungsdaten als Datengrundlage erprobt. Leser (2003) diskutiert den Einsatz von Flugzeugscannerdaten, die mit einer hochauflösenden Stereokamera (HRSC – High Resolution Stereo Camera) aufgenommen wurden. Werner & Kenneweg (1999) erprobten wiederum den Einsatz von Satellitendaten (IRS-1C) für die Aktualisierung und Ergänzung der Biotop- und Nutzungstypenkartierung in Sachsen-Anhalt. Blaschke (2001) beschäftigte sich mit Verfahren zur Extraktion von Landschaftselementen aus Fernerkundungsdaten. Er entwickelte Ansätze zur semi-automatischen Auswertung von Fernerkundungsdaten (Luftbilder, Satellitenbilder), die es ermöglichen, Beziehungen zwischen Objekten in der Landschaft zu berücksichtigen. Die auf diese Weise gewonnenen Ergebnisse können in der Landschaftsplanung besonders gut eingesetzt werden. Lipp (2005) geht davon aus, dass Biotopkartierungen zukünftig in einer Mischung aus Vor-Ort-Begehungen und der Auswertung von Fernerkundungsdaten erstellt werden. Eine vollständige Ablösung der bisher für die Erfassung verwendeten Luftbilder durch Satellitenbilder wird aufgrund ihrer sehr hohen Genauigkeit, der durchgängig digitalen Bearbeitung mit korrektem Lagebezug und den ggf. wichtige Zusatzinformationen von Seiler et al. (2004) für wahrscheinlich gehalten.

Neben diesen eher technischen Aspekten spielt bei der Weiterentwicklung der Biotopkartierungen auch die Diskussion der fachlichen Standards eine Rolle. Hierzu gehören die Erfassungsmethoden, aber auch die Biotoptypenschlüssel. Verschiedene Institutionen, wie das BfN, der Bundesverband Beruflicher Naturschutz (BBN), der Deutsche Naturschutzring (DNR), die Länderarbeitsgemeinschaft Naturschutz (LANA) und der Sachverständigenrat für Umweltfragen (SRU) setzen sich für eine weitere Etablierung von Standards im Naturschutz ein und initiieren entsprechende Forschungsvorhaben (vgl. z.B. BBN 2006, DNR 2005, Plachter et al. 2002).

5.2 Verbesserung des Zugangs zu Geodaten

Seit den 1990er Jahren bestehen auf europäischer Ebene Bestrebungen, einen leichteren Zugang zu (Umwelt-)Informationen zu ermöglichen. Diese Forderung nach mehr Informationsfreiheit hat sich in verschiedenen Gesetzen und Richtlinien auf europäischer und nationaler Ebene niedergeschlagen. Die Umweltinformationsrichtlinie und das Umweltinformationsgesetz beinhalten insbesondere Vorgaben für die Veröffentlichung und Verbreitung von umweltbezogene Informationen (Kap. 5.2.1). Die INSPIRE-Richtlinie und das Geodatenzugangsgesetz beziehen sich insgesamt auf die raumbezogenen, digitalen Geodaten und deren Zugänglichkeit (Kap. 5.2.2). Letztere soll vor allem durch den Aufbau von Geodateninfrastrukturen auf verschiedenen hierarchischen Ebenen realisiert werden (Kap. 5.2.3). Im Folgenden werden die gesetzlichen und fachlichen Grundlagen dieser Entwicklungen kurz vorgestellt und, soweit möglich, deren Auswirkungen auf die Verfügbarkeit von Geodaten diskutiert.

5.2.1 Aarhus-Konvention, Umweltinformationsrichtlinie und Umweltinformationsgesetz

Die Aarhus-Konvention wurde 1998 unterzeichnet und regelt auf europäischer Ebene den Zugang zu Informationen über die Umwelt („erste Säule"), die Möglichkeiten der Beteiligung an umweltrelevanten Entscheidungen, Plänen und Programmen („zweite Säule") sowie den Zugang zu Gerichten bei Umweltangelegenheiten („dritte Säule") (BMU 2007). Ziel dieses internationalen Übereinkommens ist es, mit der Verpflichtung zur Bereitstellung von Umweltinformationen das Umweltbewusstsein zu schärfen, freien Meinungsaustausch und wirksame Teilnahme an Entscheidungen zu ermöglichen und den Umweltschutz zu verbessern (Lipp 2005).

Auf europäischer Ebene wurde zur Umsetzung der ersten Säule der Aarhus-Konvention im Jahr 2003 die Umweltinformationsrichtlinie (UIRL) erlassen, in Deutschland ist das 2004 überarbeitete Umweltinformationsgesetz (UIG) die Umsetzung auf nationaler Ebene (Scheidler 2006). Die Umweltinformationsrichtlinie besagt, dass behördliche und private Stellen Umweltinformationen unter Verwendung von Kommunikations- und Informationstechnologien so umfassend wie möglich öffentlich zugänglich machen und verbreiten sollen. Auf behördlicher Seite betrifft dies alle Verwaltungsebenen, auch die lokalen Behörden. Für private Stellen besteht diese Verpflichtung, wenn sie unter der Kontrolle einer Behörde stehen und öffentliche Aufgaben mit Umweltbezug wahrnehmen (BMU 2007). Das Umweltinformationsgesetz bezieht bei den Behörden hingegen nur die obersten Bundesbehörden ein (§ 2 (1) UIG). In den Bundesländern ist die EU-Richtlinie hingegen in wesentlichen Teilen direkt anwendbar (Schrader & Zschiesche 2005).

Zu den Umweltinformationen zählen laut § 2 (3) UIG Daten über

- den Zustand von Umweltbestandteilen (Luft, Atmosphäre, Wasser, Boden, Landschaft und natürliche Lebensräume, die Artenvielfalt und ihre Bestandteile, sowie die Wechselwirkungen zwischen diesen Bestandteilen),
- Faktoren wie Stoffe, Energie, Lärm und Strahlung, Abfälle aller Art sowie Emissionen, Ableitungen und sonstige Freisetzungen von Stoffen in die Umwelt, die sich auf die Umweltbestandteile auswirken (können),
- Maßnahmen, die sich auf diese Umweltbestandteile und Faktoren auswirken (können) oder den Schutz von Umweltbestandteilen zum Ziel haben (z.B. auch politische Konzepte, Rechts- und Verwaltungsvorschriften, Abkommen, Umweltvereinbarungen, Pläne und Programme),
- Berichte über die Umsetzung des Umweltrechts, wirtschaftliche Analysen, die zur Vorbereitung oder Durchführung von Maßnahmen genutzt werden sowie Informationen über den Zustand der menschlichen Gesundheit und Sicherheit.

Der Anspruch auf Zugang zu den Umweltinformationen besteht, ohne ein rechtliches Interesse darlegen zu müssen (§ 3 (1) UIG). Voraussetzung hierfür ist die Stellung eines entsprechenden Antrages. Mit Hilfe der Bekanntgabe von Ansprechpartnern und behördlichen Zuständigkeiten, der Veröffentlichung von Verzeichnissen über verfügbare Umweltinformationen und der Einrichtung öffentlich zugänglicher Informationsnetze und Datenbanken soll der Zugang zu den Informationen zusätzlich erleichtert werden (§ 7 UIG). Die Veröffentlichung der Daten ist laut Lipp (2005) in unterschiedlicher Weise möglich, erwähnt wird explizit die elektronische Form. Eine Verpflichtung hierzu besteht allerdings nicht, solange die Daten vor dem Inkrafttreten der Richtlinie erhoben wurden. Bei elektronisch zur Verfügung gestellten Daten kann die Verpflichtung zur Verbreitung auch erfüllt werden, indem Verknüpfungen zu Internetseiten eingerichtet werden, auf denen die Daten angeboten werden (ebd.). Zusätzlich zu den Daten wird im Umweltinformationsgesetz gefordert, auch die Methoden der Datenerhebung zu veröffentlichen, da diese einen entscheidenden Hinweis zur Qualität der Daten und damit zu deren Nutzbarkeit liefern.

Untersuchungen zu den Folgen der Vorgaben des UIG auf Seiten der Datenbereitsteller ergaben, dass die Anzahl der Anfragen geringer als erwartet sind und die Arbeitskapazität der Behörden i.d.R. nicht beeinträchtigt wird (Scheidler 2006, Schrader 2004). Scheidler (2006) sieht sogar einen Nutzen für die Verwaltung selbst, indem sie sich infolge der aktiven Informationspflicht selbst einen Überblick den Stand der Aufgaben verschafft.

5.2.2 INSPIRE-Richtlinie und Geodatenzugangsgesetz

Die Initiative INSPIRE (Infrastructure for Spatial Information in Europe) ist eine seit 2001 angelaufene Initiative auf europäischer Ebene, die auf eine Harmonisierung der sich entwickelnden nationalen Geodateninfrastrukturen (GDI, vgl. Kap. 5.2.3) und auf die Schaffung einer umweltbezogenen europäischen Geodateninfrastruktur (E-ESDI: Environmental European Spatial Data Infrastructure) abzielt (Streit 2004). Ziel ist es, die europaweite Verfügbarkeit und Nutzbarkeit von Geodaten zu verbessern und somit eine Grundlage für die eine bessere, länderübergreifende Bearbeitung transnationaler Fragestellungen zu schaffen. Der Themenbereich Umwelt steht hierbei insgesamt im Vordergrund (Bilo & Bernand 2005, Vögele et al. 2006).

Dieses Vorhaben wurde auch in Form einer entsprechenden Richtlinie vom Europäischen Parlament umgesetzt (INSPIRE-Richtlinie), die seit dem 15. Mai 2007 in Kraft getreten ist und innerhalb von 2 Jahren in den Mitgliedsstaaten umgesetzt werden muss. Sie verpflichtet die Mitgliedsstaaten, stufenweise interoperable Geobasisdaten und Geofachdaten bereitzustellen (GDI-DE 2009). Der Begriff „Interoperabilität" bezeichnet in diesem Zusammenhang die Möglichkeit, Geoinformationen verschiedener Quellen transparent, für unterschiedliche Anwendungen und durch unterschiedliche Anwender kombinieren zu können (Bilo & Bernand 2005). Verwaltungseinheiten, Flurstücke, Verkehrs- und Gewässernetze sowie Informationen über Schutzgebiete und Geologie gehören beispielsweise zu den Informationen, die neben Metadaten als erste in interoperabler Form zur Verfügung stehen sollen. Die Verpflichtung, Daten verfügbar zu machen, gilt allerdings nur für bereits vorhandene und in digitaler Form vorliegende Geodaten. Eine Neuerfassung bisher analog vorliegender Geodaten wird nicht gefordert. Um die Geodaten zwischen den einzelnen Nutzern anwendbar und austauschbar zu machen, definiert die INSPIRE-Richtlinie konkrete Instrumente. Dabei sollen unter anderem anhand von Geodatendiensten (vgl. Kap. 5.2.3.2) räumliche Daten im Internet gesucht und dargestellt werden können (GDI-DE 2009).

Das Geodatenzugangsgesetz (GeoZG), das bisher im Entwurf vorliegt, setzt die INSPIRE-Richtlinie auf der nationaler Ebene in Deutschland um. Am 13. November 2008 wurde der vorliegende Gesetzesentwurf vom Bundestag (Deutscher Bundestag 2008) beraten und beschlossen. Das neue Gesetz berücksichtigt und unterstützt die in Deutschland seit 2004 gemeinsam von Bund, Ländern und Kommunen unternommenen Aktivitäten zum Aufbau der Geodateninfrastruktur Deutschland (GDI-DE). Das Geoportal Bund und die dort angebotenen Geodienste sollen die zentrale Zugriffmöglichkeit auf die Geodaten werden. Auch Dritte können auf freiwilliger Basis ihre Geodaten über diese Struktur anbieten. Die potenziell zur

Verfügung gestellten Informationen sollen durch die öffentliche Verwaltung, die Wirtschaft und auch die Bürgerinnen und Bürgern in unterschiedlichen fachlichen Zusammenhängen nutzbar sein, so z.B. in der Raumplanung, dem Umweltschutz, zur Unterstützung von Not- und Rettungsdiensten und der Entwicklung von Navigationssystemen.

5.2.3 Aufbau von Geodateninfrastrukturen

5.2.3.1 GSDI, INSPIRE und GDI-DE

Laut Greve (2003) ist eine Geodateninfrastruktur (GDI) „eine aus technischen, organisatorischen und rechtlichen Regelungen bestehende Bündelung von Geoinformationsressourcen, in der Anbieter von Geodatendiensten mit Nachfragern solcher Daten kooperieren". Sie besteht aus einer Geodatenbasis (Geobasisdaten und Geofachdaten) sowie deren Metadaten, einem Geoinformationsnetzwerk in Form von verteilten Datenbanken, Diensten, die den Umgang mit den Daten ermöglichen und Standards (Groot & McLaughlin 2000, Nölle 2005, Streit 2004). Zusätzlich umfasst die GDI auch die institutionellen, organisatorischen, technologischen und wirtschaftlichen Ressourcen zur Unterstützung der Entwicklung und Pflege der GDI (Groot & McLaughlin 2000). Im öffentlichen Bereich kommen noch politische Rahmenbedingungen und interorganisatorische Vereinbarungen hinzu (Streit 2004). Der Anwender nutzt diese Dateninfrastruktur und fügt spezielle Anwenderdaten hinzu. Er integriert und synchronisiert somit seine Datenbestände mit der Dateninfrastruktur (Nölle 2005).

Die Entwicklung von Geodateninfrastrukturen und Geodiensten begann in der Mitte der 1990er Jahre. Der erste Ansatzpunkt für die Entwicklung der GDI stammt von der US-amerikanischen Regierung aus dem Jahr 1994 (Streit 2004). Im gleichen Jahr wurde auch das Open Geospatial Consortium (OGC) gegründet, ein nicht-gewinnorientierter Zusammenschluss zahlreicher IT-Unternehmen, Anwender und Geoinformatik-Institute, das mit der Entwicklung offener Standards für Geodienste maßgeblich zur Umsetzung des Konzeptes GDI beiträgt.

Vorteile eines Zugangs zu Geodaten über GDI sind u.a. die folgenden (Nölle 2005, Streit 2004):

- Werden die Geoinformationen im Sinne einer GDI von einer Stelle federführend verwaltet und aktualisiert, kann auch mit einer höheren Aktualität der Daten gerechnet werden.
- Geodaten und deren Metadaten bleiben in der Hand des Erzeugers, der mit seinem Fachwissen für die Fortführung der Datenbestände sorgt und so einer Qualitätssicherung beiträgt.
- Der Nutzer wird nicht mit dem Aufwand der Datenpflege und lokalen Wartung der möglicherweise bei ihm sogar redundant vorliegenden Datenbestände belastet.
- Das Internet kann mit der Nutzung von Geoportalen und Web-Services als standardisierte, allgemein verfügbare Plattform genutzt werden.

Fehlt eine geeignete Infrastruktur zum zentralen Zugriff auf Geodaten durch verschiedene Nutzer, kann das hingegen dazu führen, dass Daten zum einen mehrfach erhoben und redundant gehalten werden. Zum anderen werden Datenbestände aufgrund mangelnden Zugangs u.U. gar nicht genutzt. Dies hat negative wirtschaftliche Folgen, sowohl für die Datenbereitsteller, als auch für die Datennutzer (Bernard et al. 2005). Streit (2004) merkt hingegen an, dass die Datenbereitstellung über GDI zwar die Geschäftsprozesse für den Datenbereitsteller vereinfacht, für den Anwender jedoch Probleme bestehen bleiben. Die Suche nach geeigneten

Daten bleibt aufwändig. Die erforderlichen Analysen und Konvertierungen der Daten zur Anpassung an seinen Bedarf und damit zur Nutzbarmachung der Daten muss der Nutzer selbst lokal, mit Hilfe seines „eigenen“ GIS vornehmen (ebd.). Die weitere Entwicklung und der Einsatz von Geodiensten könnten diese Probleme allerdings lösen (vgl. Kap. 5.2.3.2).

Der Aufbau von GDI wird auf verschiedenen hierarchischen Ebenen realisiert. Die Global Spatial Data Infrastructure (GSDI) zielt darauf ab, politische, organisatorische und technische Voraussetzungen in allen UN-Staaten zu schaffen, damit ein globaler Zugriff auf Geoinformationen möglich wird. Hierzu gehört auch die Unterstützung einer internationalen Harmonisierung der nationalen GDI (Fitzke 2005, Pichler 2001). Für den Aufbau von GDI auf globaler Ebene wurde ein Leitfaden („Cookbook“) herausgegeben, das als Referenz bei der Implementierung von GDI dienen soll (Pichler 2001, Streit 2004). Mit der Entwicklung der European Spatial Data Infrastructure (ESDI) wird der Fokus auf die Umsetzung der Umweltpolitik im europäischen Vergleich gelegt. Die bereitgestellten Umweltinformationen sollen vornehmlich genutzt werden, um die Umsetzung kommunaler Umweltpolitik zu beobachten und zu evaluieren (Fitzke 2005, Grünreich 2004, Streit 2004).

Für die Umsetzung der nationalen GDI in Deutschland (GDI-DE) konnte z.T. auf bestehende Informationsstrukturen wie das German Information Network (gein®), den Umweltdatenkatalog (UDK) und das Umweltportal Deutschland (PortalU) zurückgegriffen werden (Vögele et al. 2006). Die Koordinierung des Aufbaus in Deutschland erfolgt durch den Interministeriellen Ausschuss für Geoinformationswesen (IMAGI). Neben der bundesweiten Initiative ist auch in den Bundesländern mit dem Aufbau der jeweiligen landesweiten GDI begonnen worden. Hierzu gehören z.B. Bayern (Terra Bavaria), Hessen (InGeoForum), Nordrhein-Westfalen (GDI NRW), Niedersachsen (GDI Niedersachsen) und Mecklenburg-Vorpommern (GDI-MV). Des Weiteren bestehen auch regionale, grenzübergreifende Initiativen wie z.B. die X-Border-GDI an der Grenze zwischen Nordrhein-Westfalen und den Niederlanden (Streit 2004).

Die notwendigen Inhalte einer GDI werden auch aus Sicht der jeweiligen Fachdisziplinen konkretisiert. Bill (2004) sieht als notwendige Bestandteile einer umfassenden GDI für die Landwirtschaft die folgenden Datenbestände an:

- Daten landwirtschaftlicher Produkthersteller (Saatgut, Dünge-/Pflanzenschutzmittel),
- Daten aus der Bearbeitung landwirtschaftlicher Flächen,
- Geofachdaten (z.B. Bodendaten),
- betriebliche Daten (z.B. zu Fuhrpark und Personal),
- weitere Geodaten (z.B. Liegenschaftskataster, Daten der Landwirtschafts- und Umweltverwaltung).

5.2.3.2 Geodienste

Die Bereitstellung von Daten in einer GDI erfordert Funktionalitäten, die auf Anfrage des Nutzers die Geoinformationen oder auch die zugehörigen Metadaten entsprechend aufbereitet zurückliefern. Dieses wird über sogenannte Geodienste realisiert. Geodienste sind vernetzbare, raumbezogene Software-Module, die über das Internet kommunizieren und Daten bzw. auch Funktionen zu deren Verarbeitung über standardisierte Schnittstellen in strukturierter Form zugänglich machen (Bernard et al. 2005, Nölle 2004, 2005). Sie werden auch als Web-Services bezeichnet. Geodienste sind interoperabel, d.h. sind beinhalten die „Fähigkeit zur Kommunikation, zur Ausführung von Programmen und zum Austausch von Daten zwischen verschiedenen funktionalen Einheiten in einer Art und Weise, die von Anwendern wenig oder gar keine Kenntnisse über Besonderheiten dieser Einheiten erfordern. Dadurch sollen insbesondere Konvertierungsschritte entfallen, dem Nutzer Systemunterschiede beim Ausführen von Funktionalitäten verborgen bleiben und das Zusammenspiel verschiedenster Softwarelösungen vereinfacht werden“ (Bill 2004a).

Ziel des Aufbaus von Geodiensten ist es, Systemgrenzen zu überwinden und dem Nutzer einen vereinfachten Zugriff auf Geodaten und entsprechende Funktionalitäten zur Verfügung zu stellen. Für den Anwender hat die Nutzung von Geodiensten dabei den Vorteil, dass er nicht gezwungen ist, die Geodaten auf dem eigenen Server zu verwalten. Die Geodatenserverpflege wird somit erleichtert und eine redundante Datenhaltung vermieden (Nölle 2005). Die Definitionen der Geodienste basieren auf den Standards der ISO Normenreihe 19100. Die Spezifikation in technischen Dokumenten erfolgt durch das Open Geospatial Consortium (OGC) (Bernard et al. 2005, Nölle 2005).

Es bestehen mittlerweile eine ganze Reihe von Diensten, die unterschiedlichste Funktionen unterstützen. Relevant für die vorliegende Arbeit sind dabei insbesondere Web Mapping Services (WMS) sowie Web Feature Services (WFS). WMS definieren den standardisierten Zugriff auf Kartenwerke und ermöglichen damit die Generierung von Rasterdaten, vor allem zur kartographischen Visualisierung (Bill & Zehner 2001, Nölle 2005, Streit 2004). WFS definieren den Zugriff auf Vektordaten, die sowohl in Datenbanken oder dateibasierten Formaten vorliegen können. Sie ermöglichen die Abbildung der Geometrien wie auch die Abfrage und Weiterverarbeitung der Informationen (Bill & Zehner 2001, Nölle 2005).

Weitere Dienste, die durch das OGC spezifiziert wurden, sind z.B.

- Web Coverage Services (WCS) für den Zugriff auf gerasterte Geodaten,
- Catalog Services (CS) zur Recherche nach Geodiensten auf der Basis von Metainformationen,
- Web Pricing and Ordering Services (WPOS) zur Bepreisung und Bestellung der Geodienst(nutzung),
- Web Coordinate Transformation Services (WCTS) für Transformationen zwischen unterschiedlichen Referenzsystemen und
- Geocoder Services, die eine internetbasierte Georeferenzierung von raumbezogenen Objekten ermöglichen (Bill 2004a, Nölle 2005, Streit 2004).

Verschiedenste Institutionen nutzen inzwischen die Möglichkeiten der Geodienste, um Geobasis- und auch Geofachdaten über das Internet bereitzustellen. Die Nutzung von WMS-Diensten zur Bereitstellung von Geodaten in Form von Rasterdaten überwiegt dabei derzeit noch. Tabelle 42 zeigt eine Übersicht über die in den Bundesländern der Pilotbetriebe (Baden-Württemberg, Bayern, Brandenburg, Niedersachsen und Sachsen-Anhalt) per WMS bereitgestellten Informationen. Für Geofachdaten ist die Nutzung der Dienste weitgehend kostenlos. Die Nutzung der Geobasisdaten (z.B. Orthophotos) als WMS-Dienst ist z.B. in Bayern und in Niedersachsen kostenpflichtig. Die Nutzungsgebühren für den sogenannten „Bayern Viewer Plus“ belaufen sich beispielsweise bei einer Einzelplatzlizenz auf 90,- € pro Monat. Rheinland-Pfalz und Nordrhein-Westfalen hingegen stellen z.B. ihre Orthophotos kostenlos als WMS-Dienst zur Verfügung. In Brandenburg und Sachsen-Anhalt ist die Verfügbarkeit von WMS-Diensten in den Landesvermessungs- und Landesumweltämtern bisher noch gering. Auch wenn in einigen Bundesländern die Möglichkeiten der Geodienste bisher noch nicht ausgeschöpft werden, lässt sich anhand der Tabelle dennoch das zukünftige Potenzial der so bereitgestellten Daten abschätzen.

Tab. 42: Übersicht über die verfügbaren WMS-Dienste in den Bundesländern der Pilotbetriebe (Stand Januar 2008)

Bundesland	Datenbereitsteller	Bereitgestellte Informationen
Übergreifend	Bundesamt für Kartographie und Geodäsie	- Digitale Topographische Karten - Übersichtskarten - Verwaltungsgrenzen - Geografische Namen - Blattschnitte
Baden-Württemberg	Landesanstalt für Umwelt, Messungen und Naturschutz	- Natura 2000-Gebiete - Moorkataster - Schutzgebiete (auch Wasser-/ Waldschutzgebiete) - Geschützte Biotope
	Landesamt für Geologie, Rohstoffe und Bergbau	- Bodenkundliche Übersichtskarte - Integrierte geowissenschaftliche Landesaufnahme
	Landesvermessungsamt Baden-Württemberg	- Digitale Orthophotos - Digitale Topographische Karten - Digitales Landschaftsmodell - Automatisiertes Liegenschaftskataster
Bayern	Bayerisches Landesamt für Umwelt	- Natura 2000-Gebiete - Schutzgebiete - Bodenkarte 1:200.000 - Konzeptbodenkarte - Bodendenkmäler - Geologische Karten
	Bayerische Vermessungsverwaltung	- Übersichtskarte - Digitale Orthophotos - Digitale Topographische Karten - Digitale Ortskarte
Brandenburg	Landesvermessung und Geobasisinformation Brandenburg	- Digitales Navigationsmodell
Niedersachsen	Niedersächsischer Landesbetrieb für Wasserwirtschaft, Küsten- und Naturschutz	- Förderkulissen Kooperationsprogramm Naturschutz - Biotopkartierung - Moorschutzprogramm - Naturräume - Brut- und Gastvögelkartierung - Wertvolle Bereiche für die Fauna - Natura 2000-Gebeite - Feuchtgrünlandschutzprogramm - Schutzgebiete (auch Wasserschutz)
	Landesamt für Bergbau, Energie und Geologie	- Boden(groß)landschaften Bodenschätzung 1:25 000 - Forstliche Standortkarte - Historische Landnutzung - Ackerbauliches Ertragspotenzial - Suchräume schutzwürdige Böden - Geologische (Übersichts-)Karten
	Landesvermessung und Geobasisinformation Niedersachsen	- Übersichtskarten - Digitale Orthophotos - Digitale Topographische Karten - Digitale Straßenkarte - Preußische Landesaufnahme
Sachsen-Anhalt	Bisher keine über WMS bereit gestellten Datenbestände.	

Großer Vorteil ist vor allem die Möglichkeit der Recherche von Geodatenbeständen in den interaktiven Karten, mit denen die Landesämter ihre Informationen präsentieren. Dieses ist zum einen auch Nutzern möglich, die nur über geringe GIS-Kenntnisse verfügen, da die Informationen leicht erschließbar sind (Schaal 2004). Zum anderen erlauben die interaktiven Karten, die Datenbestände einer Eignungsprüfung zu unterziehen ohne sie dafür auf den eigenen Rechner zu laden oder evtl. sogar zu finanzieren. Voraussetzung ist lediglich, dass der Nutzer über einen Internetanschluss verfügt. Das Internet wird von verschiedenen Autoren als wichtige Informationsquelle für Landwirte identifiziert, die bei der Adaption von IT in der Landwirtschaft weiterhin eine große Rolle spielen (Batte 2005, Pape & Doluschitz 2001, Stricker et al. 2001). Die Chancen, dass über diesen Weg Landwirte vermehrt auch mit Geodaten und GIS-Funktionalitäten in Kontakt kommen, ist demnach groß. Das KTBL (2007) sieht im Aufbau von Geodateninfrastrukturen und Geodaten die Chance auf einen weiteren Entwicklungsschub für den Einsatz von GI-Technologien in der Landwirtschaft. Es fordert allerdings auch, dass die Rolle des Landwirtes als Datenbereitsteller hierbei verstärkt berücksichtigt werden muss, um Synergieeffekte zwischen Landwirten und Naturschutzbehörden, insbesondere in Hinblick auf die Cross Compliance-Regelungen, zu erhalten (ebd.).

Verschiedene Institutionen nutzen bereits Geodienste, um Anwendungen speziell für die Landwirtschaft anzubieten. Hierzu gehören neben den verschiedenen Systeme zur Flächenantragsstellung in den untersuchten Bundesländern (vgl. Kap. 4.2.1) z.B. auch der WFS-Dienst des Landesamts für Bergbau, Energie und Geologie in Niedersachsen, der Bodenauswertungen und eine Erosionsabschätzung nach der Cross Compliance-Richtlinie im Vektorformat zur Verfügung stellt. Die Landwirtschaftskammer Nordrhein-Westfalen (LWK NRW) stellt mit ihrer Agrar-Auskunftskomponente (AAK) ihren Mitarbeitern ohne GIS-Expertenwissen Geoinformationen für ihren Tätigkeitsbereich zur Verfügung. So können z.B. Daten des Landesamtes für Datenverarbeitung und Statistik mit dieser Anwendung genutzt werden. Des Weiteren plant die LWK NRW den Aufbau eines auf interoperablen Geodiensten aufsetzenden Online-Schlagservice. Dieser soll es Landwirten ermöglichen, Geodatenmanagement auf Basis dieses Dienstes und mit Unterstützung der Landwirtschaftskammer zu betreiben ohne sich mit lokalen Lösungen auf seinem heimischen PC auseinander setzen zu müssen. Weiterhin soll er auch eigene Daten zum System hinzuzufügen können (Nölle 2005). Spilke & Zürnstein (2005) diskutieren die Möglichkeiten des Einsatzes der Geodienste für den Austausch von Informationen zwischen unterschiedlichen Akteuren in der Wertschöpfungskette im Agrarbereich. Lütke-Brintrup (2008) entwickelte am Beispiel von Schutzgebietsinformationen Ansätze für die interoperable Bereitstellung von INSPIRE-konformen Geodatensätzen im Umweltbereich.

5.3 Standardisierung von Geodaten und Metadaten

Der verstärkte Nutzen von Geoinformationssystemen und Geodaten führt zu einem erhöhten Bedarf an Transfer zwischen Organisationen und unterschiedlichen Computersystemen. Dadurch wächst auch der Bedarf an Standards (Jones 2006, Wytzisk 2004). Die Vorteile von Standards kommen insbesondere dann zum Tragen, wenn viele Nutzer den Standard anwenden. Die Verbreitung von Standards ist daher wesentlich (Backes et al. 2005). In der Geoinformatik bestehen Standardisierungsbemühungen z.B. von Seiten der International Organization for Standardization (ISO), des Open Geospatial Consortiums (OGC), dem Interministeriellen Ausschuss für Geoinformationswesen (IMAGI) und des Deutschen Dachverbandes für Geoinformation e.V. (DDGI) (Schaal 2004).

Metadaten und deren Standardisierung kommen bei der Veröffentlichung von Daten über das Internet eine große Bedeutung zu (Sietmann 2005, Senkler et al. 2003, Kazakos 2006).

Eine mangelnde begriffliche Übereinstimmung kann eine breite, fachübergreifende Nutzbarkeit von Geodaten stark einschränken, da sie z.B. zu einer inhaltlichen Fehlinterpretation der Daten führen kann. Aktuelle Bemühungen berücksichtigen dies und befassen sich daher mit den Themen Semantik und Ontologie, d.h. der „strukturierten, standardisierten Beschreibung der Begrifflichkeiten einer Wissensdomäne" (Streit 2004).

Zu den bisher entwickelten Metadatenstandards gehören z.B. der Standard FGDC (Federal Geographic Data Comitee) und die Vorgaben der ISO 19115. Der FGDC-Standard umfasst insgesamt 400 Attribute. Aufgrund der Vielzahl an Attributen werden außerhalb der US-Behörden selbst Kernbereiche dieses Standards nur selten eingehalten (Streit 2004). Mit seiner deutlich geringeren Anzahl von 20 Attributen hat der ISO 19115-Standard daher bessere Chancen auf eine breite Anwendung in der Praxis. Der ISO 19115-Standard für die Erstellung von Metadaten wurde im Mai 2003 veröffentlicht (Backes et al. 2005). Anwendung findet er z.B. im Umweltdatenkatalog, der eine umfangreiche Recherche nach umweltbezogenen Daten erlaubt (Lipp 2005). Sowohl für FGDC als auch für ISO 19115 stehen bereits umfangreiche landwirtschaftliche Profile zur Verfügung (Korduan 2002). Das KTBL plädiert dafür, die landwirtschaftlichen Ansprüche auch weiterhin verstärkt in die Standardisierungsprozesse im Rahmen von INSPIRE und der Entwicklung der OGC-Spezifikationen einzubringen (KTBL 2007).

Im Zuge der Umsetzung der INSPIRE-Richtlinie hat die Europäische Kommission im Dezember 2008 die Verordnung zur „Durchführung der Richtlinie 2007/2/EG des Europäischen Parlaments und des Rates hinsichtlich Metadaten" (VO EG 1205/2008) veröffentlicht. Sie ist die erste in Kraft gesetzte INSPIRE-Durchführungsbestimmung und enthält die Durchführungsbestimmungen für die Bereitstellung von Metadaten in einheitlicher und verständlicher Form. Das Dokument legt hierfür bestimmte (Mindest-)Anforderungen fest, die für die Suche und für eine erste Bewertung existierender Geoinformationen im Sinne der INSPIRE-Richtlinie notwendig sind. Bei dieser Zusammenstellung wurden insbesondere die Standards ISO 19115 zur Dokumentation von Datensätzen und ISO 19119 zur Dokumentation von Diensten berücksichtigt. Mit dem Inkrafttreten der Richtlinie sind die Behörden verpflichtet, ihre bisherige Metadatenerfassung und -aktualisierungen zu überprüfen und an die neuen Vorgaben anzupassen. Ab Mai 2010 muss die Bereitstellung Richtlinienkonformer Metadaten zu den in Annex I und II der INSPIRE-Richtlinie genannten Themen (z.B. Verwaltungseinheiten, Flurstücke, Gewässernetze, Schutzgebiete, Bodenbedeckung, Geologie) erfolgen (GDI-DE 2009). Trotz der besseren Zugangsmöglichkeiten zu Geodaten, die Metadaten bieten, besteht für den Nutzer die Schwierigkeit, die Metadaten auch richtig zu interpretieren, insbesondere wenn ausreichendes Wissen über Datenqualität fehlt. Daher werden Untersuchungen durchgeführt, in denen zum einen Wege aufgezeigt werden, den Nutzer gewinnbringend mit Informationen zur Datenqualität zu versorgen. Zum anderen existieren Forschungsvorhaben, in denen GIS-Funktionalitäten entwickelt und erprobt werden, die die Datenqualität intelligent interpretieren (Hope & Hunter 2007).

Neben den Metadatenstandards wird speziell im Bereich der Landwirtschaft ein Format für den überbetrieblichen, landwirtschaftlichen Datenaustausch entwickelt. Das Format agroXML ist ein ontologiebasiertes, standardisiertes Datenbeschreibungs- und Austauschformat, das von verschiedenen Herstellern elektronischer Schlagkarteien und anderer Entwickler landwirtschaftlicher Software in Zusammenarbeit mit dem KTBL entwickelt wird (KTBL 2007, Streit 2004). Das Format ist öffentlich und kann von jedem genutzt werden (Doluschitz 2007). Der praktische Einsatz des Standards wird im Rahmen verschiedener Projekte erprobt, hierzu gehören verschiedene Projekte des KTBL (z.B. Feldarbeitsrechner, Eurep-GAP) sowie ein

DBU-gefördertes Projekt zum Einsatz standardisierter Datenformate für die Dokumentation landwirtschaftlicher Produktionsprozesse (Doluschitz & Kunisch 2004, Kunisch et al. 2007).

5.4 Fernerkundung und mobile Erfassungsmethoden

Das Potenzial von Fernerkundungsdaten für die Landwirtschaft ist laut Streit (2004) noch nicht ausgeschöpft. Während bisher vornehmlich pixelbasierte Klassifikationsverfahren auf der Basis von SPOT-, Landsat- und IRS-Daten eingesetzt wurden, die eine räumliche Auflösung der erzeugten Daten von 10 bis 30 Metern ermöglichten, ist mit der objektbasierten Klassifikation von hochauflösenden Satellitendaten (z.B. IKONOS, Quickbird, Orbview) eine Auflösung von 2,5 bis zu unter einem Meter realisierbar (Streit 2004). Einsatzbereiche solcher hochgenauen Informationen stehen vor allem im Zusammenhang mit Precision Farming, der teilflächenspezifischen Landbewirtschaftung (vgl. Kap. 5.5).

Ein weiteres Projekt zur Evaluierung der Nutzbarkeit von Fernerkundungsdaten für die Landwirtschaft beschreiben Aguilar et al. (2007). Sie beschäftigen sich mit der Ermittlung und Bewertung des Zustandes von Betrieben auf der Basis von hochauflösenden Orthophotos und Digitalen Geländemodellen. Ebenso sollen Fernerkundungsdaten im Rahmen von InVeKoS für die Kontrolle der Flächennutzungsnachweise eingesetzt werden (Reiter & Roggendorf 2007). Rapid Eye ist ein satellitengestütztes Fernerkundungssystem, das speziell für die Bedürfnisse der Land-, Forst- und Energiewirtschaft entwickelt wurde. Ähnliche Vorhaben existieren in Frankreich (XSTAR) und in den USA (Ressource 21) (Kuntz 2001). Das Rapid Eye-Projekt mit Sitz in Brandenburg wird von der Raumfahrt-Agentur des Deutschen Zentrums für Luft- und Raumfahrt (DLR) im Auftrag des Bundesministeriums für Wirtschaft und Technologie gefördert (DLR 2008). Die zugehörigen 5 Satelliten wurden im August 2008 gestartet und lieferten im Oktober desselben Jahres erste Bilder. Die umfassende Produktion von Daten für die wissenschaftliche und kommerzielle Nutzung wurde im Februar 2009 gestartet. Zur Verfügung stehen mit diesem System vor allem Informationen aus den Bereichen Landnutzung und Landbedeckung in einer Auflösung von bis zu 5 Metern (ebd.).

Auch im Umweltbereich werden die Potenziale von Fernerkundungsdaten für Landschaftsplanung und Naturschutz untersucht (z.B. in Blaschke 2001, Leser 2003, Schaal 2004, Werner 2002). Projekte wurden hier z.B. bereits im Zusammenhang mit der Aktualisierung der Biotop- und Nutzungstypenkartierung auf Basis von IRS-lC-Satellitendaten in Sachsen-Anhalt (Werner & Kenneweg 1999) oder mit Monitoringaufgaben im Naturschutz (Strunz & Güls 1999) bearbeitet. Neben den mit Rapid Eye zur Verfügung stehenden Daten können auch die mit dem Fernerkundungssatelliten TerraSar-X gewonnen Radardaten zur Umwelt eine wertvolle Datengrundlage sein. Das Projekt wird vom DLR in Zusammenarbeit mit der EADS Astrium GmbH betreut. Der Satellit wurde 2007 in seine Umlaufbahn gebracht und soll in den darauf folgenden 5 Jahren vorrangig Informationen zu den Landflächen der Erde zusammentragen. Beispiele für Anwendungsbereiche der Informationen sind die Kartierung der Waldflächen, die Erstellung und regelmäßige Aktualisierung von Landnutzungskarten, die Erfassung von Feldfruchtarten auf landwirtschaftlich genutzten Flächen sowie die Erforschung und Überwachung geologisch aktiver Gebiete. Die Daten stehen sowohl wissenschaftlichen als kommerziellen Anwendern zur Verfügung (DLR 2007, Riedel & Schmullius 2004).

Inwieweit sich die in den durchgeführten oder gerade angelaufenen Projekten aufgezeigten Auswertungs- und Anwendungsmöglichkeiten der Fernerkundungsdaten auch für das landwirtschaftliche Naturschutzmanagement nutzen lassen, ist noch zu überprüfen. Es ist zu erwarten, dass sich in Hinblick auf die Datenqualität Verbesserungen der Vollständigkeit, Aktualität sowie der thematischen und räumlichen Genauigkeit ergeben. Zu hinterfragen ist allerdings, ob der finanzielle Aufwand für die Bereitstellung der Daten in einem angemessenen Verhältnis zur verbesserten Datenqualität steht.

Mobile Erfassungsmethoden lassen sich ebenfalls einsetzen, um die Qualität von Geodaten und auch die Wirtschaftlichkeit bei der Erfassung zu steigern (Bill 2004a). Knüppel (2006) untersuchte in ihrer Arbeit die Möglichkeiten des Einsatzes von GPS-Technologien auf landwirtschaftlichen Betrieben in Mecklenburg-Vorpommern, insbesondere im Zusammenhang mit der Honorierung ökologischer Leistungen. Sie stellte fest, dass ein Großteil der landwirtschaftlichen Betriebe bisher noch keine GPS-Technik einsetzt. Bei der Erhebung und Kontrolle ökologischer Leistungen kann ein GPS unterstützend eingesetzt werden. Auf anderem Wege erfasste Daten sollten aber zusätzlich hinzugezogen werden. Für Landwirte, die bisher keine GPS-Technik nutzen, war es 2006 (noch) nicht sinnvoll, sich nur zum Zweck der Erhebung ökologischer Daten GPS-Technik zuzulegen. Die mit GPS-Empfängern erreichbaren Genauigkeiten entsprechen noch nicht den an sie gestellten Anforderungen seitens des Honorierungskonzeptes für ökologische Leistungen (in Mecklenburg-Vorpommern) (Knüppel 2006).

Untersuchungen dieser Art sollten auch in Zukunft fortgeführt werden, um der Weiterentwicklung der GPS-Technik Rechnung zu tragen. In den im Rahmen dieser Arbeit durchgeführten Interviews zeigte sich, dass Landwirte ein hohes Detailwissen zu ihren Flächen besitzen und auch bereit wären, dieses zu dokumentieren. Voraussetzung hierfür sind entsprechende Werkzeuge, die einfach bedienbar sind und deren Nutzung sich in den Arbeitsablauf des Landwirtes eingliedern lässt. Mobile Erfassungstechniken böten in dieser Hinsicht optimale Möglichkeiten.

5.5 Precision Farming

Der Begriff „Precision Farming“ bezeichnet die Anpassung von Bewirtschaftungsmaßnahmen an die räumliche und zeitliche Varianz der Standortparameter innerhalb einer Fläche (Earl et al. 2000, Klose 2001, Streit 2004, Zhang 1999). Weitere Bezeichnungen hierfür sind teilflächenspezifische Bewirtschaftung, kleinräumige Bestandesführung oder Präzisions-Landwirtschaft. Die differenzierte Bewirtschaftung durch Anpassung ackerbaulicher Maßnahmen steht im Vordergrund dieser Bewirtschaftungsstrategie. Ziel ist es, den einzelnen Schlag sowie den gesamten Betrieb unter ökonomischen und ökologischen Gesichtspunkten zu optimieren (Klose 2001). Ermöglicht wird diese Optimierung durch den Einsatz entsprechender technischer Ausrüstung, hierzu gehören GPS, Sensorsysteme zur Erfassung von Standort- und Pflanzenparametern sowie Kontrollsysteme zur Positionierung und Steuerung der Schlepper und Anbaugeräte (Earl et al. 2000, Streit 2004). Des Weiteren sind auch Geodaten eine wesentliche Grundlage des Precision Farming. Der Landwirt benötigt hier zunächst externe Informationen, z.B. hochauflösende Fernerkundungsdaten, Digitale Geländemodelle, Boden- und Witterungsdaten, digitale Ackerschlagkarteien und Kataster. Er liefert dann selbst den weiteren notwendigen Dateninput in Form von Bodenuntersuchungen, Identifikation von Unkräutern und Verunkrautung, Nährstoffkarten, Ertragsdaten, Daten zur Bestandentwicklung und seine Anbauplanung (Earl et al. 2000, Klose 2001, Streit 2004).

Precision Farming bietet in Hinblick auf die Bewertung der Umweltleistungen eines Betriebs verschiedene Vorteile:

- Die detaillierten, genau zu verortenden Informationen zur Bewirtschaftung eines Betriebs bieten eine lagegenaue Grundlage für die Bewertung der Umweltleistungen.

- Die auf Basis von Bodenuntersuchungen und Ertragsdaten erstellte, detaillierte Datengrundlage zu den Standortqualitäten der Betriebsflächen stellt eine gute Abwägungsgrundlage für Managemententscheidungen dar. Geeignete Maßnahmen sind besser und räumlich genauer zu identifizieren.
- Es bestehen bessere Möglichkeiten für eine räumlich präzise Durchführung von Maßnahmen durch die eingesetzten Kontrollsysteme (z.B. Spurführung, Applikationskarten).

Trotz der Vorteile wurde die Bewirtschaftungsstrategie bisher maßgeblich in Forschungsprojekten eingesetzt, so z.B. im Verbundprojekt „preagro", das in Zusammenarbeit verschiedener Forschungsinstitutionen, landwirtschaftlicher Dienstleister und Softwarehersteller sowie Betrieben durchgeführt wird (vgl. ZALF 2008). Die Praxisumsetzung stößt derzeit noch auf erhebliche Probleme. Insbesondere bestehen Zweifel an der Wirtschaftlichkeit, da der Einsatz hohe Anfangsinvestitionen für die Technik erfordert (Gandorfer et al. 2004) und die Qualität und Quantität der benötigten räumlich hochauflösenden Grundlagendaten bisher nicht ausreicht (Streit 2004). Das Potenzial der bisher weitgehend unberücksichtigten ökologischen Optimierung der Bewirtschaftungsflächen wird im Rahmen des Forschungsprojektes PIROL (Precision Farming als Instrument der interdisziplinären potentialorientierten Landnutzung) an der Fachhochschule Osnabrück untersucht (Trautz & Kielhorn 2007). Ziel des Projektes ist es, Precision Farming in Hinblick auf die teilflächenspezifische Extensivierung weiterzuentwickeln. Um dabei den unterschiedlichen landschaftlichen Erfordernissen und Entwicklungspotenzialen gerecht zu werden, soll es möglich sein, kleinräumig und flexibel Informationen zu verschneiden, um geeignete Maßnahmen abzuleiten (ebd.). Entsprechende Werkzeuge werden auf Basis von OpenSource-Technologien entwickelt. Das Projekt endet in 2009. Die gewonnenen Erkenntnisse können insbesondere genutzt werden, um die Möglichkeiten einer Einbindung von Daten und Werkzeugen des Precision Farming in MANUELA zu überprüfen, da auch die entwickelten „PIROL-Werkzeuge" auf OpenJump und einer PostgreSQL-Datenbank aufsetzen (vgl. Kielhorn et al. 2007).

5.6 Aufbau neuer Geodatenbestände – kommerziell und frei

Der überwiegende Teil der Geodaten wird bisher von öffentlichen Stellen bereitgestellt. Es ist aber anzunehmen, das in Zukunft die Angebote privater Anbieter, wie beispielweise Informationen basierend auf Fernerkundungsdaten (vgl. Kap. 5.4) stark zunehmen werden. Als positive Folge prognostiziert das KTBL (2007) die Beschleunigung marktorientierter Geschäfts- und Abgabemodelle für Geodaten und auch eine stärkere Nutzung von Geodaten und Geodiensten im landwirtschaftlichen Bereich.

Als Gegenströmung zu den kommerziell bereitgestellten Daten vergrößert sich auch das Angebot an freien Geodaten, die den Nutzern kostenfrei bereitgestellt und auch von ihnen selbst mit generiert werden können. Dahinter steht das Web 2.0-Phänomen „User generated content". Dieses bezeichnet Inhalte, die nicht vom Anbieter eines Web-Angebotes erstellt werden, sondern von den entsprechenden Nutzern (Espejo 2007). Für den Bereich Geoinformatik werden solche Inhalte als „volunteered geographic information" bezeichnet (Goodchild 2007). Beispiel für ein Projekt, das auf diese Weise einen Informationspool aufbaut, ist das Projekt „OpenStreetMap" (www.openstreetmap.de). Es zielt auf die Entwicklung einer freien Weltkarte ab. Die bisher zusammengetragenen Informationen stehen inzwischen als (kostenpflichtiger) WMS-Dienst zur Verfügung und können so auch in andere Anwendungen eingebunden werden. Inwieweit die neuen Geodatenbestände für das landwirtschaftliche Naturschutzmanagement nutzbar sind, müsste im Rahmen weiterer Arbeiten überprüft werden.

Während hier für eine Nutzung der kommerziellen Daten vorrangig das Kosten-Nutzen-Verhältnis berücksichtigt werden müsste, sind es für die freien Geodaten die Aspekte Validität und Vollständigkeit. Insbesondere, wenn die Bewertung der Umweltleistungen im Rahmen von Zertifizierungen oder Wettbewerben genutzt wird, sind valide Daten unerlässlich. Auch wenn die freien Geodatenbestände sich als grundsätzlich geeignet für das landwirtschaftliche Naturschutzmanagement herausstellen, sollte in jedem Fall vor der Nutzung in einem konkreten Betrieb eine individuelle Validitätskontrolle stattfinden, da die Datenqualität insgesamt sehr heterogen sein kann. Die Unterstützung durch einen Berater bei der Nutzung freier Geodaten ist daher empfehlenswert.

5.7 Veränderung der landwirtschaftlichen Ausbildung

Der Ausbildungsstand des Landwirtes wird von Batte et al. (2005) als wesentlicher Faktor identifiziert, der dazu führt, dass neue Technologien frühzeitig adaptiert werden. Dies gilt besonders für komplexe Technologien wie die Informationstechnologie. Es ist zu erwarten, dass die Adaption von IT steigt, je größer der Betrieb bzw. der Umsatz des Betriebs und je besser die Ausbildung des Betriebsleiters ist. Sie sinkt, je älter wiederum der Betriebsleiter ist (ebd.). Landwirte, die nicht in Vollzeit in Ihrem Betrieb arbeiten, haben bisher eher dazu geneigt, den Computer zu nutzen. Das kann darin begründet, dass dem Landwirt die Vorteile des EDV-Einsatzes im Kontakt mit anderen Berufsgruppen erst präsent werden. Es ist zu erwarten, dass zusätzliche Ausbildungsangebote ähnliche Effekte haben könnten und somit auch Vollzeit-Landwirte dazu angeregt werden, IT verstärkt in ihrem Betrieb einzusetzen (ebd.). Eine Umfrage zum Thema EDV-Ausbildung in den Agrarwissenschaften an der Technischen Universität München (Meier & Precht 2000) unterstützt die These, dass die defizitäre Ausbildung im Bereich IT einer der Hauptgründe für fehlende IT- Anwendung im landwirtschaftlichen Bereich ist: Die befragten Studierenden schätzten die Bedeutung von IT für ihr Berufsleben als hoch ein, ihre eigenen Kenntnisse in diesem Bereich jedoch als mangelhaft. Sie wünschten sich eine stärkere Einbindung von EDV-Themen in die fachspezifische Ausbildung sowie eine Erweiterung des EDV-Lehrangebotes. Kenntnisse zu GI- oder auch CAD (Computer Aided Design)- Software wurden zur Zeit der Befragung nur in geringem Maße im Studium vermittelt (ebd.). Im Rahmen der vorliegenden Arbeit wurde zusätzlich eine Internetrecherche in den Fächerkataloges der von Liesche (2007) zusammengestellten, agrarwissenschaftlichen Studiengängen an Fachhochschulen und Universitäten durchgeführt. Bilanziert wurden hierbei alle Fächer, in denen EDV- und speziell GIS-Kenntnisse vermittelt werden. Die Recherche zeigte, dass noch im Jahr 2007 GIS keine durchgehende, den Anforderungen der Praxis entsprechende Berücksichtigung in den entsprechenden Studienplänen findet. EDV im Allgemeinen gehört inzwischen an allen der 23 betrachteten Hochschulen zu den Pflicht- oder Wahlpflichtfächern. Dagegen wird GIS im Speziellen nur an drei Hochschulen als Pflichtfach bzw. an zehn Hochschulen als Wahlpflichtfach angeboten und dies auch überwiegend in den weiterführenden Masterstudiengängen. Eine Ausweitung der Ausbildung in Hinblick auf die Vermittlung von GIS-Kenntnissen ist demnach angezeigt, um den aktuellen Herausforderungen im Betriebsmanagement gerecht zu werden. Auch Streit (2004) und das KTBL (2007) plädieren für den Ausbau der landwirtschaftlichen Ausbildung im Bereich GIS und für die stärkere Nutzung der (kostenfreien) Online- und e-Learning-Angebote von Hochschulen auch nach der Ausbildungszeit („lebenslanges Lernen“). Der verbesserte Kenntnisstand kann dafür sorgen, dass Landwirte sich dem Einsatz von Geodaten gegenüber aufgeschlossener zeigen und die Potenziale entsprechend für die Bewältigung der naturschutzbezogenen Aspekte des Betriebsmanagements nutzen.

6 KONSEQUENZEN FÜR DIE TECHNIK DES NATURSCHUTZMANAGEMENTSYSTEMS MANUELA

Die vorliegende Arbeit liefert erste Empfehlungen für den Einsatz vorhandener Geodaten im landwirtschaftlichen Naturschutzmanagement, insbesondere im Zusammenhang mit dem Naturschutzmanagementsystem MANUELA. Für den praktischen Einsatz konnte eine Prioritätensetzung für die Verwendung von Digitalen Landschaftsmodellen, Flächennutzungsnachweisen und Biotopkartierungen vorgenommen werden. Die erzielten Ergebnisse sollten genutzt werden, um einen allgemein verständlichen Handlungsleitfaden zusammenzustellen, der Landwirten und auch deren Beratern beim Einsatz von MANUELA an die Hand gegeben werden kann. Dieser sollte neben den Empfehlungen für den Einsatz der untersuchten Datenbestände auch Hinweise zum allgemeinen Umgang mit Geodaten beinhalten, z.B. Hinweise auf die potenzielle Heterogenität von Datenbeständen und mögliche Herangehensweisen an dieses Problem. Anregungen aus aktuellen Veröffentlichungen, die sich mit der Vermittelbarkeit des Themas „Datenqualität" für Nutzer mit geringen Kenntnissen hierzu beschäftigen (vgl. Kap. 5.3), können wertvolle Anregungen liefern. Die Veröffentlichungen von Meyer zu Bentrup (2004) und Popovich et al. (2006) stellen Informationen zum Umgang mit heterogenen Datenbeständen bereit.

Die Flächennutzungsnachweise wurden als prioritär einzusetzende Datengrundlage für das Naturschutzmanagement landwirtschaftlicher Betriebe ermittelt. Liegen diese Daten dem Betrieb in digitaler Form vor, bieten sie eine gute Grundlage für die Ermittlung der Umweltleistungen des Betriebs in Hinblick auf Biodiversität und Landschaftsästhetik. Die Weiterentwicklung des Naturschutzmanagementsystems MANUELA sollte daher darauf abzielen, Schnittstellen für die Einbindung der Flächennutzungsnachweise zu schaffen. Da jedoch jedes Bundesland seine eigene technische Lösung zur Erhebung dieser Daten entwickelt hat und somit auch verschiedene Datenformate und Datenstrukturen bestehen, ist hier aktuell eine bundesweit einsetzbare Schnittstelle nur schwer realisierbar. Die Entwicklung individueller Lösungen in MANUELA für die Einbindung der Daten ist allerdings ebenso unrealistisch. Empfehlenswert wäre es daher, eine prototypische Lösung für eine solche Schnittstelle am Beispiel eines Bundeslandes zu entwickeln, das bereits den digitalen Weg bei der Flächenbeantragung verfolgt (z.B. Sachsen-Anhalt). So können die technischen Erfordernisse für die Realisierung einer solchen Schnittstelle abgeschätzt und die Nutzbarkeit der Daten umfassender, z.B. auch in Praxistests in landwirtschaftlichen Betrieben, erprobt werden. Des Weiteren sollte in Hinblick auf die zukünftigen Umsetzungschancen einer standardisierten, bundesweit einsetzbaren Lösung eine Machbarkeitsstudie durchgeführt werden. Diese dient insbesondere dazu, die Perspektiven einheitlicher oder zumindest interoperabler technischer Lösungen in der Flächenbeantragung abzuschätzen. Die Durchführung von Experteninterviews mit den verantwortlichen Stellen in den einzelnen Bundesländern (Ämter für Landwirtschaft, Landwirtschaftskammern) wäre hier hilfreich.

Neben den Flächennutzungsnachweisen erwiesen sich auch die Biotopkartierungen und die Digitalen Landschaftsmodelle als Datengrundlagen, die zur Unterstützung des landwirtschaftlichen Naturschutzmanagements herangezogen werden können. Wie auch die Flächenantragsdaten liegen die Biotopkartierungen nicht mit einheitlicher Datenstruktur vor, eine automatisierte Einbindung in MANUELA ist daher nicht zu realisieren. Der bereits bestehende semiautomatische Import von Biotopkartierungen (vgl. Lipski et al. 2008b) könnte allerdings, insbesondere in Hinblick auf die landesweiten Kartierungen, ausgebaut werden. Wünschenswert wäre hier vor allem die Möglichkeit zur Integration der Biotop- und Nutzungstypenkartierungen, die sich in den Untersuchungen als besonders gut geeignete, flächendeckende Grundlage für das Naturschutzmanagement erwiesen. Neben der Importmöglichkeit müsste zur umfassenden Nutzung dieser Informationen allerdings auch eine Anpassung der Bewertungsalgorithmen erfolgen, da die Biotop- und Nutzungstypenkartierungen hier bisher noch keine Berücksichtigung fanden. Die Zuweisung von Wertstufen zu den Biotop- und Nutzungstypen ist insbesondere in Sachsen-Anhalt als sinnvoll anzusehen. Hier ist die Qualität der Biotop- und Nutzungstypenkartierung als sehr gut einzustufen. Sie kann damit überall dort Einsatz finden, wo Landschaftspläne (in ausreichender Qualität) fehlen. In Hinblick auf die Landschaftspläne sollte eine Weiterentwicklung der Importfunktionen vor allem auf Basis technisch gut umgesetzter Beispiele („Best Practice") erfolgen. Der untersuchte Datensatz aus Brandenburg ist in dieser Hinsicht nicht geeignet, vielmehr sollten hier aktuelle, GIS-gestützt erstellte Landschaftspläne wie z.B. Königslutter, Mettmann, Güstrow oder die für die Gemeinden das Hochsauerlandkreises in NRW erstellten Planwerke herangezogen werden.

Die Ergebnisse der Untersuchung lassen darauf schließen, dass Digitale Landschaftsmodelle, Flächennutzungsnachweise und Biotoptypenkartierungen vergleichbare Kategorisierungen der Landschaft enthalten. Für den Ausbau der Bewertungsschemata sollten daher die Möglichkeiten überprüft werden, die erfassten Kategorien (z.B. Biotoptypen, Objektarten) ineinander zu überführen. Eine solche Zuordnung kann zum einen als Grundlage für eine automatische Bewertung weiterer Datenbestände genutzt werden. Zum anderen würde es aber dem Nutzer selbst bei der Eingabe von Informationen Anregungen für die Einstufung von Landschaftselementen liefern. Erste Ansätze einer solchen Zuordnung wurden im Forschungsvorhaben „Naturschutz in einem Betriebsmanagementsystem für eine nachhaltige Landwirtschaft" am Institut für Umweltplanung der Universität Hannover bereits theoretisch erarbeitet. Weitere Anregungen, z.B. zur Übereinstimmung von ATKIS-Objektarten und Biotop- und Nutzungstypen bzw. geschützten Biotopen finden sich bei Haug (1995) und Zölitz-Möller & Kessler (1997).

Die Digitalen Landschaftsmodelle liegen im Gegensatz zu den anderen untersuchten Datensätzen in sehr strukturierter, konsistenter Form vor. Die Umsetzung einer bundesweit einsetzbaren Schnittstelle für die Nutzung der Daten wäre hier somit am einfachsten zu realisieren. Um diese möglichst nachhaltig zu gestalten, sollten hierbei die Perspektiven einer Bereitstellung der Digitalen Landschaftsmodelle über Geodienste berücksichtigt werden. Bereits 2008 stellte das Landesvermessungsamt Baden-Württemberg die Daten des DLM per WMS-Dienst bereit. Für die Weiterentwicklung von MANUELA wäre auch die Bereitstellung der Daten über einen (idealerweise kostenlosen) WFS-Dienst wünschenswert. Bei einer Einbindung dieses Dienstes bestünde für den Landwirt zum einen die Möglichkeit, auf die aktuellen Daten zugreifen zu können ohne sich selbst um eine Aktualisierung kümmern zu müssen. Zum anderen ergäben sich aufgrund der flexibler gestaltbaren Kostenmodelle bei den Geodiensten kostenextensivere Bezugsmöglichkeiten.

Insgesamt sollte bei der Weiterentwicklung der Fokus auf der Einbindung von interoperablen Geodiensten und weiterer standardisierter Formate wie z.B. agroXML liegen. Eine nachhaltige, bundesweite oder auch darüber hinausgehende Nutzbarkeit des Systems ist damit eher gegeben als bei der Bemühung, allen auf dem Markt verfügbaren Formaten Rechnung zu tragen. Sowohl die technischen als auch die fachlichen Voraussetzungen hierzu sind gegeben. Die Einbindung von WMS- und WFS- Diensten in OpenJump ist bereits über eine Softwareerweiterung möglich. Ein Vertreter des KTBL, das den agroXML-Standard fachlich betreut, hat zudem im Rahmen des durchgeführten Expertenworkshops bereits Interesse geäußert, bei der Spezifikation naturschutzorientierter Informationen für agroXML die Anforderungen von Seiten MANUELAs, soweit möglich, zu berücksichtigen. Ebenso begrüßte er fachliche Beiträge für Definitionen von Begriffen, die in agroXML hierfür integriert werden müssen.

Die Verfügbarkeit von Informationen ist generell der limitierende Faktor für die Nutzbarkeit von MANUELA, wenn möglichst wenige Daten durch den Landwirt selbst erfasst werden sollen. Insbesondere die Verfügbarkeit verändert sich jedoch aufgrund der aktuellen Entwicklungen in der GI-Technologie derzeit permanent. Um die langfristige Nutzbarkeit von MANUELA zu unterstützen, sollten Informationen zu verfügbaren Daten daher kontinuierlich nachgeführt werden. In der Software existiert derzeit z.B. eine Hilfe, in der Bezugsadressen landesweiter Geodaten (Landesvermessungs- und Landesumweltämter) zusammengestellt werden. Die regelmäßige Aktualisierung und Ergänzung dieser Informationen ist erforderlich. Eine zusätzliche Arbeitserleichterung ist die Zusammenstellung der verfügbaren WMS- und WFS-Dienste. Hier wäre aus technischer Sicht auch die Einbindung der Dienste in die OpenJump-Erweiterung möglich, so dass dem Nutzer die nutzbaren Dienste im entsprechenden Auswahldialog angezeigt werden. Es ist allerdings ebenfalls erforderlich, die verfügbaren Datenbestände regelmäßig zu aktualisieren und dieses „Update" den Nutzern zur Verfügung zu stellen.

Die vorliegende Untersuchung zeigte, dass eine detaillierte, individuelle Bewertung der landwirtschaftlichen Flächen die Eingabe zusätzlicher Informationen durch den Landwirt erfordert. Vor allem Defizite in der Aktualität, der Vollständigkeit und der Genauigkeit der untersuchten Daten verhindern eine entsprechende Bewertung der betrieblichen Umweltleistungen. Die Informationen, über die der Landwirt selbst verfügt, d.h. das Detailwissen über seine Betriebsflächen, spielt somit eine zentrale Rolle für die Aussagekraft der mit MANUELA erzielbaren Ergebnisse. Die Eingabefunktionen, die bisher für MANUELA entwickelt wurden, sollten daher weiteren Praxistests unterzogen werden, um die Nutzerfreundlichkeit des Systems zu optimieren. Darüber hinaus sollte überprüft werden, inwieweit die Einbindung von GPS-Technik für die Erfassung von Daten möglich ist- aus technischer wie auch aus fachlicher Sicht. Eine Vision ist es, ein mobiles Erfassungsgerät zu integrieren, das es ermöglicht, die zusätzlich zu erhebenden Daten bei der Arbeit in der Fläche zu erfassen. Dieser Wunsch wird gestützt durch die Ergebnisse der Befragung. Die Mitarbeiter und Betriebsleiter der Pilotbetriebe waren der Meinung, dass MANUELA o.ä. Systeme am ehesten genutzt werden, wenn der Erfassungsaufwand gering ist oder dieser zusammen mit der „üblichen Arbeit" auf den Flächen bewerkstelligt werden kann. Zur Unterstützung der Erfassung sollten auch Informationen zur empfohlenen Erhebungsmethodik und den Kartierschlüsseln in die Software integriert werden. Zusammen mit den Empfehlungen zu den einsetzbaren Daten würde so ein umfangreicher Handlungsleitfaden für den praktischen Einsatz von MANUELA entstehen.

Landwirte, denen der Umgang mit GIS oder Managementsystemen bisher fremd ist, benötigen für den Einsatz von MANUELA die Unterstützung eines Beraters. Wird das System, wie bisher geplant, Nutzern frei zum Herunterladen auf einer Internetseite bereitgestellt, ist es sinnvoll, auch Anlaufstellen, die Unterstützung bieten, in diesen Handlungsleitfaden zu integrieren. Dies könnten beispielsweise landwirtschaftliche Beratungsstellen, aber auch Dienstleister und behördliche Stellen sein.

7 EMPFEHLUNGEN FÜR DIE AUSGESTALTUNG VON GEODATEN

Die Verfügbarkeit von Geodaten ist ein entscheidender Punkt für die Nutzbarkeit der Daten. Nur wenn Daten dem Nutzer bekannt, präsent und zugänglich sind, kann er überhaupt in Erwägung ziehen, diese auch für seine Zwecke zu verwenden. Auch wenn die meisten der untersuchten Datensätze (hier vor allem die landesweit vorliegenden Geodaten) inzwischen im Internet aufzufinden sind, bestehen dennoch Optimierungspotenziale bei der Bereitstellung von Informationen durch die Datenhersteller.

Diese betreffen vor allem die Form der Bereitstellung und die Kosten- und Nutzungsrechtmodelle, die für die Daten bestehen. Der Bezug von Geodaten per CD ist bei größeren Datenmengen noch eine übliche Übermittlungsform. Der Verwaltungsaufwand ist hierbei sowohl für den Datenhersteller als auch für den Datennutzer groß. Der Datenhersteller muss einen Datenträger mit den angeforderteren Daten produzieren und diesen dem Nutzer zusenden. Der Nutzer wiederum muss die Daten i.d.R. nach dem Empfang noch auf seinen Rechner kopieren und die CD entsprechend archivieren. Zudem muss der Nutzer damit rechnen, dass der Bezug von Daten durch Verwaltungs- und Postwege mindestens mehrere Tage dauert, sogar länger, wenn zunächst die Bezahlung und ggf. die Unterzeichnung von Nutzungsrechten erfolgen muss. Eine Bereitstellung der Daten in einer herunterladbaren Version über das Internet vereinfacht den Zugang zu den Daten sehr. Das Landesvermessungsamt Brandenburg sowie die Landesumweltämter in Niedersachsen, Baden-Württemberg und Bayern nutzen bereits diese technischen Möglichkeiten für die Veröffentlichung bzw. Weitergabe ihrer Datenbestände. Noch flexiblere Formen der Datenbereitstellung eröffnen die Geodienste. Sie ermöglichen einen dauerhaften Zugang zu den Geodaten, der unabhängig von den Öffnungszeiten der zuständigen Institution besteht. Darüber hinaus steht dem Nutzer per Geodienst immer die aktuelle Version des gefragten Datensatzes zur Verfügung, ohne dass er dafür Recherche betreiben oder neue Bestellungen aufgeben muss.

Mit den Geodiensten bietet sich auch die Möglichkeit einer flexibleren Gestaltung von Kostenmodellen. Der Abruf der Geodaten über das Internet kann vom Datenbereitsteller dokumentiert werden. Es besteht daher die Möglichkeit, dem Nutzer nur die inhaltlichen und räumlichen Informationsausschnitte in Rechnung zu stellen, die er auch tatsächlich abgerufen hat. Insbesondere bei umfangreichen Daten wie dem Digitalen Landschaftsmodell, die mit großer Wahrscheinlichkeit nur ausschnittsweise genutzt werden, ist dies von Vorteil. Eine Veränderung der Preispolitik für Geodaten forderte Streit bereits im Jahr 2004. Er führt als Begründung hierfür an, dass Kostenmodelle auf Basis der hohen Erfassungskosten für Geodaten wenig sinnvoll sind, da die meisten Anwender die Geodaten als Informationsprodukte sehen und nicht als Rohstoff (Streit 2004). Aktuelle Konzepte gehen daher für die Erstellung eines Kostenmodells vom Informationswert eines GI-Service aus und stellen Geodaten, orientiert an unterschiedlichen Nutzeransprüchen in verschiedenen Qualitäten und zu unterschiedlichen Preisen zur Verfügung (Śliwinski 2004).

In Hinblick auf die Bereitstellung von Geodaten wird daher empfohlen, die aktuellen, technischen Möglichkeiten, möglichst frühzeitig auszuschöpfen. Da eine vollständige Umstellung des Datenbestandes auf Geodienste nicht realistisch ist, sollten hier die Prioritäten vor allem auf den Daten mit hoher Aktualität sowie den stark genutzten Daten liegen. Letztere sind vor allem durch Beobachtung und Erfragung der Nutzerinteressen zu identifizieren. Die vorliegende Arbeit kann hier sowohl Anhaltpunkte für eine Priorisierung der Daten als auch für deren interoperable und INSPIRE-konforme Ausgestaltung liefern, da sie sowohl Hinweise zum Grad der Datennutzung als zum Standardisierungsgrad liefert.

Insgesamt sollte eine bessere Kommunikation mit den Nutzern angestrebt werden. Hierbei gilt es sowohl, Anforderungen an Daten einzuholen als auch bestehende Datenbestände deutlicher zu kommunizieren. Für die Nutzergruppe der Landwirte können hierbei auch Berater als Multiplikatoren fungieren. In Hinblick auf die Nutzung von Geodaten im landwirtschaftlichen Naturschutzmanagement sollte die Kommunikation über die eigens für die Landwirtschaft entwickelten Daten hinausgehen. Auch andere Fachdaten und Geobasisdaten können, wie die Untersuchungen zeigen, wertvolle Informationen liefern. Eine interdisziplinäre Zusammenarbeit bei der Kommunikation von Datenbeständen ist daher wünschenswert. Im Falle der Flächennutzungsnachweise könnte diese dazu beitragen, die Daten auch für andere Anwendungszwecke freizugeben. Das Potenzial dieser Informationen ist für den Bereich Naturschutz als hoch einzustufen. Die Freigabe der Daten sollte demnach möglichst zeitnah und umfassend erfolgen, damit die praktische Erprobung im Bereich Naturschutz, zumindest im Rahmen von Pilotprojekten, erfolgen kann. Darüber hinaus sollte in diesem Zusammenhang die Verwendung von Standards (Formate, Datenstrukturen) diskutiert werden, damit eine länderübergreifende Vergleichbarkeit und Nutzbarkeit der Daten möglich wird.

In Hinblick auf das Digitale Landschaftsmodell ist das Ziel einer fachübergreifenden Kommunikation dagegen verstärkt in der Aktualisierung und inhaltlichen Optimierung der Daten zu sehen. Für den Objektbereich Infrastruktur werden die entsprechenden Fachbehörden bereits bei der Aktualisierung der DLM-Daten eingebunden (Lom 2000). Es existiert ein Aufgabenkatalog, in dem für alle Objektarten und Attribute festgelegt ist, anhand welcher Information aus welcher Quelle Veränderungen dokumentiert werden. Dieses Prinzip der Einbindung von „Veränderungsverursachern" in die Aktualisierung des Datensatzes wäre auch für die Bereiche Naturschutz und Landwirtschaft denkbar. Voraussetzung auf der Nutzerseite ist hierfür allerdings auch eine vermehrte Nutzung des Digitalen Landschaftsmodells in den genannten Bereichen. Die Vereinheitlichung der Geobasisdatenbestände ATKIS und ALKIS sowie die zukünftige Bereitstellung der Daten über Geodienste begünstigen dies.

Die Landschaftspläne können gerade aufgrund ihrer lokalen Ausrichtung wertvolle Informationen für das landwirtschaftliche Naturschutzmanagement vorhalten. Die Untersuchung zeigte jedoch, dass diese in ihrer Qualität den Anforderungen des Anwendungszweckes nicht immer gerecht werden. Es wäre daher wünschenswert, wenn Gemeinden bei der Erstellung von Landschaftsplänen in Zukunft bedenken, dass auch andere Nutzer anderer Fachdisziplinen Interesse an den dem Planwerk zugrundeliegenden Geodaten haben können. Folglich sollten sie zum einen darauf achten, dass die Daten umfassend dokumentiert werden, damit eine nachhaltige Nutzung möglich ist. Dies bietet auch verwaltungsintern Vorteile, wenn zu einem späteren Zeitpunkt eine Aktualisierung erfolgen soll. Zum anderen sollte die Veröffentlichung der Daten entsprechend aktueller Standards und technischer Möglichkeiten erfolgen. Im Vergleich mit der Landesebene sind Geodateninfrastrukturen auf kommunaler Ebene bisher noch unterrepräsentiert. Angesichts der gesetzlichen Forderungen und der Potenziale, die sich mit der Realisierung von Geodiensten ergeben, sollten Gemeinden diese auch wahrnehmen. Für die bereits bestehenden Landschaftspläne ist diese Forderung sicherlich nur schwer zu realisieren. Hier ist die Bereitstellung des Planwerkes anstatt der zugehörigen Geodaten die bessere Alternative. Zur Auswertung der Planinhalte für das Naturschutzmanagement sollte in diesem Fall ein Berater hinzugezogen werden. Für neuere Landschaftspläne bietet sich evtl. auch die Veröffentlichung als WMS-Dienst an. Diese ermöglicht zwar keine automatisierte Auswertung der Dateninhalte durch MANUELA, bietet aber die Chance einer digitalen Bereitstellung ohne den Nutzer mit der möglicherweise heterogenen Struktur der entsprechenden

Attributdaten belasten zu müssen.

Eine regelmäßige Aktualisierung wäre für alle untersuchten Biotopkartierungen wünschenswert. Diese ist aber aus finanziellen bzw. personellen oder auch aus politischen Gründen selten zu realisieren. Von besonderer Bedeutung wäre eine regelmäßige Überarbeitung der landesweiten Datengrundlagen (Biotop- und Nutzungstypenkartierung und selektive Biotopkartierung), um zumindest auf Landesebene auf einheitliche und aktuelle Datengrundlagen zurückgreifen zu können. Bei der Aktualisierung von Daten könnten sich die verschiedenen Verwaltungsebenen durch den Austausch von Daten gegenseitig unterstützen.

Die Austauschfähigkeit von Daten wird durch die Verwendung von Standards bei der Datenerstellung und der Datenweitergabe erhöht. Gerade bei den untersuchten, landesweiten Daten sind Standards vorhanden (z.B. ATKIS-Objektartenkatalog, Biotoptypenschlüssel, Vorgaben für die Flächenanträge). Vorteile von Standards sind die höhere Planungs- und Entscheidungssicherheit und die höhere Transparenz von Entscheidungen auf ihrer Basis in der Öffentlichkeit. Ein Nachteil ist die Einengung der Beurteilungs- und Entscheidungsspielräume im Einzelfall (Plachter et al. 2002). Letzteres führt dazu, dass Standards auf unterschiedlichen räumlichen Ebenen erweitert werden oder, im schlechteren Fall, gar keine Beachtung finden, um individuellen Gegebenheiten gerecht zu werden. Bei der Entwicklung von Standards gilt es daher, dass Gleichgewicht zwischen bestmöglicher Austausch- und Vergleichsmöglichkeit und der Wiedergabe individueller Informationen zu finden. Standards, die allen Anforderungen gerecht werden, sind nicht realisierbar. Von diesem Standpunkt ausgehend werden auch die aktuellen GI-Themen Interoperabilität und Ontologie (vgl. Kap. 5.2.3 und 5.3) in der Fachwelt diskutiert und entwickelt. Gefordert werden kann aber, dass

- bestehende Standards bei der Erstellung von Geodaten genutzt werden und hier ein Fokus auf möglichst übergreifende Standards gelegt wird (landesweit, national, international),
- die Anpassung bestehender Standards für die Abbildung individueller Gegebenheiten entsprechend dokumentiert wird und den Geodaten als Metainformation beigefügt wird,
- die weitere Entwicklung von Standards in Zusammenarbeit unterschiedlicher Fachdisziplinen und Verwaltungsebenen sowie den zukünftigen Nutzern erfolgt.

8 DISKUSSION UND AUSBLICK

Die zu Beginn der Arbeit getroffene Annahme, dass Geodaten eine geeignete Informationsgrundlage für das Naturschutzmanagement landwirtschaftlicher Betriebe darstellen, wurde mit den Untersuchungen zur Datenqualität der Digitalen Landschaftsmodelle, Flächennutzungsnachweise und Biotoptypenkartierungen belegt. Die Daten weisen dabei allerdings unterschiedliche Qualitäten auf, so dass als Empfehlung für den Einsatz von Geodaten im landwirtschaftlichen Betriebsmanagement eine Prioritätenliste erarbeitet wurde. In dieser wird den Flächennutzungsnachweisen gegenüber den Landschaftsplänen und Biotop- und Nutzungstypenkartierung (Priorität 2) sowie den Digitalen Landschaftsmodellen und den selektiven Biotopkartierungen (Priorität 3) der Vorzug im Bezug auf die Verwendbarkeit gegeben. Insgesamt zeigt sich, dass sowohl Geobasisdaten als auch Geofachdaten Informationen bereitstellen, die für den Landwirt bei der Bewertung seiner Umweltleistungen von Nutzen sein können. Festgestellte Defizite der Daten können z.T. im Zuge der aktuellen Entwicklungen auf dem GI-Sektor behoben werden. Die Diskrepanz zwischen den Qualitäten der verfügbaren Daten und den Potenzialen der aktuellen Entwicklungen zeigten sich am deutlichsten bei den Fachdaten, die nicht auf Landesebene erhoben werden (Biotopkartierungen aus Landschaftsplänen, Flächennutzungsnachweise). Im Vergleich zu den übrigen Daten wurden hier die derzeitigen technischen Möglichkeiten in Hinblick auf Verfügbarkeit und Konsistenz am wenigsten genutzt. Von den Landesvermessungs- bzw. Landesumweltämtern koordinierte Datenbestände nähern sich dagegen den national und international geforderten interoperablen, für jedermann zugänglichen Geodaten deutlich mehr an. Die vorliegenden Ergebnisse können in diesem Zusammenhang auch als Grundlage für eine Ausgestaltung der Geodatenbestände nach INSPIRE-Richtlinie genutzt werden. Sie zeigen insbesondere den aktuellen Status der Daten im Bezug auf deren Standardisierung auf und liefern somit wertvolle Anhaltspunkte für die Beseitigung von Defiziten.

Es muss allerdings bei der Beurteilung der Ergebnisse berücksichtigt werden, dass es sich bei der vorliegenden Untersuchung um keine bundesweite Überprüfung der Daten handelt. Die Auswahl der untersuchten Datensätze orientierte sich ausschließlich an Pilotbetrieben, die sich an dieser Untersuchung beteiligten. Die getroffenen Aussagen beziehen sich daher zunächst vor allem auf die konkret untersuchten Datensätze und sind eher als Ergebnis einer Stichprobe zu sehen. Repräsentative Aussagen zur Qualität der jeweiligen Datensätze auf Landes- oder Bundesebene lassen sich nur zum Teil und vor allem für die von den Landesvermessungs- und Landesumweltämtern bereitgestellten Daten realisieren. Hier wird durch die Verwendung von Vorgaben bei der Erfassung und Aufbereitung der Daten eine Übertragbarkeit der Ergebnisse möglich. Weniger repräsentativ sind dagegen die Untersuchungsergebnisse für die Flächennutzungsnachweise und die Biotopkartierungen aus Landschaftsplänen. Ist dies bei den Flächennutzungsnachweisen vorrangig auf die eingeschränkte Verfügbarkeit von Vergleichsdatensätzen aus anderen Bundesländern zurückzuführen, ist die Heterogenität der Qualität von Landschaftsplänen vorrangig im Fehlen von Vorgaben, vor allem für die digitale Umsetzung der Planwerke, begründet.

Entsprechend sollten für eine umfassendere Einschätzung der Datenqualität weitere Untersuchungen zur Qualität der Flächennutzungsnachweise und der Biotopkartierungen aus Landschaftsplänen durchgeführt werden. Da es sich bei den Flächennutzungsnachweisen noch um einen relativ jungen Datenbestand handelt, sind hier in naher Zukunft noch Optimierungen der Datenqualität und der Verfügbarkeit zu erwarten. Dies sollte entsprechend in weiteren

Untersuchungen berücksichtigt und evaluiert werden. In Hinblick auf die Landschaftspläne sollten vor allem weitere und aktuellere Planwerke auf ihre Qualität überprüft werden. Es ist davon auszugehen, dass Planwerke jüngeren Datums den Anforderungen eher entsprechen. Dies gilt nicht nur für ihre Aktualität. Auf diese Weise können zumindest weitere Best Practice-Beispiele ermittelt werden, die sich für die Nutzung in einem GIS-gestützten Managementsystem wie MANUELA besonders eignen.

Um weitere Potenziale von Geodaten für das landwirtschaftliche Naturschutzmanagement aufzuzeigen, sollten andere Datenbestände auf ihre Einsetzbarkeit und den zu erwartenden Erkenntnisgewinn untersucht werden. Naturschutzfachdaten wie z.B. Artendaten, FFH-Kartierungen oder Landschaftsrahmenpläne können als mögliche Alternativen zur Ergänzung der flächendeckenden Informationen evaluiert werden. Darüber hinaus sollte untersucht werden, inwieweit die von kommerzieller Seite bereitgestellten (Fernerkundungs-)Daten (z.B. Rapid Eye) und frei verfügbare, von Nutzern selbst generierte Daten (z.B. OpenStreetMap) Informationen zum Naturschutzmanagement beitragen können. Die für die Ermittlung der Datenqualität im Rahmen dieser Arbeit angewendeten Methoden können hierbei problemlos eingesetzt werden. Evtl. muss jedoch der Prüfplan, um Kontrollen in Form von Geländebegehungen ergänzt werden, um alle Kriterien vollständig abprüfen zu können - je nach untersuchtem Datensatz.

In der vorliegenden Arbeit wurde ausschließlich die Einsetzbarkeit von Geodaten für die Erfassung und Bewertung des Landschaftsbestandes untersucht. In einem nächsten Schritt sollten daher geeignete Daten für die Unterstützung der Erfassung und Bewertung der Nutzungseinflüsse ermittelt und überprüft werden. Die zusammengetragenen Anforderungen können auch hierfür als Basis verwendet werden. Mögliche Quellen für entsprechende Bewirtschaftungsinformationen sind Ackerschlagkarteien, Daten aus Betriebsmanagementsystemen und Precision Farming-Daten (z.B. Bodenuntersuchungen, Nährstoffkarten, Ertragsdaten). Für die Einsatzmöglichkeiten der Daten aus dem Bereich Precision Farming ist es sinnvoll, die Ergebnisse des Forschungsschwerpunktes PIROL an der Fachhochschule Osnabrück (Trautz & Kielhorn 2007) in Zusammenhang mit den Ergebnissen des Forschungsvorhabens „Naturschutz in einem Betriebsmanagementsystem für eine nachhaltige Landwirtschaft“ (Haaren et al. 2008a), der vorliegenden Arbeit und den weiteren, angeschlossenen Dissertationen (Blumentrath 2009, Vogel 2009) zu betrachten.

Eine Erweiterung der Anforderungen ist erforderlich, wenn Geodaten für weitere, in MANUELA bisher noch unberücksichtigte Aspekte des Naturschutzmanagements, wie z.B. den Anbau von Energiepflanzen, eingesetzt werden sollen. Ebenso gilt es, die Anforderungen zu überprüfen bzw. zu ergänzen, wenn sich politische oder ökonomische Rahmenbedingungen für Landwirte verändern, z.B. durch die wieder verstärkte Fokussierung der landwirtschaftlichen Produktion auf die Lebensmittel- und Rohstoffproduktion.

Weiterer Ansatzpunkt für Folgeuntersuchungen ist auch die Abschätzung der weiteren Verwendbarkeit der Daten für andere Bereiche des Betriebsmanagements. Die befragten Landwirte erwogen hier bereits den Einsatz der Daten für die Antragstellung, für Managemententscheidungen in den Bereichen Erosion und Drainage, für die Flächenaufteilung sowie für die Außendarstellung und Kommunikation. Weitere Einsatzbereiche für Geodaten würden deren Mehrfachnutzen steigern und Landwirte eher dazu anregen, sie für das Betriebsmanagement zu beschaffen. Das Aufzeigen von Synergieeffekten ist daher ein wichtiger Punkt für Folgeuntersuchungen. Auch auf der Softwareseite sollten hier Untersuchungen durchgeführt werden, um Austauschmöglichkeiten von Daten zu ermitteln. Denkbar ist beispielsweise die Kopplung des Systems MANUELA mit anderen Betriebsmanagementsystemen, Informationssystemen wie ISIP, POLARIS, NIBIS, Kostenmodellen, Habitatmodellen oder den mobilen Systemen aus dem Bereich Precision Farming.

Zusätzlich sollte in Kombination mit Praxistests von MANUELA weiter konkretisiert werden, welche Informationen für eine gewinnbringende Anwendung des Systems (Kenntnisgewinn für den Landwirt, individuelle Bewertung und Maßnahmenableitung möglich) zwingend vorliegen müssen. Daraus können Empfehlungen für den Einsatz vorhandener Daten abgeleitet und somit auch für den Handlungsleitfaden für MANUELA weiter ausgebaut werden. Bei einem solchen Praxistest könnte auch vertieft evaluiert werden, welche Informationen der Landwirt selbst einbringen kann und auf welche Datengrundlagen aus diesem Grund verzichtet werden kann.

Vor dem Hintergrund eines internationalen Einsatzes von MANUELA ist die Übertragbarkeit der Ergebnisse auf andere Länder ein interessanter Punkt für weitere Untersuchungen. Zu überprüfen wäre hier in einem ersten Schritt, welche Anforderungen von Seiten der Anwender in anderen Ländern an die Geodaten bestehen. Im zweiten Schritt müssten entsprechend vergleichbare Datengrundlagen ermittelt und auf ihre Qualität überprüft werden.

Die aufgezeigten Perspektiven im Bereich der GI-Technologie verdeutlichen, dass derzeit im technischen Bereich, z.B. durch die INSPIRE-Richtlinie, Rahmenbedingungen geschaffen werden (müssen), die den Einsatz von Geodaten auf landwirtschaftlichen Betrieben begünstigen. Hierzu gehören die Verbesserung der Datenqualität und -verfügbarkeit sowie die gezielte Verbesserung des Kenntnisstandes bei den Landwirten durch Ausbildungsangebote im Bereich GIS. Es müssen jedoch auch finanzielle und fachliche Rahmenbedingungen geschaffen werden, die einen Anreiz bieten, sich mit GIS-gestütztem Naturschutzmanagement und den entsprechenden Geodaten auseinander zusetzen, auch wenn die Lebensmittel- und Rohstoffproduktion ökonomisch zunächst im Vordergrund stehen sollten. Dies könnte aus u.a. durch

- die Stärkung der 2. Säule Agrarpolitik,
- die Erhöhung der Angebote an Agrarumwelt- und Naturschutzprogrammen,
- eine Verpflichtung zur Aufstellung eines Naturschutzplans für den Betrieb bzw. eine Honorierung einer derartigen Naturschutzplanung für den Hof nach dem englischen Modell,
- die Einführung einer Zertifizierung von Betrieben, die die Naturschutzbewertung durchführen sowie
- die Verpflichtung von Betrieben zur Anwendung von Naturschutzmanagementsystemen durch die Vertreiber von Prämienprodukten, die wiederum die Naturverträglichkeit ihrer Produkte belegen wollen,

erreicht werden. Die befragten Landwirte plädieren vor allem für finanzielle Anreize, z.B. in Form von Honorierungsprogrammen.

QUELLEN

Literatur und Internetseiten

Aalders, H. (2002): The registration of quality in GIS. In: Shi, W. & Fisher, P. F. (Hrsg.): Spatial data quality. 199-211, London [u.a.]: Taylor Francis.

AdV (Arbeitsgemeinschaft der Vermessungsverwaltungen der Länder der Bundesrepublik Deutschland) (2003a): Amtliches Topographisch-Kartographisches Informationssystem ATKIS. Objektartenkatalog (ATKIS - OK) Teil D0. Erläuterungen zu allen Teilkatalogen. Version 3.2. 60, Hannover:

AdV (Arbeitsgemeinschaft der Vermessungsverwaltungen der Länder der Bundesrepublik Deutschland) (2003b): Liste der Objektarten und Attribute mit Spitzenaktualität. Stand: 11.08.2008, http://www.atkis.de/meta/html/spitzakt.htm.

AdV (Arbeitsgemeinschaft der Vermessungsverwaltungen der Länder der Bundesrepublik Deutschland) (2004): Modellierung von Fachinformationen unter Verwendung des GeoInfoDok. Leitfaden. 51, Hannover.

AdV (Arbeitsgemeinschaft der Vermessungsverwaltungen der Länder der Bundesrepublik Deutschland) (2005): Definition des Begriffs Geobasisdaten. Stand: 25.07.2008, http://www.adv-online.de/extdeu/nav/628/broker.jsp?uMen=62870377-5f77-7701-e1f4-351ec0023010.

AdV (Arbeitsgemeinschaft der Vermessungsverwaltungen der Länder der Bundesrepublik Deutschland) (2007): Produktblatt ATKIS® - Digitales Basis-Landschaftsmodell. Stand: 31.12.2007, http://www.adv-online.de/extdeu/nav/26e/broker.jsp?uMen=9db50769-dad3-19fa-6d78-79f08a07b51a.

AdV (Arbeitsgemeinschaft der Vermessungsverwaltungen der Länder der Bundesrepublik Deutschland) (2008): AAA®-Umfrage zum Sachstand der Migration in den Ländern. Stand: 08.08.2008, http://www.adv-online.de/extdeu/broker.jsp?uCon=67f50975-2461-5b11-a3b2-1718a438ad1b&uBasVariantCon=22222222-2222-2222-2222-222222222222&uTem=06550e11-6f6c-57fd-35a3-119f08a07b51.

Aguilar, F. J., Carvajal, F., Aguilar, M. A. & Agüera, F. (2007): Developing digital cartography in rural planning applications. Computers and electronics in agriculture 55 (1): 89-106.

ALFF (Amt für Landwirtschaft, Flurneuordnung und Forsten Sachsen-Anhalt) (2008): Elektronische Antragsbearbeitung mit profil-inet/ AgroView. Stand: 30.10.2008, http://www.invekos.sachsen-anhalt.de/Profilinet/Test_ST/Hilfe/Info/kurzanleitung_piav.pdf.

Alpenverein (2008): Alpenvereinskarten digital. Stand: 06.07.2008, http://www.alpenverein.at/karten/Shop/img/3D-Ansicht12.jpg.

ANL (Bayerische Akademie für Naturschutz und Landschaftspflege) (Hrsg.) (1996): GIS in Naturschutz und Landschaftspflege. 88, Laufen/Salzach: Bayerische Akademie für Naturschutz und Landschaftspflege (ANL) (Laufener Seminarbeiträge 4).

Axmann, A. (2003): Qualitätsstandards als Wettbewerbsvorteil. Vortrag auf dem 8. Österreichischen Geodätentag vom 8. bis 11. April 2003 im Welser Minoritenkloster. Stand: 16.06.2008, http://www.ovg.at/uploads/media/axmann_oegt_2003.pdf.

Backes, M., Dörschlag, D. & Plümer, L. (2005): Landwirtschaftliche Geodaten- Nachhaltige Datenhaltung und -nutzung durch ISO Standards. Zeitschrift für Agrarinformatik (1): 18-23.

Bartelme, N. (2005): Geoinformatik. Modelle, Strukturen, Funktionen. 455, Berlin, Heidelberg: Springer Verlag.

Bastian, O. & Schreiber, K. (1994): Analyse und ökologische Bewertung der Landschaft: mit 130 Tabellen. 502, Jena [u.a.]: Fischer.

Batte, M. T. (2005): Changing computer use in agriculture: evidence from Ohio. Computers and electronics in agriculture 47 (1): 1-13.

Bauer, R. (2000): Amtliche Geobasisdaten -Angebot und Nutzung. In: KTBL (Kuratorium für Technik und Bauwesen in der Landwirtschaft) (Hrsg.): Gewannebewirtschaftung. KTBL-Fachtagung am 05. Juli 2001 in Ulm-Seligweiler. 18-23, Darmstadt: KTBL (Kuratorium für Technik und Bauwesen in der Landwirtschaft).

BBA (Biologische Bundesanstalt für Land- und Forstwirtschaft) (2003): Jahresbericht 2003 - Schwerpunktthema Geographische Informationssysteme. Stand: 2008-03-20, http://www.jki.bund.de/nn_805140/DE/veroeff/jb/2003/03__gis.pdf,templateId=raw,property=publicationFile.pdf/03_gis.pdf.

BBN (Bundesverband Beruflicher Naturschutz) (2006): Grundsatzposition zu Standardisierungsprozessen im Naturschutz. Stand: 15.01.2009, http://www.bbn-online.de/uploads/media/Position_Standard_bbn.pdf.

Bernard, L., Crompvoegts, J. & Fitzke, J. (2005): Geodateninfrastrukturen - ein Überblick. In: Bernard, L., Fitzke, J. & Wagner, R. (Hrsg.): Geodateninfrastruktur- Grundlagen und Anwendungen. 3-8, Heidelberg: Wichmann Verlag.

BfN (Bundesamt für Naturschutz) (1995): Systematik der Biotop- und Nutzungstypenkartierung (Kartieranleitung): Standard-Biotoptypen und Nutzungstypen für die CIR-Luftbild-gestützte Biotoptypen- und Nutzungstypenkartierung für die Bundesrepublik Deutschland. 153, Münster-Hiltrup: Landwirtschaftsverlag.

BfN (Bundesamt für Naturschutz) (2002a): Nature Data 2002. 284, Münster: Landwirtschaftsverlag.

BfN (Bundesamt für Naturschutz) (2002b): Systematik der Biotop- und Nutzungstypenkartierung (Kartieranleitung): Standard-Biotoptypen und Nutzungstypen für die CIR-Luftbild-gestützte Biotoptypen- und Nutzungstypenkartierung für die Bundesrepublik Deutschland. 336, Münster-Hiltrup: (Schriftenreihe für Landschaftspflege und Naturschutz 73).

BfN (Bundesamt für Naturschutz) (2005): GIS-gestützte Landschaftsplanung zur Bewältigung neuer Anforderungen. Stand: 21.03.2008, http://www.bfn.de/fileadmin/MDB/documents/0312_vilm_papier_bfn.pdf.

BfN (Bundesamt für Naturschutz) (2007): Daten und Informationen zu Wildpflanzen und zur Vegetation Deutschlands. Stand: 05.07.2007, www.floraweb.de.

BfN (Bundesamt für Naturschutz) (2008): Landschaftsplanverzeichnis. Stand: 02.11.2008, http://www.bfn.de/0312_lpv.html?&0=.

BfN (Bundesamt für Naturschutz) (2009): Übersicht digitaler Landschaftsprogramme, Landschaftsrahmenpläne und Landschaftspläne (nach Kenntnisstand BfN, 17.02.2009). Stand: 10.03.2009, www.bfn.de/fileadmin/MDB/documents/themen/landschaftsplanung/uebersicht_digi_lp.pdf.

BGR (Bundesanstalt für Geowissenschaften und Rohstoffe) (2008): Postkarte mit der Geologie von Deutschland im Überblick. Stand: 06.07.2008, http://www.bgr.bund.de/cln_006/nn_326696/DE/Themen/GG__geol__Info/Bilder/Deutschland/geologie__deutschland__g.html.

Bieler, J. (1999): Komplexe Standort- und Naturraumkarten. In: Bastian, O. & Schreiber, K. (Hrsg.): Analyse und ökologische Bewertung der Landschaft. 564, Heidelberg: Spektrum Akademischer Verlag.

Bierhals, E. (1988): CIR-Luftbilder für die flächendeckende Biotopkartierung. Informationsdienst Naturschutz Niedersachsen 8 (5): 77-104.

Bierhals, E., Drachenfels, O. v. & Rasper, M. (2004): Wertstufen und Regenerationsfähigkeit der Biotoptypen in Niedersachsen. Informationsdienst Naturschutz Niedersachsen 4 (4): 231-240.

Bill, R. (1999): Grundlagen der Geo-Informationssysteme. Band 1: Hardware, Software und Daten. 454, Heidelberg: Wichmann.

Bill, R. (2002): Grundlagen der Geo-Informationssysteme. In: Bill, R., Seuß, R. & Schilcher M., (Hrsg.): Kommunale Geo-Informationssysteme: Basiswissen, Praxisberichte und Trends. 3-19, Heidelberg: Wichmann.

Bill, R. (2004a): Interoperable GIS-Infrastruktur im landwirtschaftlichen Betrieb. In: Heineke, H. J. (Hrsg.): Geographische Informationssysteme in der Landwirtschaft und im ländlichen Raum: Defizite und Entwicklungspotentiale, 69-74, Münster: KTBL-Schriften-Vertrieb (KTBL-Schrift 428).

Bill, R. (2004b): 5 Thesen zur digitalen Landschaftsplanung mit Geo-Informationssystemen. In: Lipp, T. (Hrsg.): Landschaftsplanung digital: Unterstützung des Planungsprozesses durch GIS - Daten, Analysen, Methoden, Rostock: Universitätsdruckerei Rostock (Rostocker Materialien für Landschaftsplanung und Raumentwicklung 4).

Bill, R. & Schmidt, F. (2000): ATKIS - Stand und Fortführung: Beiträge zum 51. DVW-Seminar am 25. und 26. September 2000 an der Universität Rostock. 212, Stuttgart: Wittwer.

Bill, R., Teichert, B. & Zimmermann, A. (2000): ATKIS® - Eine Bestandsaufnahme. In: Bill, R. & Schmidt, F. (Hrsg.): ATKIS® - Stand und Fortführung. Beiträge zum 51. DVW-Seminar am 25. und 26. September 2000 an der Universität Rostock. 1-8, Rostock: Verlag Konrad Wittwer.

Bill, R. & Zehner, M. (2001): Lexikon der Geoinformatik. 312, Heidelberg: Wichmann Verlag.

Bilo, M. & Bernard, L. (2005): INSPIRE - Aufbau einer Infrastruktur für raumbezogene Informationen in Europa. In: Bernard, L., Fitzke, J. & Wagner, R. (Hrsg.): Geodateninfrastruktur- Grundlagen und Anwendungen. 18-28, Heidelberg: Wichmann Verlag.

BKG (Bundesamt für Kartographie und Geodäsie) (2006): Vektordaten - Topographische Geobasisdaten Deutschland. Broschüre. 12, Frankfurt am Main.

Blab, J. (1993): Grundlagen des Biotopschutzes für Tiere: Ein Leitfaden zum praktischen Schutz der Lebensräume unserer Tiere. 4. Auflage, 479, Bonn: KILDA-Verlag.

Blaschke, T. (1995): GIS im Naturschutz im deutschsprachigen Raum: Eine Kritische Betrachtung der gegenwärtigen Situation. Stand: 08.11.2000, http://www.agit.at/history/papers/1995/blaschke.htm.

Blaschke, T. (1997): Landschaftsanalyse und -bewertung mit GIS - Methodische Untersuchung zu Ökosystemforschung und Naturschutz am Beispiel der bayrischen Salzauen. 320, Trier: Deutsche Akademie für Landeskunde (Forschungen zur Deutschen Landeskunde 243).

Blaschke, T. (2001): Multiskalare Bildanalyse zur Umsetzung des Patch-Matrix-Konzepts in der Landschaftsplanung. Naturschutz und Landschaftsplanung 33 (2/3): 84-89.

Blumentrath, S. (2009): Das ästhetische Potenzial landwirtschaftlicher Betriebe - Entwicklung und Erprobung einer EDV-gestützten Erfassungs- und Bewertungsmethode. Dissertation, Fakultät für Architektur und Landschaft, Leibniz Universität Hannover, Hannover.

Blumentrath, S. & Haaren, C. v. (2008): Funktionen zur Erfassung und Bewertung des landschaftsästhetischen Potenzials landwirtschaftlicher Betriebe. In: Haaren, C. v., Hachmann, R., Blumentrath, S., Lipski, A., Vogel, K., Weller, M., Hülsbergen, K. & Siebrecht, N. (Hrsg.): Softwaregestütztes Naturschutzmanagement auf landwirtschaftlichen Betrieben: Erfassung, Bewertung und Optimierung von Naturschutzleistungen. 149-224, Hannover: ibidem Verlag.

BMELV (Bundesministerium für Ernährung, Landwirtschaft und Verbraucherschutz) (2006): Die EU-Agrarreform. Umsetzung in Deutschland. Stand: 28.07.2008, http://www.bmelv.de/nn_749494/SharedDocs/downloads/01-Broschueren/eu-agrarreform2006,templateId=raw,property=publicationFile.pdf/eu-agrarreform2006.pdf.

BMU (Bundesministerium für Umwelt, Naturschutz und Reaktorsicherheit) (2007): Aarhus-Konvention - Überblick. Stand: 15.05.2007, http://www.bmu.de/buergerbeteiligungsrechte/die_aarhus-konvention/doc/2608.php.

Bockstaller, C., Reinsch, M. & Girardin, P. (2002): Anwendung des Verfahrens ‚Agrarökologische Kenngrößen'. Vergleich mit dem Verfahren KUL - Übertragung auf andere Anbausysteme - Einsatz in sensiblen Gebieten - Übertragung auf EDV. - Endbericht zum ITADA-Projekt 1.1.2. Stand: 30.06.2008, www.itada.org/download.asp?id=112abD1.pdf.

Börner, G. & Streit, U. (2001): Basistechnologien marktverfügbarer Systemkomponenten zur Verarbeitung raumbezogener Informationen. In: Börner, G., Nölle, O. & Wytzisk, A. (Hrsg.): Anwendung von Geodaten in der Landwirtschaft. 41-56, Münster: Institut für Geoinformatik.

Braband, D., Geier, U. & Köpke, U. (2003): Bio-resource evaluation within agri-environmental assesment tools in different European countries. Agriculture, ecosystems & environment (98): 423 - 434.

Breitschuh, G. & Eckert, H. (2000): Probleme und Lösungsansätze für eine nachhaltige Entwicklung in der Landwirtschaft. VDLUFA-Schriftenreihe (55): 17-23.

Breunig, T., Demuth, S. & Höll, N. (2001): Arten, Biotope, Landschaft: Schlüssel zum Erfassen, Beschreiben, Bewerten. 3. Aufl. Auflage, 321, Karlsruhe: Landesamt für Umwelt.

Brüggemann, H. (2001): Verfügbarkeit amtlicher Geobasisdaten (SAPOS, ALKIS, ATKIS). In: Börner, G., Nölle, O. & Wytzisk, A. (Hrsg.): Anwendung von Geodaten in der Landwirtschaft. 1-6, Münster: Institut für Geoinformatik.

Burger, A. (2004): Flächendeckende GIS-Information für die Planung und Umsetzung der EU-Agrarpolitik. In: Heineke, H. J. (Hrsg.): Geographische Informationssysteme in der Landwirtschaft und im ländlichen Raum: Defizite und Entwicklungspotentiale, 40-45, Münster: KTBL-Schriften-Vertrieb (KTBL-Schrift 428).

Burrough, P. A. & McDonnell, R. A. (1998): Principles of geographical information systems: spatial information systems and geostatistics. 333, Oxford: Oxford University Press.

Buziek, G. (1995): GIS in Forschung und Praxis. 335, Stuttgart: Arbeitsgemeinschaft "Geoinformationssysteme" der Universität Hannover (Vermessungswesen bei Konrad Wittwer 29).

Caspary, W. (1992): Genauigkeit als Qualitätsmerkmal digitaler Datenbestände. Schriftenreihe des DVW (Deutscher Verein für Vermessungswesen) (4): 157-166.

Christen, O. (2003): Nachhaltige Entwicklung in der Agrar- und Ernährungswirtschaft - Zeitgeist oder Megatrend? In: Girnau, M., Hövelmann, L., Wahmhoff, W., Wolf, W. & Wurl, H. (Hrsg.): Nachhaltige Agrar- und Ernährungswirtschaft. 1-7, Berlin: Erich Schmidt Verlag.

Creuzer, P. (Hrsg.) (1998): Geographische Informationssysteme: Einsatz und Nutzen in Kommunen und Landesverwaltung. 272, Hannover: Landesvermessung und Geoinformation Niedersachsen.

Dapp, A., Mengel, A. & Seuß, R. (2001): Einsatzmöglichkeiten von Kommunalen Geographischen Informationssystemen (KGIS) in der landschaftsbezogenen Umweltplanung. Stand: 2006-03-21, http://www.lapla-net.de/texte/2001/dapp/dapp.pdf.

Debruin, S., Bregt, A. & Van De Ven, M. (2001): Assessing fitness for use: the expected value of spatial data sets. International Journal of Geographical Information Science 15 (5): 457-471.

De Lange, N. (2006): Geoinformatik in Theorie und Praxis. 438, Berlin: Springer Verlag.

Deutscher Bundestag (2005): Bericht der Bundesregierung über die Fortschritte zur Entwicklung der verschiedenen Felder des Geoinformationswesens im nationalen, europäischen und internationalen Kontext (Bundesdrucksache 15/5834). Stand: 27.06.2005, http://dip.bundestag.de/btd/15/058/1505834.pdf.

Deutscher Bundestag (2008): Plenarprotokoll 16/187- Stenografischer Bericht der 187. Sitzung am 13. November 2008. Stand: 16.01.2008, http://www.geobranchen.de/images/produkte/db_protokoll_16_187.pdf.

Devillers, R. & Jeansoulin, R. (2006): Spatial data quality: Concepts. In: Devillers, R. & Jeansoulin, R. (Hrsg.): Fundamentals of spatial data quality. 31-42, London [u.a.]: ISTE.

DFS (Deutsche Flugsicherung GmbH) (2008): Flugverläufe am Flughafen Hannover. Stand: 02.07.2008, http://www.dfs.de/dfs/internet/deutsch/inhalt/company_future/index.html?ionasFrameCheckName=haupt&ionasFrameCheckUrl=http%3A//www.dfs.de/dfs/internet/deutsch/inhalt/company_future/primaernavigation/fluglaerm_umwelt/index.jsp%3Factivemenu%3Dflughafen_.

DLR (Deutsches Zentrum für Luft- und Raumfahrt) (2007): TerraSAR-X- Das deutsche Radar-Auge im All. Stand: 10.03.2009, http://www.dlr.de/Portaldata/1/Resources/forschung_und_entwicklung/missionen/terrasar_x/TSX_brosch.pdf.

DLR (Deutsches Zentrum für Luft- und Raumfahrt) (2008): RapidEye - Satellitenflotte liefert erste Bilder. Stand: 15.12.2008, http://www.dlr.de/desktopdefault.aspx/tabid-1/86_read-13841.

DNR (Deutscher Naturschutzring) (2005): Mehr Naturschutz-Akzeptanz durch Standards und Normen. Deutschland-Rundbrief (11/2005): 21-23.

Doluschitz, R. (2000): Beurteilung und Qualitätssicherung von Agrarsoftware: Ein pragmatischer Ansatz aus Anwendersicht. Zeitschrift für Agrarinformatik 2000 (4): 73-79.

Doluschitz, R. & Kunisch, M. (2004): agroXML - ein standardisiertes Datenformat für den Informationsfluss entlang der Produktions- und Lieferkette. Zeitschrift für Agrarinformatik 2004 (4): 65-67.

Doluschitz, R. (2007): Die Rolle der Informationstechnologie in der Landwirtschaft. In: Kuratorium für Technik und Bauwesen in der Landwirtschaft (Hrsg.): agroXML- Informationstechnik für die zukunftsorientierte Landwirtschaft, 9-32, Münster: KTBL-Schriften-Vertrieb (KTBL-Schrift 454).

Drachenfels, O. v. (2004): Kartierschlüssel für Biotoptypen in Niedersachsen: unter besonderer Berücksichtigung der nach § 28 a und § 28 b geschützten Biotope sowie der Lebensraumtypen von Anhang 1 der FFH-Richtlinie (Stand März 2004). 240, Hildesheim: NLÖ (Naturschutz und Landschaftspflege in Niedersachsen A/4).

Durwen, K. (1991): Fehlinformationen durch Informations-Systeme? Verhandlungen der Gesellschaft für Ökologie (20): 715-719.

DVL (Deutscher Verband für Landschaftspflege e.V.) (2008): Natura 2000 – Chance für Mensch und Natur (Newsletter 01/2008). Stand: 15.01.2009, http://www.natura2000-dvl.de/uploads/media/Newsletter_1-2008.pdf.

DVL (Deutscher Verband für Landschaftspflege e.V.) & NABU (Naturschutzbund Deutschland e.V.) (2005): Agrarreform für Naturschützer: Chancen und Risiken der Reform der Gemeinsamen Agrarpolitik für den Naturschutz. 47, Bonn: NABU-Infoversand.

Earl, R., Thomas, G. & Blackmore, B. (2000): The potential role of GIS in autonomous field operations. Computers and electronics in agriculture 25 (1): 107-120.

Eckert, H., Breitschuh, G. & Sauerbeck, D. (1999): Kriterien umweltverträglicher Landbewirtschaftung (KUL) - ein Verfahren zur ökologischen Bewertung von Landwirtschaftsbetrieben. Agribiological Research 52 (81): 57 - 75.

EEA (European Environmental Agency) (2006): Integration of environment into EU agriculture policy — the IRENA indicator-based assessment report. EEA Report 2006 (2). http://reports.eea.europa.eu/eea_report_2006_2/en/IRENA-assess-final-web-060306.pdf.

Eisentraut, P. (2003): PostgreSQL: das offizielle Handbuch. 1. Auflage, 814, Bonn: Mitp-Verlag.

Endrullis, M. & Hoppe, A. (2001): Geobasisdaten vom Bundesamt für Kartographie und Geodäsie als Grundlage von Umweltprojekten. In: Braun, G., Bunzig, R. & Wintges, T. (Hrsg.): GIS und Kartographie im Umweltbereich. 3-9, Heidelberg: Herbert Wichmann Verlag.

Espejo, R. (2007): User-generated content. 112, Farmington Hills, Mich.: Greenhaven Press.

ESRI GmbH (2008): ESRI Training and Education. Learning ArcGIS Desktop. Stand: 10.10.2008, http://training.esri.com/Courses/LearnArcGIS/index.cfm.

Europäische Kommission (2008): "Gesundheitscheck" der Gemeinsamen Agrarpolitik. Stand: 07.10.2008, http://ec.europa.eu/agriculture/healthcheck/index_de.htm.

Fachhochschule Stuttgart - Hochschule für Technik/ Studiengang Vermessung und Geoinformatik (2003): GPS für GIS im Umweltbereich und Naturschutz - Seminar in Zusammenarbeit mit der Landesanstalt für Umweltschutz Baden-Württemberg. Baden-Württemberg: (Veröffentlichungen der Fachhochsschule Stuttgart - Hochschule für Technik 62).

Fitzke, J. (2005): KuLaDigNW im Kontext von Geodateninfrastrukturen. In: Rheinisches Landesamt für Bodendenkmalpflege (Hrsg.): Kulturlandschaft digital - Forschung und Anwendung, (Beiträge zur Landesentwicklung 58).

FNL (Fördergemeinschaft nachhaltige Landwirtschaft e.V.) (2006): Nachhaltige Landwirtschaft: Realistische Perspektive oder ferne Vision? 108, Bonn: (Schriftenreihe des Instituts für Landwirtschaft und Umwelt 12).

Frauenholz, D. (2000): Ansätze zur Integration von Naturschutzanforderungen in Investitionsentscheidungen der Landwirtschaft. 192, Diplomarbeit, Institut für Landschaftspflege und Naturschutz, Universität Hannover, Hannover.

Freistaat Sachsen - Staatsministerium für Umwelt und Landwirtschaft (2005): Flächenidentifizierung 2005: Feldblock CD und InVeKoS-Online GIS- Hinweise zu den Änderungen im Antragsverfahren. Broschüre. 23, Dresden.

Fuchs, D., Sachteleben, J., Reich, M., Lipski, A., Hänel, K., Jessberger, J. & Reck, H. (2007): F+E-Vorhaben „Länderübergreifende Achsen des Biotopverbunds" (FKZ 804 850 05) - Schlussbericht. 291, Unveröffentlicht.

GAF AG (2008): AgroView Online-Hilfe. Stand: 30.10.2008, https://lsa-st49.sachsen-anhalt.de/AgroViewOnline/help/AgroViewOnline.htm.

Gandorfer, M., Weigert, G., Amon, H., Sticksel, E., Heißenhuber, A. & Wagner, P. (2004): Ökonomische Analyse von Precision Farming-Technologien im pflanzenbaulichen Versuchswesen. In: Schiefer, G., Wagner, P., Morgenstern, M. & Rickert, U. (Hrsg.): Integration und Datensicherheit - Anforderungen, Konflikte und Perspektiven : Referate der 25. GIL Jahrestagung, 8. - 10. September 2004 in Bonn, Göttingen: (Berichte der Gesellschaft für Informatik in der Land-, Forst- und Ernährungswirtschaft e.V. 16).

Gay, S., Osterburg, B., Baldock, D. & Zdanowicz, A. (2005): Recent evolution of the EU Common Agricultural Policy (CAP): state of play and environmental potential. 58, London. http://www.ieep.eu/publications/pdfs/meacap/WP6/WP6D4B_CAP.pdf.

GDI-DE (Geodateninfrastruktur Deutschland) (2009): INSPIRE - Infrastructure for Spatial Information in the European Community: Organisation und Dokumente. Stand: 10.03.2009, http://www.gdi-de.org/de/inspire/f_inspire.html.

Gebauer, J. & Bäuerle, A. S. (2000): Betriebliche Umweltinformationstechniken für die Landwirtschaft. Berichte über Landwirtschaft 78 (3): 454-492.

Gelb, E., Schiefer, G., Parker, C., Rosskopf, K. & Sieberichs, H. (2000): Why is the IT adoption rate by farmers so slow? Summary of the EITA '99 conference questionaire and discussion. Zeitschrift für Agrarinformatik 2000 (4): 79-83.

Gfeller, M. (1993): GIS-Einsatz für den Interessenausgleich zwischen Landwirtschaft und Naturschutz. Vermessung, Photogrammetrie, Kulturtechnik 93 (1): 22-27.

Goodchild, M. (1993): Data Models and Data Quality. In: Goodchild, M., Parks, B. & Steyaert, L. (Hrsg.): Environmental Modelling with GIS. 94-103, New York: Oxford University Press.

Goodchild, M. (2007): Citizins as sensors: the world of volunteered geography. Stand: 17.01.2009, http://www.ncgia.ucsb.edu/projects/vgi/docs/position/Goodchild_VGI2007.pdf.

Goodlass, G., Halberg, N. & Verschuur, G. (2001): Study on Input/ Output Accounting Systems on EU agricultural holdings. Centre for Agriculture and Environment, Utrecht. Stand: 30.06.2008, http://orgprints.org/13117/01/13117.pdf.

Göpfert, W. (1991): Raumbezogene Informationssysteme. 318, Karlsruhe: Wichmann Verlag.

Greve, K. (2003): Vom GIS zur Geodateninfrastruktur. Standort- Zeitschrift für Angewandte Geographie 26 (3): 121-125.

Groot, R. & McLaughlin, J. (2000): Geospatial data infrastructure: concepts, cases, and good practice. 286, Oxford [u.a.]: Oxford Univ. Press.

Gruehn, D. (2004): Zur Validität von Bewertungsmethoden in der Landschafts- und Umweltplanung: Handlungsbedarf, methodisches Vorgehen und Konsequenzen für die Planungspraxis (Habilitationsschrift). 578, Berlin: Mensch und Buch-Verlag.

Grünreich, D. (1990): ATKIS - Amtliches Topographisch-Kartographisches Informationssystem der Landesvermessung. GIS (4): 4-9.

Grünreich, D. (2004): Europäische Geodateninfrastruktur - Bedarf, Konzeption und Realisierung. In: Quade, H. (Hrsg.): Geoinformationssysteme (GIS)- Grundlagen, Anwendungen, Entwicklungen, 24-29, Hannover: (Akademie der Geowissenschaften zu Hannover, Veröffentlichungen, Heft 24.

Günther, T. (2000): Aktualisierung des ATKIS® - Basislandschaftsmodells mittels GPS und Pentop. In: Bill, R. & Schmidt, F. (Hrsg.): ATKIS® - Stand und Fortführung. Beiträge zum 51. DVW-Seminar am 25. und 26. September 2000 an der Universität Rostock. 103-106, Rostock: Verlag Konrad Wittwer

Haaren, C. v. (Hrsg.) (2004): Landschaftsplanung. 527, Stuttgart: Ulmer.

Haaren, C. v., Oppermann, B., Friese, I., Hachmann, R., Meiforth, J., Neumann, A., Tiedtke, S., Warren-Kretzschmar, B. & Wolter, F. (2005): Interaktiver Landschaftsplan Königslutter am Elm: Ergebnisse aus dem E+E-Vorhaben 'Interaktiver Landschaftsplan Königslutter am Elm' des Bundesamtes für Naturschutz. 296, Bonn-Bad Godesberg: Bundesamt für Naturschutz (Naturschutz und biologische Vielfalt 24).

Haaren, C. v. & Bathke, M. (2007): Integrated landscape planning and remuneration of agri-environmental services: Results of a case study in the Fuhrberg region of Germany. Journal of Environmental Management 2007 (1): 1-13.

Haaren, C. v., Hachmann, R., Blumentrath, S., Lipski, A., Vogel, K., Weller, M., Hülsbergen, K. & Siebrecht, N. (2008a): Softwaregestütztes Naturschutzmanagement auf landwirtschaftlichen Betrieben: Erfassung, Bewertung und Optimierung von Naturschutzleistungen. Naturschutz und Landschaftsplanung 40 (2): 42-48.

Haaren, C. v., Hülsbergen, K. & Hachmann, R. (Hrsg.) (2008b): Naturschutz im landwirtschaftlichen Betriebsmanagement - EDV-Systeme zur Unterstützung der Erfassung, Bewertung und Konzeption von Naturschutzleistungen landwirtschaftlicher Betriebe. 300, Hannover: ibidem Verlag.

Haaren, C. v., Blumentrath, S., Hachmann, R., Lipski, A., Vogel, K. & Weller, M. (2008c): Planning and Implementation of landscape relevant Goals on Farm Scale with the Help of a Software supported Assessment and Management Tool. Tagungsdokumentation des Sino-German High Level Expert Workshops, Beijing 2007.

Hake, G. & Grünreich, D. (1994): Kartographie. 599, Berlin [u.a.]: de Gruyter.

Hänel, K. (2007): Methodische Grundlagen zur Bewahrung und Wiederherstellung großräumig funktionsfähiger ökologischer Beziehungen in der räumlichen Umweltplanung - Lebensraumnetzwerke für Deutschland. 380, Dissertation, Fachgebiet Ökologische Standort- und Vegetationskunde am Fachbereich 06 - Architektur, Stadtplanung, Landschaftsplanung, Universität Kassel, Kassel. https://kobra.bibliothek.uni-kassel.de/handle/urn:nbn:de:hebis:34-2007121319883.

Hartmann, E., Schekahn, A., Luick, R. & Thomas, F. (2006): Kurzfassungen der Agrarumwelt- und Naturschutzprogramme. Darstellung und Analyse von Maßnahmen der Agrarumwelt- und Naturschutzprogramme in der Bundesrepublik Deutschland. 359, Münster: Bundesamt für Naturschutz (BfN-Skripten 161).

Haug, A. (1995): Vergleich des Kartierschlüssels der § 24a-Kartierung Baden-Württemberg mit dem ATKIS-Objektartenkatalog. Forschungsinstitut für anwenderorientierte Wissensverarbeitung, Universität Ulm, Ulm.

Hautzer, H. (2000): Entwicklung eines elektronischen Beratungssystems zur Unterstutzung der landwirtschaftlichen Betriebsberatung. 253, Dissertation, Landwirtschaftliche Fakultät, Universität Bonn, Bonn.

Heinrich, U. (1999): Die Verfügbarkeit von Geodaten als limitierender Faktor in der ökologisch orientierten Planung. In: Blaschke, T. (Hrsg.): Umweltmonitoring und Umweltmodellierung: GIS und Fernerkundung als Werkzeuge einer nachhaltigen Entwicklung. 121-130, Heidelberg: Wichmann.

Heinrich, U. (2002): Visualisierung von Geodaten in einem LIS. Kartografische Nachrichten (6): 262-269.

Helmig, K. & Wiggering, H. (2003): Sustainable development of multifunctional landscapes. 286, Berlin: Springer Verlag.

Hennermann, K. (2006): Kartographie und GIS: Eine Einführung. 143, Darmstadt: Wissenschaftliche Buchgesellschaft.

Herding, K. (2007): Validierung der auf amtlicher Datengrundlage gewonnenen Ergebnisse zum Biotopentwicklungspotenzial- Dargestellt an den Flächen eines landwirtschaftlichen Betriebs in Niedersachsen. 186, Diplomarbeit, Institut für Umweltplanung, Universität Hannover, Hannover.

Hester, R. & Harrison, R. (2005): Sustainability in agriculture. 130, London: Royal Society of Chemistry.

Hierlmeier, R. & Valentin, A. (2001): GIS in der Landschaftsplanung. Landschaftsarchitekten (1): 15-18.

Hope, S. & Hunter, G. (2007): Testing the effects of positional uncertainty on spatial decision-making. International Journal of Geographical Information Science 21 (6): 645-665.

Hulbert, I. A. & French, J. (2001): The accuracy of GPS for wildlife telemetry and habitat mapping. Journal of Applied Sciences 38 (1): 869-878.

Hülsbergen, K. J. & Diepenbrock, W. (1997): Das Modell REPRO zur Analyse und Bewertung von Stoff- und Energieflüssen in Landwirtschaftsbetrieben. In: Diepenbrock, W., Kaltschmidt, M., Nieberg, H. & Reinhardt, G. (Hrsg.): Umweltverträgliche Pflanzenproduktion - Indikatoren, Bilanzierungsansätze und ihre Einbindung in Ökobilanzen, 159 - 181, Berlin: Erich Schmidt Verlag (Initiativen zum Umweltschutz 5).

Illert, A. (2001): ATKIS aus Anbietersicht: Stand der Entwicklung. In: Akademie für Raumforschung und Landesplanung (Hrsg.): GIS in der Regionalplanung, 12-18, Hannover: (ARL-Arbeitsmaterialien 284).

Jakobsson, A. & Giversen, J. (2007): Guidelines for Implementing the ISO 19100 Geographic Information Quality Standards in National Mapping and Cadastral Agencies. 68. http://www.eurogeographics.org/eng/documents/Guidelines_ISO19100_Quality.pdf.

Jessel, B. & Tobias, K. (2002): Ökologisch orientierte Planung: Eine Einführung in Theorien, Daten und Methoden. 470, Stuttgart: Ulmer.

Jones, C. B. (2006): Geographical information systems and computer cartography. 319, Harlow [u.a.]: Addison Wesley Longman.

Jones, C. & Purves, R. (2008): Web-based Geographic information systems. In: Wilson, J. & Fotheringham, A. (Hrsg.): The Handbook of Geographic Information Science. 559-580, Malden, MA [u.a.]: Blackwell Publishing.

Joos, G. (1999): Zur Qualität von objektstrukturierten Geodaten. 147, Dissertation, Fakultät für Bauingenieur- und Vermessungswesen, Universität der Bundeswehr München, München.

Kappas, M. (2001): Geographische Informationssysteme, Das Geographische Seminar. 317, Braunschweig: Duttmann, R., Glawion, R., Popp, H. & Schneider-Sliwa, R. (Das geographische Seminar).

Kaufmann, K. (1997): Die Nutzung von topographischen Basisdaten für den Aufbau von GIS-Grundlagen. Probleme und Lösungen am Beispiel der Stadt Wolfsburg. In: Kratz, R. & Suhling, F. (Hrsg.): Geographische Informationssysteme im Naturschutz: Forschung, Planung, Praxis. 143-153, Magdeburg: Westarp Wissenschaften.

Kaule, G. (2002): Umweltplanung. 315, Stuttgart: Ulmer.

Kazakos, W. (2006): ISO 19115 Metadatenverwaltung als zentraler Bestandteil von Geodateninfrastrukturen. In: Strobl, J., Blaschke, T. & Griesebner, G. (Hrsg.): Angewandte Geoinformatik 2006. 284-289, Heidelberg: Herbert Wichmann Verlag.

Keil, M., Kiefl, R. & Strunz, G. (2005): CORINE Land Cover 2000- Europaweit harmonisierte Landnutzungsdaten für Deutschland. Abschlussbericht zum F+E-Vorhaben (UBA FKZ 201 12 209). Stand: 15.07.2008, http://www.corine.dfd.dlr.de/media/download/clc2000_endbericht_de.pdf.

Keufer, E. & Elsen, T. v. (2002): Naturschutzberatung für die Landwirtschaft: Ergebnisse einer Umfrage bei Bioland-Landwirten und Ansätze zur Institutionalisierung in Niedersachsen. Naturschutz und Landschaftsplanung 34 (10): 293-299.

Kielhorn, A., Biermann, J., Gervens, T., Rahn, O. & Trautz, D. (2007): Precision Farming mit freiem OpenSource-GIS. In: Böttinger, S. (Hrsg.): Agrarinformatik im Spannungsfeld zwischen Regionalisierung und globalen Wertschöpfungsketten : Referate der 27. GIL Jahrestagung, 05. - 07. März 2007 in Stuttgart, 107-110, Bonn: (GI-Edition: Proceedings 111).

Kirsch-Stracke, R. & Reich, M. (2004): Erfassen und Bewerten der Biotopfunktion (Arten und Lebensgemeinschaften). In: Haaren, C. v. (Hrsg.): Landschaftsplanung. 215-247, Stuttgart: Ulmer.

Klose, H. (2001): Geodaten für den ländlichen Raum, warum und wozu?: Referatesammlung. 96, Kassel: Eigenverlag der Hessischen Akademie der Forschung und Planung im Ländlichen Raum.

Knickrehm, B. & Rommel, S. (1995): Biotoptypenkartierung in der Landschaftsplanung. Natur und Landschaft 70 (11): 519-528.

Knüppel, R. (2006): Ergebnisorientierte Honorierung ökologischer Leistungen der Landwirtschaft - Bedingungen und Möglichkeiten für die Erfassung, Verwaltung und Kontrolle. 81, Masterarbeit, Agrar- und Umweltwissenschaftliche Fakultät, Universität Rostock, Rostock.

Kollmuß, H. (2000): Aktualisierung des ATKIS®-Basis-DLM in Bayern. In: Bill, R. & Schmidt, F. (Hrsg.): ATKIS® - Stand und Fortführung. Beiträge zum 51. DVW-Seminar am 25. und 26. September 2000 an der Universität Rostock. 107-114, Rostock: Verlag Konrad Wittwer.

Korduan, P., Grenzdörffer, G. & Bill, R. (2000): Informationsmanagement und Informationsbeschaffung in der modernen Landwirtschaft. 2.Wismarer Wirtschaftsinformatiktage. 282-291, Wismar: Fachhochschule.

Korduan, P. (2002): Anwendungsfallanalyse für ein Metainformationssystem im precision agriculture. In: Wild, K., Müller, R. & Birkner, U. (Hrsg.): Referate der 23. GIL-Jahrestagung in Dresden 2002, Göttingen: (Berichte der Gesellschaft für Informatik in der Land-, Forst- und Ernährungswirtschaft e.V. 15).

Korduan, P. (2003): Standardization in data management to increase interoperability of spatial precision agriculture data. In: Stafford, J. & Werner, A. (Hrsg.): Precision agriculture. 323-328, Wageningen: Wageningen academic publishers.

Kratz, R. & Suhling, F. (1997): GIS im Naturschutz: Forschung, Planung, Praxis. 180, Magdeburg: Westarp Wissenschaften.

KTBL (Kuratorium für Technik und Bauwesen in der Landwirtschaft) (2005): Landwirtschaft - Visionen 2015: Standortentwicklung für die Landwirtschaft. Tagung vom 5. bis 6. April 2005 in Berlin. 191, Münster: KTBL.

KTBL (Kuratorium für Technik und Bauwesen in der Landwirtschaft) (2007): Geodateninfrastrukturen und Geodienste für die Landwirtschaft. 64, Darmstadt: (KTBL-Heft 66).

Kunisch, M., Böttinger, S., Frisch, J. & Martini, D. (2007): agroXML - der Standard für den Datenaustausch in der Landwirtschaft. In: Kuratorium für Technik und Bauwesen in der Landwirtschaft (Hrsg.): agroXML- Informationstechnik für die zukunftsorientierte Landwirtschaft, 84-96, Münster: KTBL-Schriften-Vertrieb (KTBL-Schrift 454).

Kuntz, S. (2001): Einsatz der Fernerkundung in der Landwirtschaft - Stand und Entwicklungen. In: Börner, G., Nölle, O. & Wytzisk, A. (Hrsg.): Anwendung von Geodaten in der Landwirtschaft. 19-32, Münster: Institut für Geoinformatik.

Kunze, K. (1999): Der Einfluß geographischer Informationssysteme (GIS) auf den Arbeitsprozeß bei der Erstellung von Umweltverträglichkeitsstudien (UVS). 137, Hannover: Institut für Landschaftspflege und Naturschutz (Arbeitsmaterialien 39).

LAGB (Landesamt für Geologie und Bergwesen in Sachsen-Anhalt) (2008): Bodenkundliche Karten von Sachsen-Anhalt. Stand: 15.07.2008, http://www.sachsen-anhalt.de/LPSA/index.php?id=21837.

LAU (Landesamt für Umweltschutz Sachsen-Anhalt) (1992): Katalog der Biotoptypen und Nutzungstypen für die CIR-luftbildgestützte Biotoptypen- und Nutzungstypenkartierung im Land Sachsen-Anhalt. 44, (Berichte des Landesamtes für Umweltschutz Sachsen-Anhalt 4).

LAU (Landesamt für Umweltschutz Sachsen-Anhalt) (2007): Erläuterungen zur Qualität und Anwendung der Ergebnisse der CIR-Luftbild-gestützten Biotoptypen- und Nutzungstypenkartierung im Land Sachsen-Anhalt. 4, Halle (Saale).

LAU (Landesamt für Umweltschutz Sachsen-Anhalt) (2008): Fachbereich 4 (Naturschutz) - Datenabgabe. Stand: 02.11.2008, http://www.mu.sachsen-anhalt.de/start/fachbereich04/datenabgabe/main.htm.

Laudien, R., Bareth, G. & Doluschitz, R. (2005): Lückenlose, GIS-gestützte Dokumentation im Zuckerrübenanbau: SuMIS und dessen WinCE-Logistikprogramm zur mobilen Datenerhebung. GIS 11 (1): 10-15.

LBEG (Landesamt für Bergbau, Energie und Geologie in Niedersachsen) (2008): Bodenkarten. Stand: 15.07.2008, www.lbeg.niedersachsen.de/master/C38510265_N38213697_L20_D0_I31802357.html.

LBGR (Landesamt für Bergbau, Geologie und Rohstoffe in Brandenburg) (2008): Bodengeologische Kartierung- Erarbeitung amtlicher bodengeologischer Kartenwerke in unterschiedlichen Maßstäben. Stand: 15.07.2008, http://www.lbgr.brandenburg.de/sixcms/detail.php?id=lbm1.c.363265.de.

LEL Schwäbisch Gmünd (Landesanstalt für Entwicklung der Landwirtschaft und der ländlichen Räume Schwäbisch Gmünd) (2008): Landschaftselemente: Cross Compliance-relevante und weitere beihilfefähige Landschaftselemente im Überblick. Stand: 11.11.2008, http://www.landwirtschaft-mlr.baden-wuerttemberg.de/servlet/PB/menu/1161227_l1/index1221750829191.html.

Leser, C. (2003): Entwicklung operationell einsatzfähiger Methoden zur Biotoptypen-Kartierung anhand hochauflösender HRSC-Daten. 160, Dissertation, Fakultät VII - Architektur Umwelt Gesellschaft, Technische Universität Berlin, Berlin.

Leo, O. & Lemoine, G. (2001): Land Parcel Identification Systems in the Frame of Regulation (EC) 1593/2000, Discussion Paper, Version 1.4. Joint Reserach Center JRC, ISPRA.

Lewis, K. & Bardon, K. (1998): A computer-based informal environmental management system for agriculture. Environmental Modelling and Software 13 (2): 123-137.

LfU (Bayerisches Landesamt für Umwelt) (2007a): Kartieranleitung Biotopkartierung Bayern (inkl. Kartierung der Offenland-Lebensraumtypen der FFH-Richtlinie) - Teil 1: Arbeitsmethodik (Flachland/Städte). Augsburg.

LfU (Bayerisches Landesamt für Umwelt) (2007b): Kartieranleitung Biotopkartierung Bayern - Teil 2: Biotoptypen inklusive der Offenland-Lebensraumtypen der Fauna-Flora-Habitat-Richtlinie (Flachland/Städte). 177, Augsburg.

LfU (Bayerisches Landesamt für Umwelt) (2007c): Bayerisches Fachinformationssystem Naturschutz - Biotopkartierung Informationen (Biotopkartierung Bayern BK). 7, Augsburg.

LfU (Bayrisches Landesamt für Umwelt) (2008a): Bodenkunde- Bodeninformationssystem. Stand: 15.07.2008, http://www.lfu.bayern.de/boden/daten/bodenkunde/index.htm.

LfU (Bayrisches Landesamt für Umwelt) (2008b): Biotopkartierung - Biotopflächen und Sachdaten zum kostenlosen Download. Stand: 02.11.2008, http://www.lfu.bayern.de/natur/daten/biotopkartierung/daten_download/index.htm.

LGB (Landesvermessung und Geobasisinformation Brandenburg) (2005a): ATKIS-Objektartenkatalog für das Basis-DLM/3 der Länder Brandenburg und Berlin.

LGB (Landesvermessung und Geobasisinformation Brandenburg) (2008a): Automatisierte Liegenschaftskarte - Bearbeitungsstand 'Ist' mit Bodenschätzung. Stand: 15.07.2008, http://www.geobasis-bb.de/Falke/index.htm.

LGB (Landesvermessung und Geobasisinformation Brandenburg) (2008b): Digitales Basis-Landschaftsmodel (Basis-DLM). Stand: 11.08.2008, http://www.geobasis-bb.de/GeoPortal1/produkte/atk_dlm1.htm.

LGN (Landesvermessung und Geobasisinformation Niedersachsen) (2004a): Amtliches Topographisch-Kartographisches Informationssystem ATKIS® ATKIS-Objektartenkatalog (ATKIS-OK). Gesamtausgabe Niedersachsen Version 3.2.

LGN (Landesvermessung und Geobasisinformation Niedersachsen) (2008a): Digitale Orthophotos (DOP) - ATKIS. Testdatensatz. Stand: 06.07.2008, http://www.lgn.niedersachsen.de/master/C8863948_N8857851_L20_D0_I7746208.html.

LGN (Landesvermessung und Geobasisinformation Niedersachsen) (2008b): ALK- Automatisierte Liegenschaftskarte. Stand: 15.07.2008, http://www.gll.niedersachsen.de/master/C10540068_N8679277_L20_D0_I7746208.html.

LGN (Landesvermessung und Geobasisinformation Niedersachsen) (2008c): Digitale Landschaftsmodelle – DLM - ATKIS. Stand: 11.08.2008, http://www.lgn.niedersachsen.de/master/C8950158_N8913975_L20_D0_I7746208.html.

LGN (Landesvermessung und Geobasisinformation Niedersachsen) (2008d): in Niedersachsen und Bremen ATKIS Basis-DLM (3.Stufe). Bearbeitungsstand. Stand: 24.01.2008, http://www.geomdk.niedersachsen.de/data/lgn/info/infosys.dlm3.extern.pdf.

Liebig, W. & Mummenthey, R. (2002): ArcGIS-ArcView 8. Das Buch für den Anwender. 453, Norden: Points Verlag.

Liesche, J. (2007): Universität und Fachhochschulen mit agrarwissenschaftlichen Studiengängen. Stand: 11.06.2007, http://www.agrarwissenschaften.de/studium_unis.html.

LINEG (Linksniederrheinische Entwässerungs-Genossenschaft) (2008): Biotoptypenkartierung. Stand: 01.11.2008, http://www.lineg.de/_dado/show.html?table=xdmedia&field=media&id=433.

Lipp, T. (2004a): Workshop Digitale Landschaftsplanung: Diskussionen und Ergebnisse. In: Lipp, T. (Hrsg.): Landschaftsplanung digital: Unterstützung des Planungsprozesses durch GIS - Daten, Analysen, Methoden, Rostock: Universitätsdruckerei Rostock (Rostocker Materialien für Landschaftsplanung und Raumentwicklung 4).

Lipp, T. (2004b): Landschaftsplanung digital: Unterstützung des Planungsprozesses durch GIS - Daten, Analysen, Methoden. 52, Rostock: Riedel, W. & Lipp, T. (Rostocker Materialien für Landschaftsplanung und Raumentwicklung 4).

Lipp, T. (2005): GIS und Internettechnologien zur Unterstützung von Planungsprozessen in der kommunalen Landschaftsplanung. 167, Rostock: Riedel, W. (Rostocker Materialien für Landschaftsplanung und Raumentwicklung 9).

Lipp, T. (2007): Unterstützung von Planungsprozessen durch moderne Technologien am Beispiel der Landschaftsplanung und die damit verbundene Effektivierung der kommunalen Planung. Natur und Landschaft 82 (4): 152-157.

Lipski, A., Hachmann, R. & Haaren, C. v. (2007): The Usability of the Base Digital Landscape Model for the Environmental Assessment of Farm Sites. In: Probst, F. & Keßler, C. (Hrsg.): GI-Days 2007- Young Researchers Forum, 195-124, Münster: Institut für Geoinformatik (IfGI prints 30).

Lipski, A., Hachmann, R. & Weller, M. (2008a): Aufbau des Systems MANUELA. In: Haaren, C., Hülsbergen, K. & Hachmann, R. (Hrsg.): Naturschutz im landwirtschaftlichen Betriebsmanagement - EDV-Systeme zur Unterstützung der Erfassung, Bewertung und Konzeption von Naturschutzleistungen landwirtschaftlicher Betriebe. 36-44, Hannover: ibidem Verlag.

Lipski, A., Hachmann, R. & Weller, M. (2008b): Allgemeine Funktionen des Naturschutzmanagementsystems MANUELA. In: Haaren, C., Hülsbergen, K. & Hachmann, R. (Hrsg.): Naturschutz im landwirtschaftlichen Betriebsmanagement - EDV-Systeme zur Unterstützung der Erfassung, Bewertung und Konzeption von Naturschutzleistungen landwirtschaftlicher Betriebe. 56-71, Hannover: ibidem Verlag.

Lipski, A., Siebrecht, N., Blumentrath, S., Haaren, C. v., Hülsbergen, K. & Vogel, K. (2008c): Vorgehen und Methoden. In: Haaren, C. v., Hülsbergen, K. & Hachmann, R. (Hrsg.): Naturschutz im landwirtschaftlichen Betriebsmanagement - EDV-Systeme zur Unterstützung der Erfassung, Bewertung und Konzeption von Naturschutzleistungen landwirtschaftlicher Betriebe. 8-16, Hannover: ibidem Verlag.

Lipski, A., Blumentrath, S., Haaren, C. v. & Vogel, K. (2008d): Anforderungen an Daten und Methoden. In: Haaren, C. v., Hülsbergen, K. & Hachmann, R. (Hrsg.): Naturschutz im landwirtschaftlichen Betriebsmanagement - EDV-Systeme zur Unterstützung der Erfassung, Bewertung und Konzeption von Naturschutzleistungen landwirtschaftlicher Betriebe. 21-23, Hannover: ibidem Verlag.

Lom, O. v. (2000): Geodatenaktualisierung. In: Bill, R. & Schmidt, F. (Hrsg.): ATKIS® - Stand und Fortführung. Beiträge zum 51. DVW-Seminar am 25. und 26. September 2000 an der Universität Rostock. 31-38, Rostock: Verlag Konrad Wittwer.

LUA (Landesumweltamt Brandenburg) (1994): Biotopkartierung Brandenburg: Kartieranleitung. 128, Potsdam.

LUA (Landesumweltamt Brandenburg) (Hrsg.) (2003): Biotopkartierung Brandenburg. Band 1: Kartierungsanleitung und Anlagen. 312, Golm: Brandenburgische Universitätsdruckerei und Verlagsgesellschaft Potsdam.

LUBW (Landesanstalt für Umwelt, Messungen und Naturschutz in Baden-Württemberg) (2008a): Karten im Bodenschutz. Stand: 15.07.2008, http://www.xfaweb.baden-wuerttemberg.de/bofaweb/.

LUBW (Landesanstalt für Umwelt, Messungen und Naturschutz in Baden-Württemberg) (2008b): Daten- und Kartendienst der LUBW- Biotope nach NatSchG und LWaldG. Stand: 02.11.2008, http://brsweb.lubw.baden-wuerttemberg.de/brs-web/home.cweb?FILTER_VIEW=None&AUTO_ANONYMOUS_LOGIN.

Lütke-Brintrup, M. (2008): Anforderungen an die Umsetzung der INSPIRE-Richtlinie in Deutschland - Lösungsansätze und Empfehlungen für die interoperable Bereitstellung von INSPIRE-konformen Geodatensätzen im Umweltbereich. 89, Diplomarbeit, Institut für Umweltplanung, Leibniz Universität, Hannover.

LV-BW (Landesvermessungsamt Baden-Württemberg) (2008): DLM Landschaftsmodell, Information Basis-DLM. Stand: 11.08.2008, http://www.lv-bw.de/lvshop2/start_ns.asp?openkey=GEODATEN&keyinfo=&os=Win32&mapw=600.

LVERMA (Landesvermessungsamt Nordrhein-Westfalen) (2008): Digitale (automatisierte) Liegenschaftskarte (ALK) -Erfassungsübersicht. Stand: 15.07.2008, http://www.lverma.nrw.de/produkte/liegenschaftsinformation/katasterinfo/alk/images/erfassungsstand.pdf.

LVermGeo (Landesamt für Vermessung und Geoinformation Sachsen-Anhalt) (2008): ATKIS-Basis-DLM - Digitales Basis-Landschaftsmodell. Stand: 11.08.2008, http://www.lvermgeo.sachsen-anhalt.de/de/leistungen/landesaufnahme/dsm/atkis-dsm.htm.

LVG (Bayerische Vermessungsverwaltung) (2008): ATKIS®- Digitale Landschaften. Stand: 11.08.2008, http://www.geodaten.bayern.de/bvv_web/produkte/at_0.html.

LVLF (Landesamt für Verbraucherschutz, Landwirtschaft und Flurneuordnung in Brandenburg) (2008a): Hinweise zur Flächenerfassung im Digitalen Feldblockkataster (DFBK). Stand: 20.03.2008, http://www.mluv.brandenburg.de/cms/media.php/2331/f_block.pdf.

LVLF (Landesamt für Verbraucherschutz, Landwirtschaft und Flurneuordnung in Brandenburg) (2008b): Agrarantrag online - Brandenburg. Stand: 11.11.2008, https://www.agrarantrag-bb.de/Profilinet_BB_P/.

LWK Niedersachsen (Landwirtschaftskammer Niedersachsen) (2008): Feldblockfinder Niedersachsen. Stand: 11.11.2008, http://www.lwk-niedersachsen.de/index.cfm/portal/36/nav/0/article/8728.html.

LWK NRW (Landwirtschaftskammer Nordrhein-Westfalen) (2004): Ratgeber Luftbildkarte- Hinweise zur Flächenerfassung. Stand: 11.11.2008, http://www.landwirtschaftskammer.de/fachangebot/foerderung/pdf/ratgeber-luftbildkarte.pdf.

Matthews, K. B., Sibbald, A. R. & Craw, S. (1999): Implementation of a spatial decision support system for rural land use planning: integrating geographic information system and environmental models with search and optimisation algorithms. Computers and electronics in agriculture 23 (1): 9-26.

Meier, N. & Precht, M. (2000): EDV-Ausbildung in den Agrarwissenschaften an der TU München-Weihenstephan: Ergebnisse einer Befragung der Studierenden. Zeitschrift für Agrarwissenschaften 2 (1): 22-27.

Meyer, B. & Grabaum, R. (2003): Multikriterielle Landschaftsoptimierung - reif für die Praxis? In: Bastian, O., Grunewald, K., Schanze, J., Syrbe, R. & Walz, U. (Hrsg.): Bewertung und Entwicklung der Landschaft – Ergebnisse der Jahrestagung IALE-Deutschland 2002 in Dresden, 105-118, (IÖR-Schriften 40).

Meyer zu Bentrup, H. (2004): Methodische Ansätze zur Zusammenführung heterogener Daten am Beispiel der Landnutzungsdaten in einem Entscheidungssystem des ZALF. Berlin: Technische Universität Berlin.

MLR (Ministerium für Ernährung und Ländlichen Raum Baden-Württemberg) (2008): FIONA - Flächeninformation und Online-Antrag (Demo-Anwendung). Stand: 27.10.2008, http://fionademo.landbw.de.

MLU (Ministerium für Landwirtschaft und Umwelt Sachsen-Anhalt) (2008): Agrarantrag online - Sachsen-Anhalt. Stand: 11.11.2008, https://www.invekos.sachsen-anhalt.de/Profilinet_ST_P/.

MLUV (Ministerium für Ländliche Entwicklung, Umwelt und Verbraucherschutz in Brandenburg) (2008): Hinweise zum Antrag auf Agrarförderung 2008. Stand: 27.10.2008, http://www.mluv.brandenburg.de/cms/media.php/2317/fa_hinw.pdf.

Muhar, A. (1992): EDV-Anwendungen in Landschaftsplanung und Freiraumgestaltung. 248, Stuttgart: Verlag Eugen Ulmer.

NABU (Naturschutzbund Deutschland e.V.) & ILN Singen (Institut für Landschaftsökologie und Naturschutz) (2004): Naturschutz und Ökolandbau - Status Quo und Empfehlungen. 16, Bundesprogramm Ökologischer Landbau.

Nagel, D. (2007): Prüfung der Eignung von InVeKoS-Daten für die Integration in ein Betriebsmanagementsystem. 61, Diplomarbeit, Institut für Umweltplanung, Universität Hannover, Hannover.

Navratil, G. & Frank, A. (2006): What does data qualitry mean? An ontological framework. In: Strobl, J., Blaschke, T. & Griesebner, G. (Hrsg.): Angewandte Geoinformatik 2006 : Beiträge zum 18. AGIT-Symposium Salzburg. 494-503, Salzburg: Wichmann Verlag.

Niedermeier, M., Elsen, T., Diener, J. & Röhrig, P. (2003): Naturschutz auf Ökobauernhöfen. Ergebnisse einer bundesweiten Befragung von Naturland-Betrieben und Abstimmung des Handlungsbedarfes für Öko-Anbauverbände. Studie im Auftrag des Bundesamtes für Naturschutz. 36, Gräfelfing, Witzenhausen.

Nitsch, H. & Osterburg, B. (2007): Umsetzung von Cross Compliance in verschiedenen EU-Mitgliedstaaten: Bericht im Auftrag des BMELV. 52, Braunschweig: FAL. http://www.gbv.de/dms/zbw/538788283.pdf.

NLWKN (Niedersächsischer Landesbetrieb für Wasserwirtschaft, Küsten- und Naturschutz) (2008): Für den Naturschutz wertvolle Bereiche. Stand: 02.11.2008, http://www.nlwkn.niedersachsen.de/master/C6393625_N14045583_L20_D0_I5231158.html.

Nölle, O. (2001): Entwicklung eines Geodatenservers für die Landwirtschaftskammer Westfalen-Lippe. In: Börner, G., Nölle, O. & Wytzisk, A. (Hrsg.): Anwendung von Geodaten in der Landwirtschaft. 57-70, Münster: Institut für Geoinformatik.

Nölle, O. (2002): InVeKoS 2005: 'Die' Chance für eine umfassende Integration von GI-Technologie in die landwirtschaftliche Anwendungsdomäne. Vortrag auf dem Geoinformatikforum am 12.12.2002 in Münster. http://ifgi.uni-muenster.de/deutsch/index.php?option=com_giforum&Itemid=65#nr3.

Nölle, O. (2005): Geodienste - Nutzung des Potenzials von Geoinformationen für die Landwirtschaft. In: Kühlbach, K. (Hrsg.): Landwirtschaft - Visionen 2015: Standortentwicklung für die Landwirtschaft : KTBL-Vortragstagung vom 5. bis 6. April 2005 in Berlin, 122-130, Münster: KTBL-Schriften-Vertrieb (KTBL-Schrift 438).

Nölle, O. & Streit, U. (2002): InVeKoS 2005: Integration von GI-Technologien in das Integrierte Verwaltungs- und Kontrollsystem der EU-Agrarsubventionen. In: Syfert, E. (Hrsg.): Zu neuen Märkten - auf neuen Wegen - mit neuer Technik. 22. Jahrestagung der DGPF, Neubrandenburg 2002, 445, Berlin: DGPF (Publikationen der Deutschen Gesellschaft für Photogrammetrie und Fernerkundung 11).

Odening, M., Doluschitz, R., Bäuerle, A., Birkner, U., Gebauer, J. & Hollenberg, K. (2000): Methoden und Beurteilung des betrieblichen Umweltmanagements in landwirtschaftlichen Betrieben. 163, Berlin: Landwirtschaftlich-Gärtnerische Fakultät- Humboldt-Universität zu Berlin (Ökologische Hefte der Landwirtschaftlich-Gärtnerischen Fakultät Berlin 13).

OGC (Open Geospatial Consortium) (2008): Open GIS: Standards and Specifications. Stand: 16.04.2008, http://www.opengeospatial.org/standards.

Oltmanns, R. (2004): Von oben betrachtet. Landwirtschaftsblatt Weser-Ems (29): 12-13.

Oppermann, R., Knödler, C., Krismann, A., Haack, S., Unselt, C., Braband, D. & Elsen, T. v. (2003): Naturindikation für die landwirtschaftliche Praxis: Schlussbericht. Singen.

Osinski, E. (2002): GIS gestutzte Regionalisierung von Agrarraum-Potentialen: Anwendung zur effektiven Ausgestaltung von Agrar-Umweltprogrammen in zwei europäischen Regionen. 258, Osnabrück: Der andere Verlag.

Østensen, O. (2001): The expanding agenda of Geographic information standards. ISO Bulletin (July 2001): 16-21.

Osterburg, B. (2002): Agrarumweltprogramme in Deutschland und ihre Bedeutung für den Natur- und Artenschutz. In: BMVEL (Hrsg.): Biologische Vielfalt mit der Land- und Forstwirtschaft, 215-220, Münster: Landwirtschaftsverlag (Angewandte Wissenschaft 494).

Pape, J. & Doluschitz, R. (2001): DV-Ausstattung und Internetnutzung in Unternehmen der landwirtschaftlichen Primärproduktion - ausgewählte Ergebnisse empirischer Studien in Mecklenburg-Vorpommern, Sachsen und Baden-Württemberg. In: Kögl, H. & Spilke, J. B. U. (Hrsg.): Referate der 22. GIL-Jahrestagung in Rostock 2001, Göttingen: (Berichte der Gesellschaft für Informatik in der Land-, Forst- und Ernährungswirtschaft e.V. 14).

Pichler, G. (2001): Die Bedeutung von interoperativen, offenen Geoinformationssystemen im Umweltbereich. In: Braun, G., Bunzig, R. & Wintges, T. (Hrsg.): GIS und Kartographie im Umweltbereich. Heidelberg: Herbert Wichmann Verlag.

Plachter, H., Bernotat, D., Müssner, R. & Riecken, U. (2002): Entwicklung und Festlegung von Methodenstandards im Naturschutz: Ergebnisse einer Pilotstudie. 566, Bonn-Bad Godesberg: Bundesamt für Naturschutz (Schriftenreihe für Landschaftspflege und Naturschutz 70).

Plachter, H., Stachow, U. & Werner, A. (2005): Methoden zur naturschutzfachlichen Konkretisierung der "Guten fachlichen Praxis" in der Landwirtschaft: Ergebnisse aus dem F+E-Vorhaben (FKZ 800 88 001) des Bundesamtes für Naturschutz. 330, Münster: (Naturschutz und Biologische Vielfalt 7).

Popovich, V., Pankin, A. & Ivakin, Y. (2006): Data for GIS. In: Schrenk, M. (Hrsg.): CORP 2006 & Geomultimedia06, 13.-16. Februar 2006 - Proceedings. 91-96, Wien.

PortalU (2006): Biotopkartierung nach § 32 (ehemals § 24a) in Baden-Württemberg. Stand: 11.04.2006, http://www2.lubw.baden-wuerttemberg.de/wwwudk/UDKDetailServlet?Type=Data&PK=1C549263-F243-11D2-9A86-080000507261.

PortalU (2008): Digitale Grundkarte Landwirtschaft (DGK-Lw). Stand: 10.11.2008, http://www.portalu.de/ingrid-portal/portal/search-detail.psml?docuuid=D872F2D6-60BC-11D6-B67D-00E0290F5BA0&plugid=/kug-group:kug-iplug-udk-db_th.

Rao, M., Waits, D. & Neilsen, M. (2000): A GIS-based modeling approach for implementation of sustainable farm management practices. Environmental Modelling and Software 15 (8): 745-753.

Rappe, B. (1995): Erfassung und Integration von Geodaten aus unterschiedlichen Quellen. In: Buziek, G. (Hrsg.): GIS in Forschung und Praxis, 335, Stuttgart: Wittwer (Vermessungswesen bei Konrad Wittwer 29).

Redslob, M. (2004): EDV-Einsatz in Erfassung und Bewertung. In: Haaren, C. v. (Hrsg.): Landschaftsplanung. 101-117, Stuttgart: Eugen Ulmer.

Reiter, K. & Roggendorf, W. (2007): Nutzbarkeit vorhandener Datenbestände für Monitoring und Evaluierung - am Beispiel des InVeKoS. In: Begemann, F., Schröder, S., Wenkel, K. & Weigel, H. (Hrsg.): Monitoring und Indikatoren der Agrobiodiversität, 274-287, Bonn: (Agrobiodiversität 27).

Riecken, U., Ries, U. & Ssymank, A. (1993): Biotoptypenverzeichnis für die Bundesrepublik Deutschland. In: BfN (Bundesamt für Naturschutz) (Hrsg.): Grundlagen und Probleme einer Roten Liste der gefährdeten Biotoptypen Deutschlands, 301-339, Greven: Kilda (Schriftenreihe für Naturschutz und Landschaftspflege 38).

Riecken, U., Finck, P., Raths, U., Schröder, E. & Ssymank, A. (2003): Standard-Biotoptypenliste für Deutschland. 2. Auflage, 65, Münster: (Schriftenreihe für Landschaftspflege und Naturschutz 75).

Riedel, T. & Schmullius, C. (2004): Unterstützende Arbeiten zur Erstellung des TerraSAR-X Science Plans: Schlussbericht. 29, Jena: Universität Jena, Institut für Geographie, Abt. Fernerkundung.

Roscher, S. (2003): Ausgewählte Komponenten eines Internet-basierten Geografischen Informationssystems zur Dokumentation, Information und Bewertung der biologischen Vielfalt in der Land-, Forst- und Fischereiwirtschaft. In: Budde, H. J., Müller, R. & Birkner, U. (Hrsg.): Mobile Information - Chancen für die Agrarwirtschaft und ihre Partner, Referate der 24. GIL-Jahrestagung in Göttingen 2003, 121-125, Göttingen: (Berichte der Gesellschaft für Informatik in der Land-, Forst- und Ernährungswirtschaft e.V. 16).

Rosskopf, K. & Wagner, P. (2002): Anforderungen an Agrarsoftware und Ursachen von Akzeptanzproblemen - Ergebnisse einer Studie bei den Agrarcomputertagen 2002. In: Wild, K., Müller, R. & Birkner, U. (Hrsg.): Referate der 23. GIL-Jahrestagung in Dresden 2002, 183-187, Göttingen: (Berichte der Gesellschaft für Informatik in der Land-, Forst- und Ernährungswirtschaft e.V. 15).

Rosskopf, K. & Wagner, P. (2003): Akzeptanz neuer Technologien in der Landwirtschaft: Ergebnisse einer empirischen Studie. In: Budde, H. J., Müller, R. & Birkner, U. (Hrsg.): Mobile Information - Chancen für die Agrarwirtschaft und ihre Partner, Referate der 24. GIL-Jahrestagung in Göttingen 2003, 126-131, Göttingen: (Berichte der Gesellschaft für Informatik in der Land-, Forst- und Ernährungswirtschaft e.V. 16).

Rosskopf, K. & Wagner, P. (2004): Der digitale Landwirt - Die Nutzung des Computers im Betriebsmanagement. In: Schiefer, G., Wagner, P., Morgenstern, M. & Rickert, U. (Hrsg.): Integration und Datensicherheit - Anforderungen, Konflikte und Perspektiven : Referate der 25. GIL Jahrestagung, 8. - 10. September 2004 in Bonn, 362, Göttingen: (Berichte der Gesellschaft für Informatik in der Land-, Forst- und Ernährungswirtschaft e.V. 16).

Sander, A. (1998): Einsatz von Satellitenbilddaten zur Potentialerfassung in der Landschaftsrahmenplanung. GIS-gestützte Bestimmung der Gebietsretention. 108, Hannover: Institut für Landschaftspflege und Naturschutz (Arbeitsmaterialien 38).

Schaal, P. (2004): Die geographische Informationsverarbeitung in der Landschaftsplanung - Stand und Perspektiven. In: Lipp, T. (Hrsg.): Landschaftsplanung digital: Unterstützung des Planungsprozesses durch GIS - Daten, Analysen, Methoden, Rostock: Universitätsdruckerei Rostock (Rostocker Materialien für Landschaftsplanung und Raumentwicklung 4).

Scheele, M. (2001): Agrarumweltmaßnahmen als Kernelement der Integration von Umwelterfordernissen in die Gemeinsame Agrarpolitik. Landbauforschung Völkenrode (Sonderheft 231): 1-11.

Scheidler, A. (2006): Der Anspruch auf Zugang zu Umweltinformation - zur Neufassung des Umweltinformationsgesetzes. Umwelt und Planungsrecht 26 (1): 13-17.

Scholle, D. & Schleuß, U. (1999): Methodische Ansätze zur Landschaftsanalyse: GIS-gestütze Zusammenführung von Vegetations- und Bodendaten. Zeitschrift für Ökologie und Naturschutz (8): 163-171.

Scholles, F. (2006): Informationssysteme und -verarbeitung 2 – Informationssysteme in der Raum- und Umweltplanung (Blended Learning-Materialien zur Vorlesung im Studiengang Landschafts- und Freiraumplanung). Stand: 08.08.2008, http://www.laum.uni-hannover.de/ilr/lehre/Isv/index2.htm.

Schrader, C. (2004): Neue Umweltinformationsgesetze durch die Richtlinie 2003/4/EG. Deutsche Schwierigkeiten mit europäischen Transparenzvorgaben. Zeitschrift für Umweltrecht 15 (3): 130-135.

Schrader, C. & Zschiesche, M. (2005): Das neue Umweltinformationsgesetz des Bundes - Kurzkommentar des UfU zur Reichweite des UIG. http://www.aarhus-konvention.de/index.php?option=com_docman&task=doc_download&gid=21&Itemid=100.

Schröder, W., Schmidt, G., Pesch, R. & Eckstein, T. (2002): Harmonisierung der Umweltbeobachtung - Instrumente zur Prüfung methodischer Vergleichbarkeit und räumlicher Repräsentanz. In: Fränzle, O., Müller, F. & Schröder, W. (Hrsg.): Handbuch der Umweltwissenschaften. Kap. V-1.3 (8. Erg Lfg.), Weinheim: Wiley-VCH.

Schukraft, A. & Lenz, R. (2005): Geoinformationssysteme: Leitfaden zur Datenqualität für Planungsbüros und Behörden. 48, München: Runder Tisch Geoinformationssysteme e.V.

Schulte, W., Sukopp, H. & Werner, P. (1993): Flächendeckende Biotopkartierung im besiedelten Bereich als Grundlage einer am Naturschutz orientierten Planung : Programm für die Bestandsaufnahme, Gliederung und Bewertung des besiedelten Bereichs und dessen Randzonen. Natur und Landschaft 68 (10): 491 - 526.

Seiler, U., Neubert, M. & Meinel, G. (2004): Automatisierte Erfassung von Biotop- und Nutzungstypen. Beispiel einer segmentbasierten Klassifikation von IKONOS-Satellitenbilddaten. Naturschutz und Landschaftsplanung 35 (4): 101-106.

Senkler, K., Remke, A. & Voges, U. (2003): Metadaten und Metainformationssysteme in einer GI. In: Bernard, L., Sliwinski, A. & Senkler, K. (Hrsg.): Geodaten und Geodienste-Infrastrukturen - von der Forschung zur praktischen Anwendung. Beiträge zu den Münsteraner GI-Tagen 26./27. Juni 2003, Münster: (IfGI prints 18).

Seuß, R. (2000): Implementierung und Nutzung eines Kommunalen Geoinformationssystems auf Landkreisebene. 181, Dissertation, Fachbereich Vermessungswesen, TU Darmstadt, Darmstadt.

Shi, W. & Fisher, P. F. (2002): Spatial data quality. 313, London [u.a.]: Taylor Francis.

Siebrecht, N. & Hülsbergen, K. (2008): Funktionen zur Erfassung und Bewertung von Bodenerosion durch Wasser. In: Haaren, C., Hülsbergen, K. & Hachmann, R. (Hrsg.): Naturschutz im landwirtschaftlichen Betriebsmanagement - EDV-Systeme zur Unterstützung der Erfassung, Bewertung und Konzeption von Naturschutzleistungen landwirtschaftlicher Betriebe. 204-213, Hannover: ibidem Verlag.

Sietmann, R. (2005): Wissenschaft + Web-Service = e-Science. c't (24): 46-49.

Sliwinski, A. (2004): Toward Perceived Valuebased Pricing of Geographic Information Services. In: Toppen, F. & Prastacos, P. (Hrsg.): 7th AGILE Conference on Geographic Information Science (29. April bis 1.Mai). 541-549, Heraklion (Griechenland).

Söderström, M. (1995): Geoinformation in agricultural planning and advisory work. Göteborg: Göteborgs Universität.

Spilke, J. & Zürnstein, K. (2005): Webservices - Beschreibung eines Ansatzes zur Anwendungskopplung und von Nutzungsmöglichkeiten im Agrarbereich. Zeitschrift für Agrarinformatik 2005 (2): 33-40.

Spitzer, A. (2004): InVeKoS-GIS Bayern- Status quo und Perspektiven. In: Heineke, H. J. (Hrsg.): Geographische Informationssysteme in der Landwirtschaft und im ländlichen Raum: Defizite und Entwicklungspotentiale, 46-48, Münster: KTBL-Schriften-Vertrieb (KTBL-Schrift 428).

SRU (Sachverständigenrat für Umweltfragen) (2004): Nationale Umsetzung der Reform der europäischen Agrarpolitik. Kommentar zur Umweltpolitik Nr.3. http://www.umweltrat.de/03stellung/downlo03/komment/kom_nr3.pdf.

SRU (Sachverständigenrat für Umweltfragen) (2008): Umweltgutachten 2008 des Sachverständigenrates für Umweltfragen: Umweltschutz im Zeichen des Klimawandels. 1040, Berlin: Erich Schmidt Verlag.

Steiniger, S. (2008): Overview of Free & Open Source Desktop GIS. Stand: 16.04.2008, http://www.spatialserver.net/osgis/.

STMLF (Bayerisches Staatsministerium für Landwirtschaft und Forsten) (2008a): Merkblatt für Bewirtschafter von Flächen außerhalb Bayerns (Erntejahr 2008). Stand: 22.10.2008, http://www.stmlf.bayern.de/agrarpolitik/programme/foerderwegweiser/11020/linkurl_26.pdf.

STMLF (Bayerisches Staatsministerium für Landwirtschaft und Forsten) (2008b): Mehrfachantrag 2008. Stand: 11.11.2008, https://ssl.stmlf.bayern.de/mfa/Login.

Streit, U. (2004): GIS-Einsatz in der Landwirtschaft - Defizite und Entwicklungspotentiale. In: Heineke, H. J. (Hrsg.): Geographische Informationssysteme in der Landwirtschaft und im ländlichen Raum: Defizite und Entwicklungspotentiale, 7-28, Münster: KTBL-Schriften-Vertrieb (KTBL-Schrift 428).

Stricker, S., Sundermeier, H. & Müller, R. (2001): Landwirte im Internet: Stand der Nutzung und Verwendungsabsichten. In: Kögl, H. & Spilke, J. B. U. (Hrsg.): Referate der 22. GIL-Jahrestagung in Rostock 2001, Göttingen: (Berichte der Gesellschaft für Informatik in der Land-, Forst- und Ernährungswirtschaft e.V. 14).

Strunz, G. & Güls, I. (1999): Einsatz von Fernerkundungsmethoden für das Monitoring im Naturschutz. In: Blaschke, T. (Hrsg.): Umweltmonitoring und Umweltmodellierung: GIS und Fernerkundung als Werkzeuge einer nachhaltigen Entwicklung. 69-81, Heidelberg: Wichmann.

The Jump-Project.org (2008): The JUMP Project. Stand: 16.04.2008, http://www.jump-project.org/index.php?PID=PID.

Thieken, A. (1999): GIS-Einsatz im landschaftsökologischen Management- Unsicherheiten bei der Bewertung von Daten. In: Blaschke, T. (Hrsg.): Umweltmonitoring und Umweltmodellierung: GIS und Fernerkundung als Werkzeuge einer nachhaltigen Entwicklung. 193-202, Heidelberg: Wichmann.

Thomas, A. (1999): Möglichkeiten der Integration neuer Verfahren zum Gewässerschutz in die landwirtschaftliche Aus- und Weiterbildung und in die Beratung. 424, Umweltbundesamt Berlin (Umweltforschungsplan des Bundesministeriums für Umwelt, Naturschutz und Reaktorsicherheit - Wasserwirtschaft- Forschungsbericht 296).

TMLNU (Thüringer Ministerium für Landwirtschaft, Naturschutz und Umwelt) (2007): Informationsbroschüre für die Empfänger von Direktzahlungen und für bestimmte ELER-Zuwendungsempfänger über die anderweitigen Verpflichtungen: Cross Compliance. 135, Erfurt: TMLNU.

Torchala, B., Wolfert, A. & Zechendorf, U. (2005): Web-GIS für Landwirte. GeoBit (3): 29-31.

Trapp, M. (2003): Geodatenmanagement zur standortangepassten Ressourcenoptimierung in der Landwirtschaft. 172, Trier: Abteilung Bodenkunde - Universität Trier (Trierer Bodenkundliche Schriften 6).

Trautz, D. & Kielhorn, A. (2007): Integration von Naturschutzzielen in landwirtschaftliches Handeln durch Precision Farming. In: Herrmann, A. & Taube, F. (Hrsg.): Mitteilungen der Gesellschaft für Pflanzenbauwissenschaften, 50. Jahrestagung vom 18. bis 20. September 2007 in Bonn. Kiel: Schmidt & Klausing KG Druckerei Verlag.

Vauglin, F. (2002): A practical study on precision and resolution in vectorgraphical databases. In: Shi, W. & Fisher, P. F. (Hrsg.): Spatial data quality. London [u.a.]: Taylor Francis.

Vielsack, S. (2000): Erfassung von ATKIS®-Daten mit mobilem GIS. In: Bill, R. & Schmidt, F. (Hrsg.): ATKIS® - Stand und Fortführung. Beiträge zum 51. DVW-Seminar am 25. und 26. September 2000 an der Universität Rostock. 85-92, Rostock: Verlag Konrad Wittwer.

Vogel, K. (2009): Entwicklung und Erprobung von softwaregestützten Methoden des Biodiversitätsmanagements auf landwirtschaftlichen Betrieben. 226, Dissertation, Fakultät für Architektur und Landschaft, Leibniz Universität Hannover, Hannover.

Vogel, M. & Blaschke, T. (1996): GIS in Naturschutz und Landschaftspflege: Überblick über Wissensstand, Anwendungen und Defizite. In: Dollinger, F. & Strobl, J. (Hrsg.): Angewandte Geographische Informationsverarbeitung VIII, Salzburg: Selbstverlag des Instituts für Geographie der Universität Salzburg (Salzburger Geographische Materialien 24).

Vogel, K., Blumentrath, S., Haaren, C. v. & Lipski, A. (2008): Beurteilung der Programmfunktionen durch potenzielle Anwender. In: Haaren, C. v., Hachmann, R., Blumentrath, S., Lipski, A., Vogel, K., Weller, M., Hülsbergen, K. & Siebrecht, N. (Hrsg.): Softwaregestütztes Naturschutzmanagement auf landwirtschaftlichen Betrieben: Erfassung, Bewertung und Optimierung von Naturschutzleistungen. Hannover: ibidem Verlag.

Vogel, K. & Haaren, C. v. (2008): Funktionen zur Erfassung und Bewertung von Biodiversität in MANUELA. In: Haaren, C. v., Hachmann, R., Blumentrath, S., Lipski, A., Vogel, K., Weller, M., Hülsbergen, K. & Siebrecht, N. (Hrsg.): Softwaregestütztes Naturschutzmanagement auf landwirtschaftlichen Betrieben: Erfassung, Bewertung und Optimierung von Naturschutzleistungen. 82-124, Hannover: ibidem Verlag.

Vögele, T., Kruse, F. & Klenke, M. (2006): Die EU-INSPIRE-Richtlinie und die Informationsstruktur der Umweltverwaltung. In: Strobl, J. & Blaschke, T. (Hrsg.): Angewandte Geoinformatik 2006- Beiträge zum 18. AGIT-Symposium Salzburg. 685-687, Heidelberg: Wichmann Verlag.

Wagner, U. (2005): Einsatz von GIS im betrieblichen Management -Perspektiven für die Praxis. In: Kühlbach, K. (Hrsg.): Landwirtschaft - Visionen 2015: Standortentwicklung für die Landwirtschaft : KTBL-Vortragstagung vom 5. bis 6. April 2005 in Berlin, 114-121, Münster: KTBL-Schriften-Vertrieb (KTBL-Schrift 438).

Walker, R. (1993): AGI Standards Committee GIS Dictionary. London: Association for Geographic Information.

Wascher, D. (2004): Der Einsatz raumbezogener Daten bei der Umsetzung agrarpolitischer Maßnahmen und Ziele auf der EU-Ebene. In: Heineke, H. J. (Hrsg.): Geographische Informationssysteme in der Landwirtschaft und im ländlichen Raum: Defizite und Entwicklungspotentiale, 29-39, Münster: KTBL-Schriften-Vertrieb (KTBL-Schrift 428).

Weidenbach, M. (1999): Geographische Informationssysteme und neue digitale Medien in der Landschaftsplanung. 252, Berlin: Logos Verlag.

Werner, C. (2002): Einsatzmöglichkeiten räumlich hochauflösender Satellitenbilder für Landschaftsplanung und Naturschutz - Beispiele der Auswertung von IRS-1C/D-Daten - 170, Dissertation, Fakultät VII - Architektur Umwelt Gesellschaft, Technische Universität Berlin.

Werner, C. & Kenneweg, H. (1999): Aktualisierung und Ergänzung der Biotoptypen- und Nutzungstypenkartierung in Sachsen-Anhalt mit IRS-1C-Satellitendaten. In: Blaschke, T. (Hrsg.): Umweltmonitoring und Umweltmodellierung: GIS und Fernerkundung als Werkzeuge einer nachhaltigen Entwicklung. 99-108, Heidelberg: Wichmann.

Wetterich, F. & Köpke, U. (2003): Indikatoren für ein nationales Monitoring der Umwelteffekte landwirtschaftlicher Produktion - Testphase / Band2: Biologische Vielfalt und Landschaftsästhetik. 205, Bonn.

Wilaszek-Budziewska, M. (2007): Methoden der GIS-gestützten Bewertung von Heckenverbundfunktionen. 85, Diplomarbeit, Institut für Umweltplanung, Universität Hannover, Hannover.

Wilke, T. (1995): Qualitätsaspekte bei der Nutzung von Geoinformationssystemen. In: Buziek, G. (Hrsg.): GIS in Forschung und Praxis, 335, Stuttgart: Wittwer (Vermessungswesen bei Konrad Wittwer 29).

Willrich, F. (2002): Quality Control and updating of road data by GIS-driven road extraction from imagery. International Archives of Photogrammetry and Remote Sensing 34 (4): 761-767.

Wolf, E. (2008): Open Source GIS Software. Stand: 16.04.2008, http://www.asifanyonecares.com/2007/10/opensource-gis-software.html.

Woodcock, C., Sham, C. H. & Shaw, B. (1990): Comments on Selecting a Geographic Information System for Environmental Management. Environmental Management 14 (3): 307-315.

Wustrack, F. (2002): Der Acker von oben: Geoinformationssysteme im landwirtschaftlichen Einsatz. Geo-Bit 2002 (8): 17-19.

Wytzisk, A. (2004): Interoperable Geoinformations- und Simulationsdienste auf Basis internationaler Standards. 136, Münster: Institut für Geoinformatik der Universität Münster (ifgi prints 20).

ZALF (Leibniz-Zentrum für Agrarlandschaftsforschung e.V.) (2009): Forschungsverbundprojekt preagro. Stand: 20.07.2008, http://www.preagro.de/index.php.

Zhang, N., Runquist, E., Schrock, M., Havlin, J., Kluitenburg, G. & Redulla, C. (1999): Making GIS a versatile analytical tool for research in precision farming. Computer and electronics in agriculture 22 (1): 221-231.

Zölitz-Möller, R. (1999): Umweltinformationssysteme, Modelle und GIS für Planung und Verwaltung?: Kritische Thesen zum aktuellen Stand der Dinge. In: Blaschke, T. (Hrsg.): Umweltmonitoring und Umweltmodellierung: GIS und Fernerkundung als Werkzeuge einer nachhaltigen Entwicklung. 183-190, Heidelberg: Wichmann.

Zölitz-Möller, R. (2000): Das ATKIS® DLM 25/1 aus der Sicht der Nutzer im Umweltbereich. In: Bill, R. & Schmidt, F. (Hrsg.): ATKIS® - Stand und Fortführung. Beiträge zum 51. DVW-Seminar am 25. und 26. September 2000 an der Universität Rostock. 153-168, Rostock: Verlag Konrad Wittwer.

Zölitz-Möller, R., Heinrich., U. & Nachbar, M. (1997): Environmental planning with the help of digital geographic information and the ecosystem approach. GIS (6): 20-24.

Zölitz-Möller, R. & Keßler, M. (1997): Über den Nutzen von ATKIS-Daten für den behördlichen Natur- und Umweltschutz. Erfahrungen aus einem Testprojekt in Schleswig-Holstein. In: Kratz, R. & Suhling, F. (Hrsg.): Geographische Informationssysteme im Naturschutz: Forschung, Planung, Praxis. 165-178, Magdeburg: Westarp Wissenschaften.

Gesetze, Verordnungen und Richtlinien

BBodschG - Gesetz zum Schutz vor schädlichen Bodenveränderungen und zur Sanierung von Altlasten (Bundes-Bodenschutzgesetz) vom 17. März 1998 (BGBl. I S. 502), zuletzt geändert durch Artikel 3 des Gesetzes vom 9. Dezember 2004 (BGBl. I S. 3214).

BetrPrämDurchfV - Verordnung zur Durchführung der einheitlichen Betriebsprämie (Betriebsprämien-durchführungsverordnung - BetrPrämDurchfV in der Fassung der Bekanntmachung vom 26. Oktober 2006 (BGBl. I S. 2376), zuletzt geändert durch Artikel 1 der Verordnung vom 8. Mai 2008 (BGBl. I S. 801)).

BNatSchG - Gesetz über Naturschutz und Landschaftspflege (Bundesnaturschutzgesetz) vom 25. März 2002 (BGBl. I S. 1193), zuletzt geändert durch Artikel 2 des Gesetzes vom 8. April 2008 (BGBl. I S. 686).

DIN EN ISO 8402 - Quality management and quality assurance -Vocabulary. 2nd edition.

DirektZahlVerpflV - Verordnung über die Grundsätze der Erhaltung landwirtschaftlicher Flächen in einem guten landwirtschaftlichen und ökologischen Zustand (Direktzahlungen-Verpflichtungenverordnung - DirektZahlVerpflV) vom 4.11.2004. Bundesgesetzblatt 1, 2778.

FFH-Richtlinie - Richtlinie 92/43/EWG des Rates vom 21. Mai 1992 zur Erhaltung der natürlichen Lebensräume sowie der wildlebenden Tiere und Pflanzen (ABl. EG Nr. L 206/7 vom 22.7.92), geändert durch Richtlinie 97/62/EG des Rates vom 27.10.1997 (ABl. EG Nr. L 305/42).

GeoZG - Entwurf eines Gesetzes über den Zugang zu digitalen Geodaten (Geodatenzugangsgesetz – GeoZG), Drucksache 16/10530.

INSPIRE-RL - Richtlinie 2007/2/EG des europäischen Parlamentes und des Rates vom 14. März 2007 zur Schaffung einer Geodateninfrastruktur in der Europäischen Gemeinschaft (INSPIRE).

InVeKoSV - Verordnung über die Durchführung von Stützungsregelungen und gemeinsamen Regeln für Direktzahlungen nach der Verordnung (EG) Nr. 1782/2003 im Rahmen des Integrierten Verwaltungs- und Kontrollsystems (InVeKoS-Verordnung vom 3. Dezember 2004 (BGBl. I S. 3194), zuletzt geändert durch Artikel 2 der Verordnung vom 8. Mai 2008 (BGBl. I S. 801)).

InVeKoSVAVO - Verordnung zur Ausführung der InVeKoS-Verordnung und der Betriebsprämiendurchführungsverordnung vom 5. Juli 2005 zuletzt geändert durch Art. 1 ÄndVO vom 20. 1. 2006 (Nds. GVBl. S. 32).

ISO 19113 - ISO 19113:2002 - Geographic information - Quality principles.

ISO 19114 - ISO 19114:2003 - Geographic information - Quality evaluation principles.

ISO 19115 - ISO 19115:2003 - Geographic information - Metadata.

ISO 19138 - ISO 19138:2003 - Geographic information - Data quality measures.

NatSchG BW - Naturschutzgesetz Gesetz zum Schutz der Natur, zur Pflege der Landschaft und über die Erholungsvorsorge in der freien Landschaft - Baden-Württemberg - Vom 13. Dezember 2005 (GVBl. Nr. 18 vom 13.12.2005 S. 745; ber. 2006 S. 319; 14.10.20 S. 338, S. 370).

PlanzV - Verordnung über die Ausarbeitung der Bauleitpläne und die Darstellung des Planinhalts (Planzeichenverordnung 1990 - PlanzV 90) vom 18. Dezember 1990 (BGBl. 1991 I S. 58).

RL 42.2-22302/2 - Richtlinie über die Bewertung und Bilanzierung von Eingriffen im Land Sachsen-Anhalt (Bewertungsmodell Sachsen-Anhalt). Gem. RdErl., des MLU, MBV, MI und MW vom 16.11.2004 - 42.2-22302/2.

UIG - Umweltinformationsgesetz vom 22. Dezember 2004 (BGBl. I S. 3704).

UIRL - Richtlinie 2003/4/EG des europäischen Parlamentes und des Rates vom 28. Januar 2003 über den Zugang der Öffentlichkeit zu Umweltinformationen und zur Aufhebung der Richtlinie 90/313/EWG des Rates.

VO EG 1593/2000 - VERORDNUNG (EG) Nr. 1593/2000 DES RATES vom 17. Juli 2000 zur Änderung der Verordnung (EWG) Nr. 3508/92 zur Einführung eines integrierten Verwaltungs- und Kontrollsystems für bestimmte gemeinschaftliche Beihilferegelungen.

VO EG 1782/2003 - VERORDNUNG (EG) Nr. 1782/2003 DES RATES vom 29. September 2003 mit gemeinsamen Regeln für Direktzahlungen im Rahmen der Gemeinsamen Agrarpolitik und mit bestimmten Stützungsregelungen für Inhaber landwirtschaftlicher Betriebe und zur Änderung der Verordnungen (EWG) Nr. 2019/93, (EG) Nr. 1452/2001, (EG) Nr. 1453/2001, (EG) Nr. 1454/2001, (EG) Nr. 1868/94, (EG) Nr. 1251/1999, (EG) Nr. 1254/1999, (EG) Nr. 1673/2000, (EWG) Nr. 2358/71 und (EG) Nr. 2529/2001.

VO EG 1205/2008 - VERORDNUNG (EG) Nr. 1205/2008 DER KOMMISSION vom 3. Dezember 2008 zur Durchführung der Richtlinie 2007/2/EG des Europäischen Parlaments und des Rates hinsichtlich Metadaten.

Datengrundlagen

BKG (Bundesamt für Kartografie und Geodäsie) (2008): Verwaltungsgrenzen VG 1000 - Bundesländer. ArcIMS FeatureService. Stand: 28.07.2008, http://gdz1.leipzig.ifag.de/servlet/com.esri.esrimap.Esrimap.

LAU (Landesumweltamt Sachsen-Anhalt) (2005): Biotoptypen und Nutzungstypen aus der CIR-Luftbild-Interpretation basierend auf Luftbildern des Aufnahmejahres 2005 (1:10 000).

LfU (Bayerisches Landesamt für Umwelt) (1984/1989): Biotopkartierung Bayern - Flachland und Stadt..

LGB (Landesvermessung und Geobasisinformation Brandenburg) (2001/2003): Digitale Orthophotos (DOP40g), Bodenauflösung 0,4 m.

LGB (Landesvermessung und Geobasisinformation Brandenburg) (2005b): Digitale Topographische Karte im Maßstab 1:25 000.

LGB (Landesvermessung und Geobasisinformation Brandenburg) (2005b): Digitales Basis-Landschaftsmodell (Basis-DLM).

LGN (Landesvermessung und Geobasisinformation Niedersachsen) (2004b): Digitale Orthophotos (DOP) – ATKIS, Bodenauflösung 0,4 m.

LGN (Landesvermessung und Geobasisinformation Niedersachsen) (2004c): Digitales Basis-Landschaftsmodell (Basis-DLM).

LP Pilotbetrieb Brandenburg (1996): Biotopkartierung aus dem Landschaftsplan (Bearbeitungsstand Landschaftsplan: 2004, Bearbeitungsstand Biotopkartierung 1996).

LUBW (Landesanstalt für Umwelt, Messungen und Naturschutz) (1993/1995): Biotopkartierung nach § 32 (ehemals § 24a) in Baden-Württemberg, Bearbeitungsmaßstab 1:5000.

LV-BW (Landesvermessungsamt Baden-Württemberg) (2002): Digitale Orthophotos (DOP), Bildmaßstab ca. 1:18000, Bodenauflösung 0,25m.

LVermGeo (Landesamt für Vermessung und Geoinformation Sachsen-Anhalt) (2005): Digitale Orthophotos (DOP), Maßstab: 1:10 000, Bodenauflösung 0,4 m.

LVG (Bayerische Vermessungsverwaltung) (2007): Digitale Orthophotos (DOP), Bodenauflösung 0,2 m.

Pilotbetrieb Sachsen-Anhalt (2006): Flächenantragsdaten aus dem Jahr 2006

Pilotbetrieb Brandenburg (2007): Flächenantragsdaten aus dem Jahr 2007

ANHANG

Anhang I: Vorabfragebogen Pilotbetriebe
Anhang II: Hauptfragebogen Pilotbetriebe
Anhang III: Zusatzfragebogen Pilotbetriebe
Anhang IV: Ergebnisse der Experteninterviews in den Pilotbetrieben
Anhang V: Fragebogen Expertenworkshop
Anhang VI: Ablaufplan Expertenworkshop
Anhang VII: Ergebnisse der Befragung beim Expertenworkshop
Anhang VIII: Objektarten nach dem ATKIS-Objektartenkatalog (AdV 2003)

Anhang I

Vorabfragebogen der Experteninterviews mit Betriebsleitern und Mitarbeitern von sechs Pilotbetrieben in Baden-Württemberg, Bayern, Brandenburg, Niedersachsen und Sachsen-Anhalt

1) **Setzen Sie Software für das Management Ihres Betriebes ein (z.B. Schlagverwaltung, Bilanzierung, etc.)?**
Nennen Sie den Namen der jeweiligen Software.

- ☐ Ja, und zwar folgende...
- ☐ Nein.

2) **Ist Ihnen bekannt, dass es Geoinformationssysteme (GIS) gibt?**

- ☐ Ja, ich kenne folgende Software...
- ☐ Ja, ich habe davon gehört. Es besteht aber weiterer Informationsbedarf.
- ☐ Nein ***(→ weiter bei Frage 7).***

3) **Wissen Sie, dass es frei bzw. kostenlos verfügbare Geoinformationssysteme gibt?**

- ☐ Ja, und zwar:
  - ☐ JUMP (OpenJump, deeJUMP)
  - ☐ GRASS
  - ☐ THUBAN
  - ☐ MapWindow GIS
  - ☐ Sonstige ____________________

  Ich weiß dies aus folgender Quelle:
  - ☐ Tagungen
  - ☐ Fachzeitschriften
  - ☐ Kollegen
  - ☐ Berater
  - ☐ Sonstige ____________________,
- ☐ Nein, das wusste ich bisher nicht.

4) **Wissen Sie, zu welchen Themen digitale Daten verfügbar sind, die Sie in einem GIS nutzen können?**

- ☐ Ja, zu folgenden Themen sind mir Datenbestände bekannt...
- ☐ Nein, ich habe keinen Überblick über die verfügbaren Daten.

5) **Setzen Sie Geoinformationssysteme (GIS) ein?**

- ☐ Ja, und zwar die Software...
- ☐ Nein, weil (***nach** Angabe des Grundes → weiter mit Frage 13*)
  - ☐ keine für mich passende Software am Markt, mir fehlen folgende Funktionen...
  - ☐ lange Einarbeitungszeit in die Software
  - ☐ zu hohe Kosten der Software
  - ☐ zu hohe Kosten der für mich interessanten GIS-Daten, und zwar...
  - ☐ Sonstiges:...

6) **Für welche Aufgaben in Ihrem Betrieb nutzen Sie die GIS-Software?**

- ☐ Schlagverwaltung
- ☐ Flächenbeantragung
- ☐ Applikations-/ As-Applied-Karten (Düngung)
- ☐ Bodenprobenmanagement
- ☐ Erosionsberechnung
- ☐ Ertragsberechnung
- ☐ Erntelogistik
- ☐ Dokumentation

☐ Außendarstellung

☐ Sonstiges:...

7) **Welche digitalen Daten setzen Sie in Ihrem Betrieb ein?** *Bitte kreuzen Sie an, welche Daten Sie einsetzen und welche nicht. Für Daten, die Sie einsetzen, schätzen Sie bitte zusätzlich die Aktualität der Daten ein. Für Daten, die Sie <u>nicht</u> einsetzen, nennen Sie bitte den Grund dafür.*

Luftbilder/ Orthophotos	☐ **ja,**	die Daten sind.... ☐ <2 ☐< 5 ☐ <10 ☐ >10 Jahre alt.
	☐ **nein,**	weil________________________
Topographische Karten	☐ **ja,**	die Daten sind.... ☐ <2 ☐< 5 ☐ <10 ☐ >10 Jahre alt.
	☐ **nein,**	weil________________________
Digitale Geländemodelle	☐ **ja,**	die Daten sind.... ☐ <2 ☐< 5 ☐ <10 ☐ >10 Jahre alt.
	☐ **nein,**	weil________________________
Liegenschaftsdaten	☐ **ja,**	die Daten sind.... ☐ <2 ☐< 5 ☐ <10 ☐ >10 Jahre alt.
	☐ **nein,**	weil________________________
Digitale Feldblockdaten	☐ **ja,**	die Daten sind.... ☐ <2 ☐< 5 ☐ <10 ☐ >10 Jahre alt.
	☐ **nein,**	weil________________________
Bodendaten im Maßstab 1:______________	☐ **ja,**	die Daten sind.... ☐ <2 ☐< 5 ☐ <10 ☐ >10 Jahre alt.
	☐ **nein,**	weil________________________
Teilflächenspezifische Informationen, und zwar des Herstellers ______________	☐ **ja,**	die Daten sind.... ☐ <2 ☐< 5 ☐ <10 ☐ >10 Jahre alt.
	☐ **nein,**	weil________________________
Schutzgebietsgrenzen	☐ **ja,**	die Daten sind.... ☐ <2 ☐< 5 ☐ <10 ☐ >10 Jahre alt.
	☐ **nein,**	weil________________________
Sonstige: ______________	☐	die Daten sind.... ☐ <2 ☐< 5 ☐ <10 ☐ >10 Jahre alt.

8) **Wenn Sie die unter Frage 7) genannten digitalen Daten nicht in einem GIS einsetzen, mit welcher Software verarbeiten Sie die Daten?**

9) **Woher beziehen Sie diese digitalen Daten?**

Anhang II

Hauptfragebogen der Experteninterviews mit Betriebsleitern und Mitarbeitern von sechs Pilotbetrieben in Baden-Württemberg, Bayern, Brandenburg, Niedersachsen und Sachsen-Anhalt

1) Können Sie die folgenden Informationen zu den Hecken auf ihrem Betrieb, aus der Kenntnis ihrer Betriebsflächen ohne Ortbegehung heraus angeben?

	Ja, problemlos	**Ja, für den überwiegen den Teil**	**Ja, aber nur für einzelne Elemente**	**Nein, gar nicht**
Lage der Hecken	☐	☐	☐	☐
Heckentyp	☐	☐	☐	☐
Status und Form der Neuanlage	☐	☐	☐	☐
Vorhandensein eines Walles	☐	☐	☐	☐
Vorhandensein von Bäumen	☐	☐	☐	☐
Zustand	☐	☐	☐	☐
Breite	☐	☐	☐	☐
Anzahl der Gehölzarten	☐	☐	☐	☐
Anteil einheimischer Gehölzarten	☐	☐	☐	☐
Alter	☐	☐	☐	☐

Falls *Nein* für alle Parameter, warum?

☐ meine Betriebsflächen sind dafür zu umfangreich

☐ mangelnde Gehölzkenntnisse

☐ sonstiges:

2) Können Sie die folgenden Informationen zu den Einzelbäumen auf ihrem Betrieb, aus der Kenntnis ihrer Betriebsflächen ohne Ortbegehung heraus angeben?

	Ja, problemlos	**Ja, für den überwiegen den Teil**	**Ja, aber nur für einzelne Elemente**	**Nein, gar nicht**
Lage der Bäume	☐	☐	☐	☐
Wahrnehmbares Alter (geschätzt)	☐	☐	☐	☐
Kronendurchmesser (geschätzt)	☐	☐	☐	☐
Baumart	☐	☐	☐	☐
Historischer Bedeutungsgehalt (mit Erläuterungen)	☐	☐	☐	☐
Besondere Wuchsformen	☐	☐	☐	☐
Vitalität	☐	☐	☐	☐

Falls *Nein* bei allen Parametern, warum?

☐ meine Betriebsflächen sind dafür zu umfangreich

☐ mangelnde Gehölzkenntnisse

☐ sonstiges:

3) **Können Sie sich vorstellen, die vorhandenen Daten als Grundlage zu verwenden, um Änderungen auf ihren Betriebsflächen selbst einzugeben? (Digitalisieren neuer, wegfallender Elemente bzw. Eingabe von Sachdaten)?**

- ☐ Ja, das kann ich mir gut vorstellen.
- ☐ Ja, aber nur mit einer guten Anleitung.
- ☐ Ja, aber nur mit Unterstützung durch einen Berater.
- ☐ Nein, dazu bin ich nicht sicher genug im Umgang mit dem PC.
- ☐ Nein, dazu müsste erst besser in die Software einarbeiten.
- ☐ Nein, ich habe nicht mehr Informationen über die Hecken/ Einzelbäume.
- ☐ Nein, das ist mir zu zeitaufwändig.
- ☐ Nein, ich sehe keine Anwendungsmöglichkeiten für die Ergebnisse.

4) **Können Sie sich vorstellen, die vorgestellte Funktion zum Einlesen von vorhandenen Daten anzuwenden (um so die vorhandenen Daten selbst in de Datenbank einzupflegen)?**

- ☐ Ja, das ist kein Problem.
- ☐ Ja, mit einer guten Anleitung.
- ☐ Ja, aber dafür würde ich Unterstützung von einem Berater etc. benötigen.
- ☐ Nein.

5) **Sehen Sie weitere Möglichkeiten, die erfassten Daten zu Landschaftselementen wie Hecken und Einzelbäume einzusetzen?**

- ☐ Ja, und zwar folgende:
- ☐ Nein.

6) **Wären Sie dazu bereit, mit Hilfe von Anleitungen eigene Geländeerfassungen von Biotopen auf Ihren Flächen durchzuführen?**

- ☐ Ja, an ähnlichen Erfassungen im Gelände habe ich in der Vergangenheit bereits teilgenommen, und zwar:
  - ☐ im Rahmen von CC.
  - ☐ Erfassung von Kennarten im Rahmen von Programmen der erfolgsorientierten Honorierung.
  - ☐ Teilnahme an „Betriebsspiegeln".
  - ☐ Sonstige:
- ☐ Ja, ich kann mir das gut vorstellen.
- ☐ Nein, das kommt für mich/ für meinen Betrieb nicht in Frage.

7) **Wären Sie dazu bereit, mit Hilfe von Anleitungen eigene Geländeerfassungen von Pflanzenarten auf Ihren Flächen durchzuführen?**

- ☐ Ja, an ähnlichen Erfassungen im Gelände habe ich in der Vergangenheit bereits teilgenommen, und zwar:
  - ☐ Erfassung von Kennarten im Rahmen von Programmen der erfolgsorientierten Honorierung.
  - ☐ Teilnahme an „Betriebsspiegeln".
  - ☐ Sonstige:
- ☐ Ja, ich kann mir das gut vorstellen.
- ☐ Nein, das kommt für mich/ für meinen Betrieb nicht in Frage.

8) **Wären Sie dazu bereit, mit Hilfe von Anleitungen eigene Geländeerfassungen von Tierarten auf Ihren Flächen durchzuführen?**

- ☐ Ja, an ähnlichen Erfassungen im Gelände habe ich in der Vergangenheit bereits teilgenommen, und zwar
  - ☐ Teilnahme an „Betriebsspiegeln".
  - ☐ Sonstige
- ☐ Ja, ich kann mir das gut vorstellen.
- ☐ Nein, das kommt für mich/ für meinen Betrieb nicht in Frage.

9) **Sind Sie der Meinung, dass die Angaben der Bodenkarten zu den Bodenarten die Realität auf ihrem Betrieb widerspiegeln?**

- ☐ Ja.
- ☐ Nein, weil:

10) **Können Sie sich vorstellen, die vorhandenen Bodendaten als Grundlage zu verwenden, um weitere Bodeninformationen, die Ihnen vorliegen (z.B. Daten aus Bodenuntersuchungen) ebenfalls ins GIS zu übertragen?**

- ☐ Ja, das kann ich mir gut vorstellen.
- ☐ Ja, aber nur für einzelne Bereiche.
- ☐ Ja, aber nur bestimmte Angaben.
- ☐ Ja, aber nur mit einer guten Anleitung.
- ☐ Ja, aber nur mit Unterstützung durch einen Berater.
- ☐ Nein, dazu bin ich nicht sicher genug im Umgang mit der Software.
- ☐ Nein, ich habe nicht mehr Standortinformationen.
- ☐ Nein, das ist mir zu zeitaufwändig.
- ☐ Nein, ich sehe keine Anwendungsfelder für die Ergebnisse.

11) **Sehen Sie in Ihrem Betrieb weitere Möglichkeiten digitale Bodenkarten einzusetzen, z.B. wenn sie diese gemeinsam mit anderen Informationen (Ertrag, Düngung,...) anschauen können?**

- ☐ Ja, und zwar folgende:
- ☐ Nein.

12) **Würden Sie digitale Daten auch selbst beschaffen, d.h. recherchieren, wo die Daten verfügbar sind?**

- ☐ Ja.
- ☐ Ja, das habe ich bereits für folgende Datensätze getan:
- ☐ Nein, ich weiß nicht, an wen ich mich wenden muss.
- ☐ Nein, dafür habe keine Zeit.

13) **Würden Sie die entstehenden Kosten übernehmen?**

- ☐ Ja.
- ☐ Ja, das habe ich bereits für folgende Datensätze getan:
- ☐ Nein, die Daten sind mir zu teuer.

14) **Wüssten Sie, an welche Institution Sie sich wenden müssten?**

- ☐ Ja, und zwar an:
- ☐ Ja, aber nur für folgende Daten:
- ☐ Nein, das weiß nicht.

Anhang III

Zusatzfragebogen der Experteninterviews mit Betriebsleitern und Mitarbeitern von sechs Pilotbetrieben in Baden-Württemberg, Bayern, Brandenburg, Niedersachsen und Sachsen-Anhalt

1. In welchem Rahmen haben Sie Ihre GIS- Kenntnisse erworben?

☐ GIS war Teil meiner Ausbildung/ meines Studiums an folgender Einrichtung

____

☐ Ich habe einen Kurs/ ein Seminar belegt, und zwar folgenden/s

____

organisiert/ angeboten von

____

☐ Ich habe das Programm von ______________________________________ gezeigt bekommen.

☐ Ich habe mich selbst eingearbeitet mit Hilfe von

- ☐ Handbüchern
- ☐ Online-Hilfen/ Tutorials
- ☐ Sonstiges______________________________________

2. Wann/ In welchem Jahr haben Sie angefangen, sich in GIS eingearbeitet?

3. Aus welchem Anlass?

Anhang IV - Teil A: Ergebnisse zum Vorabfragebogen

Nr.	FRAGEN	Niedersachsen		Brandenburg	Baden-Württenberg I	Baden-Württemberg II	Bayern
		Betriebsleiter sen.	Betriebsleiter jun.	Mitarbeiterin	Betriebsleiter	Betriebsleiter	Betriebsleiter
1.	**Setzen Sie Software für das Management Ihres Betriebes ein (z.B. Schlagverwaltung, Bilanzierung, etc.)?** Nennen Sie den Namen der jeweiligen Software.						
	(Ja = 1; Nein = 0; Keine Angabe)	0	1	1	1	0	1
	Ja, und zwar folgende:		Nährstoffbilanzierung über Excel	AO-Office	Nabi, Herdenmanagement	REPRO wird derzeit auf dem Betrieb eingeführt	SS Tools, ArcView, jetzt OpenJump
	Nein.	x					
2.	**Ist Ihnen bekannt, dass es Geoinformationssysteme (GIS) gibt?**						
	(Ja = 1; Nein = 0; Keine Angabe)	1	1	1	1	1	1
	Ja, ich kenne folgende Software:		ArcView-Familie	AO-GIS, ArcViewGIS, AgroView, agrocom, elMID	Karten-Explorer		siehe Frage 7
	Ja, ich habe davon gehört. Es besteht aber weiterer Informationsbedarf.	x					
	Nein.						
3.	**Wissen Sie, dass es frei bzw. kostenlos verfügbare Geoinformationssysteme gibt?**						
	(Ja = 1; Nein = 0; Keine Angabe)	0	0	1	1	1	0
	Nein, das wusste ich bisher nicht.	x	x				
	Ja, und zwar:				x		
	JUMP (OpenJump, deeJUMP)				x	x	
	GRASS						
	THUBAN						
	MapWindow GIS						
	Sonstige						
	Bayern Viewer						x
	Google Earth			x			
	Ich weiß dies aus folgender Quelle:						
	Tagungen						
	Fachzeitschriften			x			
	Kollegen			x	x		
	Berater					x	
	Sonstige						
	Seminare			x			

Nr.	FRAGEN	Niedersachsen		Brandenburg	Baden-Württemberg I	Baden-Württemberg II	Bayern
		Betriebsleiter sen.	Betriebsleiter jun.	Mitarbeiterin	Betriebsleiter	Betriebsleiter	Betriebsleiter
4.	**Wissen Sie, zu welchen Themen digitale Daten verfügbar sind, die Sie in einem GIS nutzen können?**						
	(Ja = 1; Nein = 0; Keine Angabe)	1	1	1	1	0 Wir sind dabei uns in die Materie einzuarbeiten. Habe aber noch keinen Überblick.	0
	Ja, zu folgenden Themen sind mir Datenbestände bekannt:						
	Luftbilder	x	x		x		
	TK	x					
	Eigentumsgrenzen/Kataster	x	x		x		
	ALK/ALB			x			
	Feldblockkataster			x			
	Bodenschätzung		x				
	Geologie		x				
	Natura2000			x			
	Schutzgebiete			x			
	Nein, ich habe keinen Überblick über die verfügbaren Daten.						
5.	**Setzen Sie Geoinformationssysteme (GIS) ein?**						
	(Ja = 1; Nein = 0; Keine Angabe)	0	0	1	1	1	1
	Ja, und zwar die Software:						
	AO-GIS			x			
	SatGIS-Delta			x			
	AgroView			x			
	Karten-Explorer				x		
	Fiona-GIS				x	x	
	ArcView						x
	Nein, weil		die Bedienung im Alltag schwierig ist				
	keine für mich passende Software am Markt, mir fehlen folgende Funktionen:						
	lange Einarbeitungszeit in die Software	x					
	zu hohe Kosten der Software						
	zu hohe Kosten der für mich interessanten GIS-Daten, und zwar						
	Sonstiges:	x Fachkenntnisse fehlen					
6.	**Für welche Aufgaben in Ihrem Betrieb nutzen Sie die GIS-Software?**						
	Schlagverwaltung			x		x	
	Flächenbeantragung			x	x	x	
	Applikations-/ As-Applied-Karten (Düngung)						
	Bodenprobenmanagement			x			
	Erosionsberechnung						
	Ertragsberechnung						
	Erntelogistik						
	Dokumentation			x	x		
	Außendarstellung			x	x		
	Sonstiges:				Zaunbau		Georeferenzierte Punkte, Flächen orten

Nr.	FRAGEN	Niedersachsen		Brandenburg	Baden-Württemberg I	Baden-Württemberg II	Bayern
		Betriebsleiter sen.	Betriebsleiter jun.	Mitarbeiterin	Betriebsleiter	Betriebsleiter	Betriebsleiter
7.	**Welche digitalen Daten setzen Sie in Ihrem Betrieb ein?** Bitte kreuzen Sie an, welche Daten Sie einsetzen und welche nicht. Für Daten, die Sie einsetzen, schätzen Sie bitte zusätzlich die Aktualität der Daten ein. Für Daten, die Sie nicht einsetzen, nennen						
	Luftbilder/ Orthophotos (Ja = 1; Nein = 0; Keine Angabe) ja, die Daten sind.... Jahre alt. nein, weil	0 <5 Analog		1 <5	1 <5	0	1 <2, <5, <10, >10
	Topographische Karten (Ja = 1; Nein = 0; Keine Angabe) ja, die Daten sind.... Jahre alt. nein, weil			1 >10	1 <5	0	1 > 10
	Digitale Geländemodelle (Ja = 1; Nein = 0; Keine Angabe) ja, die Daten sind.... Jahre alt. nein, weil			0 x, keine weitere Angabe	0 Kein Zugang	0	1 > 10
	Liegenschaftsdaten (Ja = 1; Nein = 0; Keine Angabe) ja, die Daten sind.... Jahre alt. nein, weil	0 >10 Analog		1 Keine Angaben	0 Kein Zugang	0	0 noch keine Daten gekauft
	Digitale Feldblockdaten (Ja = 1; Nein = 0; Keine Angabe) ja, die Daten sind.... Jahre alt. nein, weil	0 <5 Analog		1 <2	1 <2	0	1 >10
	Bodendaten im Maßstab 1: (Ja = 1; Nein = 0; Keine Angabe) ja, die Daten sind.... Jahre alt. nein, weil	0		Keine Angaben	0 Kein Zugang	0	1 > 10
	Teilflächenspezifische Informationen, und zwar des (Ja = 1; Nein = 0; Keine Angabe) ja, die Daten sind.... Jahre alt. nein, weil	0		0 Keine Angaben	0 Keine Angabe	0	1 <5 TUM
	Schutzgebietsgrenzen (Ja = 1; Nein = 0; Keine Angabe) ja, die Daten sind.... Jahre alt. nein, weil	0		1 <2	0 Keine Notwendigkeit	0	0
	Sonstige: (Ja = 1; Nein = 0; Keine Angabe) die Daten sind.... Ackerschlagkartei	0 Analog <2				0	

Nr.	FRAGEN	Niedersachsen		Brandenburg	Baden-Württenberg I	Baden-Württemberg II	Bayern
		Betriebsleiter sen.	Betriebsleiter jun.	Mitarbeiterin	Betriebsleiter	Betriebsleiter	Betriebsleiter
8.	**Wenn Sie die unter Frage 7) genannten digitalen Daten nicht in einem GIS einsetzen, mit welcher Software verarbeiten Sie die Daten?**		Als Ausdruck von der Landwirtschaftskammer: Luftbilder, Landschaftselemente, Feldblöcke	Keine Angaben	?	Keine Angaben	Excel, Corel Draw
9.	**Woher beziehen Sie diese digitalen Daten?**	Landwirtschaftskammer Niedersachsen	LWK (Kostenlos)	Vermessung, Landwirtschaftsamt	Land BW, Landesvermessungsamt	Keine Angaben	TUM

Anhang IV- Teil B: Ergebnisse zum Hauptfragebogen

Nr.	FRAGE	Niedersachsen			Brandenburg		Baden-Württemberg I	Baden-Württemberg II	Bayern	Sachsen-Anhalt	
		Betriebsleiter sen.	Betriebsleiter jun.	Frau des Betriebsleiters	Betriebsleiter	Mitarbeiterin	Betriebsleiter	Betriebsleiter	Betriebsleiter	Betriebsleiter	Mitarbeiter
1.	**Können Sie die folgenden Informationen zu den Hecken auf ihrem Betrieb, aus der Kenntnis ihrer Betriebsflächen ohne Ortbegehung heraus angeben?** *(ja, problemlos = 1; ja, für den überwiegenden Teil = 2; ja, aber nur für einzelne Elemente = 3; nein, gar nicht = 4)*										
	Lage der Hecken	1		k.A.	1 oder 2 (Anmerkung: die Hecken sind bereits digitalisiert)	k.A.	2	2	1	2	k.A.
	Heckentyp	3 oder 4		k.A.	4	k.A.	2	2	1	2	k.A.
	Status und Form der Neuanlage	2		k.A.	- (Hecken wurden bislang nicht neu angelegt)	k.A.	2	2	1	2	k.A.
	Vorhandensein eines Walles	1 oder 2		k.A.	4	k.A.	2	2	1	2	k.A.
	Vorhandensein von Bäumen	1 oder 2		k.A.	3 (nur über Luftbilder)	k.A.	2	2	1	2	k.A.
	Zustand	1 oder 2		k.A.	4	k.A.	2	2	1	2	k.A.
	Breite	2		k.A.	1 oder 2	k.A.	2	2	1	2	k.A.
	Anzahl der Gehölzarten	2		k.A.	4	k.A.	2	4	1	2	k.A.
	Anteil einheimischer Gehölzarten	2		k.A.	4	k.A.	2	4 (nicht ausreichend Gehölzkenntnisse)	1	2	k.A.
	Alter	2		k.A.	4	k.A.	2	2	1	2	k.A.
2.	**Können Sie die folgenden Informationen zu den Einzelbäumen auf ihrem Betrieb, aus der Kenntnis ihrer Betriebsflächen ohne Ortbegehung heraus angeben?** *(ja, problemlos = 1; ja, für den überwiegenden Teil = 2; ja, aber nur für einzelne Elemente = 3; nein, gar nicht = 4)*										
	Lage der Bäume	1		k.A.	3	k.A.	1 bis 2	2	1	1	k.A.
	Wahrnehmbares Alter (geschätzt)	1		k.A.	3	k.A.	1 bis 2	2	1	1	k.A.
	Kronendurchmesser (geschätzt)	1 oder 2		k.A.	3	k.A.	1 bis 2	2	1	1 oder 2	k.A.
	Baumart	1		k.A.	3 oder 4	k.A.	1 bis 2	2	1	k.A.	k.A.
	Historischer Bedeutungsgehalt (mit Erläuterungen)	2 oder 3		k.A.	4	k.A.	1 bis 2	2	1	2	k.A.
	Besondere Wuchsformen	2		k.A.	3	k.A.	1 bis 2	2	1	2	k.A.
	Vitalität	1 oder 2		k.A.	3	k.A.	1 bis 2	2	1	1 oder 2	k.A.
3.	**Können Sie sich vorstellen, die vorhandenen Daten als Grundlage zu verwenden, um Änderungen auf ihren Betriebsflächen selbst einzugeben?**(Digitalisieren neuer, wegfallender Elemente bzw. Eingabe von Sachdaten)	Aus technischer Sicht: **Nein**, zu unsicher im Umgang mit dem PC. Inhaltlich: Hängt vom Nutzen ab. Bei der Bewertung der Hecken oder Bäume sind die Ergebnisse und v.a. die visuelle Darstellung interessant (um die eigene Einschätzung "wissenschaftlich" zu stützen; aus wirtschaftlicher Sicht sind sie es aber nicht.	Aus technischer Sicht: **Ja**, gut vorstellbar.	k.A.	**Ja**, aber nur mit Unterstützung durch Praktikanten - Die **Wertigkeit** des Betriebs sollte **nach außen hin dargestellt** werden; dadurch sollten aber **keine Restriktionen** entstehen! - Vor allem sollte es dem Landwirt "nicht ans Geld gehen". - die qualitative Erfassung ist problematisch.	**Ja**, wenn die **Daten kompatibel** mit anderen Programmen sind.	**Ja**, mit entsprechender Anleitung ist die Pflege und Aktualisierung der Daten gut vorstellbar --> hängt von der Handhabbarkeit der Werkzeuge ab.	**Ja**, das ist gut vorstellbar. <u>Frage:</u> In welchen **Abständen** muss **aktualisiert** werden? Davon hängt auch ab, wie oft man mit der Software arbeitet.	**Ja**, das ist gut vorstellbar. **Bei Änderungen würde er einen Zivi** ins Gelände schicken, der dann mit einem **GPS Gerät** die Elemente einlesen und ins System übertragen würde.	**Ja.** Erfassung aber nur mit einem konkreten Ziel im Hintergrund. Wünschenswert wäre die Einbindung vorhandener Daten. Der Betriebsleiter bemängelt erneut, dass Aktualisierungen von Datengrundlagen und/ oder Planungen von offizieller Seite an ihnen vorbeigehen. "Es wird über uns drüberweg geplant"; eine Koordinierung findet nicht statt. Einen "besonderen Charme" hätte es, wenn man **bestehende Pläne in das System integrieren** könnte und seine eigene **Bestandsaufnahme** so z.B. mit dem F-Plan, dem Radwanderwegsplan o.ä. **abgleichen** könnte. Auf diese Weise könnte man vermeiden, dass man etwas plant, was "von oben" gar nicht erwünscht ist. Der Landwirt sollte die **Informationen** erhalten, welche **Vorhaben** es gibt und v.a. auch wissen, welche **Quellen** es gibt, um sich entsprechende Infos zu	**Ja**, Es müsste eine "Importfunktion" geben, mit der man die Pläne mit Legenden und Metadaten etc. direkt einlesen kann.

Nr.	FRAGE	Niedersachsen			Brandenburg		Baden-Württemberg I	Baden-Württemberg II	Bayern	Sachsen-Anhalt	
		Betriebsleiter sen.	Betriebsleiter jun.	Frau des Betriebsleiters	Betriebsleiter	Mitarbeiterin	Betriebsleiter	Betriebsleiter	Betriebsleiter	Betriebsleiter	Mitarbeiter
4.	**Können Sie sich vorstellen, die vorgestellte Funktion zum Einlesen von vorhandenen Daten anzuwenden (um so die vorhandenen Daten selbst in die Datenbank einzupflegen)?**	Es war unklar, **warum** Daten überhaupt eingepflegt werden müssen; außerdem war der Unterschied zwischen **Daten** und einer **Datenbank** nicht klar. Die Verknüpfung der alten Tabelle mit den neuen Daten war nicht klar. Es fehlen **Überschriften**, die kennzeichnen, welche Spalte sich auf die alte Tabelle und welche sich auf die neu einzupflegenden Daten bezieht. In der Form, wie die Zuordnung derzeit besteht, wäre ein **Hilfefunktion** nötig. Erscheint insgesamt sehr kompliziert.	**Ja, aber** mit einer guten Anleitung.	k.A.	k.A.	**Jein.** "- Bisher erscheint das Vorgehen als sehr **kompliziert**; die Daten wurden bislang immer als **Komplettsatz** geliefert, man müsste schauen, wie man die **Typen auseinander bekommt**. - Das Einlesen ist **nicht selbsterklärend**; "probieren kann man's aber mal". - Frage nach dem "Wozu überhaupt?"	**Jein.** Eine Hemmschwelle hierfür besteht. Er würde nicht die Ersterfassung machen, es aber später (mit Unterstützung durch einen Berater) fortführen. Er befürwortet die Unterstützung durch das ILN. Support beim Einlesen der Daten sollet dabei sein. Generell wären Vorerfahrungen gut.	**Ja, grundsätzlich schon.** Die Applikation als solche erscheint praktikabel. Ob die Anwendung auch **intuitiv** ist, muss man selbst testen. Probleme können vermutlich auftreten bei den **Datenquellen** und **-typen/-formaten.**	**Ja**, das ist kein Problem.	k.A.	**Ja**, das ist grundsätzlich vorstellbar, allerdings wird das Problem gesehen, dass nicht klar ist, wo was steht bzw. wie die Daten aufgebaut sind. Metadaten sind zwingend erforderlich inkl. einer Importbeschreibung.
5.	**Sehen Sie weitere Möglichkeiten, die erfassten Daten zu Landschaftselementen wie Hecken und Einzelbäume einzusetzen?**	Die Daten könnten für ein direktes Auslesen der Daten für **Antragsunterlagen** der Landwirtschaftskammer genutzt werden (Export aus OpenJump). Eine solche Funktion zur Antragserzeugung wäre total klasse; benötigt würden: FLIK (DENILI), Schlag Fruchtart, Landschaftselemente.		k.A.	k.A.		?	**Nein.** Bisher werden die CC-relevanten **Landschaftselemente** per GPS ausgemessen oder über das Luftbild (in "Fiona" = GIS-Verwaltungstool für den Flächenantrag) ermittelt und vom Flurstück subtrahiert. Der *Bewirtschafter* bekommt die prämienrelevanten CC-Elemente "zugeschlagen".	**Ja**, und zwar z.B. in Hinblick auf Erosion, Drainagen, den Bau von Zäunen (für Weiden), zur Darstellung von Fruchtfolgen, für die Festlegung von Parzellengrößen, für die Planung von Parkplätzen bei Veranstaltungen, Erstellen von Arbeitsaufträgen (Ausbaggern, Ablagern von Boden), zur Vorarbeit bei Baugenehmigungen/ Anträgen.	**Ja**, und zwar zur **Außenwerbung/ Außendarstellung** Bereits in der Vergangenheit wurden bei einem Präsentationstermin bei Jagdgenossenschaften die Heckenpflanzaktionen dargestellt. Die Betrachtungen sollten auch über den Betrieb hinausgehen, um "mit Dritten darüber reden zu können" Weitere Gedanken in Bezug auf die Bearbeitung des Themas "Hecke": Es ist essenziell die **rechtlichen Fragen** zu klären: Es sollte eindeutig zugeordnet werden, ob die **Hecke gekauft, gepachtet oder zugetauscht** wurde. Hecken werden i.d.R. vom Pächter gepflegt, gehören aber dem Eigentümer. Sie müssten dem Eigentümer zugerdnet werden können. Hier hat man immerhin 60-80% Pachtflächen. Um die Landschaftselemente den Eigentümern zuzuordnen, nutzen wir ALK-Daten bzw. das ALB-Kataster.	
6.	**Wären Sie dazu bereit, mit Hilfe von Anleitungen eigene Geländeerfassungen von *Biotopen* auf Ihren Flächen durchzuführen?**	**Grundsätzlich** besteht die **Bereitschaft** zu Geländeerfassungen (und das Vertrauen in die eigenen **Fähigkeiten**). Allerdings müsste der **betriebliche und persönliche Nutzen** klar werden. Als Landwirt ist man eh ständig auf den Flächen; man sieht sich so die Flächen mal unter einem anderen Blickwinkel an.	Die technische Umsetzbarkeit wäre sicher kein Problem.	Sieht Möglichkeit darin, für die Ferienwohnungen zu werben.	**Nein**, das kommt nicht in Frage, der Betrieb ist zu groß und es fehlen die entsprechenden Kenntnisse, grundsätzlich wäre eine Bereitschaft schon da.	**Nein**, das kommt nicht in Frage, da dies zu aufwändig und zu speziell wäre. Die Betriebsflächen sind zu groß und die Kenntnisse nicht ausreichend.	**Ja.** Bei den bisherigen Erfassungen (z.B. von Krismann) ist er gerne mitgegangen. Bei eigenen Erfassungen würde er "schemamäßig die Elemente scannen" und diese dann entsprechend in das System eintragen.	**Eher nein.** Die Erfassung von Biotopen erscheint **interessant** und er würde sich dies grundsätzlich zutrauen. Ist allerdings die Frage ob es im Alltagsgeschäft praktikabel ist und worin der konkrete Nutzen für den Betrieb liegt. Für den Alltag wäre dies aber nicht relevant, da er darin **keinen Nutzen** sieht.	**Ja**, das ist gut machbar. Allerdings würde ein Standard-Landwirt dazu wohl nicht bereit sein ("Warum sollte er das tun?" --> Frage nach dem **Nutzen** einer Biotoperfassung).	k.A.	**Ja**, im Rahmen des **Flächenantrags** wurden Geländeerfassungen durchgeführt (**CC-relevante Elemente**). Die erhobenen Daten werden gepflegt. Zusätzliche Erhebungen von Biotopen kommen dann in Frage ("nicht mehr als bei CC gefordert"), wenn ein Ziel/ Zweck dahintersteht und wenn, man dadurch eine **bessere Verhandlungsgrundlage für die Zusammenarbeit mit Behörden** hätte (Bsp. Biotopplanung). Insbesondere die Möglichkeit, die Ergebnisse im GIS darzustellen, erscheint in diesem Zusammenhang attraktiv.

Nr.	FRAGE	Niedersachsen			Brandenburg		Baden-Württemberg I	Baden-Württemberg II	Bayern	Sachsen-Anhalt	
		Betriebsleiter sen.	Betriebsleiter jun.	Frau des Betriebsleiters	Betriebsleiter	Mitarbeiterin	Betriebsleiter	Betriebsleiter	Betriebsleiter	Betriebsleiter	Mitarbeiter
7.	**Wären Sie dazu bereit, mit Hilfe von Anleitungen eigene Geländeerfassungen von *Pflanzenarten* auf Ihren Flächen durchzuführen?**	**Nein**, das kommt nicht nur bedingt in Frage. Gründe: Auf Ackerflächen werden sonstige Arten sobald sie über die Schadschwelle hinaus gehen durch Herbizideinsatz, Hacken oder ähnliche Maßnahmen sowieso reguliert. Auf Brachen wäre eine solche Geländeerfassung vorstellbar, jedoch nur, wenn dafür finanzielle Förderungen möglich sind. Aus rein ideellem Interesse würde so etwas nicht durchgeführt werden. Theoretisch wären Erfassungen von Pflanzenarten jedoch möglich. Nach Selbsteinschätzung würden ca. 50% der „gängigen" (regionstypischen/ heimischen) Arten erkannt werden.			**Nein**, das kommt nicht in Frage, da die Pflanzenarten Kenntnisse hierfür nicht ausreichen. Auch die gängigen deutssprachigen Arten kommen nicht in Frage. - Die Erfassung von **Rote Liste-Arten** kommt generell nicht in Frage (Grund: Angst vor **behördlichen Restriktionen/** Bindungswirkungen). Damit ist auch der Bonus-Punkteansatz nicht interessant. Die Informationen zu den Karten könnten interessant sein, wenn man sie in der Schublade hat und heraus holen könnte wenn man sie braucht.	k.A.	**Nein**, das kommt für den Betrieb nicht in Frage, da eigene **Pflanzenartenkenntnisse** fehlen und der Betrieb bereits kartiert wurde. Wenn es **Bonuspunkte** für z.B. Orchideenarten gäbe (die wiederum **honoriert** werden würden), würde er Erfassungen aber durchaus gezielt durchführen. Vorbehalte gegenüber einer Erfassung von **Rote List-Arten** bestehen nicht. Diese müssten auch nur aus den bisherigen Kartierungsergebnissen von vorkommenden Pflanzenarten auf den Betriebsflächen "extrahiert" werden.	**Nein.** Das Interesse ist zwar da, aber die Zeit dazu fehlt. Die Erfassung von Pflanzenarten **überfordert** einen Landwirt sowohl in Hinblick auf die **Zeit** als auch die **Fähigkeiten.** Landwirte sind i.d.R. nicht dazu bereit viel Aufwand zu betreiben "nur für reines Interesse". Nutzen ist für Berater/ Beratungskonzepte eher erkennbar. In Bezug auf **Rote Liste-Arten** hat er bislang keine Erfahrungen gesammelt. Es werden jedoch wirtschaftliche Einschränkungen (durch **Beschränkungen der Bewirtschaftung**) befürchtet. Dennoch könnte der Ansatz interessant sein, sofern Vorteile einer (höheren) **ökologischen Qualität** gesehen werden --> Grundlage für Anwägungen/ Entscheidungen..	Teils-teils, er selbst sieht sich nicht als "Botaniker"; hat also **wenig Artenkenntnisse** (bei Bäumen, Hecken geht es noch, bei krautigen wird es schwierig, vielleicht noch Wiesenkräuter, Gräser). - Aus dem Betrieb kommen insgesamt 361 Arten vor (inkl. Fruchtarten). - **Rote Liste-Arten** wurden bereits im Rahmen des FAM-Projektes erfasst. Ein "normaler" Landwirt würde mit deren Erfassung allerdings Ärger bekommen, da bspw. der PSM-Einsatz behördlich eingeschränkt werden könnte. Rote Liste-Arten würden also normalerweise "sofort entfernt". --> Sein Vorschlag ist, dass man die Herbizidauswahl auch so treffen könnte, dass die Rote Liste-Arten "ausgespart" werden. Dies müssten aber Experten übernehmen. - Andere Betriebe würden schon allein deshalb keine Erfassungen durchführen, da sie **Repressalien** befürchten, falls sie etwas (durch **fehlende Kenntnisse**) falsch machen ("Kaputtverwaltung"). Viele Betriebe nehmen aber am KULAP teil. - I.d.R. verursachen RL-Liste aber gar keinen Schaden auf der Fläche (wenige Exemplare).	k.A.	**Ja**, grundsätzlich schon, man könnte erst einmal grob die Geometrien der Flächen und Landschaftselemente erfassen (z.B. als Brache mit üblichem Bewuchs), und später Informationen zu Pflanzenarten nachpflegen. Erfassung von Grünlandarten wird als zeitlich schwierig eingestuft, evtl. ist hier auch mit Sanktionen zu rechnen, geht zu sehr ins Detail. Es ist aber gut, wenn die Möglichkeit da ist, ob sie genutzt würde, hängt dann aber von den Anforderungen an den Betrieb ab. Nur wenn es z.B. darum ginge **Umweltleistungen** zu verkaufen (Bsp. Teilnahme an Programmen der erfolgsorientierten Honorierung --> Erfassung von Kennarten), wäre dies evtl von Interesse. Grundsätzlich hängt die Bereitschaft aber immer von den "Anforderungen im Betrieb" ab. In Bezug auf die Erfassung von **RL-Arten** werden **Sanktionen** befürchtet. Wenn die Fläche auch nur ansatzweise bewirtschaftungsfähig ist, dann würden RL-Arten "auf keinen Fall" erhoben werden. Bei **Stilllegungsflächen,** die sowieso schlecht zu bearbeiten sind (für die sich also eine Bearbeitung z.B. aufgrund des kuppierten Geländes nicht l
			Als Berater für Landwirte würde er diesen Ansatz (Bonuspunkte für RL-Arten) niemandem empfehlen!	Aus Sicht der Erholung wären blühende Pflanzen am Wegesrand für Wanderer aber reizvoll.							
8.	**Wären Sie dazu bereit, mit Hilfe von Anleitungen eigene Geländeerfassungen von *Tierarten* auf Ihren Flächen durchzuführen?**	**Jein:** Für jagdbare Arten (z.B. Rebhühner, Fasane) wäre dies vorstellbar, für andere/ wilde (Vogel-)Arten jedoch nicht.		k.A.	**Nein**, das kommt nicht in Frage. *(s. vorherige Frage), Ich kenne nur Kraniche, aber um die geht es ja meist nicht.*	k.A.	**Nein**, gezielte Erfassungen von Tierarten kommen nicht in Frage. Dennoch besteht **Interesse** daran Tierarten zu lernen und sich das Wissen über vorkommende Arten auf den Betriebsflächen ("eher so nebenbei") anzueignen. Erfahrungen mit Kartierungen werden hier als entscheidend eingestuft, je lämger der betrieb/ die Hecken bewirtschaftet werden, desto mehr Erfahrungen kommen auch in diesem Bereich dazu.	**Nein.** *(Begründung: vgl. vorherige Frage zu den Pflanzenarten)*	**Ja**, für die wichtigesten Arten (z.B. Vögel) ist dies vorstellbar. Allerdings sind seine bisherigen **Tierartenkenntnisse** (z.B. Käfer, Insekten) "eher dünn"; er kennt v.a. die Tiere, die aus landwirtschaftlicher Sicht Schaden anrichten. - Alternativ könnten auch die Kartierungsergebnisse eines befreundeten **Hobby-Ornithologen** verwendet werden. - Eine Tierartenerfassung erfordert v.a. das Engagement des einzelnen. Dies sollte auf **Freiwilligkeit** beruhen und nicht "von oben aufgedrückt" werden. Hinweis auf Maßnahmen: - Es ist denkbar, dass Gelege von Vögeln mit einem Pflock markiert werden und drumherum gemäht wird, oder dass bei Rehen von innen nach außen gemäht wird.	k.A.	Beantwortung analog zu den Pflanzenarten, die Bereitschaft hängt stark von der Fläche ab, die betroffen ist (bewirtschaftet, stillgelegt, Randfläche)
9.	**Sind Sie der Meinung, dass die Angaben der Bodenkarten zu den Bodenarten die Realität auf ihrem Betrieb widerspiegeln?**	**Jein**: die Bodenarten sind in der Realität noch wesentlich stärker differenziert. Die BÜK 50 ist vom Maßstab her für die Winkelmanns nicht relevant. Auch die 1:5000er Bodenkarte müsste verfeinert werden (das würden sie dann selbst tun).		k.A.	k.A.	k.A.	Vom Grundsatz her schon. Eine genauere Einschätzung kann erst durch Beprobung des gesamten Betriebes getroffen werden.	*(Die realen Bodendaten lagen für den Betrieb nicht vor, daher auch k.A. möglich)*	**Ja.** - Die Daten der RSB sind nicht besonders genau; er selbst hat genauere Rasterdaten. - Frage: Können auch Fernerkundungsdaten eingebaut werden?		Nein, die RBS liefert nur Anhaltspunkte, spiegelt aber die Realität nicht vollständig wieder (Trefferquote: 50/50). Je größer die Unterschiede in der Natur, desto ungenauer wird die RBS, z.B. im Bereich Börde trifft die RBS gut zu, ist dichter an der Realität.

Nr.	FRAGE	Niedersachsen			Brandenburg		Baden-Württemberg I	Baden-Württemberg II	Bayern	Sachsen-Anhalt	
		Betriebsleiter sen.	Betriebsleiter jun.	Frau des Betriebsleiters	Betriebsleiter	Mitarbeiterin	Betriebsleiter	Betriebsleiter	Betriebsleiter	Betriebsleiter	Mitarbeiter
10.	**Können Sie sich vorstellen, die vorhandenen Bodendaten als Grundlage zu verwenden, um weitere Bodeninformationen, die Ihnen vorliegen (z.B. Daten aus Bodenuntersuchungen) ebenfalls ins GIS zu übertragen?**	**Ja.**		k.A.		**Ja.** Aktuell ist die Mitarbeiterin damit beschäftigt, die Ergebnisse aus den **Bodenuntersuchungen** von 2002 in das GIS des Betriebs einzupflegen. Eine Übersetzung dieser Daten in Versorgungsstufen wäre gut.	**Ja**, das wäre sinnvoll. Für Bodenproben kommt ein Fachmann, der die Probepunkte digital setzt. Früher ist Fischer hierfür selbst über die Flächen gegangen.	**Ja**, das kann ich mir gut vorstellen, das wäre wichtig, interessant und eine Arbeitserleichterung --> ansonsten Einspeisung per Hand. Digitale Bodenuntersuchungen sind in BW aus der Praxis nicht bekannt.	**Ja**, das ist gut vorstellbar.		**Ja**, grundsätzlich schon, die Bodenproben liegen auch schon jetzt im GIS vor, basieren allerdings auf Excel-Dateien (mit Rechts- und Hochwerten). Der Mitarbeiter schätzt die Übertragung in OpenJump als relativ aufwändig ein. Zudem stimmen die genommenen Bodenproben nicht mit den ermittelten Nährstoffbilanzen des Betriebes (Düngung/ Erträge) überein (evtl. zurückzuführen auf Wechsel des Dienstleisters).
11.	**Sehen Sie in Ihrem Betrieb weitere Möglichkeiten digitale Bodenkarten einzusetzen, z.B. wenn Sie diese gemeinsam mit anderen Informationen** (Ertrag, Düngung ...) **anschauen können?**	**Ja**, z.B. in Zusammenhang mit Ertragsdaten, Düngung oder der elektrischen Leitfähigkeit des Bodens. Jedoch ist dies eher für größere Betriebe und für „Precision Farming" geeignet. Precision Farming kann nur so gut sein, wie die Daten auf denen es basiert. Wir wissen aber, dass die Flächen differenzierter sind als die Daten. Also können wir präziser "Precision Farming" betreiben, als automatisierte Systeme.		k.A.	Man kennt Schläge mit Potenzial, wird bestätigt und befriedigt das Amt	k.A.	**Nett zu wissen**, z.B für Düngeplanung, für Nährstoffdominanzen, in Verbindung mit Arten und dem BEP.	Im Zusammenhang mit Feuchtigkeitszuständen (Identifikation nasser stellen und Flächen), im Zusammenhang mit Erträgen (da ist die Frage, wie man mit den Ergebnissen umgeht), als Grundlage für Ökolandbau (Low-Cost-Produktion)	Ermittlung der Nährstoffversorgung/ des Düngebedarfs		Keine Nutzung der RBS, da technisch zu aufwändig, diese einzubinden, z.B. in die Düngeplanung. Die Planung/ berchnung läuft aktuell über Excel-Dateien (geht schneller, besser manuell zu steuern). GIS wird höchstens zum visuellen Abgleich genutzt (z.B. mit Ertragskarten, um problematsiche Stellen sicher identifizieren zu können).
12.	**Würden Sie digitale Daten auch selbst beschaffen, d.h. recherchieren, wo die Daten verfügbar sind?**	**Jein.** Wenn ein wirtschaftlicher Sinn dahinter stehen würde, würden sie sie - je nach Kosten - beschaffen.		k.A.	k.A.	Wir kriegen sie vom Amt. Die Recherche würde in jedem Fall in Zusammenarbeit mit **BSR Spreewald**. Andere (Durchschnitts-) Betriebe würden sie sicher nicht ncht organisieren.	**Nein**, hierfür ist keine Zeit.	**Ja.** Allerdings hängt dies auch vom **Aufwand-Nutzen-Verhältnis** ab. Grundsätzlich besteht die Bereitschaft, auch online-Dienste zu bezahlen. Die verschiedenen **Datenformate** würden für (geschätzte) **98%** der **Mitgliedsbetriebe** (Öko-Landbau) **zu hohe Anforderungen** bedeuten. "Fiona" bietet da bereits auch schon einiges; v.a. ist das Programm intuitiv bedienbar!	**Ja**, z.B. die Rasterdaten vom Landesvermessungsamt (schon getan für Rasterpunkte/ Grenzen --> GK-Koordinaten).		**Ja**, muss man ja. Luftbilder sind bekannt, ich versucht die Sachen "günstig" zu bekommen. Für das, was ich brauche, versuche ich rauszufinden, wo es zu haben ist. Über REPRO ist aber auch schon einiges bekannt.
13.	**Würden Sie die entstehenden Kosten übernehmen?**	**Je nach Preis**, bei 900 € für die Bodendaten (Bsp. TK 5) ein klares: Nein. Als Kosten, die erträglich wären, wurden ca. 300 € genannt. Die Luftbilder zum Preis von ca. 180 € liegen „dicht an der Schmerzgrenze". Nachteil: damit ist kein "Abo" für Aktualisierungen verbunden. Bei mehr wirtschaftlichem Nutzen (z.B. automatische Antragserstellung) bestünde die Bereitschaft auch mehr zu zahlen. Jedoch müssten dafür mehr Synergieeffekte bestehen als nur die Naturschutzziele.		k.A.	k.A.	Ja, haben wir z.B. für die TKs getan (das sind keine nennenswerten Kosten), ein DGM ist nicht interessant	**Ja**, aber nur wenn der Nutzen/ Zweck hierfür gesehen wird.	**Ja.** Für **Orthofotos/ Flurstücke** wären **500 - 1.000 €** absolute Schmerzgrenze. Die Daten sind für eine einmalige Auswertung super, für die tägliche Anwendung jedoch eher nicht.	**Ja.**		**Ja**, aber handfeste Ergebnisse müssen erkennbar sein, eine sinnvolle Nutzung muss dahinter stehen.
14.	**Wüssten Sie, an welche Institution Sie sich wenden müssten?**	**Ja**, in Bezug auf Luftbilder u. Bodendaten grundsätzlich schon (Katasteramt). Für Hecken u.a. Landschaftselemente jedoch nicht.	**"Google"** wäre ein erster Ansatzpunkt. Es wäre hilfreich, wenn in der Software die betreffenden Institutionen und Ansprechpartner in Form einer **Hilfefunktion** angegeben werden würden.	k.A.	- An das BSR Spreewald - **Internet** als weitere Informationsquelle		**Ja**, es bestehen Kontakte zu verschiedenen **Behörden** und **Planungsbüros. Das ILN Singen** ist aber erster Ansprechpartner.	**Ja**, z.B. an das Vermessungsamt. Außerdem kommen als Informationsquellen Google Earth und "Fiona" in Frage.	**Ja**, z.B. an die UNB (für Biotoptypenkartierungen), das Landesvermessungsamt oder an die Gemeinden.		**Ja**, "so'n bißchen", aber zusätzliche Informationen darüber wären sehr hilfreich (z.B. Landesvermessungsämter)

Anhang IV- Teil C: Ergebnisse zum Zusatzfragebogen

Nr.	FRAGEN	Niedersachsen Betriebsleiter jun.	Brandenburg Mitarbeiterin	Baden-Württemberg I Betriebsleiter	Baden-Württemberg II Betriebsleiter	Bayern Betriebsleiter	Sachsen-Anhalt Mitarbeiter
1.	**In welchem Rahmen haben Sie Ihre GIS-Kenntnisse erworden?**	Im Zivildienst. GIS war Teil meiner Ausbildung/ meines Studiums an der Uni Berlin (2 Vorlesungen/ Seminare zum Thema GIS besucht [Wahlpflichtfächer]). Zusätzlich später noch Seminare bei der NNA belegt.	Ich habe Kurse belegt, zum einen den Kurs einer Softwarefirma, zum anderen einen Kurs im Rahmen des SAM-Projektes (Strukturanpassungsmaßnahmen). Ich habe das Programm von Kollegengezeigt bekommen. Ich habe mich selbst eingearbeitet mit Hilfe von Handbüc	Ich habe mich selbst eingearbeiet mit Hilfe von handbüchern und Online-Hilfen/ Tutorials.	Ich habe das Programm von Herrn Krissmann/ILN Singen gezeigt bekommen.	Ich habe das Programm von Studenten der TU München gezeigt bekommen (OpenJump). Ich habe mich selbst eingearbeitet (ArcExplorer, ArcView, Trimble).	Ich habe mich selbst eingearbeitet mit Hilfe der Programmhilfe und "learning by doing".
2.	**Wann haben Sie sich in GIS eingearbeitet?**	Vor 8 Jahren (1999).	2001	Vor 2-4 Jahren (2003-2005).	2006	OpenJump 2006/2007	Vor etwa 5-6 Jahren (2001/2002).
3.	**Aus welchem Anlass?**	Im Zivildienst erforderte die Aufgabe (Digitalisierung von Heidebächen) die GIS-Kenntnisse.	Betriebseinstieg/ Bearbeitung der Flächenanträge	Flächenvermessung/ Flächenanträg, Zuteilung der Prämien, zus. durch die Arbeit im Bereich Beratung.	Verwendung der Software im Betrieb.	Bearbeitung von (Flächen)Anträgen, Visualisierung, Digitalisierung, Flächenplanung, Vermessung der Flächen/ Flächennutzung, Zusammenarbeit mit Studenten, Erosionsmodellierung	

Anhang V

Fragebogen zum Expertenworkshop mit Experten aus den Bereichen landwirtschaftlicher Beratung, Wissenschaft und Forschung sowie Datenbereitstellung und -standards

1) **Setzen Sie Geoinformationssysteme (GIS) ein?**

   ☐ Ja, und zwar die Software:

   ☐ Nein, weil (***nach** Angabe des Grundes → weiter mit Frage 13*)

   - ☐ keine für mich passende Software am Markt, mir fehlen folgende Funktionen:
   - ☐ lange Einarbeitungszeit in die Software
   - ☐ zu hohe Kosten der Software
   - ☐ zu hohe Kosten der für mich interessanten GIS-Daten, und zwar
   - ☐ Sonstiges:

2) **Für welche Aufgaben nutzen Sie die GIS-Software?**

3) **Welche digitalen Daten setzen Sie ein?** *Bitte kreuzen Sie an, welche Daten Sie einsetzen und welche nicht. Für Daten, die Sie einsetzen, schätzen Sie bitte zusätzlich die Aktualität der Daten ein. Für Daten, die Sie nicht einsetzen, nennen Sie bitte den Grund dafür.*

Luftbilder/ Orthophotos	☐ **ja,**	die Daten sind.... ☐ <2 ☐< 5 ☐ <10 ☐ >10 Jahre alt.
	☐ **nein,**	weil________________________________
Topographische Karten	☐ **ja,**	die Daten sind.... ☐ <2 ☐< 5 ☐ <10 ☐ >10 Jahre alt.
	☐ **nein,**	weil________________________________
Digitale Geländemodelle	☐ **ja,**	die Daten sind.... ☐ <2 ☐< 5 ☐ <10 ☐ >10 Jahre alt.
	☐ **nein,**	weil________________________________
Liegenschaftsdaten	☐ **ja,**	die Daten sind.... ☐ <2 ☐< 5 ☐ <10 ☐ >10 Jahre alt.
	☐ **nein,**	weil________________________________
Digitale Feldblockdaten	☐ **ja,**	die Daten sind.... ☐ <2 ☐< 5 ☐ <10 ☐ >10 Jahre alt.
	☐ **nein,**	weil________________________________
Bodendaten im Maßstab 1:________________	☐ **ja,**	die Daten sind.... ☐ <2 ☐< 5 ☐ <10 ☐ >10 Jahre alt.
	☐ **nein,**	weil________________________________
Teilflächenspezifische Informationen, und zwar des Herstellers ____________________	☐ **ja,**	die Daten sind.... ☐ <2 ☐< 5 ☐ <10 ☐ >10 Jahre alt.
	☐ **nein,**	weil________________________________

Schutzgebietsgrenzen	☐ **ja,**	die Daten sind.... ☐ <2 ☐< 5 ☐ <10 ☐ >10 Jahre alt.
	☐ **nein,**	weil________________________________
Sonstige: ____________________	☐	die Daten sind.... ☐ <2 ☐< 5 ☐ <10 ☐ >10 Jahre alt.

4) **In welchem Rahmen haben Sie Ihre GIS- Kenntnisse erworben?**

☐ GIS war Teil meiner Ausbildung/ meines Studiums an folgender Einrichtung
Ich habe einen Kurs/ ein Seminar belegt, und zwar folgenden/s:
organisiert/ angeboten von:

☐ Ich habe das Programm von ____________________ gezeigt bekommen.

☐ Ich habe mich selbst eingearbeitet mit Hilfe von

- ☐ Handbüchern
- ☐ Online-Hilfen/ Tutorials
- ☐ Sonstiges____________________

5) **Wann/ In welchem Jahr haben Sie angefangen, sich in GIS einzuarbeiten?**

6) **Aus welchem Anlass haben Sie begonnen, sich in GIS einzuarbeiten?**

7) **Mit wie vielen landwirtschaftlichen Betriebe stehen Sie in Kontakt/ arbeiten Sie zusammen?**

8) **Welche GIS-Systeme werden auf diesen landwirtschaftlichen Betrieben eingesetzt (wenn möglich hierzu Angaben in % machen)?**

Anhang VI

Konzept zum Expertenworkshop mit Experten aus den Bereichen landwirtschaftlicher Beratung, Wissenschaft und Forschung sowie Datenbereitstellung und –standards - AG „Einsatz von GIS und Geodaten"-

Ziele:

Geodaten:

- **Anforderungen an die eingesetzten Geodaten ermitteln**
  - → Aussagen zu den aktuellen Defiziten von Geodaten für den Einsatz im landwirtschaftlichen Bereich
  - → Empfehlungen für die zukünftige Aufbereitung/ Ausgestaltung von Geodatenbeständen (Standards, Verfügbarkeit, Inhalte, Genauigkeit, Aktualität etc.)

Allgemein:

- Ermittlung des Bedarfs an Einführung/ Schulung/ Support/ Hilfen für den Umgang mit Geodaten sowohl bei Landwirten als bei den Beratern selbst

Ablauf

13.15	**Einführung** o Vorstellung des Ablaufs o Einblendung der Frage für die Fragerunde
13.20	**Fragerunde** o Formulieren Sie: o ***Welche Vorteile für das Betriebsmanagement sind mit dem Einsatz von Geodaten verbunden? (3 Antworten)*** o ***Was verhindert den Einsatz von Geodaten auf landwirtschaftlichen Betrieben? (3 Antworten)*** o ***Wünsche für die Zukunft in punkto Geodaten –was soll sich ändern)? (3 Antworten)*** (Antworten sammeln per Karte, verschiedene Farben je nach Institution: Beratung, Forschung, Datenlieferanten, je Teilnehmer 3 Karten) *Leitfragen, die hinter dieser Fragerunde stehen:* – *Sind mit dem Einsatz der Geodaten für den Berater/ für den Landwirt Schwierigkeiten verbunden? Weisen die Geodaten Defizite auf?* – *Wie lassen sich diese Schwierigkeiten/ Defizite beheben?* – *Welche Vorteile sind mit dem Einsatz von Geodaten verbunden?*
13.30	**Ergebnisse der Fragerunde** o Vorstellung der 3 Punkte durch die Teilnehmer, Sammeln der Antworten an der Wand, Clustern durch die Teilnehmer selbst
13.50	**Input: Vorstellung des aktuellen Standes „Einsatz von Geodaten im Naturschutzmodul"** o Ergebnisse der Experteninterviews in den Pilotbetrieben zum Thema Geodaten und Kenntnis der Betriebsflächen, dabei kurze Vorstellung der auf den Betrieben vorhandenen und durch uns eingesetzten Geodaten
14.05	**Kleingruppenarbeit** (nach Schwerpunkten Beratung, Forschung/ Wissenschaft, Datenbereitstellung/ Datenstandards) o ***Erarbeitung eines Anforderungskataloges an Geodaten bzw. Empfehlungen für die Ausgestaltung/ Aufbreitung von Geodaten*** (dazu gehörige Frage: Welche Empfehlungen können für die Ausgestaltung von Geodaten ausgesprochen werden), Erarbeitung der Anforderungen anhand einer Liste mit Punkten zum Thema Datenqualität, ***markieren/ nennen der wichtigsten Anforderung an die Datenqualität (must have) und der unwichtigsten (nice to have)*** o ***Empfehlungen für die Verwendung bestimmter Geodaten*** (Welche der vorhandenen Geodatensätze erfüllen die Anforderungen?)
14.30	o **Vorstellung der Ergebnisse** aus den Gruppen und **Diskussion**, Ergänzungen durch die anderen Teilnehmer (festhalten durch zusätzliche Karten an der Wand, festhalten im Protokoll durch Hiwi)
15.10	o **Abschluss/ Fazit der Arbeitsgruppe, Feedbackrunde innerhalb der Kleingruppen**

Anhang VII- Ergebnisse der Befragung beim Expertenworkshop

Nr.	FRAGEN	1	2	3	4	5	6	7	8	9	10	11	12	13	14	15	16	17	18	19	20	21	22
1.	**Setzen Sie Geoinformationssysteme (GIS) ein?** (Ja = 1; Nein = 0; Keine Angabe)	1	1	1	0	1	1	1	1	1	0	1	1	1	0	0	1	1	1	1	1	1	1
	Ja, und zwar die Software:																						
	ArcView/ ArcGIS	x	x	x		x	x	x	x	x		x	x				x	x	x	x	x		x
	Arc Pad			x																			
	GIS Pad			x																			
	QGIS								x	x													
	OpenJump								x	x			x				x			x			
	UDIG									x				x									
	geoserver													x					x				
	deegree													x					x				
	GRASS													x									
	geotools													x					x				
	proj4													x									
	gdal													x									
	Polyplott																x						
	JTS																		x				
	Mapserver																		x				
	div. Branchen-GIS																			x			
	POLARIS																				x		
	AOAgrarOffice																					x	
	Nein, weil				x						x				x	x							
	lange Einarbeitungszeit in die Software				x																		
	zu hohe Kosten der Software				x																		
	zu hohe Kosten der für mich interessanten GIS-Daten				x																		
	in meinem derzeitigen Arbeitsgebiet nicht erforderlich																						
	Sonstiges														x								
2.	**Für welche Aufgaben nutzen Sie die GIS-Software?**																						
	räumliche Beziehungen/ Auswertungen	x																					
	Verschneidungen von wiss. Untersuchungen im Landkreis Northeim (Nds.)	x																					
	Kartierungen (Biotope, Nutzung, Artenschutz)		x					x															
	Planungen		x																				
	Biotopverbundsysteme darstellen		x																				
	Präsentationszwecke		x																				
	Forschung und Lehre			x																			
	Karten					x																	x
	Landschaftsanalyse					x		x															
	Methodenentwicklung (Förderberatung AUM-Potenziale)						x																
	Sichtfeldanalyse							x															
	Flächenberechnungen, Bilanzierungen							x															
	Kartografie							x															
	Entwicklung WMS, Test WMS								x														
	Bereitstellung eigener Daten an uns selbst									x													
	Übersichten									x													
	Beauskunftung									x													
	Entwicklung einer Landschaftsbildbewertungsmethode											x											
	Landschaftsplanung												x										
	Konvertierung von Datenformaten													x									
	als Quelle von Programmcode für eigene Software													x									
	Visualisierung																x						
	Analyse																x						
	Dokumentation																x				x		
	Planung																x						
	3D																x						
	all. Kartographie																x						
	Bodenkundliche Beratung																	x					
	Darstellung von Geofachdaten																	x					
	Bodenuntersuchung (planen, beauftragen, Ergebnisse liefern; über OGC-konforme Schnittstellen)																		x				
	N-Angabe kalkulieren (über OGC-konforme Schnittstellen)																		x				
	prototypische Managementzonen erstellen (über OGC-konforme Schnittstellen)																		x				
	Precision Farming																			x			
	räumliche, geostatische Analysen																			x			
	Digitalisierung																			x			
	Informationsportal																				x		
	Fach- und Verfahrensanwendung																				x		
	Beratung Landwirte "Partnerbetrieb Naturschutz"																						x

Nr.	FRAGEN	1	2	3	4	5	6	7	8	9	10	11	12	13	14	15	16	17	18	19	20	21	22
3.	**Welche digitalen Daten setzen Sie in Ihrem Betrieb ein?** Bitte kreuzen Sie an, welche Daten Sie einsetzen und welche nicht. Für Daten, die Sie einsetzen, schätzen Sie bitte zusätzlich die Aktualität der Daten ein. Für Daten, die Sie nicht einsetzen, nennen Sie bitte den Grund dafür																						
	Luftbilder/ Orthophotos (Ja = 1; Nein = 0; Keine Angabe) ja, die Daten sind.... Jahre alt nein, weil	1 < 5 Jahre	1 < 10 Jahre	1 < 5 Jahre		1 < 5 Jahre, < 10 Jahre	1 < 5 Jahre	1 < 2 Jahre	1 < 5 Jahre	1 < 5 Jahre		0 zu teuer	1 < 2 Jahre, <5 Jahre	1 < 10 Jahre			1 < 2 Jahre	1 < 5 Jahre	1 < 2 Jahre	1 < 5Jahre	1 < 2Jahre, <5 Jahre	1 < 5 Jahre	1 < 2 Jahre, <5 Jahre, < 10 Jahre
	Topographische Karten (Ja = 1; Nein = 0; Keine Angabe) ja, die Daten sind.... Jahre alt nein, weil	1 < 5 Jahre	1 > 10 Jahre alt	1 < 5 Jahre		1 > 10 Jahre	1 < 10 Jahre	1 < 10 Jahre	1 < 5 Jahre	1 < 5 Jahre		1 < 2 Jahre	1 unterschiedlich	0 Daten nicht über Webservices verfügbar sind			1 < 2 Jahre	1 < 5 Jahre	1 2 Jahre	1 < 10 Jahre	1 < 2Jahre, <5 Jahre	1 < 5 Jahre	1 < 5 Jahre, < 10 Jahre
	Digitale Geländemodelle (Ja = 1; Nein = 0; Keine Angabe) ja, die Daten sind.... Jahre alt nein, weil	0 teuer	0	1 < 5 Jahre		1 < 5 Jahre	0 Datenmenge	1 < 2 Jahre	1 < 5 Jahre	1		1 < 2 Jahre	1	0 Daten nicht über Webservices verfügbar sind			1 < 2 Jahre	1 < 5 Jahre	1 < 5 Jahre	1 < 5 Jahre	1 < 5 Jahre	1 < 5 Jahre	0 Kosten
	Liegenschaftsdaten (Ja = 1; Nein = 0; Keine Angabe) ja, die Daten sind.... Jahre alt nein, weil	0 nicht nötig	1 < 5 Jahre	0 kein Bedarf		0 keine Bezugsquelle	0 nicht notwendig	1 < 10 Jahre, > 10 jahre	1 < 2 Jahre	1 < 2 Jahre		0		0 Daten nicht über Webservices verfügbar sind			1 < 2 Jahre	0 liegen meiner Behörde nicht flächendeckend vor (kostenpflichtig)	0 nicht relevant	1 > 10 Jahre	1 < 2 Jahre	1 < 5 Jahre	1 < 2 Jahre, < 5 Jahre
	Digitale Feldblockdaten (Ja = 1; Nein = 0; Keine Angabe) ja, die Daten sind.... Jahre alt nein, weil	1 < 2 Jahre	1 < 2 Jahre	0 kein Bedarf		1 < 2 Jahre	1 k.A	0		0 nicht erforderlich		0	0	1 < 2 Jahre			1 < 2 Jahre	1 < 5 Jahre	1 < 2 Jahre	1 < 2 Jahre	1 < 2 Jahre	1 < 2 Jahre	
	Bodendaten im Maßstab 1: (Ja = 1; Nein = 0; Keine Angabe) ja, die Daten sind.... Jahre alt nein, weil	50 000 1 < 5 Jahre	0	50 000 1 < 2 Jahre		25 000 (RBS- 1 > 10 Jahre	1	25 000/ 50 000 1 > 10 Jahre		0 nicht erforderlich		0	1	0 bislang nicht Schwerpunkt der Arbeiten, Nutzung in Zukunft aber geplant			200 000 1 < 2 Jahre	25.000/ 50.000 1 < 2 Jahre	? 1 < 2 Jahre	5000 1 > 10 Jahre	5.000/ 50.000 1 < 10 Jahre	1 > 2 Jahre	0
	Teilflächenspezifische Informationen, und zwar des Herstellers (Ja = 1; Nein = 0; Keine Angabe) ja, die Daten sind.... Jahre alt nein, weil	0	0	0 kein Bedarf		Forschungsprojekt - 1 < 2 Jahre	?			0		0	1	0 Daten für derzeitigen Anwendungsfall nicht relevant			1 < 5 Jahre	0	projekteigene 1 < 5 Jahre	AGCO, agrocom, John Deere, Rabe 1 < 2 Jahre	agrocom 1 < 2 Jahre	1 < 2 Jahre	0
	Schutzgebietsgrenzen (Ja = 1; Nein = 0; Keine Angabe) ja, die Daten sind.... Jahre alt nein, weil	1 < 2 Jahre	1 < 5 Jahre	1 < 2 Jahre		1 < 2 Jahre (LUA)	1 < 2 Jahre, < 5 Jahre	1 keine Angabe möglich, da stark differnierend		0		0	1	1 < 5 Jahre			1 < 2 Jahre	1 < 5 Jahre	0 nicht relevant	1	1 < 2 Jahre, < 5 Jahre	1 < 2 Jahre	1 < 10 Jahre
	Sonstige: (Ja = 1; Nein = 0; Keine Angabe) die Daten sind.... Selbstauskunft der Landwirte ATKIS landesw. Biotoptypen Schutzgebiete etc. historische Landnutzung Geologsiche Karte Bohrdaten Ldw Fachdaten (Schlagdaten) Klärschlamm Verfahrensdaten	1 x		1 x (< 5) x (< 5, < 10)													1 < 2 Jahre	x (< 5 Jahre) x (< 2 Jahre) x (< 5 Jahre)			1 < 2 Jahre < 2 Jahre		

Nr.	FRAGEN	1	2	3	4	5	6	7	8	9	10	11	12	13	14	15	16	17	18	19	20	21	22
4.	**In welchem Rahmen haben Sie Ihre GIS-Kenntnisse erworden?**					selbst sehr gering,																	
	GIS war Teil meiner Ausbildung/ meines Studiums	x	x	x			x		x	x				x				x	x		x	x	
	an folgender Einrichtung:	Biologie/Forst Uni Göttingen	Uni	UNIGIS Msc Universität			Universität		Hochschule Anhalt					Universität Hohenheim				nur Grundlagen wurden vermittelt (80er Jahre)	Newscastle University, UK		Fachkraft Wass und Naturschutz (LEB)		
	Ich habe einen Kurs/ ein Seminar belegt		x							x				x			x	x			x		
	und zwar folgendes													Auswertung von Satellitenbildern mit ERDAS Imagine, räumliche Analyse mit ArcINFO, Programmierung von ArcView mit Avenue				ArcGIS			ArcView		
	organisiert/ angeboten von													Rechenzentrum Universität Hohenheim			ESRI	GISCON			IFB (Institut für Bodenforschung)		
	Ich habe das Programm gezeigt bekommen		x																	x	x		
	von		Uni-Mitarbeiter																	Kollegen	Arbeitgeber		
	Ich habe mich selbst eingearbeitet mit Hilfe von		x				x	x	x			x		x			x			x	x		x
	Handbüchern		x									x		x			x			x	x		x
	Online-Hilfen/ Tutorials		x						x					x			x			x	x		x
	Sonstiges:		x					x												x			x
	Kollegin Planunsgbüro		x																				
	berufliche Praxis							x															
	einzelne Vorlesungen																			x			
	Support ili-gis																						x
5.	**Wann/ In welchem Jahr haben Sie sich in GIS eingearbeitet?**	1999	1996	1994		ab 1993	2000	1998	2003	1999		2006		1998			1997	GIS-Nutzung zur Visualisierung: seit 1997, GIS-Nutzung zur Beratung/ Auswertung/ Analyse von Geofachdaten: seit 2006	1995	1999	1994	2000	1996/7
6.	**Aus welchem Anlass haben Sie begonnen, sich in GIS einzuarbeiten?**	Studieninhalt	Interesse neues Programm, das für den beruf interessant sein könnte	fachliches Interesse		Forschungsarbeiten	berufsrelevant	berufliche Anforderungen	Vertiefung im Stdium, Einstellung			Doktorarbeit		Bodenwissenschaften als Vertiefungsrichtung des Studiums --> Böden haben raumbezug --> Raumbezug wird in GIS-Systemen informationstechnisch verarbeitet			Beruf	Verschneidung/ Analysen/ Visualisierung von Geofachdaten für bodenkundliche Beratung	Schulprojekt bzw. Praktikum	Beginn eigener Arbeit in Precision Farming	Ausbildung, Raumordnungsplanung (AEP), Wasserschutzberatung, Programmerstellung	Anforderung von der Landwirtschaft	Notwendigkeit der Visualisierung von Ergebnissen
7.	**Mit wie vielen landwirtschaftlichen Betrieben stehen Sie in Kontakt/ arbeiten sie zusammen?**	direkt mit 5 Betrieben im LK Wolfenbüttel, indirekt mit 30-50 Betrieben im LK Northeim	ca. 200			10	18	Kontakt: einige Landwirte in NRW, Zusammenarbeit selten, Vertragsna		nur indirekt über das Anbieten von Geobasisdaten	Über die/ gemeinsam mit den Kollegen mit rund 400 Betrieben	0		aus derzeit von mir bearbeiteten Forschungsprojekten:5, generell besteht vom KTBL aus aber Kontakt zu weiteren Betrieben			4-5 intensiv, ca. 10 extensiv	Meine Behörde mit vielen (im Bereich Hofbodenkartierungen). Ich persönlich arbeite allerdings in anderen fachlichen Beratungsbereichen.	2	8 Betriebe in Niedersachsen und Brandenburg	0	ca. 2000	5 bis 10
8.	**Welche GIS-Systeme werden auf diesen landwirtschaftlichen Betrieben eingesetzt (wenn möglich hierzu Angaben in % machen)?**	(Polaris), Bunsendahl	k.A. möglich			meist Acerdat (Schlagkartei mit GIS-Teil)	unbekannt				keine Angabe möglich			?			20 % OpenJump, 10% kommerzielle Schlagkartei mit GIS	k.A. möglich	Agro-Sense (betriebseigene Software), ??? (ArcView?)	Agromap, JD Office, Fieldstar, GTA, OpenJump	0	AgroCad, AO AgrarOffice ca. 70%	?

Anhang VIII

Objektarten nach ATKIS-Objektartenkatalog (AdV 2003)

Objektbereich 1000 - Präsentation	
Objektgruppen	**Objektarten**
- In diesem Objektbereich existiert keine weitere Unterteilung in Objektgruppen.	- 1001 Textförmiges Präsentationsobjekt - 1002 Punktförmiges Präsentationsobjekt - 1003 Linienförmiges Präsentationsobjekt - 1004 Flächenförmiges Präsentationsobjekt

Objektbereich 2000 - Siedlung	
Objektgruppen	**Objektarten**
- 2100 Baulich geprägte Fläche	- 2101 Ortslage - 2102 Wohnplatz - 2111 Wohnbaufläche - 2112 Industrie- und Gewerbefläche - 2113 Fläche gemischter Nutzung - 2114 Fläche besonderer funktionaler Prägung - 2121 Bergbaubetrieb - 2122 Deponie - 2123 Raffinerie - 2124 Werft - 2126 Kraftwerk - 2127 Umspannstation - 2128 Förderanlage - 2129 Kläranlage, Klärwerk - 2131 Ausstellungsgelände, Messegelände - 2132 Gärtnerei - 2133 Heizwerk - 2134 Wasserwerk - 2135 Abfallbehandlungsanlage
- 2200 Siedlungsfreiflächen	- 2201 Sportanlage - 2202 Freizeitanlage - 2211 Freilichttheater - 2212 Freilichtmuseum - 2213 Friedhof - 2221 Stadion - 2222 Sportplatz - 2223 Schießanlage - 2224 Schwimmbad, Freibad - 2225 Zoo - 2226 Freizeitpark, Safaripark, Wildgehege - 2227 Grünanlage - 2228 Campingplatz - 2229 Autokino, Freilichtkino - 2230 Golfplatz

Anhang VIII

Objektbereich 2000 - Siedlung	
Objektgruppen	**Objektarten**
- 2300 Bauwerke und sonstige Einrichtungen	- 2301 Tagebau, Grube, Steinbruch - 2302 Halde, Aufschüttung - 2304 Rieselfeld - 2311 Gradierwerk - 2313 Vorratsbehälter, Speicherbauwerk - 2314 Absetzbecken, Schlammteich, Erdfaulbecken - 2315 Gebäude - 2316 Turm - 2317 Schornstein, Schlot, Esse - 2318 Durchfahrt - 2319 Brunnen - 2320 Stollenmundloch, Keller-, Höhleneingang, Schachtöffnung - 2322 Hochofen - 2323 Dock - 2324 Kran - 2325 Pumpe, Pumpstelle - 2326 Wasserrad - 2327 Windrad - 2328 Solarzellen - 2331 Archäologische Fundstätte - 2332 Denkmal, Denkstein, Standbild - 2333 Bildstock, Wegekreuz, Gipfelkreuz - 2334 Meilenstein - 2342 Spielfeld, Spielfläche - 2343 Zuschauertribüne - 2344 Rennbahn, Laufbahn, Geläuf - 2345 Schwimmbecken - 2346 Sprungschanze (Anlauf) - 2351 Mauer, Wand - 2352 Zaun

Objektbereich 3000 - Siedlung	
Objektgruppen	**Objektarten**
- 3100 Straßenverkehr	- 3101 Straße - 3102 Weg - 3103 Platz - 3104 Straße (komplex) - 3105 Straßenkörper - 3106 Fahrbahn - 3180 Netzknoten (komplex) - 3181 Nullpunkt - 3182 Abschnitt

- 3100 Straßenverkehr	- 3183 Ast
- 3200 Schienenverkehr	- 3201 Schienenbahn - 3202 Seilbahn, Schwebebahn - 3203 Schienenbahn (komplex) - 3204 Bahnkörper - 3205 Bahnstrecke
- 3300 Flugverkehr	- 3301 Flughafen - 3302 Flugplatz, Landeplatz - 3303 Rollbahn - 3304 Vorfeld
- 3400 Schiffsverkehr	- 3401 Hafen - 3402 Hafenbecken - 3403 Schifffahrtslinie, Fährverkehr
- 3500 Anlagen und Bauwerke für Verkehr, Transport und Kommunikation	- 3501 Bahnhofsanlage - 3502 Raststätte - 3503 Verkehrsknoten - 3511 Grenzübergang - 3512 Anlegestelle, Anleger - 3513 Tunnel - 3514 Brücke, Überführung, Unterführung - 3515 Furt - 3517 Schutzgalerie - 3522 Kilometrierungspunkt, Stationierungspunkt - 3523 Schifffahrtszeichen - 3524 Gewässerachse - 3531 Freileitung - 3532 Rohrleitung, Pipeline - 3533 Förderband, Bandstraße - 3541 Mast - 3542 Radioteleskop - 3543 Antenne

Objektbereich 4000 – Vegetation	
Objektgruppen	**Objektarten**
- 4100 Vegetationsflächen	- 4101 Ackerland - 4102 Grünland - 4103 Gartenland - 4104 Heide - 4105 Moor, Moos - 4106 Sumpf, Ried - 4107 Wald, Forst - 4108 Gehölz - 4109 Sonderkultur

- 4100 Vegetationsflächen	- 4110 Brachland - 4111 Nasser Boden - 4120 Vegetationslose Fläche - 4198 Schneise
- 4200 Bäume und Büsche	- 4201 Baum - 4202 Baumreihe - 4203 Hecke, Knick (Wallhecke)

Objektbereich 5000 - Gewässer	
Objektgruppen	**Objektarten**
- 5100 Wasserflächen	- 5101 Strom, Fluss, Bach - 5102 Kanal (Schifffahrt) - 5103 Graben, Kanal (Wasserwirtschaft) - 5104 Priel - 5105 Quell - 5111 Meer - 5112 Binnensee, Stausee, Teich - 5121 Watt
- 5200 Besondere Objekte in Gewässern	- 5201 Sandbank - 5202 Stromschnelle - 5203 Wasserfall
- 5300 Einrichtungen und Bauwerke an Gewässern	- 5301 Durchlass - 5302 Talsperre, Wehr - 5303 Schleuse - 5304 Schleusenkamme - 5311 Pegel - 5312 Wasserspiegelhöhe - 5321 Uferbefestigung

Objektbereich 6000 - Relief	
Objektgruppen	**Objektarten**
- 6100 Digitales Geländemodell (DGM)	- 6102 Höhenlinie
- 6200 Besondere Geländeoberflächenformen	- 6201 Damm, Wall, Deich - 6205 Böschung, Kliff (komplex) - 6207 Stützmauer - 6208 Einschnitt - 6211 Felsen, Felsblock, Felsnadel - 6215 Düne - 6216 Böschungsfläche - 6217 Geländekante

Anhang VIII

Objektbereich 7000 - Gebiete	
Objektgruppen	**Objektarten**
- 7100 Verwaltungsgebiete	- 7101 Verwaltungseinheit - 7102 Sitz der Verwaltung
- 7200 Geographische Gebietseinheiten	- 7201 Landschaft - 7202 Kleinräumiger Landschaftsteil - 7203 Gewann - 7211 Insel - 7299 Grenze
- 7300 Schutzgebiete	- 7301 Nationalpark - 7302 Naturschutzgebiet - 7303 Geschützter Landschaftsbestandteil - 7304 Landschaftsschutzgebiet - 7305 Naturpark - 7306 Biosphärenreservat - 7307 Vogelschutzgebiet - 7308 Flora-Fauna-Habitat-Gebiet - 7311 Wasserschutzgebiet, Heilquellenschutzgebiet
- 7400 Gefahrengebiete, sonstige Sperrgebiete	- 7401 Bodenbewegungsgebiet - 7402 Bruchfeld - 7403 Truppenübungsplatz, Standortübungsplatz - 7404 Überschwemmungsgebiet - 7405 Testgelände - 7406 Polder

ibidem-Verlag

Melchiorstr. 15

D-70439 Stuttgart

info@ibidem-verlag.de

www.ibidem-verlag.de
www.ibidem.eu
www.edition-noema.de
www.autorenbetreuung.de

FSC
www.fsc.org
MIX
Papier | Fördert gute Waldnutzung
FSC® C083411

Zeitfracht Medien GmbH
Ferdinand-Jühlke-Straße 7
99095 Erfurt, Deutschland
produktsicherheit@kolibri360.de